이지(Easy, 易知)

자동차 구조와 원리

이재곤 지음

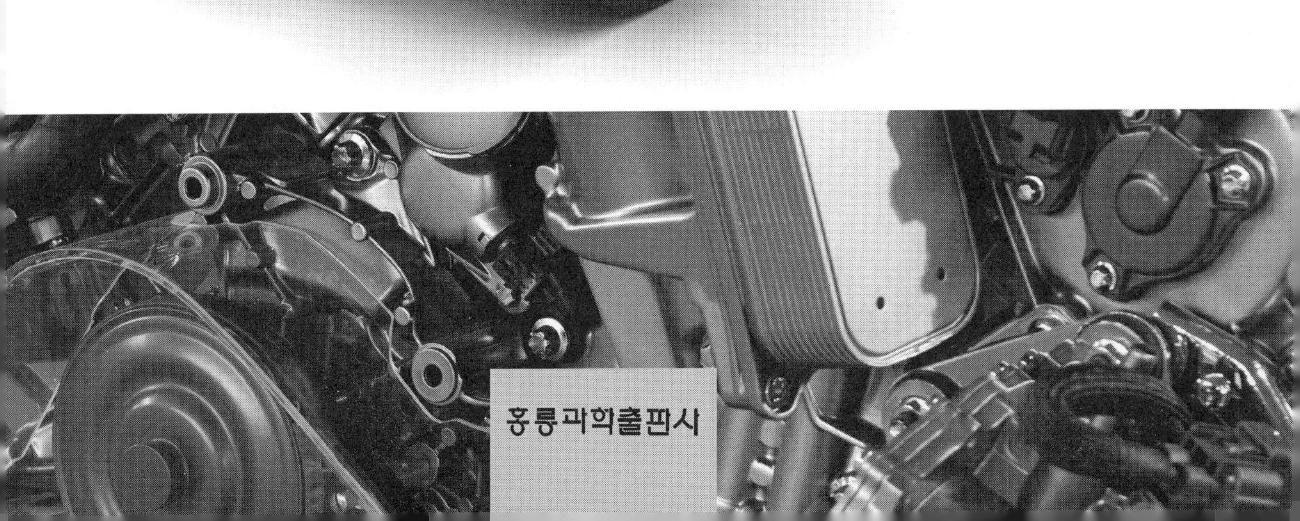

홍릉과학출판사

기존 국내에 출판된 책과는 조금이라도 다른 새로운 방향의 자동차 전반에 대한 책을 한번 만들려고 마음을 먹은 후 포기한 적이 한두 번이 아니었다. 왜냐하면 자동차라는 것은 하나의 전공으로 이해될 수 있는 내용이 아니고 여러 분야의 전공을 함께 포함하고 있어 한 사람이 모든 분야를 완벽하게 기술하는 것은 불가능하기 때문이다. 하지만 저자가 직접 교육하는 학생들에게는 조금 부족하더라도 자동차에 대해 한권의 책을 기본서로 공부하는 것이 훨씬 도움이 될 것이라는 판단 때문에 용기를 내어 늦었지만 책을 마무리할 수 있게 되었다.

공부하는 방법에 대해 이야기할 때 나무나 숲을 보는 방법과 비교한다. 저자는 학생들에게 "나무를 볼 때는 먼저 나무 몸통을 보고 그다음 큰 가지 및 잔가지 마지막으로 잎사귀를 보아야한다"고 강조한다. 이 책은 대학교의 학부생들이 자동차에 대한 기본적인 지식을 함양하는데 도움이 되는 것을 목표로 하기에 세부적인 구성보다는 몸통과 큰 가지에 초점을 두고 있다. 자동차에 적용되는 너무나 많은 시스템을 구성하는 하나하나는 나무의 잔가지나 잎사귀와 같은 것으로 여기서는 소개하지 않고 기본 장치에 대한 가장 기본적인 원리를 설명하였다. 이 원리를 알면 시대가 변해 새로운 기술이 자동차에 적용되더라도 새로운 시스템에 대해 쉽게 접근할 수 있다. 잔가지와 잎사귀에 대해서는 학생들이 취업한 후 그 회사에서 필요한 것에 해당하는 것이므로 재학 중 굳이 이러한 내용을 공부하기 위해 많은 시간과 정열을 쏟을 필요가 없다. 책의 내용에 좌표축에 숫자가 포함되지 않는 그래프 등이 나오는 경우가 있는데 이는 숫자 보다는 경향을 설명하기 위함임을 이해하기 바란다.

마지막으로 이 책을 준비하는데 있어 대구가톨릭대학교 기계자동차공학부 이강희 차량기술사님의 깊이 있는 자문과 자동차 시스템의 실물 사진 촬영 그리고 학부생인 이재성 군의 원고 그림의 도움에 심심한 감사의 말씀을 드립니다. 마지막으로 책에 잘못된 부분이 있더라도 독자 여러분들의 너그러운 이해를 부탁드리며 언제라도 이를 leejk@cu.ac.kr로 지적해주시면 고맙겠습니다.

저 자

CONTENTS

CONTENTS

CHAPTER 04

배기계

CHAPTER 05

엔진 본체

CHAPTER 06

시동장치

CONTENTS

CONTENTS

CHAPTER 11 수동변속기

CHAPTER 12 자동변속기

CHAPTER 13 조향장치

CHAPTER 14 현가장치

CONTENTS

CHAPTER 15

제동장치

CHAPTER 16

타이어

CHAPTER 17

전자제어엔진

CHAPTER 01

가솔린 엔진

1-1 엔진의 분류

엔진이란 연료의 발열량인 화학적 에너지를 차량 주행을 위해 필요한 기계적 에너지로 변환하는 장치를 말한다. 공기와 연료의 흡입부터 연소 후 배출까지 일련의 과정은 그림 1-1과 같이 흡입, 압축, 팽창, 배기의 4 행정으로 구성되며 가솔린 엔진의 행정에 대해 아래에 상세히 설명된다.

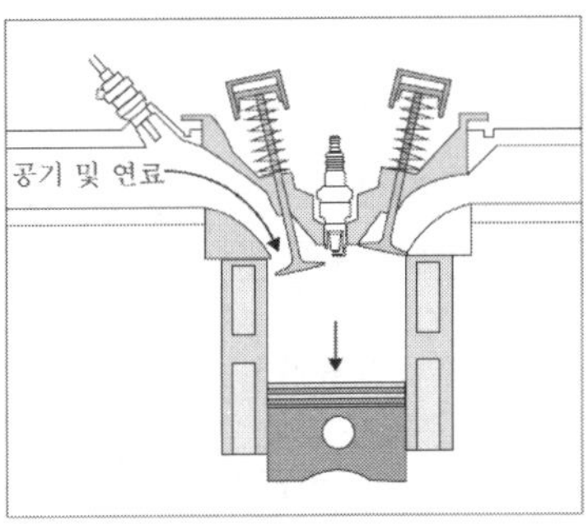

(a) 흡입행정

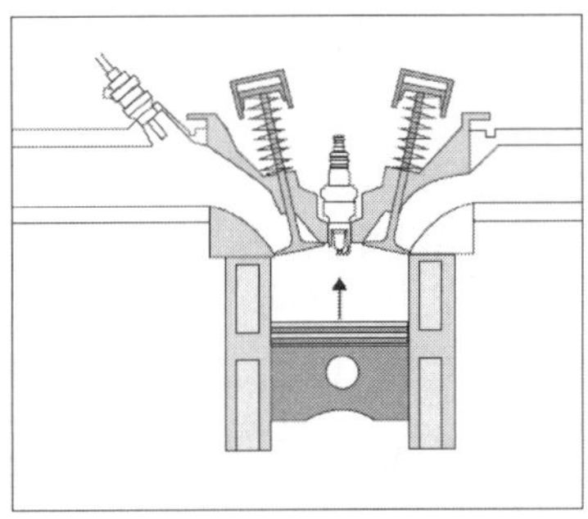

(b) 압축행정

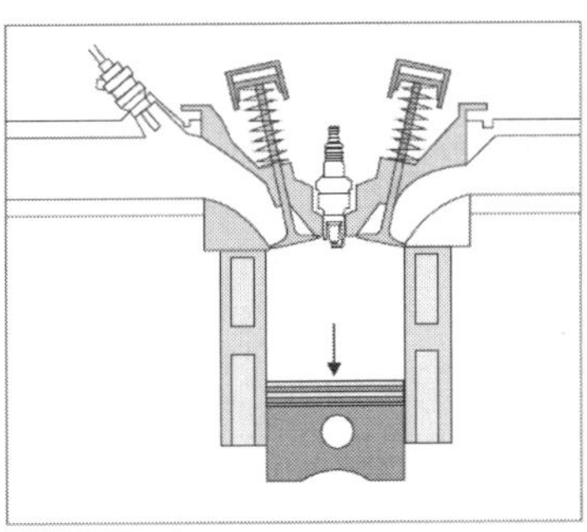

(c) 팽창행정

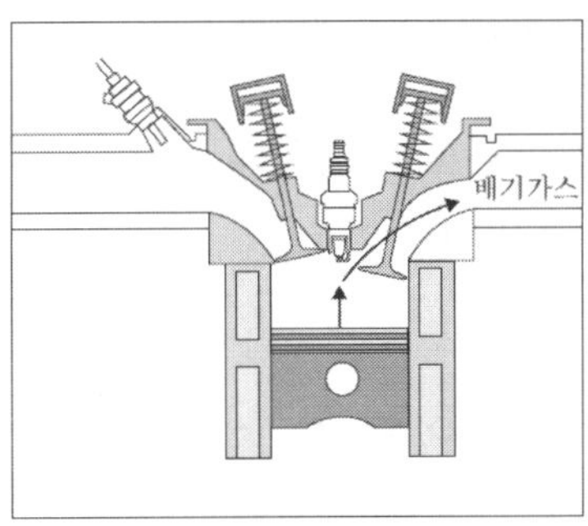

(d) 배기행정

| 그림 1-1 | 엔진의 4행정

피스톤이 상사점(TDC, top dead center)에서 하사점(BDC, bottom dead center)으로 내려가면서 실린더 내의 공간 증가로 인해 실린더 내의 압력이 감소하며 흡기다기관과의 압력차에 의해 공기가 흡입된다. 이때 인젝터에서 분사된 연료도 같이 실린더 내부로 흡입되며 흡기밸브만이 열린 상태를 유지한다. 이와 같이 공기와 연료의 혼합기가 흡입되는 과정을 흡입행정(intake stroke)이라 한다. 흡입행정 완료 후 하사점에 도달한 피스톤은 흡기와 배기밸브가 닫힌 상태에서 다시 상사점으로 이동하면서 실린더 내에 흡입된 혼합기를 압축하여 온도와 압력을 높이는 압축행정(compression stroke)을 한다. 이 행정의 말기에 점화플러그에서 불꽃이 생성되어 연소가 시작된다. 연소가 진행되면서 실린더내의 압력과 온도는 올라가고 높은 압력의 실린더 내 가스가 피스톤을 상사점에서 하사점으로 밀어 일을 하는 팽창행정(expansion stroke) 또는 폭발행정(power stroke)이 진행된다. 다음 사이클의 흡입행정을 위해 피스톤이 하사점에서 상사점으로 움직이면서 완전히 연소된 실린더 내의 혼합기를 열린 배기밸브를 통해 배기다기관으로 배출한다. 이 과정을 배기행정(exhaust stroke)이라 하며 이후 다시 흡기행정이 시작된다. 흡입, 압축, 팽창, 배기의 4개 행정으로 한 사이클을 완료하는 엔진을 4행정 사이클 엔진이라 하고 승용차의 가솔린엔진이나 디젤엔진은 모두 여기에 해당된다. 이러한 엔진은 크랭크축 2회전에 4행정을 하므로 1행정을 위해서 크랭크축은 반 회전한다. 반면 한 사이클을 완료하는데 2행정이 필요한 엔진을 2행정 사이클 엔진이라 부르며 흡배기 밸브가 없는 간단한 구조를 갖는다.

승용차 엔진에 사용되는 내연기관은 연소방식에 따라 가솔린 엔진(gasoline engine, spark ignition engine, SI engine)과 디젤 엔진(Diesel engine, compression ignition engine, CI engine)으로 나눈다. 두 엔진의 대표적인 차이를 표 1-1에 요약하였다.

| **표 1-1** | 가솔린과 디젤 엔진의 비교

	가솔린 엔진	디젤 엔진
연 료	가솔린	경유
흡입행정	공기와 연료의 혼합기 흡입[1)]	공기만 흡입
압축행정	혼합기 압축	공기 압축
점 화	압축행정 말기에 점화플러그에서 불꽃 발생	압축행정 말기의 고온 고압에서 연료분사 및 자발화 발생
출력 조절	공기량 조절	연료량 조절
압축비	10 근처	20 근처

1) GDI 엔진은 디젤엔진처럼 흡입행정 중에 공기만 흡입

1-2 엔진의 구성

가솔린 엔진의 구성부품을 기능별로 몇 가지의 기본계로 분류하였으며 이러한 기능을 보다 쉽게 이해할 수 있도록 인간의 신체와 비교하여 표 1-2에 정리하였다. 참고로 엔진의 기능이 이해가되지 않을 경우 사람의 신체를 생각하기 바란다.

| 표 1-2 | 엔진과 사람의 신체 비교

엔 진	사 람	비 교
흡기계	코를 통한 공기 흡입	콧구멍 하나가 좋을까? 아니면 두 개가 좋을까? (SOHC 또는 DOHC 엔진)
연료계	입을 통한 음식 섭취	음식을 많이 먹으면 힘이 좋을까? (공연비 농후)
연소실	체내에서 영양분 산화	연료의 연소는 산화작용! 산소가 없으면 어떻게 될까?
배기계	배뇨 및 배변	나쁜 가스가 나오네! (유해한 배기가스)
냉각계	땀 배출로 체온 조절	땀이 왜 나올까?
엔진 hardware	우리 신체의 근간을 이루는 뼈	연약한 뼈와 튼튼한 뼈
윤활장치	관절의 연골	연골이 없다면 뼈와 뼈가 직접 접촉!
엔진전자제어시스템	행동하도록 명령하는 인간의 두뇌	치매에 걸리면?
센서류	오감(시각, 청각, 후각, 미각, 촉각)	센서가 없다면?
엑츄에이터	손, 발 등 근육을 사용하여 일	엑츄에이터가 없다면 일을 못한다.

1-3 가솔린 엔진의 변천과정

가솔린 엔진은 연료 공급방식에 따라 그림 1-2와 같이 변화되어왔다. 그림 1-3은 그림 1-2에 보인 각 엔진의 연료공급위치를 비교한 것으로 연료공급위치는 새로운 엔진이 개발됨에 따라 스로틀밸브 상류에서 점점 연소실로 이동되었다. 기화기(carburetor) 엔진은 흡기 다기관과 공기 청정기 사이에 기화기를 장착한 것으로 베르누이의 원리로 연료를 공급하는 것이다. 연료가 공급되는 위치는 스로틀 밸브의 바로 상류지점이다. 자동차에서 배출되는 배기가스가 환경오염의 주된 원인으로 인식되면서 각 나라는 법으로 배기가스를 규제하기 시작하였다. 법규를 만족하기 위해 자동차 회사들은 배기가스를 후처리하기 위해 삼원촉매(TWC, three way catalyst)를 장착하게 되었다. 삼원촉매는 HC, CO 및 NOx를 정화하는 장치로 동시에 세 가지를 효과적으로 정화하기 위해서는 엔진에 공급되는 공기와 연료의 질량비인 공연비를 이론 공연비로 유지하는 것이 필수적이다. 이를 달성하기 위해 엔진에 전자제어기술이 도입되었으며 흡입공기량을 계측하는 공기량센서가 장착되게 되었다. TBI(throttle body injection) 엔진은 용어가 의미하는 대로 스로틀 바디에서 연료를 분사해주는 장치이며 일반적으로 한 점에서 연료를 분사하기 때문에 SPI(single point injection) 엔진이라 부른다. 점점 배기가스의 규제가 강화됨에 따라 TBI 엔진으로 공연비를 이론 공연비로 정밀하게 제어하는데 한계가 있어 MPI(multi-point injection) 또는 PFI(port fuel injection) 엔진으로 발전되었다. 이 엔진은 여러 위치에서 연료를 공급하는 것으로 4기통 엔진의 경우 4개의 인젝터를 사용하여 흡기포트에서 흡기밸브 뒷면으로 연료를 분사하는 장치이다. 오늘 날 배기가스 문제뿐만 아니라 지구온난화의 주원인으로 자동차에서 배출되는 이산화탄소가 지목되고 또한 가솔린 가격의 상승으로 인해 자동차의 연비향상이 아주 중요한 요소가 되었다. 기존 MPI 엔진보다 연비를 향상하기 위해 개발된 것이 GDI(gasoline direct injection) 엔진이다. 이 엔진은 연료를 연소실 내로 직접 분사하는 것으로 디젤 엔진의 원리를 이용한 것이다. GDI 엔진은 기존 MPI 엔진보다 공연비를 초희박으로 유지함으로써 연비를 향상시키려는 엔진이나 아직 희박 공연비에서 작용하는 촉매가 없어 이론공연비로 제어하고 있다. 따라서 GDI 엔진 본래의 장점을 모두 이용하고 있지는 못하다. GDI 엔진의 도입 배경을 그림 1-4에 간단히 정리하였다. 참고로 1990년 후반에 린번 엔진이 우리나라의 자동차에 잠시 적용된 적이 있다. 이 엔진 역시 연비를 향상시키기 위해 도입된 것이었으나 이 엔진이 갖는 배기가스 저감의 한계 때문에 시장에서 오래가지 못하고 사라지게 되었다. 참고로 피드백기화기(FBC, feedback carburetor) 엔진은 기화기에 약간의 전자화를 추가한 것으로 잠시 시장에 출시된 정도이다.

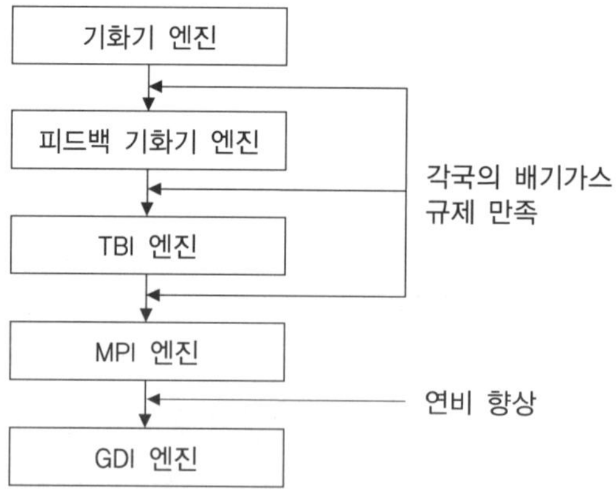

| 그림 1-2 | 연료공급방식에 따른 가솔린 엔진의 변천과정

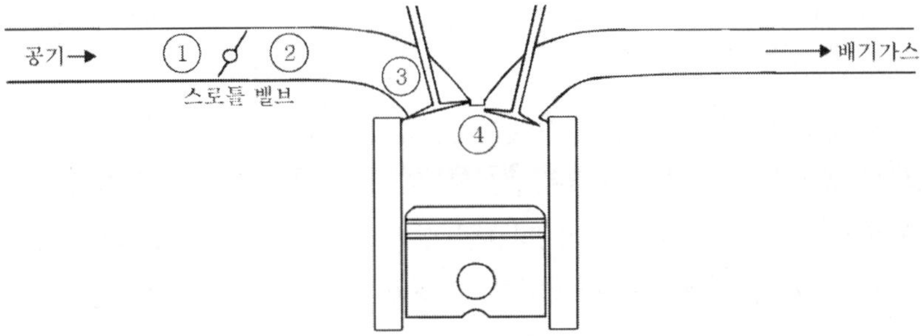

| 그림 1-3 | 가솔린 엔진의 연료공급위치 변화 - ①, ②, ③, ④는 각각 기화기, TBI, MPI, GDI의 연료공급위치이다.

1-4 전자제어 가솔린 엔진의 필요성

여러 나라에서 유해한 배기가스를 규제하기 시작하면서부터 자동차 엔진에 전자화가 획기적으로 적용되기 시작했다. 자동차 엔진은 H와 C로 구성된 화석연료를 연소하기 때문에 이상적으로는 물과 이산화탄소만 배출되어야하나 연소실내에서 완전 연소가 발생하지 않기 때문에 일산화탄소(CO)가 배출되고 연료가 국부적으로 미연소 되어 HC가 생성된다. 또 연료를 연소하기 위해 순수한 산소 대신에 공기를 사용하기 때문에 연소실 내의 높은 온도조건에서 산소와 질소가 결합되어 질소산화물

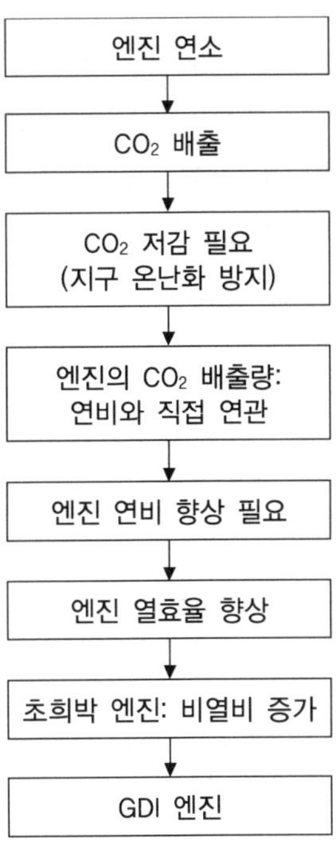

| 그림 1-4 | GDI 엔진의 도입 배경

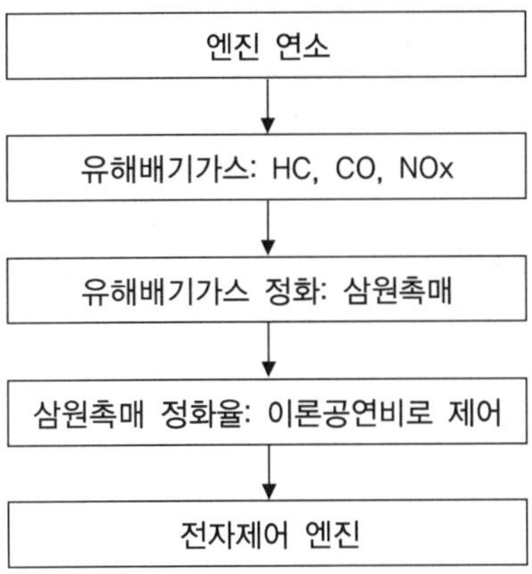

| 그림 1-5 | 가솔린 엔진의 전자제어 배경

(NOx)이 배출된다. 대표적인 세 종류의 유해배기가스를 줄이기 위해서 사용되는 기술이 삼원촉매이다. 삼원촉매는 엔진에 공급되는 혼합기의 공연비가 이론공연비 상태에서만 세 종류의 배기가스를 동시에 잘 정화하는 특성을 갖는다. 이를 위해 엔진에 흡입되는 공기의 질량을 공기유량센서(AFS, air flow sensor)로 측정하고 이를 기준으로 이론공연비를 유지하기 위해 필요한 연료량을 계산 및 공급해주는 장치가 필요하게 되었다. 기존 기계적으로 이러한 기능을 수행하는 것은 불가능하기 때문에 전자제어 기술을 도입하게 되었다. 그림 1-5에 가솔린 엔진에 전자제어 기술이 도입된 배경을 요약하였다.

1-5 전자제어 가솔린 엔진의 기본원리

가솔린 엔진에 전자제어기술을 도입할 때 가장 초점이 맞춰진 것이 배기가스를 저감하기 위한 공연비제어이며 이 밖에도 크게 점화시기제어와 공회전수제어가 있다. 전자제어 엔진을 구성하는 대표적인 구성품은 전자제어장치(ECU, electronic control unit), 인젝터, 산소센서, 삼원촉매, 공기량센서(AFS, air flow sensor) 등이며 이들을 그림 1-6에 나타내었다. 공연비제어는 엔진에 공급되는 혼합기의 공연비를 항상 이론공연비로 제어하는 것으로 이를 위해서는 먼저 엔진으로 흡입되는 공기량을 계측하기 위한 공기량센서가 필요하다. 이 센서는 흡기계에 설치되고 이의 신호로부터 ECU는 매 순간 공급되어야할 연료의 양을 계산한다. 인젝터는 ECU의 신호에 의해 열리는 시간이 제어되어 필요한 연료량을 공급한다. 삼원촉매 상류에 설치된 산소센서는 엔진에서 배출되는 배기가스의 공연비가 이론공연비보다 농후 또는 희박한지를 측정하여 ECU로 그 결과를 보내며 ECU는 이 신호를 바탕으로 연료의 양을 가감하여 공연비를 이론공연비로 정밀 제어한다.

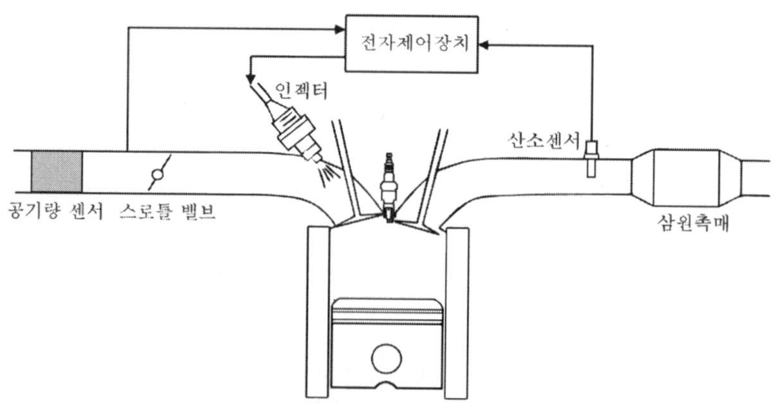

| 그림 1-6 | 전자제어 가솔린 엔진의 기본구성

CHAPTER

02 흡기계

엔진에서 공기를 흡입하는데 관계하는 일련의 부품을 흡기계로 정의하고, 가능한 한 많은 양의 공기를 엔진이 흡입할 수 있도록 함으로써 높은 토크와 고출력을 얻는 것이 흡기계의 목표이다. 그림 2-1은 대기로부터 연소실로 공기가 흡입되는 경로에 있는 흡기계의 부품을 개략적으로 나타낸 것이다.

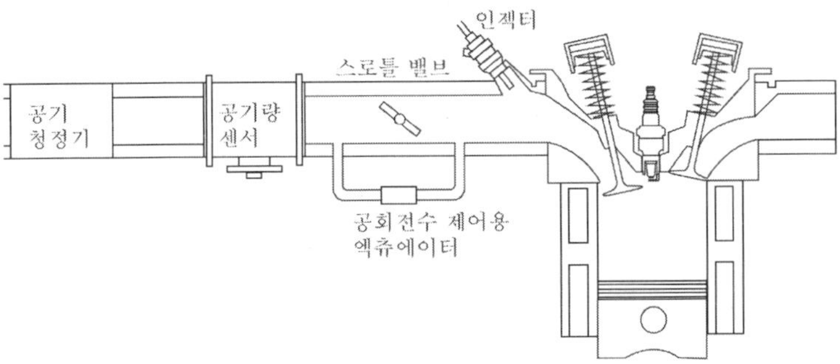

| 그림 2-1 | 흡기계 전체 구조

2-1 공기 청정기

공기 청정기(air cleaner)는 공기 속에 포함된 불순물이 엔진으로 흡입되는 것을 방지하는 것으로 인체에서는 코에 있는 코털과 같은 역할을 한다. 사진 2-1은 실제 엔진의 공기 청정기의 필터의 사진이다.

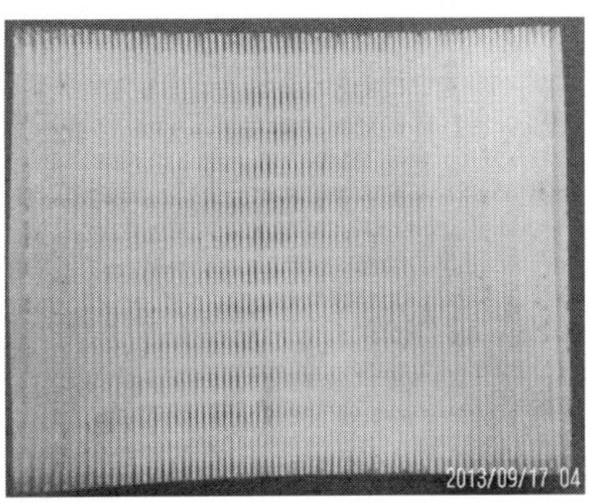

| 사진 2-1 | 공기 청정기의 필터

2-2 공기유량센서

공기유량센서(AFS, air flow sensor)는 삼원촉매(TWC, three way catalyst)를 장착한 엔진에 반드시 필요한 것으로 엔진으로 흡입되는 공기량을 계측한다. 삼원촉매의 정화율을 높이기 위해 연소실로 흡입되는 혼합기의 공연비는 이론공연비를 유지해야 하기 때문에 측정된 공기량을 기준으로 엔진에 공급될 연료량을 ECU가 계산하고 인젝터를 통해 공급한다. 공연비의 정의는

$$A/F = \frac{m_a}{m_f} \tag{2-1}$$

이므로 공기의 질량과 공연비가 주어지면 공급될 연료의 질량은 식 (2-2)로 계산된다. 여기서 m_a와 m_f는 각각 하나의 실린더가 흡입하는 공기의 질량과 여기에 공급될 연료의 질량을 뜻한다. m_a는 공기유량센서로 측정되므로 m_f는 다음 식으로 계산된다.

$$m_f = \frac{m_a}{A/F} = \frac{m_a}{14.6} \tag{2-2}$$

여기서 14.6은 가솔린의 이론 공연비를 뜻한다. 엔진의 흡입 공기량을 측정하는 공기유량센서는 대표적으로 칼만 와류식, 열막 또는 열선식, 흡기다기관 압력식, 베인식의 4가지 방식으로 나뉜다.

2-2-1 칼만 와류식 공기유량센서

엔진으로 흡입되는 공기 통로에 와류 발생체로 와류를 생성하여 와류가 생성되는 빈도, 즉 주파수를 측정하여 엔진으로 흡입되는 공기량을 계측하는 방식이 칼만 와류식(Karman vortex type) 공기유량센서이다. 이는 엔진으로 흡입되는 공기의 부피를 측정하여 밀도를 곱하여 질량으로 변환하므로 대기압 센서와 대기온 센서가 필수적이다. 이 방식의 원리는 국기 게양대에 국기를 메달 경우 바람의 속도에 따라 국기가 펄럭이는 빈도가 달라지는 것과 같다. 국기 게양대가 바로 와류를 생성하는 것이며 이 방식은 초기 현대자동차의 전자제어엔진에 적용된 것이다. 사진 2-2와 그림 2-2는 이 형식의 실제 모습과 내부 구조 및 원리를 표시한다.

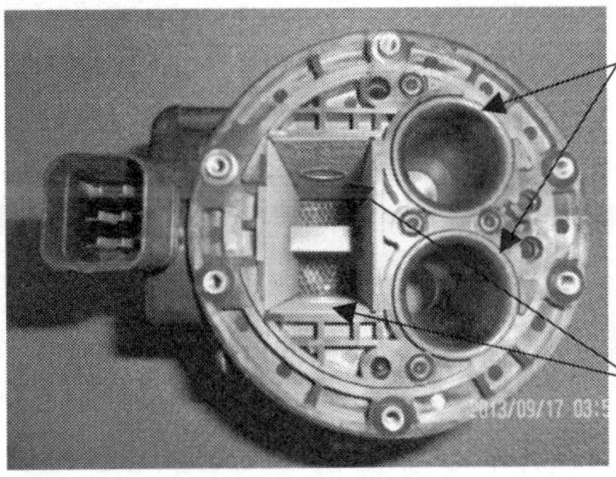

(a) 칼만 와류식 공기유량센서

(b) 칼만 와류식 공기유량센서

| 사진 2–2 |

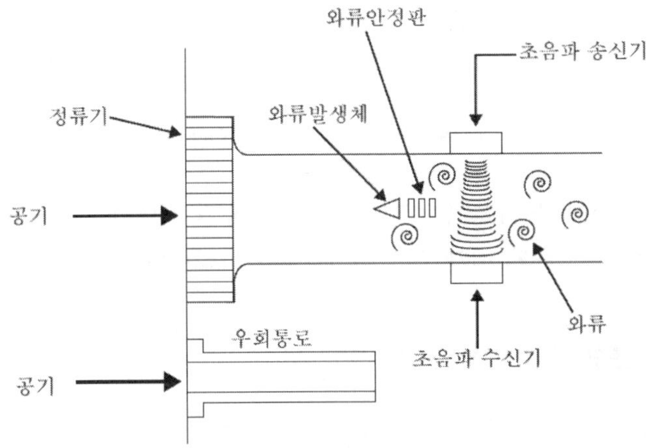

| 그림 2–2 | 칼만 와류식 공기유량센서의 구조 및 원리

2-2-2 베인식 공기유량센서

엔진으로 흡입되는 공기 통로에 바람개비와 같은 날개를 설치하고 이 날개가 회전하는 정도를 측정하여 엔진으로 흡입되는 공기량을 측정하는 방식이 베인식(vane type) 공기유량센서이다. 이는 어릴 때 바람개비 장난감을 생각하면 쉽게 이해된다.

(a) 베인식 공기유량센서

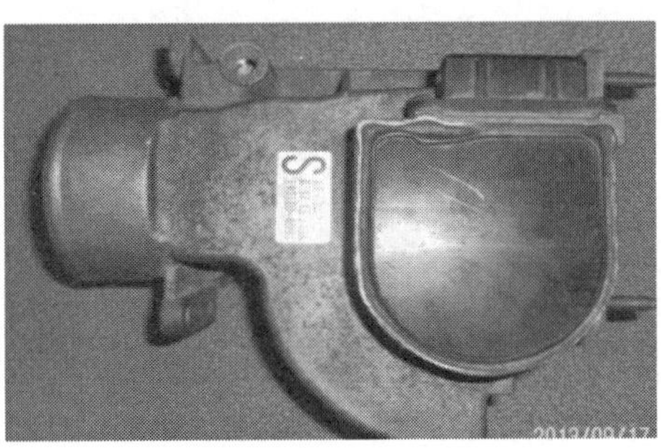

(b) 베인식 공기유량센서

| 사진 2–3 |

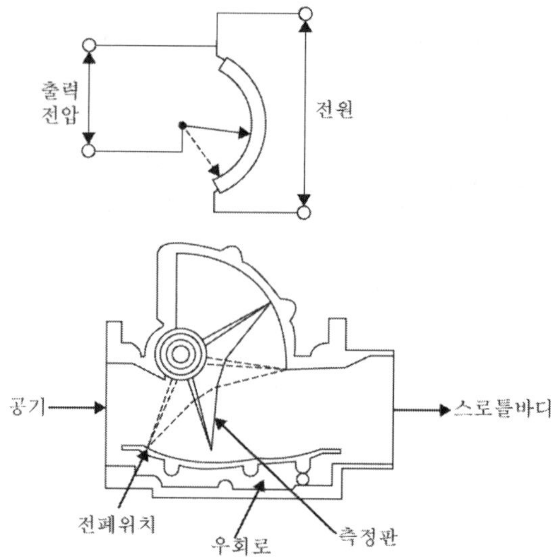

| 그림 2-3 | 베인식 공기유량센서

이 센서는 초기 기아자동차의 전자제어엔진에 적용된 것이다. 사진 2-3과 그림 2-3은 이 형식의 실제 모습과 내부 구조 및 원리를 나타낸다.

2-2-3 열막 또는 열선식 공기유량센서

공기 중에 발열체를 놓으면 공기로 열을 빼앗기므로 발열체는 냉각된다. 발열체가 냉각되는 정도는 발열체를 지나는 공기유량에 관계가 있다. 공기 유량이 많으면 발열체로부터 공기로의 열전달 량이 증가하여 발열체의 온도는 많이 떨어진다. 이러한 조건에서 발열체의 온도를 일정하게 유지하기 위해서는 발열체를 가열하기위한 전류를 증가시켜야한다. 가열전류를 전압으로 측정하여 흡입공기량을 측정하는 방식이 열막 또는 열선식(hot film 또는 hot wire type) 공기유량센서이다. 사진 2-4와 그림 2-4은 이 형식의 실제 모습과 내부 구조 및 원리를 나타낸다.

(a) 열막식 공기유량센서

(b) 열막식 공기유량센서

| 사진 2-4 |

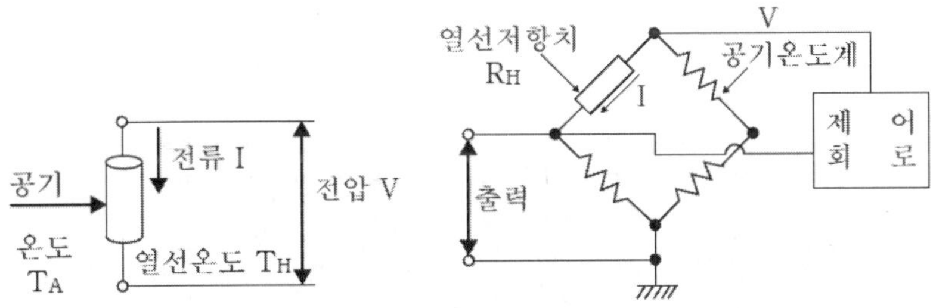

| 그림 2-4 | 열막식 공기유량센서

2-2-4 흡기다기관 압력식 공기유량센서

엔진으로 흡입되는 공기량을 계산하기 위해 흡기다기관 내의 압력을 측정하는 방식이 흡기다기관 압력식(intake manifold pressure type) 공기유량센서이며 압력을 측정하는 것을 맵(MAP, manifold absolute pressure) 센서라 부른다. 이 방식은 연소실로 흡입되는 공기의 상태가 흡기다기관에 있는 공기의 상태와 동일하며 엔진으로 흡입되는 공기의 부피는 항상 배기량과 같다는 가정을 이용한다. 맵 센서로 측정한 흡기다기관의 공기의 압력과 온도센서로 측정한 온도를 기체상태방정식에 대입하여 공기의 밀도를 구한다. 한 실린더의 배기량에 공기의 밀도를 곱하면 한 실린더가 흡입한 공기의 질량이 된다. 사진 2-5와 그림 2-5는 이 형식의 실제 모습과 내부 구조 및 원리를 나타낸다. 압력을 감지하는 다이어프램에 피에조저항효과를 이용한 4개의 저항이 설치되어 있고 이들은 휘스톤 브리지 회로를 형성한다. 다이어프램의 한쪽은 진공이고 다른 쪽은 측정할 흡기다기관의 압력이 인가되며 압력과 출력 전압은 선형적인 관계를 갖는다.

(a) 맵 센서 형상

(b) 서지탱크에 설치된 맵 센서

| 사진 2-5 |

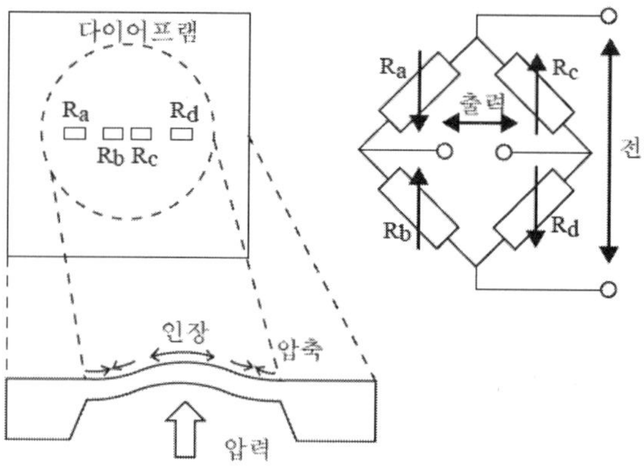

| 그림 2-5 | 맵 센서

2-3 스로틀 바디

스로틀 밸브와 공회전수를 제어하는 기능을 갖는 부품이 설치되어 있는 부품의 전체를 스로틀 바디(throttle body)라 한다. 스로틀 밸브는 엔진으로 유입되는 공기의 양을 제어하여 엔진에서 발생되는 출력을 제어하는 것으로 흡기계에 공기가 흐를 수 있는 통로의 면적을 제어하는 것이다. 공회전수제어(ISC, idle speed control)는 신호대기와 같이 차량이 정지하고 있는 동안이라도 엔진은 일정한 회전수로 돌고 있는데 이 회전수를 일정하게 제어하는 것이다. 공회전수 제어를 위해 사용되는 대표적인 2가지 방식은 모터를 이용하여 스로틀 밸브를 직접 열고 닫는 것과 스로틀 밸브를 우회하는 공기통로의 면적을 조절하는 것이 있으며 후자가 정밀도 측면에서 선호된다. 사진 2-6과 그림 2-6은 스로틀 바디의 실제 모습과 내부 구조를 보인다.

| 사진 2-6 | 스로틀 바디

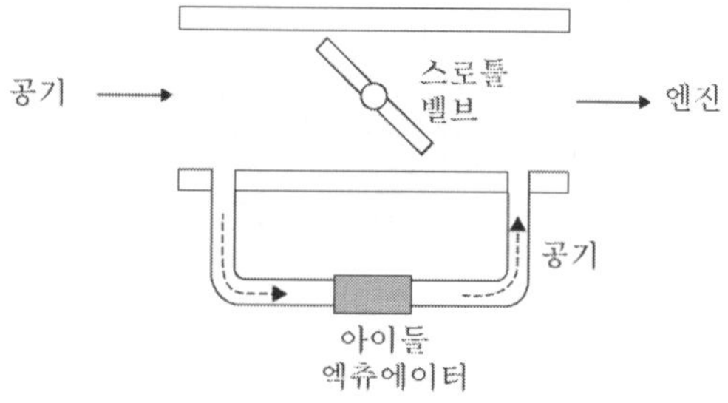

| 그림 2-6 | 우회 통로를 갖는 스로틀 바디

2-4 서지 탱크

스로틀 바디와 흡기다기관 사이에 설치된 체적을 갖는 부분을 서지 탱크(surge tank 또는 plenum chamber)라 부른다. 이 체적의 크기와 흡기 다기관의 길이는 엔진으로 흡입되는 공기의 질량에 영향을 준다. 흡기행정 중 피스톤의 운동과 밸브의 개폐에 의해 흡기계로 유입되는 공기는 주기적으로 진동하면서 압력 변동을 일으키는 맥동류가 되는데 이 맥동류가 흡기의 유입을 촉진하거나 방해한다. 사진 2-7은 흡기다기관과 서지 탱크의 모습이다.

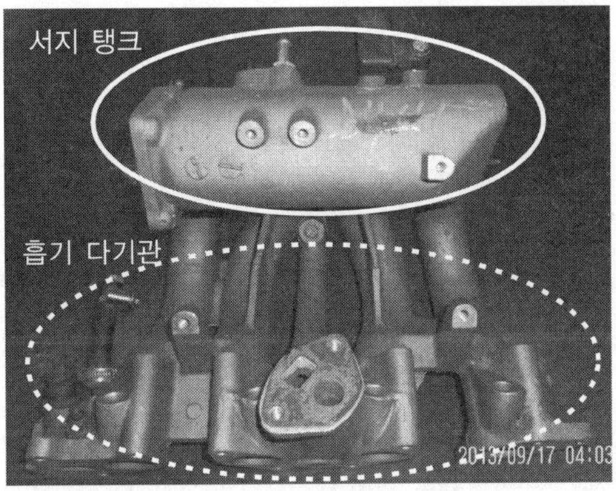

| 사진 2-7 | 서지 탱크와 흡기다기관

2-5 흡기 다기관(Intake manifold)

MPI 엔진이 채용되기 전까지 흡기 다기관은 공기와 연료 즉 혼합기를 실린더마다 균일하게 분배하는 것이 중요하였다. 각 실린더로 분배되는 혼합기의 양이 다르면 각 실린더에서 발생되는 토크가 달라 진동을 야기하는 요인이 될 수 있고 또한 공기의 양은 정확하게 분배되나 각 실린더로 분배되는 연료의 양이 달라지면 각 실린더로 공급되는 혼합기의 공연비가 달라져 역시 실린더에서 발생되는 토크가 달라 동일한 문제를 야기할 수 있다. 또한 실린더 간 공연비의 차이는 유해한 배기가스가 많이 생성되는 원인이다. 이러한 문제는 기화기와 TBI 엔진에 국한된다. 반면 MPI 엔진과 GDI 엔진에서 연료는 바로 흡기밸브 뒷면과 실린더 내부에 직접 공급되기 때문에 흡기다기관에서 연료 분배는 중요하지 않는 반면 서지 탱크로 들어온 공기는 각각의 실린더로 균등하게 분배되어야한다. 흡기 다기관 내의 압력은 스로틀 밸브의 개도에 따라 변하며 자연 흡기식 엔진의 경우 일반적으로 대기압 이하가 된다. 스로틀 밸브가 완전히 열렸을 때 흡기다기관내의 압력은 대기압과 가깝고 스로틀 밸브가 닫힐수록 흡기다기관내의 압력은 낮아진다. 그림 2-7은 스로틀 밸브 하류의 서지 탱크 및 흡기다기관의 압력이 변하는 원리를 주사기를 이용하여 설명한 것이다. 왼쪽의 주사기는 입구가 아주 좁은 반면 오른쪽은 입구가 아주 넓다. 이는 각각 스로틀 밸브가 닫힌 것과 열린 것을 뜻한다. 여기서 피스톤은 엔진의 피스톤과 같은 것으로 오른쪽으로 빠른 속도로 당긴 후 놓으면 왼쪽 주사기의 피스톤은 왼쪽으로 이동하나 오른쪽 주사기의 피스톤은 그 자리에 있다. 이는 주사기 내의 압력이 왼쪽은 대기압보다 낮고 오른쪽은 대기압과 같은 것을 의미한다.

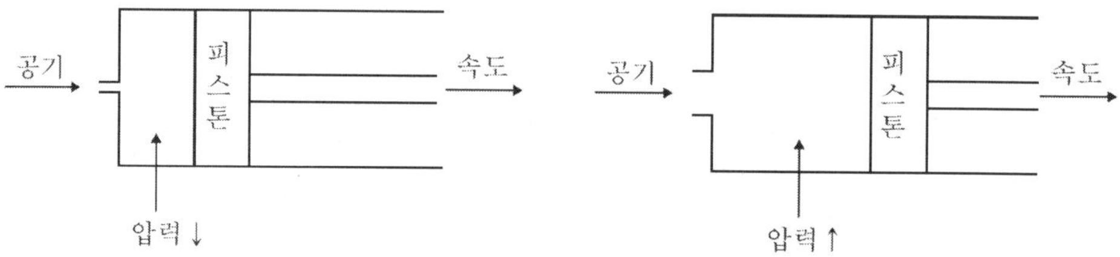

(a) 입구면적이 좁은 경우 (b) 입구면적이 넓은 경우

| 그림 2-7 | 주사기를 이용한 스로틀 밸브 하류의 압력 변화 설명

참고

자연 흡기식(NA, naturally aspirated) 엔진은 터보차저(turbocharger)나 슈퍼차저(supercharger)와 같이 공기를 강제로 주입하지 않고 단지 대기압과 스로틀 밸브 하류의 압력차에 의해 공기가 흡입되는 원리를 이용한다.

2-6 흡기 포트

흡기다기관과 실린더 헤드가 결합되는 부분으로부터 흡기밸브까지의 통로를 흡기 포트(intake port)라 한다. 즉 실린더 헤드 내부에 존재하는 공기 통로를 말하며 사진 2-8에 그 모습을 보인다.

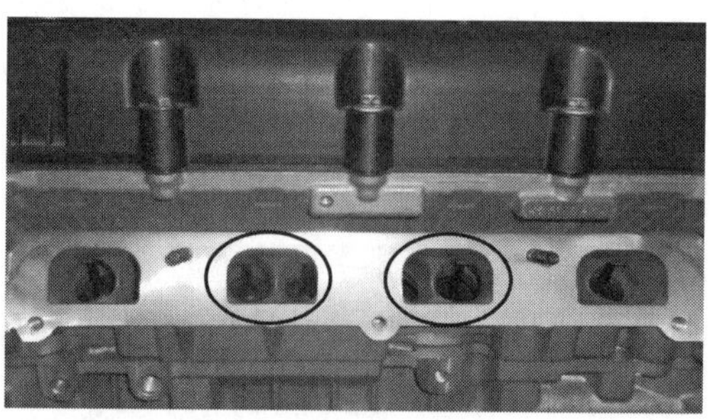

| 사진 2-8 | 흡기 포트의 실제 모습

2-7 흡기 밸브

흡기밸브(intake valve)는 흡입 행정을 시작 또는 종료하기 위해 실린더로 들어오는 공기의 유입과 차단을 담당하는 것으로 가능한 한 많은 양의 공기가 실린더로 흡입될 수 있도록 밸브가 열리고 닫힐 수 있어야한다. 이를 결정하는 것이 바로 캠축에 설치되어 있는 캠의 형상이다. 엔진으로 흡입되는 공기량을 증가시키기 위해 흡기밸브의 수를 1개에서 2개로 증가시켰다. 3밸브 SOHC(single overhead camshaft) 엔진은 한 실린더에 흡기밸브가 2개이고 배기밸브가 1개이며 이를 구동하는 캠축이 1개인 엔진을 말한다. DOHC(double overhead camshaft) 엔진은 한 실린더에 흡기 밸브와 배기 밸브가 각각 2개이고 이를 구동하는 캠축이 2개인 엔진이다. 사진 2-9은 DOHC 엔진의 흡배기 밸브로 한 실린더에 4개의 밸브가 있으며 위쪽 2개의 밸브는 아래쪽 2개의 밸브보다 크다. 큰 밸브는 흡기 밸브로 많은 양의 공기를 흡입하기 위함이고 작은 것은 배기 밸브이다.

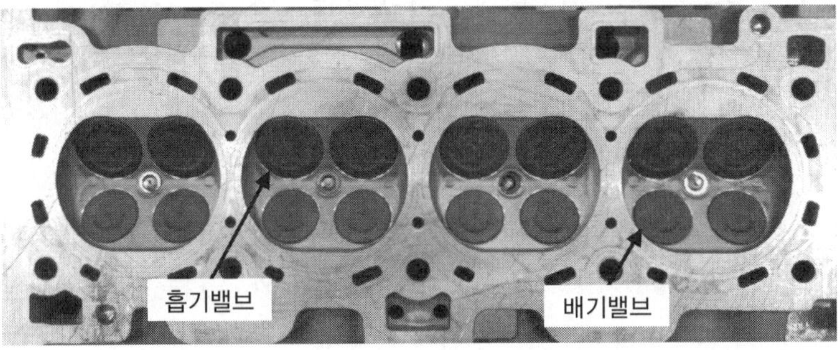

| 사진 2-9 | 실린더 헤드에 장착된 흡배기 밸브의 모습

2-8 심화 내용

2-8-1 공연비

공연비(A/F, air-fuel ratio)는 엔진으로 흡입된 공기와 분사된 연료의 질량비로 정의되며 엔진의 토크, 연비, 배기가스 등에 큰 영향을 미치는 인자이다. 하나의 실린더에 흡입된 공기량 m_a와 분사된 연료량 m_f을 기준으로 공연비는 다음과 같이 정의된다.

$$A/F = \frac{m_a}{m_f} \tag{2-3}$$

반면 단위 시간 당 엔진으로 흡입되는 공기량($\dot{m}_a$)과 연료량($\dot{m}_f$)이 주어질 경우 공연비는 식 (2-3)과 비슷한 형태를 갖는다.

$$A/F = \frac{\dot{m}_a}{\dot{m}_f} \tag{2-4}$$

가솔린의 이론공연비는 14.6(14.7이라 언급된 교과서도 있는데 이론공연비는 연료의 조성에 따라 변하므로 정확한 답은 없다)으로 혼합기속에 이보다 연료가 많은 경우(공기가 적은 경우)를 농후한(rich) 혼합기 반대인 경우를 희박한(lean) 혼합기라 정의한다. 농후할 경우 공연비는 이론공연비보다 작은 값을 갖는다.

2-8-2 이론 공연비

최소의 공기량으로 연료를 완전 연소할 때의 공연비를 이론 공연비(stoichiometric air fuel ratio)라 한다. 완전 연소란 연료를 구성하는 H와 C가 공기 중의 산소와 만나 완전히 물과 이산화탄소로 되는 것을 말한다. 이론 공연비는 연료마다 각각 고유한 값을 갖고 연료가 주어지면 그 값 역시 하나로 결정된다. 다음은 천연가스의 주성분인 메탄의 이론 공연비를 계산하는 과정으로 메탄의 연소 방정식은

$$CH_4 + a(O_2 + 3.773N_2) \rightarrow bCO_2 + cH_2O + dN_2 \tag{2-5}$$

이다. 좌변의 CH_4와 $(O_2 + 3.773N_2)$은 각각 연료와 공기를 나타내고 연소 생성물은 이산화탄소, 물 그리고 질소로 우변에 나타내었다. 각 원소의 양은 연소 전후에 변동이 없다는 것을 이용하여 미지수 a, b, c, d를 구한다.

$$\begin{aligned} &\text{탄소(C) 평형: } b = 1 \\ &\text{수소(H) 평형: } 2c = 4 \quad \therefore c = 2 \\ &\text{산소(O) 평형: } 2a = 2b + c \quad \therefore a = 2 \\ &\text{질소(N) 평형: } d = 3.773a = 3.773 \times 2 = 7.546 \end{aligned} \tag{2-6}$$

미지수 a, b, c, d 대신에 식 (2-6)에서 구한 값을 대입하면 메탄의 연소 방정식은 다음과 같다.

$$CH_4 + 2(O_2 + 3.773N_2) \rightarrow CO_2 + 2H_2O + 7.546N_2 \tag{2-7}$$

식 (2-3)에 연료와 공기의 질량을 대입하면 메탄의 이론 공연비($(A/F)_s$)는

$$A/F)_s = \frac{m_a}{m_f} = \frac{2\times(32+3.773\times 28)}{12+4} = 17.2 \tag{2-8}$$

이 된다. 식 (2-7)에서 공기 앞에 있는 2대신 2보다 큰 값을 사용해도 연료를 완전 연소시킬 수 있으나 2보다 작은 값으로는 완전 연소시키기에는 산소가 부족하다. 따라서 2가 메탄을 완전 연소시키기 위한 최소의 공기량을 뜻한다.

2-8-3 공기 과잉률

공기 과잉률(λ, air-excess ratio)은 다음 식으로 정의된다.

$$\lambda = \frac{\text{실제의 공연비}}{\text{이론 공연비}} \tag{2-9}$$

엔진으로 흡입되는 혼합기의 공연비가 16.06이라면 식 (2-9)에 의해 이 혼합기의 공기 과잉률은 1.1이다. λ가 1보다 큰 경우 이론 공연비보다 공기가 많은 경우로 희박한 혼합기를 뜻한다. 참고로 공연비 제어를 위해 사용되는 산소센서를 λ 센서라 부르기도 한다.

2-8-4 맵 센서 방식의 흡입 공기량 계산

다음의 문제를 통해 맵 센서를 이용하는 전자제어엔진의 원리를 파악할 수 있다.

예제

4기통 2,000cc 가솔린 엔진의 맵 센서에서 측정된 압력이 60kPa이고 흡기다기관의 공기 온도가 10℃일 때 하나의 실린더가 한 흡기행정동안 흡입하는 공기의 질량은 얼마인가? 또 이론공연비로 운전하기 위해 인젝터를 통해 하나의 실린더에 한 흡기행정 마다 공급되어야 할 연료의 질량은 얼마인가?

풀이 흡기 다기관내의 공기의 밀도는 표준상태의 공기밀도(1기압 25℃의 공기밀도는 $1.184g/l$)와 비교하여 구하는 방법과 기체상태방정식을 이용하여 구하는 방법이 있다. 여기서는 간단히 전자의 방법을 이용하여 공기 밀도는

$$\rho = 1.184g/l \times \frac{60kPa}{101.3kPa} \times \frac{298K}{283K} = 0.738g/l \tag{2-10}$$

이 된다. 하나의 실린더가 한 흡기 행정 당 흡입하는 공기의 질량은 한 기통의 배기량과 흡기 다기관내의 공기 밀도의 곱으로 계산된다.

$$m_a = 0.738g/l \times 0.5l = 0.369g \tag{2-11}$$

가솔린의 이론 공연비는 14.6이므로 연료 분사량은 식 (2-3)으로 계산된다.

$$m_f = 0.369g/14.6 = 0.0253g = 25.3mg = 31.6mcc \quad (2\text{-}12)$$

이다. ECU는 31.6mcc의 연료를 공급하기 위해 인젝터의 특성으로부터 인젝터의 개방시간을 구한 후 인젝터를 구동한다. 식 (2-12)에서 연료의 질량을 부피로 환산할 때 연료의 비중을 0.8을 사용하였다.

2-8-5 ISG 시스템

ISG(idle stop & go) 시스템은 신호 대기 중 엔진을 정지하고 출발할 때 자동으로 엔진을 시동하는 시스템으로 공회전 시간을 줄여 연비를 향상하기 위해 개발된 것이다. ISG 시스템의 효과를 파악하기 위해 배기량 2,000cc인 차량으로 매일 직장으로 출퇴근하는 경우를 생각하자. 편도 20km의 거리에 30분 소요된다. 주행시 차량의 평균 속력은 60kph로 정속 주행시 연비는 약 10kpl이다. 다음 물음에 순서대로 답하면 ISG 시스템에 의한 연비 절감 효과를 파악할 수 있다.

예제

1. 출근 거리 20km를 60kph로 정속 주행할 경우 걸리는 시간은 몇 분인가?

풀이 20/60=20분

2. 아이들 상태로 대기하고 있는 시간은 몇 분인가?

풀이 30-20=10분

3. 아이들 상태에서 흡기다기관의 압력은 약 -500mmHg이다. 하나의 실린더가 흡입하는 공기량은 몇 g인가? 단, 흡입 공기의 온도는 25℃이다.

풀이 공기밀도: $260/760 \times 1.184 = 0.405g/l$,
공기량: $0.405g/l \times 2.0l/4 = 0.2025g$

4. 3번에서 하나의 실린더에 공급되어야 할 연료는 몇 g인가? 당연히 엔진으로 공급되는 혼합기의 공연비는 이론 공연비이다.

풀이 연료량: $0.2025g/14.6 = 0.0139g$

5. 2~4 번을 바탕으로 아이들 상태에서 엔진에 공급되는 총 연료량은 몇 g인가? 단, 엔진의 아이들 회전수는 600rpm이다.

풀이 $600\frac{rev}{\min}2\frac{stroke}{rev}0.0139\frac{g}{stroke}\times 10\min = 166.4g$

6. 5에서 계산한 질량을 부피로 환산하면 몇 리터인가?

풀이 $166.4g/800g/l = 0.208l$

7. 출근할 때 필요한 연료량은 총 몇 리터인가?

풀이 $2l+0.208l=2.208l$

8. ISG 시스템을 적용할 경우 출근할 때 필요한 연료량은 몇 리터인가?

풀이 $2l$

9. 10년 동안 절약되는 연료량을 금액으로 환산하면?

풀이 $0.208l \times 2\text{회}/\text{일} \times 5\text{일}/\text{주} \times 52\text{주}/\text{년} \times 10\text{년} = 1081.6l \times 1500\text{원}/l = 162\text{만원}$

위의 계산을 할 때 무시한 것이 있다. 엔진을 시동할 경우 필요한 연료량은 공회전 중에 필요한 연료량보다 많다. 실제 차량이 신호 대기를 위해 정지하자마자 ISG 시스템이 작용하지 않고 정지 후 몇 초 지난 다음 엔진이 정지하며 또한 신호 대기 중 차량이 천천히 이동하는 경우도 있다. 이뿐만 아니라 빈번한 시동을 위한 배터리 사양 향상과 배터리의 많은 충전이 필요하다. 이러한 내용을 종합적으로 고려하면 ISG 시스템의 효과를 파악할 수 있을 것이다. 참고로 이론적 계산치의 50%가 실제 실현된다면 10년간 약 80만 원 정도 절약된다. 반면 배기량 3리터인 차량의 경우 10년 동안 위와 동일한 출퇴근을 하면 ISG 시스템으로 절약할 수 있는 연료는 약 120만원이 된다.

2-8-6 레조네이터

한자로 공명기(共鳴器)라고 쓰는 레조네이터(resonator)는 공명의 원리를 이용해 소리를 줄이는 장치로, 귀에 거슬리는 특정한 주파수의 소리를 줄일 수 있는 크기와 형태로 설계된다. 흡기계 소음을 줄이기 위해 에어 클리너 주변에 설치하고, 에어 클리너 케이스 또는 에어 클리너 케이스와 스로틀 밸브를 잇는 통로가 레조네이터 역할을 하기도 한다. 자세한 내용은 배기계에 설명된 내용을 참고하기 바란다.

2-9 예제

2-9-1 공연비 계산

예제 하나의 실린더가 한 흡기행정 동안 0.3g의 공기를 흡입하였고 이때 이 실린더에 0.02g의 가솔린이 공급되었다. 이 혼합기의 공연비를 계산하시오.

풀이 식 (2-3)을 이용하면 공연비는 다음과 같다.

$$A/F=\frac{m_a}{m_f}=\frac{0.3g}{0.02g}=15$$

2-9-2 하나의 실린더가 흡입하는 공기량

예제 4기통 2,000cc 엔진이 1,800rpm으로 운전되고 있을 때 측정된 흡입공기량이 $30g/\text{sec}$일 때 한 흡기행정마다 하나의 실린더가 흡입하는 공기량을 계산하시오.

풀이 4기통 엔진의 경우 2회전에 4번의 흡입행정이 존재하고 크랭크축은 1초 동안 30회전하기에 엔진은 1초 동안 총 60번의 흡입행정을 한다. 따라서 하나의 실린더가 흡입하는 공기량은

$$m_a = \frac{30g}{\sec}\frac{\sec}{60cyl} = 0.5g/cyl$$

이다.

2-9-3 가솔린의 이론 공연비

예제 연료 분석을 통해 가솔린의 화학식이 $CH_{1.87}$이다. 이 연료의 이론 공연비를 계산하시오.

풀이 가솔린의 화학식은 $CH_{1.87}$로 2-8-2의 이론 공연비를 유도 과정을 따른다. 먼저 미지수를 이용하여 가솔린의 연소 방정식을 세운다.

$$CH_{1.87} + a(O_2 + 3.773N_2) \rightarrow bCO_2 + cH_2O + dN_2$$

각 원소의 질량은 반응 전후에 변화가 없으므로 C, H, O, N의 평형을 이용한다.

- 탄소 평형: $b = 1$
- 수소 평형: $2c = 1.87 \quad \therefore c = 1.87/2$
- 산소 평형: $2a = 2b + c \quad \therefore a = b + c/2 = 1 + 1.87/4$
- 질소 평형: $d = 3.773a = 3.773 \times (1 + 1.87/2)$

계산된 미지수를 이용하면 연소 방정식은 다음과 같다.

$$CH_{1.87} + \left(1 + \frac{1.87}{4}\right)(O_2 + 3.773N_2) \rightarrow CO_2 + \frac{1.87}{2}H_2O + 3.773 \times (1 + \frac{1.87}{2})N_2$$

가솔린의 이론 공연비는

$$A/F)_s = \frac{m_a}{m_f} = \frac{\left(1 + \frac{1.87}{4}\right) \times (32 + 3.773 \times 28)}{12 + 1.87} = 14.6$$

이다.

2-9-4 산소가 포함된 연료의 이론공연비 계산

예제 연료속에 산소가 포함된 연료는 메탄올(CH_3OH)과 에탄올(C_2H_5OH)이 대표적이다. 에탄올의 이론공연비를 계산하시오.

풀이 최소의 공기량으로 완전 연소될 때 메탄올의 연소 방정식은 2-8-2의 방법을 이용하면 다음과 같다.

$$C_2H_5OH + 3(O_2 + 3.773N_2) \rightarrow 2CO_2 + 3H_2O + 3.773 \times 3N_2$$

연료의 질량은 C_2H_5OH의 질량이다. 따라서 메탄올의 이론 공연비는

$$A/F)_s = \frac{m_a}{m_f} = \frac{3 \times (32 + 3.773 \times 28)}{12 \times 2 + 6 + 16} = 9.0$$

이다. 참고로 가솔린 엔진에 사용되는 대표적인 연료의 이론공연비는 표 2-1에 정리되어 있다.

| 표 2-1 | 대표적인 가솔린 엔진 연료의 이론 공연비

가솔린	메탄	프로판	부탄	메탄올	에탄올
$C_nH_{1.87n}$	CH_4	C_3H_8	C_4H_{10}	CH_3OH	C_2H_5OH
14.6	17.2	15.7	15.4	6.5	9.0

2-9-5 공기 밀도 계산

예제 25℃ 1기압에서 공기의 밀도를 계산하시오.

풀이 이상기체의 상태방정식은

$$PV = mRT$$

이며 밀도로 이식을 변환하면

$$\rho = \frac{m}{V} = \frac{P}{RT}$$

이다. 25℃, 1기압에서 공기의 밀도는

$$\rho = \frac{101.3kPa}{0.287kJ/kgK \times 298.15K} = 1.184[kg/m^3] = 1.184g/l$$

이며 참고로 R은 공기에 대한 기체상수로 다음과 같은 값을 갖는다.

$$R = \frac{\widetilde{R}}{M} = \frac{8.314kJ/kmoleK}{28.962kg/kmole} = 0.287[kJ/kgK]$$

CHAPTER

03 연료계

엔진에 연료를 공급하는 역할을 하는 부품의 전체를 연료계로 정의하며, 이 구성은 그림 3-1과 같이 두 가지 형식이 있다. 초기 전자제어엔진의 연료계에서 연료 탱크내의 연료는 연료 펌프에서 가압된 후 연료필터를 지나 인젝터에 공급된다. 인젝터에서 엔진에 공급된 후 남는 연료는 연압조절기를 통과한 후 다시 연료탱크로 돌아간다. 이러한 방식을 복귀식 연료계(return fuel system)라 부른다. 복귀식 연료계의 경우 연료는 엔진에 설치된 연료 레일(fuel rail) 또는 분배 파이프(delivery pipe)를 거친 후 연료탱크로 돌아가기 때문에 온도가 상승한 연료가 연료탱크로 들어가므로 증발가스 배출 측면에서 불리하고 또 복귀되는 배관을 추가로 필요로 하는 단점이 있다. 최근 이러한 단점을 보완하기 위해 연료 탱크를 떠난 연료는 다시 연료 탱크로 돌아오지 않는 무복귀식 연료계(returnless fuel system)가 채용되고 있다. 그림 3-1(a)와 (b)는 복귀식과 무복귀식 연료계의 구성을 보인다.

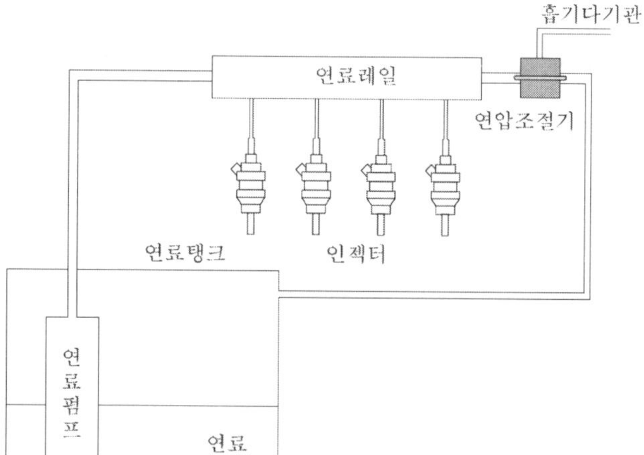

(a) 복귀식 연료계

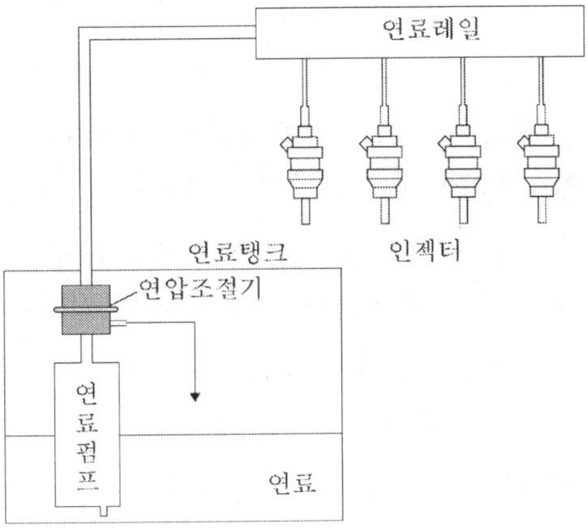

(b) 무복귀식 연료계

| 그림 3-1 | 복귀식 연료계와 무복귀식 연료계

3-1 연료펌프

연료펌프(fuel pump)는 연료 탱크 내의 연료를 가압하여 인젝터에 공급해주는 장치이다. 연료펌프는 연료탱크의 외부 연료 배관에 설치된 인라인(in-line) 형식과 연료탱크 내에 설치된 인탱크(in-tank) 형식이 있다. 승용차의 연료펌프는 대부분 연료탱크 내에 설치된다. 사진 3-1은 연료의 양을 표시하는 센더 유닛(sender unit), 연료압력조절기, 연료필터, 그리고 연료펌프가 함께 장착된 모습이다.

| 사진 3-1 | 무복귀식 연료펌프

연료펌프 동작 중에 어떠한 원인에 의해 펌프 하류의 관이 막히는 경우 연료펌프 이후의 연료의 압력은 비정상적으로 상승한다. 이는 관의 파손과 연료누출로 연결될 수 있기에 압력 상승을 방지하기 위해 안전밸브(relief valve)가 연료펌프에 설치된다. 이 밸브가 열리면 연료의 일부는 연료탱크로 복귀하므로 펌프를 지난 연료의 압력은 일정한 값 이하로 제한된다. 또 연료펌프는 직류 모터로 구동되기 때문에 엔진의 회전수와 관계없이 연료펌프에서 송출되는 연료의 양은 일정하므로 저속에서 연료소비가 적어 연료압력이 높아지는데 이때 안전밸브가 작동하여 펌프에서 토출되는 연료의 압력을 낮춘다. 연료펌프에 설치된 안전밸브를 사진 3-2에 보인다.

연료펌프가 작동을 멈추면 연료펌프와 인젝터 사이의 관에 들어있는 연료의 압력은 체크 밸브(check valve)가 닫힘으로써 유지된다. 이 밸브가 없으면 연료펌프 하류의 연료는 연료탱크로 빠져나와 압력이 낮아지고 연료는 증발이 잘 된다. 연료 증기는 관과 연료 레일에 존재하기에 고온에서 재시동을 할 경우 어려움을 겪는다. 이를 방지하기 위해 연료펌프가 정지되면 즉시 체크 밸브가 동작하여 펌프 하류의 압력을 일정한 값으로 유지한다. 체크 밸브는 연료펌프의 출구에 설치되어 있다.

사진 3-1과 같이 연료 펌프의 입구 쪽에 설치된 체(sieve)를 지난 연료는 연료 펌프에서 가압된 후 연료 펌프를 둘러싸고 있는 흰색 통 내부에 들어있는 연료필터를 지나면서 연료 속에 들어있는 불순물은 제거된다. 연료 탱크의 구조와 그 내부에서 연료가 흐르는 모습을 도식적으로 나타낸 것이 그림 3-2이다.

| 사진 3-2(a) | 연료펌프 전체

| 사진 3-2(b) | 연료 출구, 전원 커넥터 및 릴리프 밸브

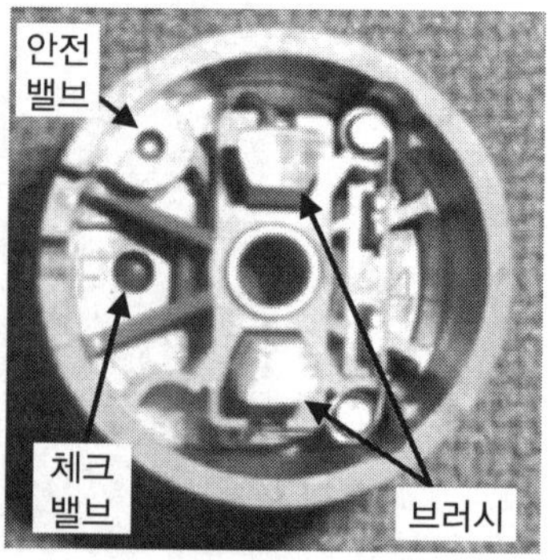

| 사진 3-2(c) | 연료 출구, 전원 커넥터 및 릴리프 밸브

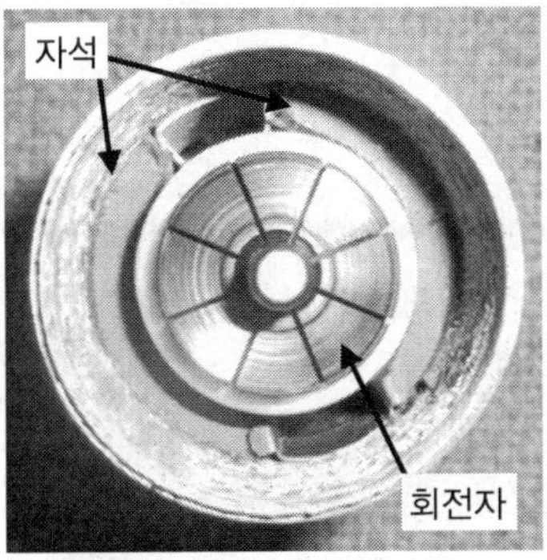

| 사진 3-2(d) | 모터

| 사진 3-2(e) | 임펠러

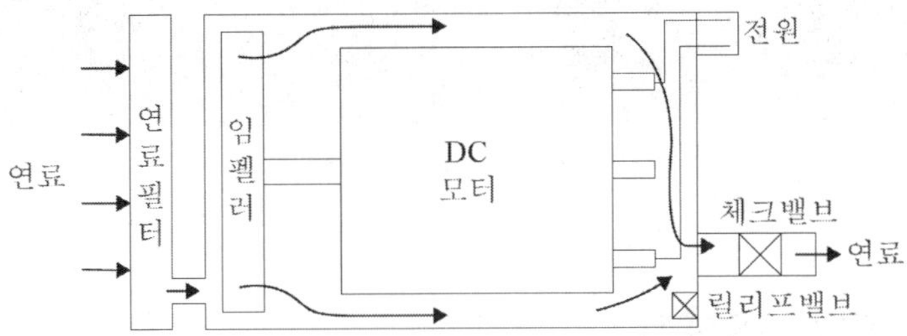

| 그림 3-2 | 연료 펌프의 구성

3-2 연료필터

연료필터(fuel filter)는 연료 속에 포함되어 있는 불순물을 제거하는 장치로 연료탱크와 인젝터 사이에 설치된 방식과 연료탱크내의 연료펌프에 내장된 방식이 있다. 사진 3-3은 초창기 전자제어엔진에 사용된 연료필터이며 이는 연료탱크 외부에 설치되었다.

| 사진 3-3 | 연료탱크 외부에 설치된 연료필터

3-3 연료 레일

사진 3-4는 4기통 엔진의 연료 레일(fuel rail)에 4개의 인젝터가 장착된 모습으로 이를 연료분배파이프(fuel delivery pipe)라 부르기도 한다.

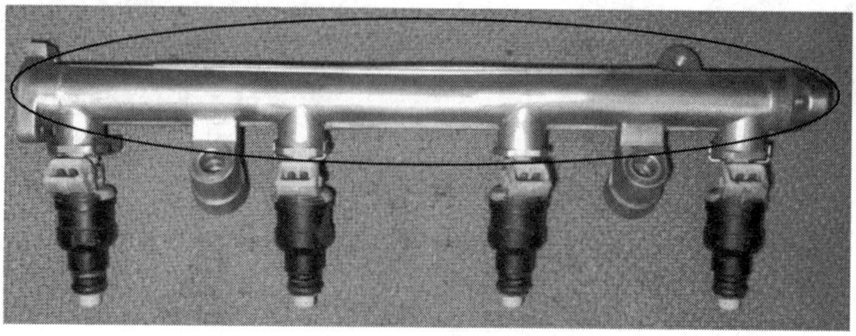

| **사진 3-4** | 연료 레일

3-4 연압 조절기

연압 조절기(fuel pressure regulator)는 연료 레일의 한쪽 끝에 설치되며 그 위치는 연료가 연료 레일로부터 나오는 곳이다. 이것은 연료의 게이지 압력을 일정하게 유지하여 인젝터를 통해 공급되는 연료량이 항상 인젝터가 열리는 기간에 비례하도록 하는 장치이다. 여기서 게이지 압력은 연료의 압력과 흡기다기관의 압력 차이로 정의되며 약 3기압 근처로 제어된다. 그림 3-3이 연압 조절기가 필요한 이유를 요약한 것이다.

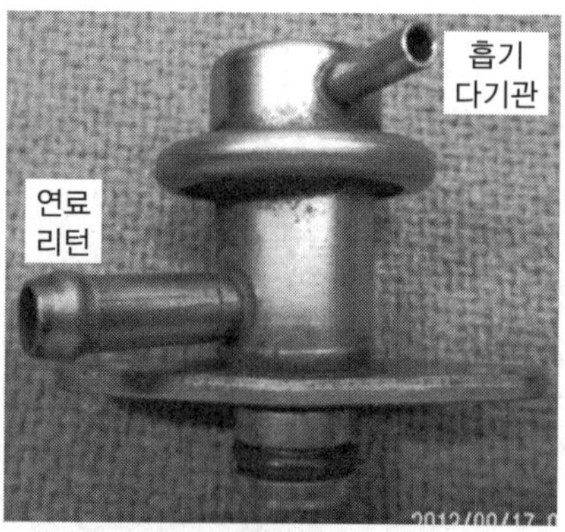

| **사진 3-5** | 복귀식 연료계에 사용되는 연압 조절기

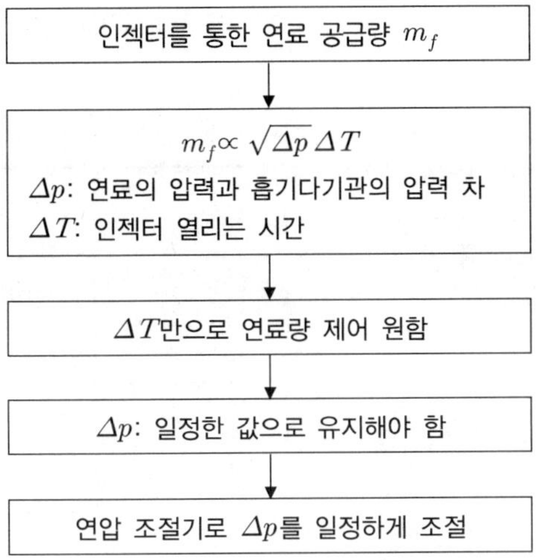

| **그림 3-3** | 연압 조절기의 필요성

3-4-1 복귀식 연료계의 연압 조절기 구조 및 원리

연료 레일의 끝부분에 장착된 연압 조절기는 연료와 흡기다기관의 압력 차이를 일정하게 조절하는 장치로 그 구조는 그림 3-4와 같다. 다이어프램의 위쪽에는 스프링과 흡기다기관의 압력에 의한 힘이 작용하고 아래쪽에는 연료의 압력에 의한 힘이 작용한다. 연료의 압력이 낮으면 밸브가 닫혀 연료는 연료탱크로 흐르지 않으며 반대인 경우는 밸브가 열려 연료탱크로 연료가 흘러 압력이 감소한다. 다이어프램에 작용하는 두 방향의 힘이 평형을 유지하는 위치에서 연료의 압력이 조절된다.

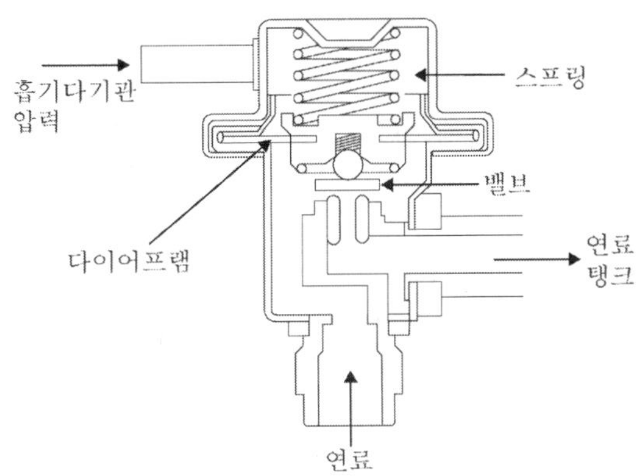

| **그림 3-4** | 연압 조절기의 구조

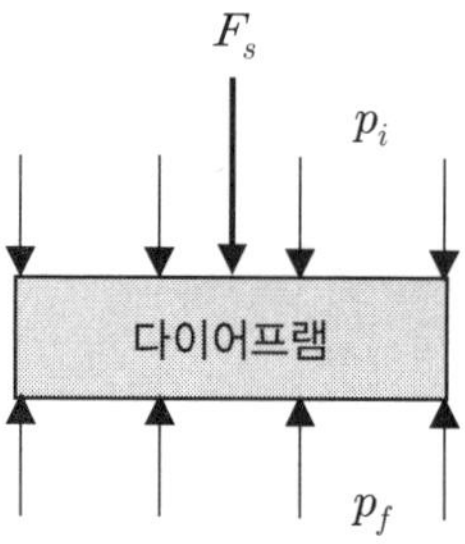

| 그림 3-5 | 연압조절기에 작용하는 힘

| 표 3-1 | 연압조절기에 사용된 문자의 의미

기호	의미
A	다이어프램의 단면적
a	밸브의 면적
k	스프링 상수
F_s	스프링에 작용하는 힘
p_f	연료의 절대압력
p_i	흡기다기관의 절대압력
p_a	대기압
δ	초기 스프링 변형량

그림 3-5는 연압 조절기를 간단하게 모델링한 것으로 다이어프램에 작용하고 있는 힘을 나타낸 것이다. 평형을 유지한 상태에서 흡기다기관과 연료의 압력 그리고 스프링의 변형에 의한 힘 사이의 관계는

$$p_i A + k\delta = p_f(A-a) + p_a a \quad (3\text{-}1)$$

이다. 식 (3-1)을 정리하면 연료와 흡기다기관의 압력 차이 Δp는

$$\Delta p = p_f - p_i = k\frac{\delta}{A} + \frac{a}{A}(p_f - p_a) \quad (3\text{-}2)$$

이 된다. 다이어프램의 면적에 비해 밸브의 면적은 아주 작으므로

$$a/A \approx 0 \quad (3\text{-}3)$$

이다. 따라서 연압 조절기에 의해 연료와 흡기다기관의 압력 차이 Δp는

$$\Delta p = k\frac{\delta}{A} \quad (3\text{-}4)$$

로 조절된다. 식 유도에 사용된 문자들의 의미는 표 3-1에 정리되어 있다.

3-4-2 미복귀식 연료계의 연압 조절기

이 연료계의 연압 조절기는 연료 탱크 내에 설치되어 있으며 연료의 압력은 복귀식 연료계의 압력조절기가 연료와 흡기다기관의 압력 차이를 일정하게 조절하는 것과 달리 연료와 연료탱크의 압력 차이를 일정하게 조절한다. 사진 3-6은 무복귀식

(returnless) 연료계의 연압 조절기로 원 속의 구멍이 연료 탱크 내에 노출되어 있어 연료의 압력은 연료 탱크 내의 압력을 기준으로 조절된다. 일반적으로 연료 탱크의 압력은 차량이 운행되고 있는 그 지역의 대기압으로 유지된다. 따라서 인젝터를 통해 공급되는 연료량은 $\sqrt{\Delta p}$ 와 ΔT에 영향을 받기 때문에 $\sqrt{\Delta p}$ 의 영향을 프로그램으로 보정한다.

| 사진 3-6 | 무복귀식 연료계의 연료탱크 내장형 연압 조절기

3-5 인젝터(injector)

연료를 계량하여 엔진에 공급하는 장치는 기화기와 인젝터가 있다. 기화기는 그림 3-11과 같이 벤투리 부분의 압력과 연료의 압력 차이에 따라 연료가 공급되는 방식으로 베르누이원리를 이용한 것이다. 이는 요즘 차량에 적용되지 않는다. 전자제어 연료공급장치를 갖는 엔진의 경우 연압조절기에 의해 인젝터 내의 연료의 압력과 흡기다기관의 압력 차이가 일정하게 유지되기 때문에 인젝터를 여는 시간에 의해 공급되는 연료량이 결정된다. 인젝터의 솔레노이드 코일에 전류가 흐르면 플레밍의 왼손법칙에 의해 플런저는 이동하고 이에 연결된 니들밸브가 움직여 인젝터가 열리고 압력 차이에 의해 연료가 분사된다. 전류를 차단하면 스프링의 힘에 의해 플런저가 원래의 위치로 이동하여 인젝터는 닫히고 연료 공급은 차단된다. 인젝터의 구조를 그림 3-6에 간단히 나타내었다. ECU에 의해 인젝터를 구동하는 회로는 그림 3-7과 같으며 전자 스위치 역할을 하는 파워트랜지스터의 베이스(B, base)단자에 5V의 전압이 가해지는 동안 배터리로부터 인젝터의 솔레노이드 코일과 컬렉터(C, collector)와 이미터(E, emitter)를 지나 접지로 전류가 흐른다. 이 동안은 인젝터가 열려 연료를 분사하고 B단자에 0V의 전압이 공급될 경우는 C와 E의 회로가 차단되어 배터리로부터 전류가 흐를 수 없어 연료는 분사되지 않는다. 그림 3-7의 베이스 단자 아래쪽에 보이는 구형파가 베이스 단자에 입력되어 인젝터를 여는 시간을 제어한다.

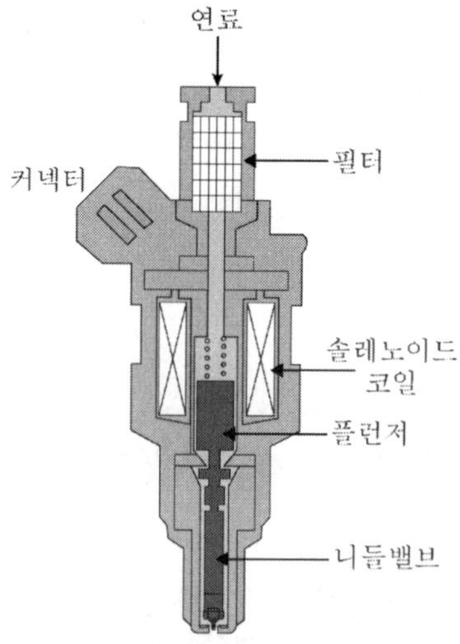

| 그림 3-6 | 인젝터 구조

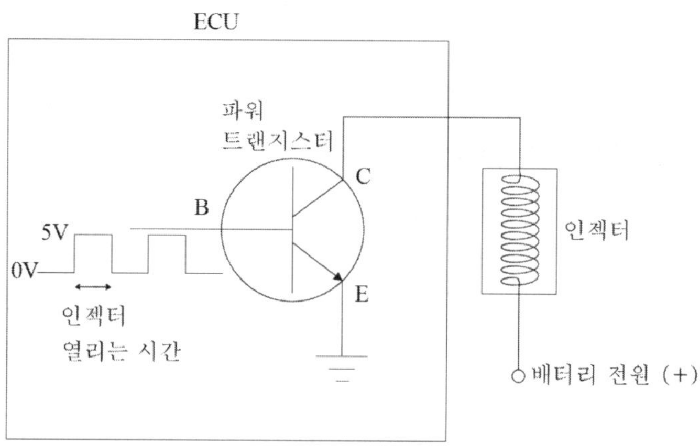

| 그림 3-7 | 인젝터 구동회로

3-6 GDI용 연료계

GDI 엔진은 연료를 직접 연소실에 분사하는 방식으로 특히 압축행정 중에 분사할 경우 실린더 내의 높은 압력 극복하기 위해 높은 연료압력이 필요하다. PFI(port fuel injection) 엔진의 경우 보통 연료압력이 3~4기압인데 비해 GDI 엔진에서는 최고 약 150기압에 달한다. 높은 연료압력을 얻기 위해 MPI 엔진의 연료계에 고압 연료펌프와 연료압력센서가 추가로 필요하며 그 구성은 그림 3-8과 같다. 연료 탱크내의 연료펌프는 고압 연료펌프까지 저압(4기압 근처)의 연료를 공급하며 캠축에 설치된 캠에 의해 구동되는 고압 펌프는 연료를 가압하여 연료 레일로 공급한다. 사진 3-7은

GDI용 고압 연료펌프의 모습이며 사진 3-8은 연료레일에 설치된 인젝터와 연료압력 센서의 모습이다. 사진 3-9는 캠축에 별도로 설치된 고압연료펌프 구동용 캠의 모습이다.

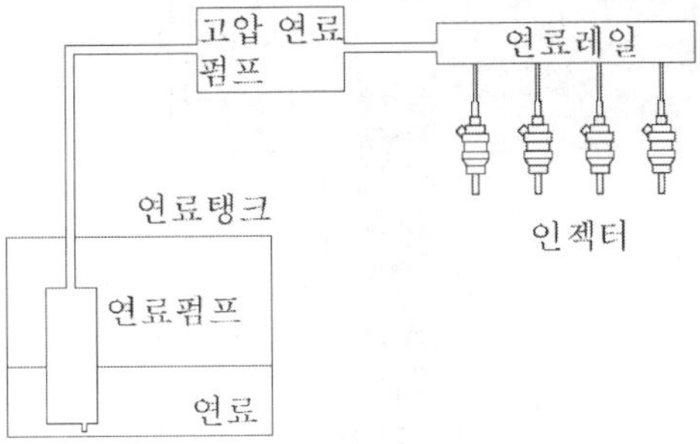

| 그림 3-8 | GDI용 연료계의 구성

| 사진 3-7 | GDI용 고압 연료펌프

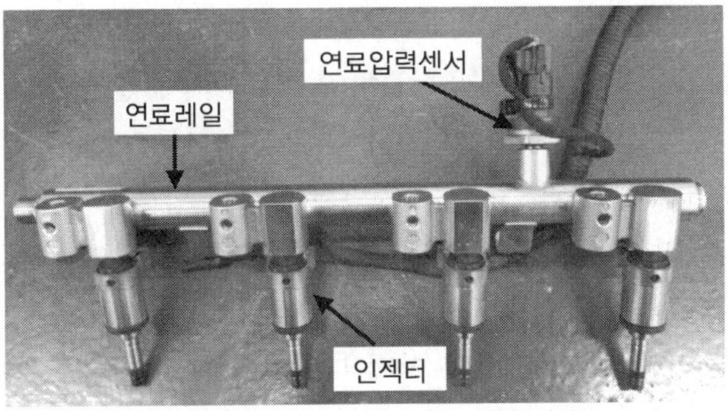

| 사진 3-8 | GDI용 연료레일, 인젝터 및 연료압력센서

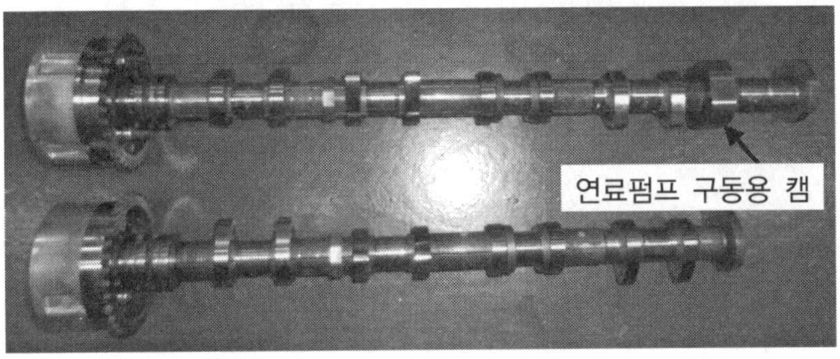

| 사진 3-9 | GDI용 고압 연료펌프 구동용 캠

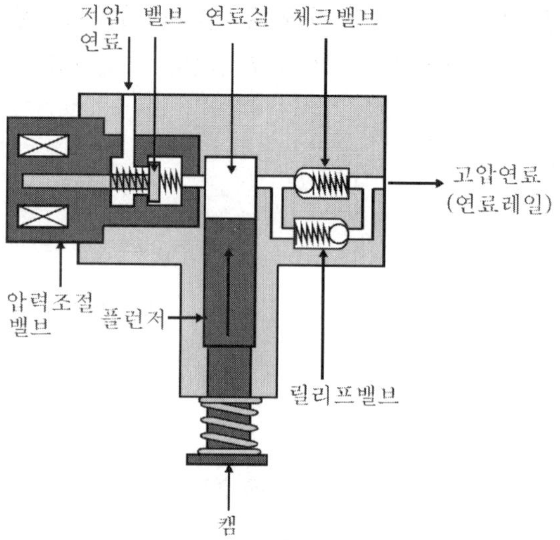

| 그림 3-9 | GDI용 고압 연료펌프의 내부구조

고압 연료펌프의 내부구조를 그림 3-9에 보인다. 연료펌프에 설치된 스프링과 캠에 의해 플런저가 하강하면 연료펌프의 연료실은 압력이 낮아져 저압의 연료는 압력조절밸브를 거쳐 연료실로 유입된다. 이때 압력조절밸브의 솔레노이드에는 전류가 흐르지 않으며 밸브는 열린 상태에 있다. 이 과정은 고압 연료펌프의 연료실로 저압의 연료를 흡입하는 것이다. 솔레노이드 밸브가 닫힌 상태에서 배기용 캠축에 설치된 캠의 로브에 의해 피스톤이 상승하면 연료실내의 연료는 가압된다. 그 압력이 체크밸브의 설정 압력 이상이 되면 체크밸브는 열려 연료레일로 고압의 연료가 공급된다. 연료레일 측의 압력이 과도하게 상승하면 연료장치에 발생할 수 있는 손상을 없애기 위해 릴리프 밸브가 동작하여 연료레일에 있는 고압의 연료가 연료실로 역류하여 압력을 제한한다. 연료 펌프에서 공급되는 연료의 압력은 인젝터의 연료 분사량에 영향을 주므로 연료압력을 제어하기 위해 압력조절밸브가 고압펌프의 입구 측에 설치되어 있다. 연료레일에 설치된 연료압력센서의 신호를 기준으로 압력조절밸브의 개폐를 피드백 제어함으로써 연료의 압력은 제어된다. 즉 플런저가 캠에 의해 상승하더라도 압력조절밸브가 열려있으면 연료실의 연료는 저압 측으로 흘러 고압펌프의 연료실의 압력은 상승하지 않는다.

3-7 심화 내용

3-7-1 연압 조절기의 필요성

그림 3-10(a)와 같이 연료는 인젝터 내부를 거쳐 흡기포트의 흡기밸브 뒷면으로 분사된다. 그림 3-10(b)와 같이 인젝터 내부와 인젝터의 핀틀부를 각각 아래 첨자 1과 2로 나타내고 여기에 베르누이 방정식을 적용한다.

$$p_1 + \frac{1}{2}\rho_1 v_1^2 = p_2 + \frac{1}{2}\rho_2 v_2^2 \tag{3-5}$$

여기서 p, ρ, v는 각각 압력, 밀도, 속도를 나타낸다. 또 1과 2 위치의 단면적 A에 대해 연속방정식은

$$\rho_1 v_1 A_1 = \rho_2 v_2 A_2 \tag{3-6}$$

이 된다. 연료는 비압축성 유체이므로 1과 2에서 밀도는 동일하다.

$$\rho_1 = \rho_2 = \rho_f \tag{3-7}$$

식 (3-6)과 (3-7)로부터 1과 2에서 속도는

$$v_1 = \frac{A_2}{A_1} v_2 \tag{3-8}$$

의 관계를 갖는다. 식 (3-5)에 (3-8)을 대입하면 인젝터에서 분사되는 속도는

$$v_2 = \sqrt{\frac{2(p_1 - p_2)}{\rho_f\left[1 - (A_2/A_1)^2\right]}} \tag{3-9}$$

이 된다. 인젝터에서 분사되는 연료의 질량유동율은

$$\dot{m}_f = \frac{\Delta m_f}{\Delta t} = \rho_f v_2 A_2 = A_2 \sqrt{\frac{2\rho_f (p_1 - p_2)}{\left[1 - (A_2/A_1)^2\right]}} \tag{3-10}$$

이 된다. 인젝터가 열리는 ΔT시간 동안 공급되는 연료량 m_f는 다음 식으로 표현된다.

$$m_f = A_2 \sqrt{\frac{2\rho_f (p_1 - p_2)}{\left[1 - (A_2/A_1)^2\right]}}\, \Delta T = C_f \sqrt{p_1 - p_2}\, \Delta T = C_f \sqrt{\Delta p}\, \Delta T \tag{3-11}$$

여기서 C_f는 인젝터의 유량계수이다. 식 (3-11)에서 알 수 있듯이 인젝터를 통해 공급되는 연료량은 압력차와 인젝터 열리는 시간으로 결정된다. 압력차를 항상 일정하게 유지하면 인젝터를 통해 공급되는 연료의 양은 단순히 인젝터가 열리는 시간에 비례함을 알 수 있다. 흡기다기관과 연료의 압력차를 일정하게 조절하는 장치가 바로 연압 조절기이다.

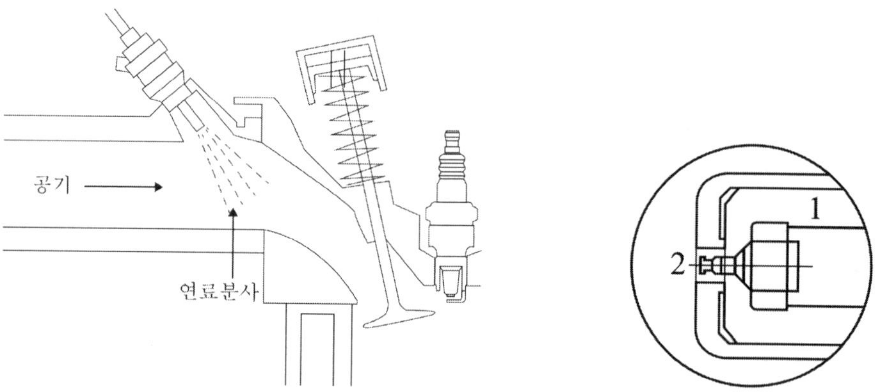

(a) 연료가 분사되는 위치 (b) 인젝터 핀틀부의 확대모습

| 그림 3-10 |

3-7-2 기화기

기화기(carburetor)는 그림 3-11과 같이 공기가 엔진으로 흡입되는 통로에 벤투리(venturi)를 설치한다. 공기가 벤투리 부분을 지나갈 때 단면적이 줄어들기 때문에 속도는 증가한다. 베르누이 원리에 의하면 속도 증가에 의해 벤투리 부분의 압력은 감소하여 대기압보다 낮아진다. 그림 3-11에서 플로트실(float chamber)에 들어 있는 연

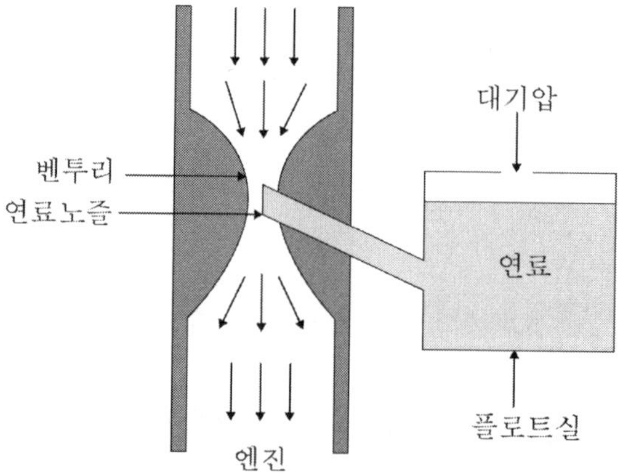

| 그림 3-11 | 기화기의 원리

료의 압력은 대기와 통하는 구멍에 의해 대기압으로 유지되기 때문에 벤투리와의 압력 차이에 의해 연속적으로 연료는 연료 노즐을 통해 벤투리로 공급된다. 베르누이 방정식은 연압 조절기의 원리에 설명되어 있다.

CHAPTER 04

배기계

자동차에 사용되는 배기계는 엔진으로부터 배기가스가 대기로 방출되는 순서대로 배기다기관, 촉매변환기, 보조 소음기, 주 소음기 및 이들을 연결하는 파이프와 마지막으로 대기 중에 배기가스를 방출하는 미관(tail pipe)으로 구성되어 있다. 그림 4-1에 배기계 전체 구성을 보인다.

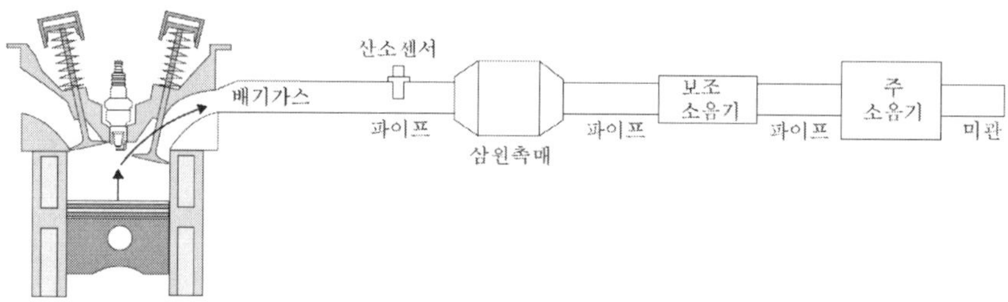

| **그림 4-1** | 배기계 구성

4-1 배기밸브

배기밸브(exhaust valve)는 연소실에 있는 배기 구멍을 개폐하여 연소가스를 외부로 배출하는 역할을 하며 흡기밸브보다 지름이 작다. 사진 4-1은 DOHC 엔진의 연소실로 아래에 있는 크기가 작은 2개의 밸브가 배기밸브이다.

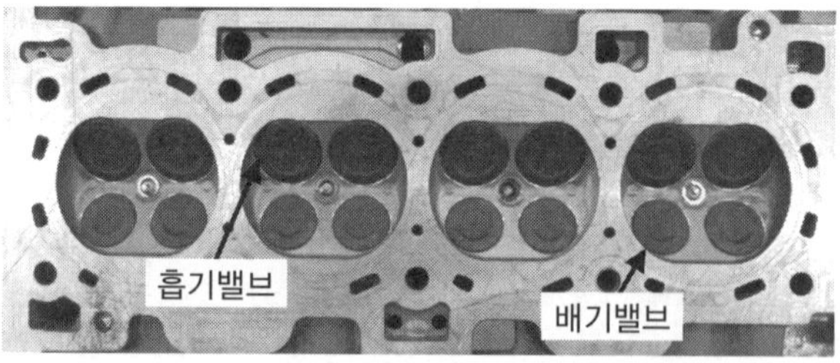

| **사진 4-1** | 실린더 헤드에 장착된 흡배기 밸브의 모습

4-2 배기 다기관

배기 다기관(exhaust manifold)은 각 실린더에서 배출되는 연소가스를 하나의 관으로 모으는 장치이다. 과거 엔진의 배기 다기관은 모두 주철로 만들었으나 배기가스 규제가 강화됨에 따라 무게 감소를 통해 열용량을 줄이기 위해 스테인레스 강으로 제작하게 되었다. 열용량 감소로 인해 엔진에서 배출되는 배기가스의 열에너지는 배기다기관 가열보다 산소센서와 삼원촉매 가열에 사용된다. 이로 인해 삼원촉매와 산소센서가 높은 온도에 일찍 도달하여 산소센서의 동작이 빨라지고 삼원촉매도 빨리 정화율이 높아진다. 사진 4-2는 스테인레스 강으로 제작된 배기다기관이다.

| **사진 4-2** | 스테인레스강으로 만든 배기 다기관

4-3 산소센서

산소센서(oxygen sensor)는 공기량센서와 함께 삼원촉매를 장착하여 유해한 배기가스를 정화하는 엔진에는 반드시 필요한 부품으로 삼원촉매의 바로 앞에 설치된다. 이 센서는 삼원촉매로 유입되는 배기가스의 공연비에 따른 전압을 발생하여 ECU로 보낸다. ECU는 이 신호를 근거로 공연비가 희박 또는 농후한지를 판단하여 엔진에 공급되는 연료량을 가감함으로써 항상 삼원촉매가 요구하는 이론공연비 근처로 제어한다. 참고로 혼합기의 공연비가 희박한 상태를 나타내는 신호를 산소센서가 발생할 경우 ECU는 이론공연비가 될 수 있도록 연료 분사량을 증가시킨다. 그림 4-2는 이러한 산소센서의 역할을 정리한 것이다. 사진 4-3은 산소 센서의 모습으로 네 가닥의 전선이 있는데 두선은 신호선이고 다른 두선은 산소센서를 가열하기 위한 내장된 히터를 위한 것이다.

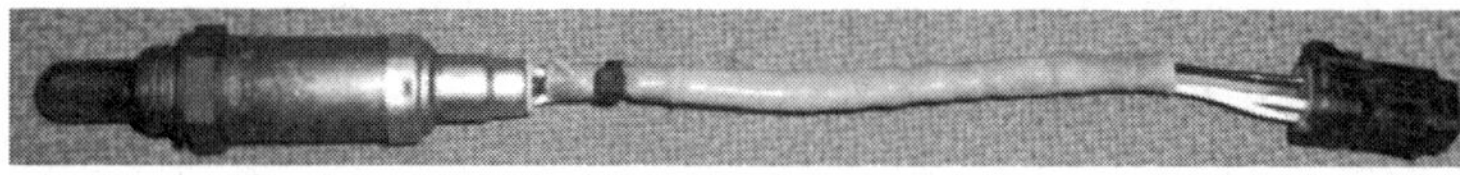

| **사진 4-3** | 산소센서

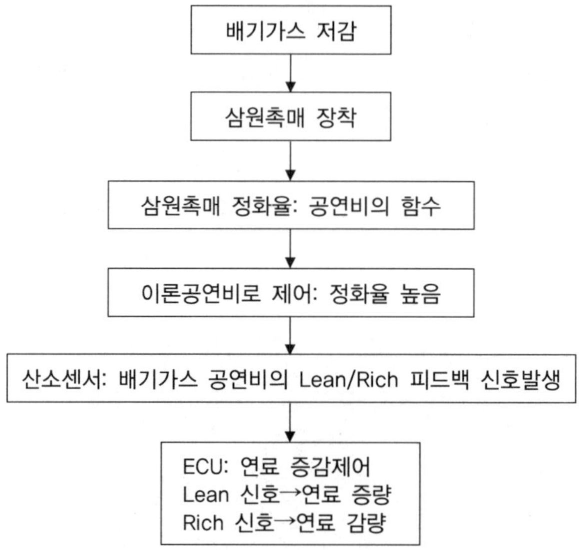

| **그림 4-2** | 산소센서의 역할

엔진으로 흡입되는 혼합기의 공연비에 따라 연소 후 배출되는 배기가스의 성분을 측정한 결과는 그림 4-3과 같다. 공연비가 희박할 경우 배기가스 속에 산소는 존재하고 농후할 때는 거의 배출되지 않는 특징을 보인다. 이러한 현상을 이용하여 공연비가 농후한지 희박한지 검출하기위해 개발된 것이 산소센서이다. 그림 4-4은 산소센서의 등장배경을 요약한 것이다.

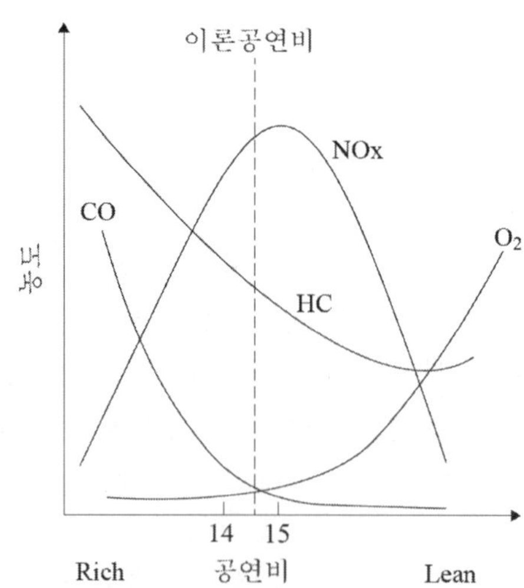

| **그림 4-3** | 공연비에 따른 배기가스의 배출특성

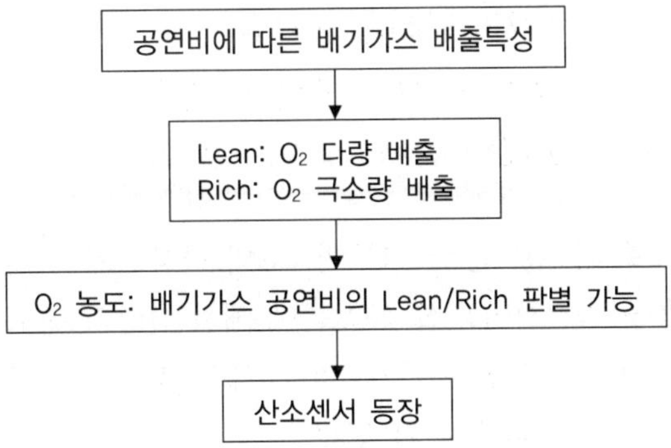

| **그림 4-4** | 산소센서의 등장배경

대표적으로 사용되는 지르코니아 산소센서의 신호 특성은 그림 4-5와 같다. 이론 공연비보다 희박할 때는 0V 근처의 전압을 그리고 농후할 때는 1V 근처의 전압을 출력하며 이론공연비에서 급격하게 변한다. 보통 0.45V 또는 0.5V를 공연비의 농후 및 희박한 상태를 판정하는 기준 전압으로 사용한다.

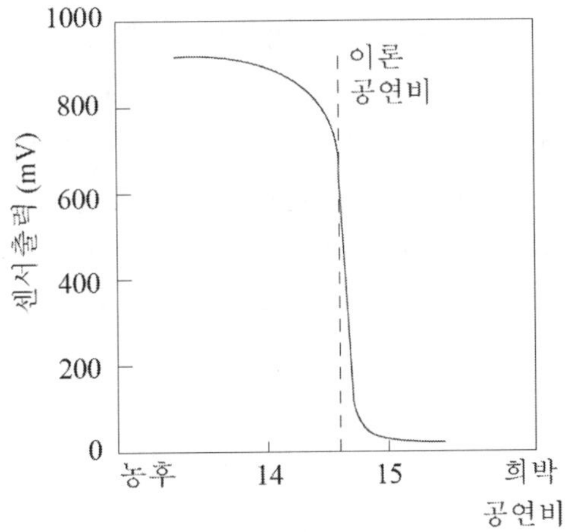

| **그림 4-5** | 지르코니아 산소센서 출력특성

4-4 삼원촉매

자신은 변하지 않고 반응을 촉진해주는 역할을 하는 것을 촉매라 하며 귀금속인 Pt, Pd, Rh가 자동차에 사용되는 대표적인 촉매 물질로 시장 가격에 따라 촉매로 선택된다. 삼원촉매(TWC, three-way catalyst)는 이름에서 알 수 있듯이 다음과 같은 세 가지의 반응 경로가 존재한다.

$$CO + 1/2\ O_2 \rightarrow CO_2$$
$$[HC] + O_2 \rightarrow CO_2 + H_2O \quad (4\text{-}1)$$
$$2NO + 2\ CO \rightarrow N_2 + 2CO_2$$

삼원촉매는 그 속에 저장된 산소를 HC와 CO와 반응시켜 무해한 물과 이산화탄소로 바꾸는 산화반응을 촉진시키고 또 NOx를 무해한 산소와 질소로 분리하는 환원반응을 돕는다. 삼원촉매가 유해한 배기가스를 무해한 것으로 변환하는 정도를 정화율(η_c)로 표시하며 그 정의는 다음 식과 같다.

$$\eta_c(\%) = \frac{\dot{m}_{in} - \dot{m}_{out}}{\dot{m}_{in}} \times 100 \quad (4\text{-}2)$$

$\dot{m}_{in}$와 $\dot{m}_{out}$는 각각 삼원촉매로 들어가고 나오는 배기가스의 단위 시간당 질량을 나타낸다. 엔진으로 공급되는 혼합기의 공연비에 따른 삼원촉매의 정화율 특성은 그림 4-6과 같다. HC와 CO는 이론공연비보다 희박한 상태에서 높은 정화율을 나타내는 반면 NOx는 이론공연비보다 농후한 상태에서 높은 정화율을 보인다. 따라서 3가지 유해한 성분을 동시에 정화하기 위해서는 그림 4-6에서와 같이 이론공연비를 포함하는 좁은 범위로 엔진의 공연비를 제어해야 한다. 기존 기계식 방식으로 공연비를 정밀하게 제어할 수 없기에 전자제어엔진이 도입되게 되었다. 삼원촉매의 단면 형상은 사진 4-4와 같이 벌집모양의 무수히 많은 사각형 공간으로 구성되며 이러한 것을 벌집(honeycomb)형 촉매라 부른다. 촉매 역할을 하는 귀금속은 사각형의 표면에 코팅된다.

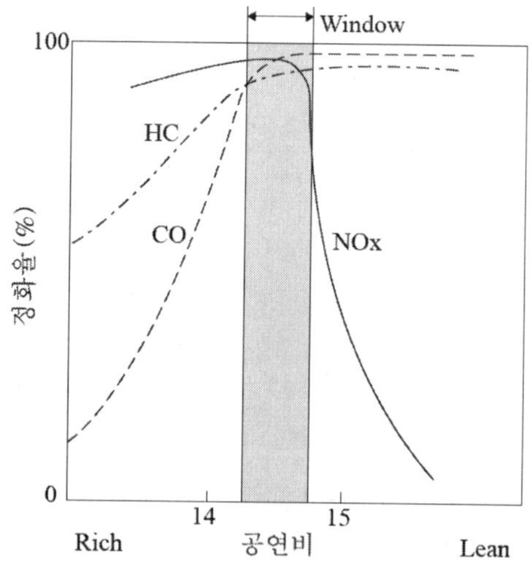

| 그림 4-6 | 공연비에 따른 삼원촉매의 정화율 특성

| 사진 4-4 | 삼원촉매의 단면

4-5 소음기

배기소음은 실린더의 고압가스가 저압의 배기계로 배출될 때 발생되는 압력 충격파에 의한 맥동소음과 배기관내 배기가스의 흐름에 의해 발생하는 기류소음으로 크게 나눈다. 소음기(muffler)는 배기가스를 통과시킬 수 있는 통로이자 이 소음을 감소시키는 역할을 한다. 따라서 소음기는 소음을 최대로 줄이면서 배기가스의 유동 저항을 최소로 하는 것이 중요하다.

소음기는 흡음형과 반사형 그리고 이들의 조합형으로 구분된다. 흡음형 소음기(absorptive muffler)는 흡음재를 사용하여 음향 에너지를 열에너지로 변화시켜 소음을 줄이는 것으로 일반적인 구조는 그림 4-7과 같다. 유리섬유와 같은 흡음재가 배기가스가 흐르는 구멍이 뚫린 직선 관을 둘러싸고 그 외부에 흡음재를 고정하는 관이 추가로 설치된다. 이 형식은 단순한 구조로 저가이며 중고주파 영역의 소음저감 효과가 있고 배압(back pressure)이 낮아 엔진 성능의 저하가 작다.

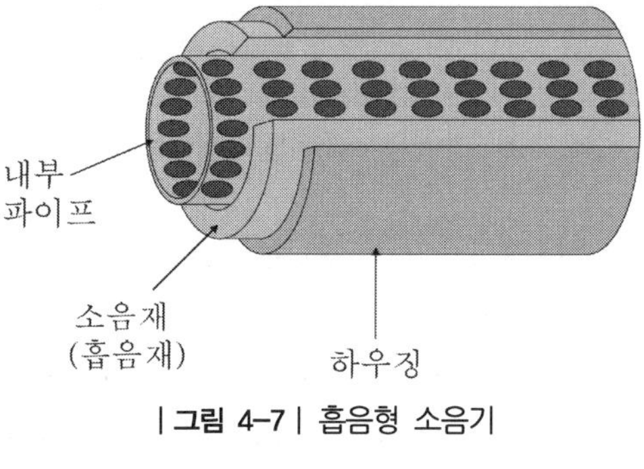

| 그림 4-7 | 흡음형 소음기

반면 반사형 소음기(reactive or reflective muffler)는 상쇄 간섭의 원리를 사용하여 소음을 줄이는 것으로 완전 상쇄 간섭을 위해서는 입사파와 반사파의 크기는 같고 위상은 180도 차이가 필요하다. 반사는 형상의 변화가 있는 곳이나 단면적의 불연속

이 존재하는 곳에서 발생한다. 반사형 소음기는 그림 4-8과 같이 단순팽창형(expansion type), 연장형(extended type), 역류형(reverse type), 편심형(offset type) 그리고 천공형(perforated type)의 기본 요소로 구성된다.

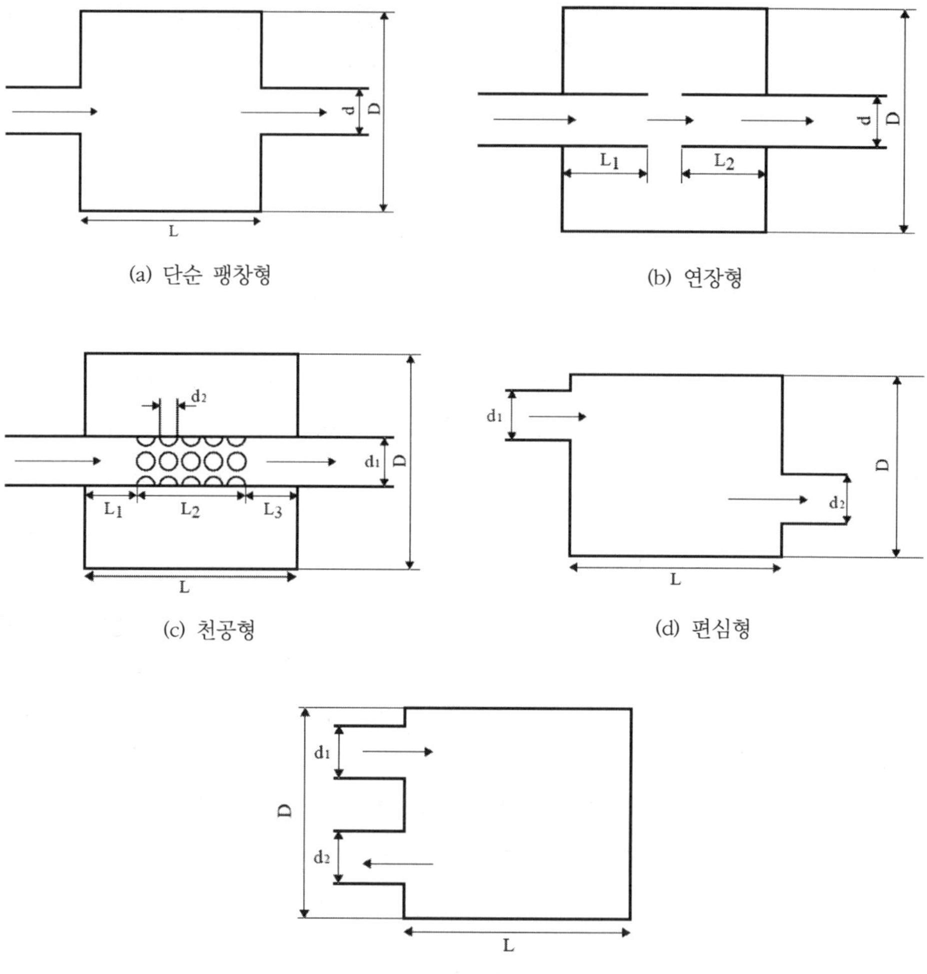

(a) 단순 팽창형 (b) 연장형 (c) 천공형 (d) 편심형 (e) 역류형

| 그림 4-8 | 반사형 소음기를 구성하는 기본 요소

사진 4-5는 승용차에 사용되는 소음기의 모습을 보인 것으로 반사형을 구성하는 기본 요소로 구성된 것을 확인할 수 있으며 또한 흡음형 소음기의 요소인 유리섬유도 보인다. 사진 4-6은 소음기 내부의 모습으로 반사형 소음기의 기본 요소가 사용된다. 이와 같이 배기가스가 지나는 통로는 단면적과 형상 변화가 다양하기 때문에 넓은 주파수 범위의 소음을 감소시킬 수 있으나 배압이 높은 단점이 있다.

| 사진 4-5 | 자동차 소음기 내부에 존재하는 유리섬유

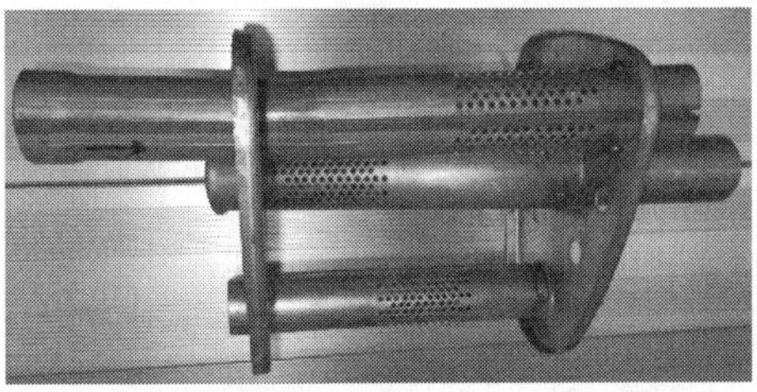

| 사진 4-6 | 반사형 소음기의 기본 요소로 구성된 자동차 소음기

4-6 보조 소음기

보조 소음기는 일차적으로 배기계의 중고주파의 소음을 줄이는 장치로 흡음형의 형태도 존재하고 확장실 속에 천공된 파이프가 배치된 형태인 것도 존재한다. 사진 4-7과 4-8은 실제 자동차에 사용되는 보조 소음기의 단면 모습이다.

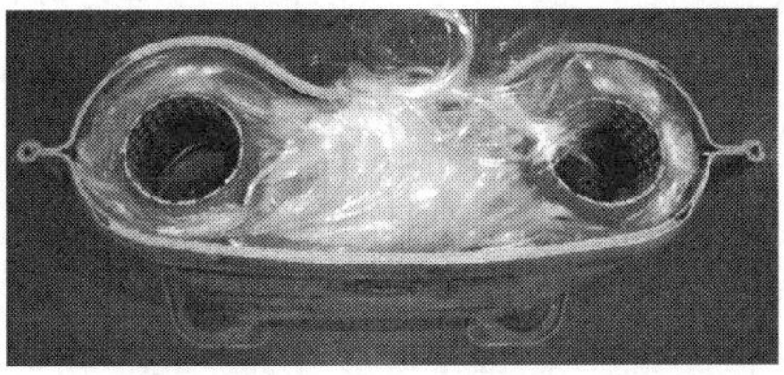

| 사진 4-7 | 흡음형

| 사진 4-8 | 천공형과 단순 확장형의 조합

4-7 심화 내용

4-7-1 산소센서의 종류

자동차용 산세센서로 사용되고 있는 것은 지르코니아 산소센서와 티타니아 산소센서가 있다. 일반적으로 지르코니아 산소센서가 널리 사용되고 있다.

1) 지르코니아 산소센서

그림 4-9와 같이 시험관 형상의 지르코니아(ZrO_2) 소자 양쪽 표면에 백금전극이 설치되어 있고 내측에는 대기가 외측에는 배기가스가 흐른다. 산소분압이 높은 쪽에서 낮은 쪽으로 산소 이온이 지르코니아 소자를 통해 이동하는 특성에 의해 전극 사이에는 Nernst 식에 의해 전압이 발생한다.

$$V = \frac{RT}{4F} ln\left(\frac{P_{O_2}}{P'_{O_2}}\right) \tag{4-3}$$

R, T, F, P_{O_2}, P'_{O_2}는 각각 기체상수, 절대온도, 패러데이상수, 대기 중의 산소분압, 배기가스 속의 산소 분압을 나타낸다. 그림 4-3과 같이 이론공연비 근처의 배기가스 속에 존재하는 산소의 농도는 연속적으로 서서히 변하므로 Nernst식에 의해 발생되는 산소센서의 기전력은 급격히 변하지 않는다. 이러한 기전력 특성으로는 이론공연비를 정확히 구별하기는 어려워 산소센서의 전극으로 다공성 백금을 사용한다. 농후한 혼합기가 연소될 때 비록 O_2가 배출되지만 백금전극이 촉매로 작용하여 CO와 HC를 산화시키면서 O_2를 모두 사용하여 배기가스 속에는 O_2가 거의 사라져 산소센서의 출력은 약1V의 기전력을 발생한다. 반면 희박한 혼합기가 연소될 때 배기가스 속에 O_2, CO, HC가 존재하여 백금의 촉매작용으로 O_2는 CO와 HC를 산화시키더라도 O_2가 여전히 남아 낮은 기전력을 발생한다. 따라서 공연비에 따른 산소센서의 출력은 그림 4-5와 같이 이론공연비를 경계로 급격하게 변한다. 혼합기의 공연비가 이론공연비보다 농후할 때 0.9V 근처의 기전력이 발생되고 반대로 희박할 때 0.1V 근처의 기전력이 발생된다. 약 300^oC 이상의 온도에서 지르코니아는 산소 이온을 원활하게 전달하는 특성을 갖기에 엔진시동 후 이 온도에 도달할 때까지 산소센서의 신호는 신뢰성이 없다. 산소센서의 신호를 이용하여 빨리 공연비를 제어하기 위해 산소센서의 내부에 히터(heater)가 설치된 형식이 등장하였다. 이를 가열형 산소센서(heated O_2 sensor)라 부른다.

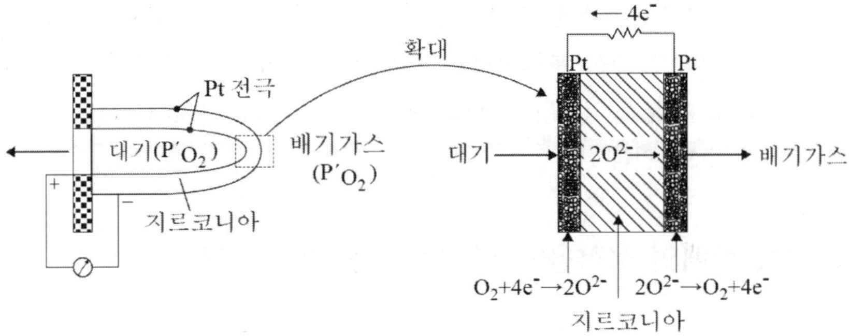

| 그림 4-9 | 지르코니아 산소센서

2) 티타니아 산소센서

지르코니아 산소센서는 배기가스의 산소농도에 따라 출력전압이 변하나 티타니아(TiO_2) 산소센서는 전기저항이 변한다. 희박 혼합기의 배기가스 속에는 산소가 존재하며 이 경우 티타니아 산소센서의 전기저항은 증가하고 반대인 경우 전기저항은 감소한다. 센서의 저항(R)은 다음 식으로 표시된다.

$$R = A_0 \exp(\frac{E_A}{kT})(P_{O_2})^m \qquad (4\text{-}4)$$

여기서 A_0, E_A, k, T, P_{O_2}, m은 각각 상수, 활성화 에너지, 볼쯔만 상수, 절대온도, 산소 분압, 0.2~0.25인 지수를 나타낸다. 그림 4-10과 같이 이론공연비 근처에서 급격하게 센서의 저항이 변한다. 지르코니아 산소센서와 달리 이 센서는 기준의 대기가 필요 없는 장점이 있는 반면 식 (4-4)와 같이 온도에 따라 저항이 크게

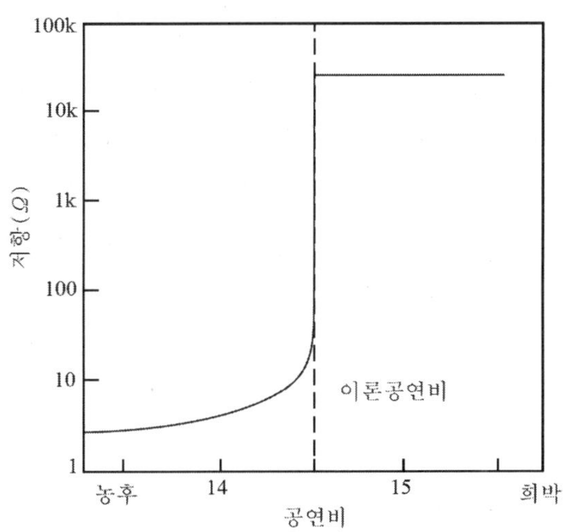

| 그림 4-10 | 티타니아 산소센서 특성

변화는 단점이 있다. 따라서 이 센서에 온도보정회로를 추가하거나 비교적 고온에서 사용하기 위해 히터를 부착한다. 공연비에 따른 센서의 출력전압은 회로를 구성하는 방법에 따라 달라진다. 공연비가 희박할 때 5V 근처의 값을 출력할 수도 있고 반대일 수도 있다.

4-7-2 삼원촉매의 정화율에 영향을 주는 추가 인자

1) 온도

삼원촉매의 정화율은 삼원촉매의 온도에 큰 영향을 받는다. 이 성능을 표시하기 위해 도입된 것이 light-off temperature로 정화율이 50%에 도달하는 온도를 말하며 이 온도가 낮은 삼원촉매가 당연히 좋다. 삼원촉매가 light-off temperature에 빨리 도달하도록 주철 대신 스테인레스 강으로 배기다기관을 만드는 이유이다. 삼원촉매의 온도 상승에 시간이 걸리기 때문에 가솔린 엔진이 냉시동한 후 많은 유해 배기가스가 초기에 발생하고 이 기간에는 공연비를 이론공연비로 피드백제어를 하지 않는다. 물론 산소센서 또한 온도에 영향을 받기에 시동 초기에는 정상적인 작동을 하지 못한다.

2) 공간속도

공간속도(space velocity)는 배기가스가 삼원촉매 내에 머무르는 시간을 나타내는 것으로 다음과 같이 정의된다.

$$\text{공간속도[1/sec]} = \frac{\text{표준 온도 및 압력에서 배기가스의 체적유동률}}{\text{삼원촉매의 체적}} \tag{4-5}$$

공간속도가 증가하면 배기가스가 삼원촉매 내에 머무는 시간이 줄어드는 것을 의미한다. 배기가스가 삼원촉매 내에 오래 머물러 촉매와 접촉하는 시간이 증가하면 촉매에 의해 반응할 시간이 증가하여 정화율이 상승한다. 참고로 연구에 의하면 공간속도가 100,000hr^{-1} 이상에서는 정화율이 급격히 감소한다. 배기량이 작은 엔진보다 큰 엔진에 큰 용량의 삼원촉매를 사용하는 것은 공간속도를 줄이려는 것이다.

3) 접촉면적

사진 4-4와 같이 삼원촉매의 내부 모습은 벌집 모양을 하고 있는데 이는 배기가스와 촉매의 접촉면적을 높여 정화율을 높이기 위한 것이다. 이의 정도는 단위 면적당 셀 수로 나타내고 이를 셀 밀도(cell density)라 부르며 참고로 어떤 촉매의 셀

밀도는 400[$cells/in^2$]이다. 이는 가로 세로 1in인 넓이에 400개의 사각형이 존재하는 것을 뜻한다. 정화율을 높이기 위해서는 당연히 셀 밀도가 높은 삼원촉매가 유리하나 이로 인해 삼원촉매가 배기가스의 흐름을 방해하기 때문에 엔진 출력이 감소하는 단점이 있다.

4-7-3 Warmup catalyst

자동차에서 배출되는 유해 배기가스의 대부분은 시동초기에 삼원촉매와 산소센서가 정상 작동온도에 빨리 도달하지 못해 발생된다. 빨리 온도를 높이기 위해 스테인레스강 배기다기관을 사용하고 또 삼원촉매와 산소센서를 엔진 가까이에 위치시킨다. 사진 4-9(a)와 같이 배기다기관 바로 다음에 설치한 촉매를 warm-up catalyst (또는 CCC(close-coupled catalyst), MCC(manifold catalytic converter))라 부르고 사진 4-9(b)와 같이 차체의 바닥 아래에 설치된 것을 UCC(under floor catalytic converter)라 부른다. 사진 4-9(b)의 좌측의 것은 보조 소음기이다.

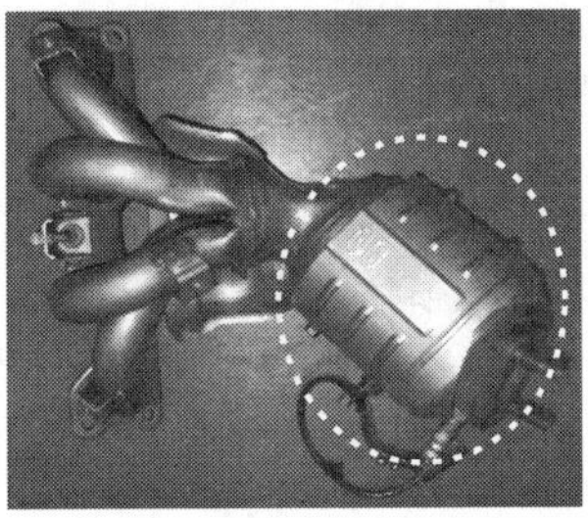

(a) Warmup catalyst

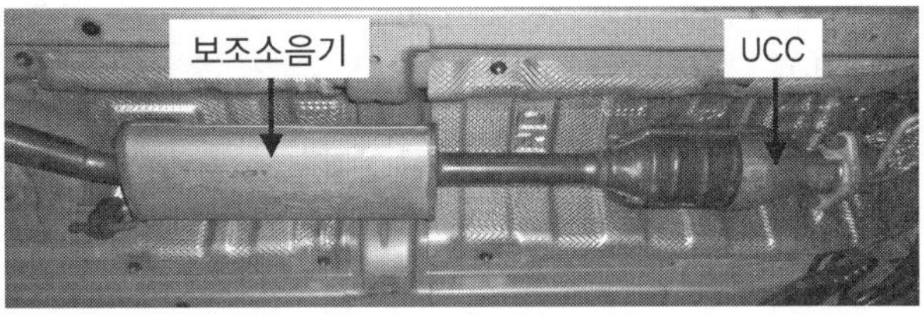

(b) Under floor catalytic converter

| 사진 4-9 |

4-7-4 소음기

반사형 소음기는 반드시 팽창실과 입구 및 출구를 갖는다. 입구와 출구가 동일 축에 있으면 단순 팽창형이고 다른 축에 있으면 편심형이라 한다. 이 형식은 단면적의 급격한 수축과 팽창을 이용하여 입사된 음파를 음원측으로 반사시켜 간섭 현상으로 소음을 줄이는 것으로 자동차에서 발생하는 저주파 소음을 줄이는데 효과적이다.

그림 4-11은 음파의 파장(λ)과 팽창실의 길이에 따른 소음저감을 도식적으로 설명한 것이다. 입사된 음파는 팽창실의 다른 끝부분에서 입구 쪽으로 반사되어 입사되는 음파와 간섭 현상을 일으킨다. 음파는 닫힌 끝부분에서 압축 및 희박 상태의 음파는 각각 압축 및 희박 상태로 반사되듯이 그대로 반사되고 열린 끝부분에서는 반대로 반사된다. 그림 4-11(a)와 (b)는 팽창실의 길이가 음파의 반파장의 정수배일 때 입

사파와 반사파의 간섭현상을 나타낸 것이다. 반사파와 입사파가 입구에 도달할 때 서로 동일한 압력 상태의 음파가 도달하여 서로 상쇄되지 않아 소음저감 효과가 없다. 반면 그림 4-11(c)와 (d)는 팽창실의 길이가 음파의 $\lambda/4$의 홀수배일 때 입사파와 반사파의 간섭으로 팽창실 입구에서 서로 반대되는 음파가 만나 상쇄간섭이 발생하여 소음이 저감된다. 입출구의 면적에 비해 팽창실의 면적이 클수록 소음저감 효과는 커지나 팽창실의 부피 증가로 인한 공간문제가 발생하고 또 입출구의 감소는 배압증가를 유발하여 엔진출력 저하를 야기한다.

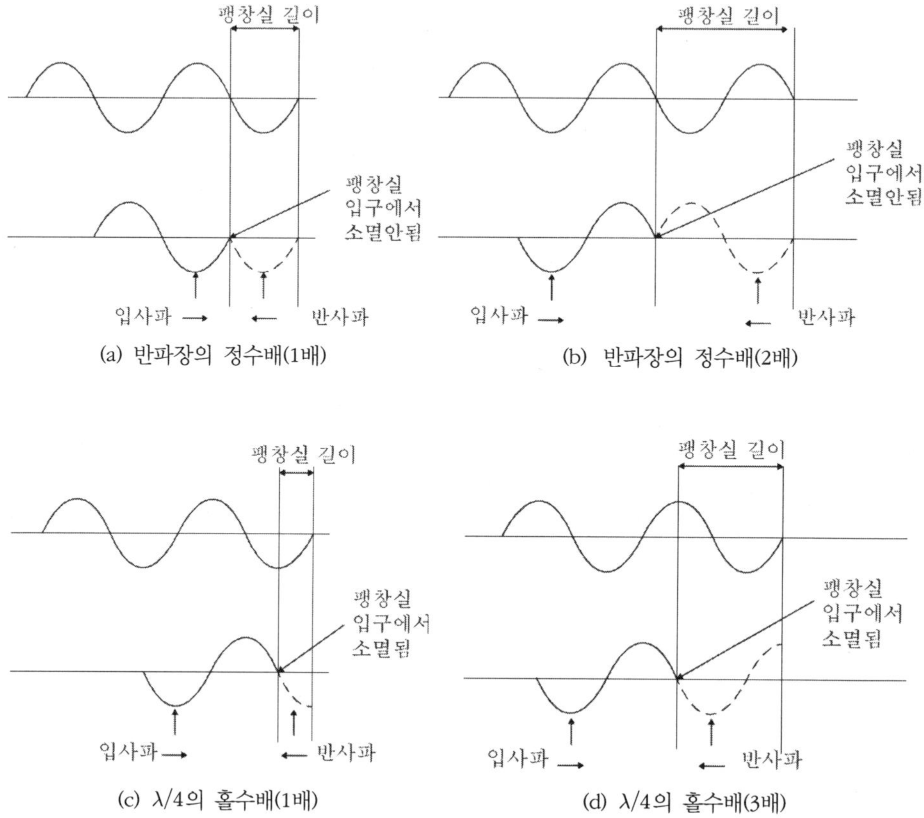

| 그림 4-11 |

소음기에서의 소음저감 특성은 투과손실(TL, transmission loss)로 나타낸다. 입사파와 투과파의 음향파워가 각각 W_i와 W_t일 때 투과손실은 다음 식으로 표현된다.

$$TL = 10\ \log_{10}\frac{W_i}{W_t} \tag{4-6}$$

소음기의 소음저감 성능이 우수한 경우 투과파의 음향파워가 감소하기 때문에 투과손실은 큰 값을 갖는다. 그림 4-12(a)와 (b)는 각각 단순 팽창형 소음기의 치수와 주파수에 따른 투과손실을 나타낸 그래프이다. 그림에서 약 380과 760Hz에서 투과손실이 최소이므로 소음저감효과가 거의 없는 곳으로 20℃에서의 음속 343m/sec를 사용하면 파장은 0.903m와 0.451m이다. 소음기 길이 0.45m는 반파장의 1배와 2배인 정수배로 그림 4-11(a)와 (b)에 해당한다. 투과손실 최대는 약 190과 570Hz에서 발생하며 이 음파의 $\lambda/4$는 각각 0.451m와 0.150m이다. 이때 팽창실의 길이는 $\lambda/4$의 1배와 3배로 홀수 배로 그림 4-11(c)와 (d)에 해당한다.

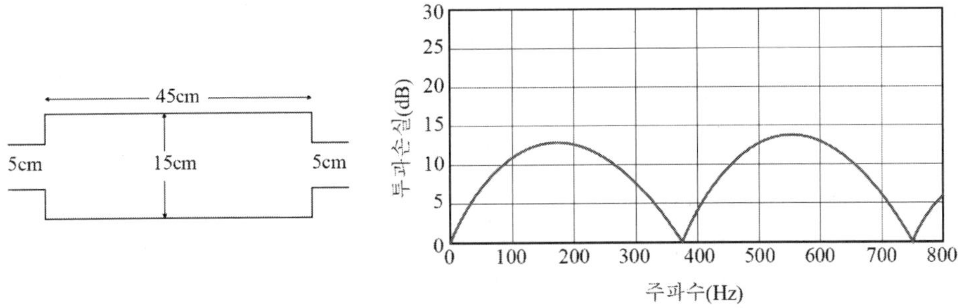

(a) 소음기 치수 (b) 단순 팽창형 소음기의 소음 저감 특성

| 그림 4-12 |

또 관에 많은 구멍을 뚫어 만든 천공형 요소를 갖는 소음기가 널리 사용되며 이는 소리를 반사하는 특성뿐 아니라 관의 구멍에서 음향 에너지가 열에너지로 소산되는 흡음 특성도 갖는다. 중고주파 대역의 소음감소를 목적으로 사용되고 공극률이 작으면 일정 대역의 소음을 감쇠시키는 공명기로 작용한다. 반면 공극률이 높으면 유동저항이 낮아지고 소음 저감 특성은 단순 팽창형 소음기와 유사해진다.

앞서 언급된 요소 외에 가장 유용하고 효율적으로 소음을 줄이는 요소인 헬름홀츠 공명기(Helmholtz resonator)가 있다. 이는 그림 4-13과 같이 체적 V인 공동(cavity)과 길이 및 단면적이 각각 l과 S인 목(neck)으로 이루어져 있으며 주 배기통로와 연결되어 있다. 이 요소에 의해 공진 주파수에 해당하는 음은 상쇄된다. 이 장치는 엔진 폭발 주파수 등과 같이 저주파 영역에서 발생하는 주요 소음의 감소에 유용하여 소음기 설계 시 필수적으로 사용된다. 헬름홀츠 공명기의 공진 주파수를 계산한 결과

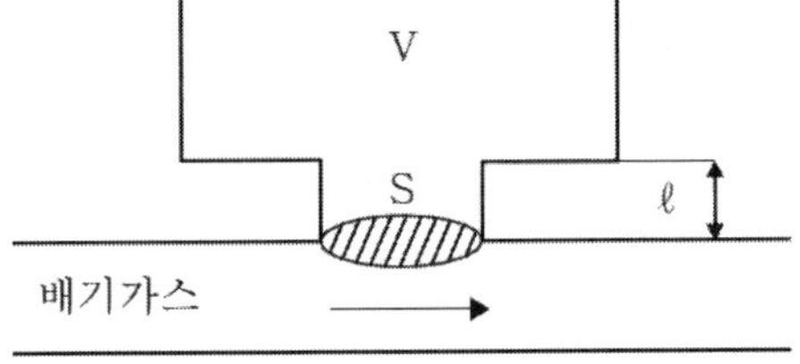

| 그림 4-13 | 헬름홀츠 공명기

와 주파수에 따른 투과손실을 각각 식 (4-7)과 그림 4-14에 보인다. 공진 주파수인 154Hz 근처에서 투과손실이 가장 크고 여기서 멀어질수록 투과손실은 감소하므로 공명기는 좁은 주파수 영역에서 소음을 줄이는 특성을 갖고 있다. 공명기의 체적 $V=0.001m^3$, 목의 등가 길이 $l_{eff}=25mm$, 목의 면적 $S=8\times10^{-4}m^2$, 음속 $c=343m/\sec$인 헬름홀쯔 공명기의 공진 주파수(f_n)는 다음과 같이 계산된다.

$$f_n = \frac{c}{2\pi}\sqrt{\frac{S}{V\,l_{eff}}} = \frac{343}{2\pi}\sqrt{\frac{8\times10^{-4}}{0.001\times25\times10^{-3}}} = 154Hz \qquad (4\text{-}7)$$

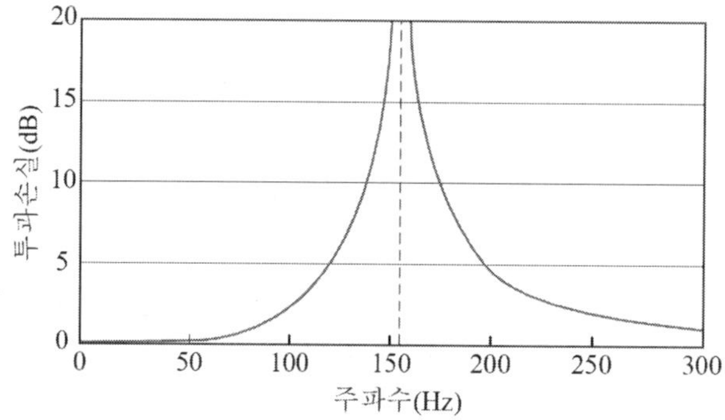

| 그림 4-14 | 헬름홀츠 공명기의 소음 특성

그림 4-15와 같이 소음기 내부는 격판으로 여러 개의 방으로 구분되어 있으며 헬름홀츠 공명기 역할을 하는 것은 그림에서 마지막 방이다.

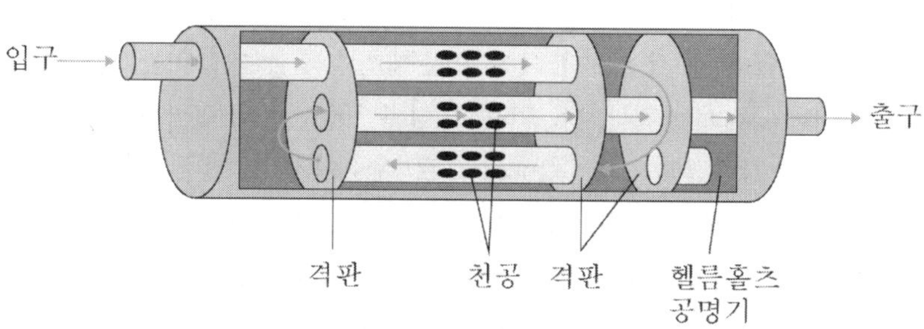

| 그림 4-15 | 주소음기에 사용된 헬름홀츠 공명기

4-7-5 헬름홀츠 공명기의 공진 주파수

헬름홀츠 공명기는 그림 4-16과 같이 체적 V인 공동(cavity)과 길이 및 단면적이 각각 l과 S인 목(neck)으로 이루어져 있다. 이 장치의 공진 주파수는 다음과 같이 구해진다.

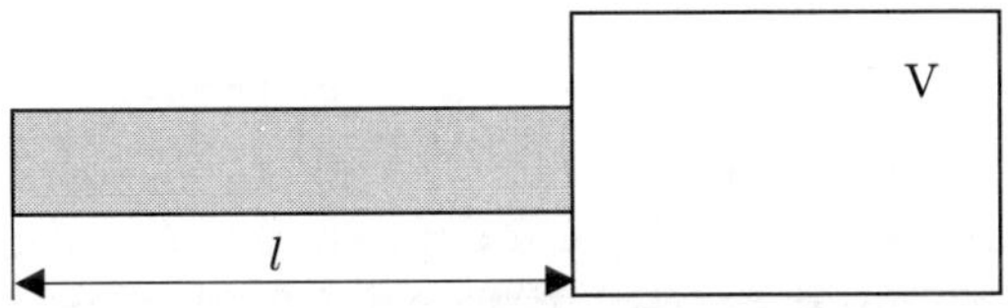

| 그림 4-16 | 헬름홀츠 공명기

목을 채우고 있는 기체의 덩어리는 고체처럼 운동한다고 가정하고 그림 4-17처럼 이것이 x만큼 공동 속으로 움직였다고 생각하자.

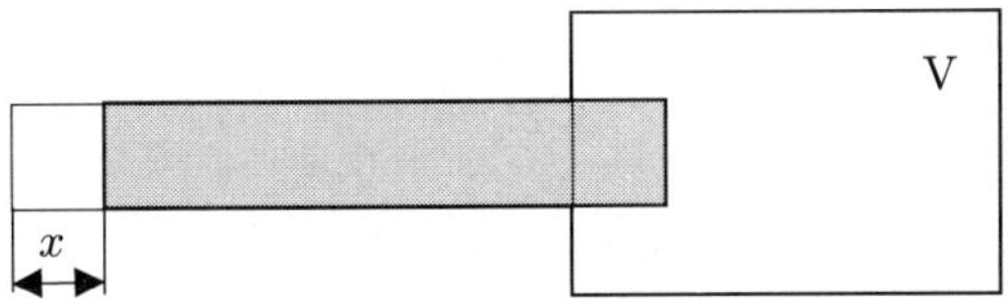

| 그림 4-17 | 기체가 공동 속으로 x만큼 이동

이때 기체 덩어리에 작용하는 힘은 그림 4-18과 같고 이 합력이 기체덩어리의 운동을 일으킨다.

| 그림 4-18 | 기체 덩어리에 작용하는 힘

뉴턴의 운동법칙을 적용하면

$$\sum F = m\ddot{x} = (P_a - P)S \tag{4-8}$$

이다. 용기내의 압력은 기체 덩어리가 이동하는 정도에 따라 압력이 변하며, 용기내의 기체는 등엔트로피(가역단열)과정으로 압축되는 것으로 가정한다. 이 과정은 압력과 부피 그리고 비열비 γ사이에 다음 관계식이 성립한다.

$$PV^{\gamma} = const. \tag{4-9}$$

이 관계식을 이용하면 기체 덩어리가 운동하기 전과 x만큼 운동한 후의 관계는 다음과 같다.

$$P_a V_c^{\gamma} = P(V_c - Sx)^{\gamma} \tag{4-10}$$

식 (4-10)을 정리하면

$$\frac{P}{P_a} = \left(\frac{V}{V - Sx}\right)^{\gamma} = \left(1 - \frac{Sx}{V}\right)^{-\gamma} \tag{4-11}$$

이 되고, 식 (4-11)을 선형화를 하면

$$\frac{P}{P_a} = 1 + \gamma \frac{S}{V} x \tag{4-12}$$

이 된다. 식 (4-12)을 식 (4-8)에 대입하면

$$m\ddot{x} + \frac{\gamma S^2 P_a}{V} x = 0 \tag{4-13}$$

이 되고 기체의 질량은

$$m = \rho S\, l \tag{4-14}$$

이다. 식 (4-13)과 (4-14)로부터 다음과 같은 2계 상미분방정식이 유도된다.

$$\ddot{x} + \frac{\gamma S P_a}{\rho l V} x = 0 \tag{4-15}$$

2차 상미분 방정식의 일반해는

$$x = C_1 \sin\left(\sqrt{\frac{\gamma S P_a}{\rho l V}}\, t + C_2\right) \tag{4-16}$$

이고 C_1와 C_2는 상수이다. 따라서 기체 덩어리가 운동하는 주파수는 공진 주파수 (f_n)로 식 (2-40)으로부터

$$f_n = \frac{1}{2\pi} \sqrt{\frac{\gamma S P_a}{\rho l V}} \tag{4-17}$$

이며 음속 c는

$$c = \sqrt{\gamma R T} \tag{4-18}$$

이다. 식 (4-17)에 식 (4-18)와 $P_a = \rho R T$를 대입하면 공명기의 공진 주파수는 다음과 같다.

$$f_n = \frac{c}{2\pi}\sqrt{\frac{S}{l_{eff}V}} \tag{4-19}$$

여기서 l_{eff}는 다음 식으로 주어진다.

$$l_{eff} = l + 0.8\sqrt{S} \tag{4-20}$$

CHAPTER 05

엔진 본체

엔진 본체는 사람의 뼈와 같이 엔진의 전체를 지탱하는 부분으로 실린더 헤드와 실린더 블록을 포함하는 부분과 동력을 만들기 위해 움직이는 피스톤, 커넥팅 로드, 크랭크축, 밸브를 여닫는 장치 등을 말한다.

5-1 엔진의 기하학적 정의

다음에 설명되는 항목들은 엔진의 형상으로부터 정의되는 것으로 엔진의 기하학적인 특징을 나타낸다.

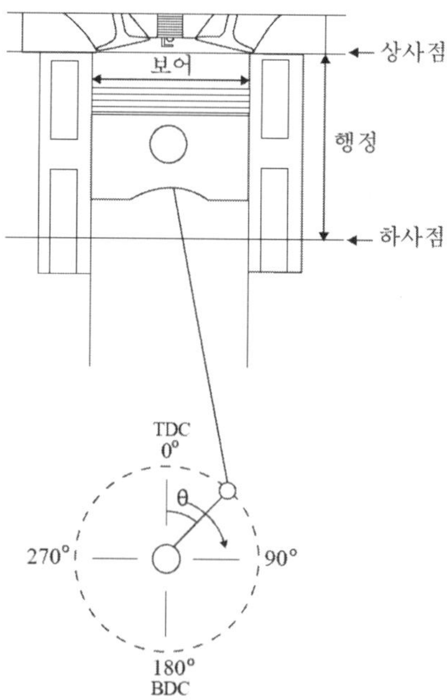

| 그림 5-1 | 엔진의 기하학적 정의

1) 상사점

상사점(TDC, top dead center)은 그림 5-1에서 피스톤이 제일 위에 도달하는 지점을 말하며 이 위치에서 피스톤의 속도는 0이다. 이것이 이름에 "dead" 또는 "사(死)"가 포함된 이유이다.

2) 하사점

하사점(BDC, bottom dead center)은 그림 5-1에서 피스톤이 제일 아래에 도달하는 지점을 말하며 이 위치에서 피스톤의 속도는 0이다.

3) 연소실

피스톤이 상사점에 왔을 때 피스톤과 실린더 헤드 사이에 존재하는 공간을 연소실(combustion chamber)이라 부르며 연소실의 체적을 V_c로 나타낸다.

4) 행정

피스톤이 상사점과 하사점을 왕복하는데 이 거리를 행정(stroke)이라 정의하며 L로 표시한다.

5) 보어

실린더의 지름을 보어(bore)라 정의하며 B로 나타낸다.

6) 배기량

흡기 행정 동안 피스톤은 상사점에서 하사점으로 이동하는데 이 때 흡입할 수 있는 공기의 부피를 배기량(displacement volume)이라 하며 V_d로 표시한다. 보어와 행정이 주어지면 원기둥의 체적 공식으로부터 배기량은 다음 식으로 표시된다.

$$V_d = \frac{\pi}{4} B^2 L \tag{5-1}$$

7) 압축비

압축비(compression ratio, r_c)는 최대의 실린더 체적을 최소의 실린더 체적으로 나눈 것으로 정의한다.

$$r_c = \frac{최대의\ 실린더\ 체적}{최소의\ 실린더\ 체적} = \frac{V_c + V_d}{V_c} = 1 + \frac{V_d}{V_c} \tag{5-2}$$

가솔린 엔진의 이론 사이클인 정적 사이클의 열효율은 압축비와 비열비로 표시되며 압축비와 비열비가 증가할수록 엔진의 열효율(η)은 증가하며 이론적으로 다음 식과 같다.

$$\eta = 1 - \frac{1}{r_c^{\gamma - 1}} \tag{5-3}$$

여기서 γ는 공기의 정압비열을 정적비열로 나눈 값으로 비열비이다. 비열비의 증가는 혼합기의 공연비를 희박하게 함으로써 얻을 수 있다. 원유 가격 상승과 지구 온난화 문제에 대응하기 위해 자동차 메이커들은 연비 향상을 위해 노력한다. 엔진의 열효율은 엔진의 연비와 직접 관계가 있기에 새로운 엔진 기술이 도입됨에 따라 압축비를 높여 연비를 향상시키려는 경향을 표 5-1로 알 수 있다. 이 표는 1980년대 중반 이후 국내에 생산된 대표적인 2.4리터 엔진의 엔진 종류에 따른 압축비의 변화를 보인다.

| 표 5-1 | 엔진의 종류에 따른 압축비 변화

엔진 종류	SOHC	DOHC	GDI
압축비	8.6	10.5	11.3

5-2 엔진 성능

엔진의 성능을 이해하기 위해 필요한 기본적인 용어의 개념을 정리한다. 평면위에 존재하는 물체에 힘 F가 작용하고 그 방향으로 ds만큼 이동할 때 물체에 한 일 dW는

$$dW = Fds \tag{5-4}$$

이고, 운동의 시점부터 종점까지 물체에 한 총 일 W는 적분으로 구해진다.

$$W = \int Fds \tag{5-5}$$

일률은 단위 시간당 하는 일로 정의되고 이를 출력(power)이라 부른다. 식 (5-4)를 이

용하여 출력을 힘과 속도로 나타낸다.

$$P = \frac{dW}{dt} = F\frac{ds}{dt} = Fv \tag{5-6}$$

반면 스패너를 사용하여 볼트를 조이는 그림 5-2와 같이 회전하는 물체에 작용하는 힘과 토크 그리고 일 사이에는 다음과 같은 관계를 갖는다.

$$dW = Fds = Frd\theta = Td\theta \tag{5-7}$$

여기서 θ는 회전하는 각을 나타낸다. 토크의 단위는 Nm 또는 $kg_f m$를 사용하며 두 단위 사이에는 다음 관계가 있다.

$$1\ kg_f m = 1kg \times 9.8m/\sec^2 \times m = 9.8Nm \tag{5-8}$$

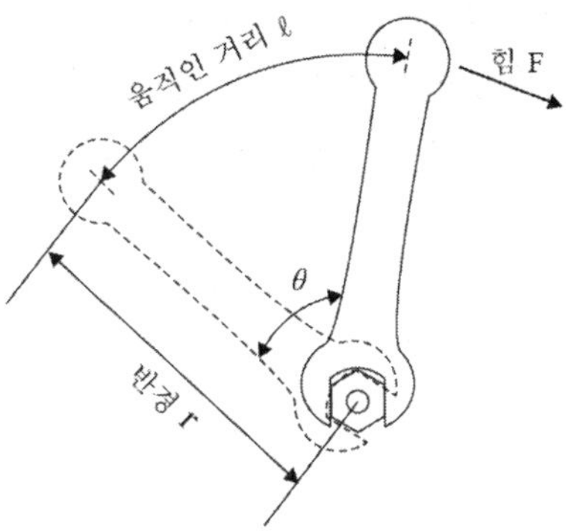

| 그림 5-2 | 회전하는 물체의 일

식 (5-7)을 적분하면 회전하는 물체에 작용하는 토크가 한 일 W를 구할 수 있다.

$$W = \int Td\theta \tag{5-9}$$

출력은 식 (5-6)과 같은 방법으로 유도된다.

$$P = \frac{dW}{dt} = T\frac{d\theta}{dt} = T\omega \tag{5-10}$$

여기서 ω는 각속도를 나타낸다. 엔진의 회전속도는 일반적으로 N[rpm]으로 나타내며 각속도와 N 사이에는 다음 관계식이 존재한다.

$$\omega = \frac{2\pi N}{60}\ [rad/\sec] \tag{5-11}$$

출력을 나타내는 기본 단위는 W(와트)이나 엔진 출력은 보통 SI 단위계로 PS(마력)을 사용한다. PS와 W 사이에는 다음 관계가 성립한다.

$$1\,PS = 75kg \times 9.81m/\mathrm{sec}^2 \times 1m/\mathrm{sec} = 735.5\,W \qquad (5\text{-}12)$$

참고로 영국과 미국에서는 마력을 HP로 나타내고 HP와 W 사이에는 다음 관계를 갖는다.

$$1\,HP = 76kg \times 9.81m/\mathrm{sec}^2 \times 1m/\mathrm{sec} = 746\,W \qquad (5\text{-}13)$$

그림 5-3은 엔진의 성능을 표시하는 성능곡선으로 가로축은 엔진 회전수이고 세로축은 토크(회전력), 출력(일률), 연비를 나타낸다. 이 결과는 엔진동력계(engine dynamometer)에서 스로틀밸브를 완전히 연 상태(WOT, wide open throttle)에서 엔진을 시험하여 얻은 것이다. 토크는 크랭크축에서 측정된 것이며 출력은 토크와 크랭크축의 회전수의 곱으로 계산된다. 차량의 연비는 비교적 누구나 쉽게 이해할 수 있으나 엔진의 연비는 조금 복잡하다. 차량의 연비 단위는 KPL(km/l)로 1리터의 연료로 주행할 수 있는 거리를 나타낸다. 반면 엔진의 연비 단위는 $kg/(ps \cdot hr)$ 또는 $g/(ps \cdot hr)$로 단위 일을 만드는데 필요한 연료의 질량으로 나타낸다.

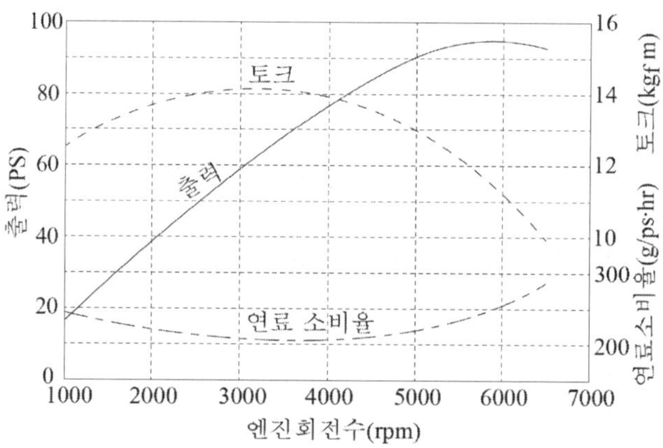

| 그림 5-3 | 엔진 성능곡선

표 5-2는 자동차 회사에서 발표한 제네시스 3.8리터 엔진의 제원이다. 최대 토크와 출력은 발표하나 엔진의 연비는 발표되지 않는다.

| 표 5-2 | 제네시스 3.8리터 엔진의 성능

항 목	측정값
배기량	3,778cc
보어 × 행정	96 × 87mm
압축비	10.4
최대토크	$36.5kg_fm$ @4,500rpm
최대출력	290PS @6,200rpm

5-3 밸브 구동계

밸브 구동계(valve train)은 흡배기 밸브를 적정시기에 열고 닫는데 관계하는 일련의 부품을 말한다. 밸브의 개폐는 피스톤의 운동과 항상 연동되며 엔진의 성능인 토크, 출력 그리고 연비에 영향을 준다. 흡배기 밸브를 열 때 필요한 힘은 크랭크축의 회전력을 이용하므로 이 힘이 밸브까지 전달되는 과정에 포함된 부품을 밸브 구동계로 정의한다. 사진 5-1은 밸브 구동계의 모습과 명칭이다.

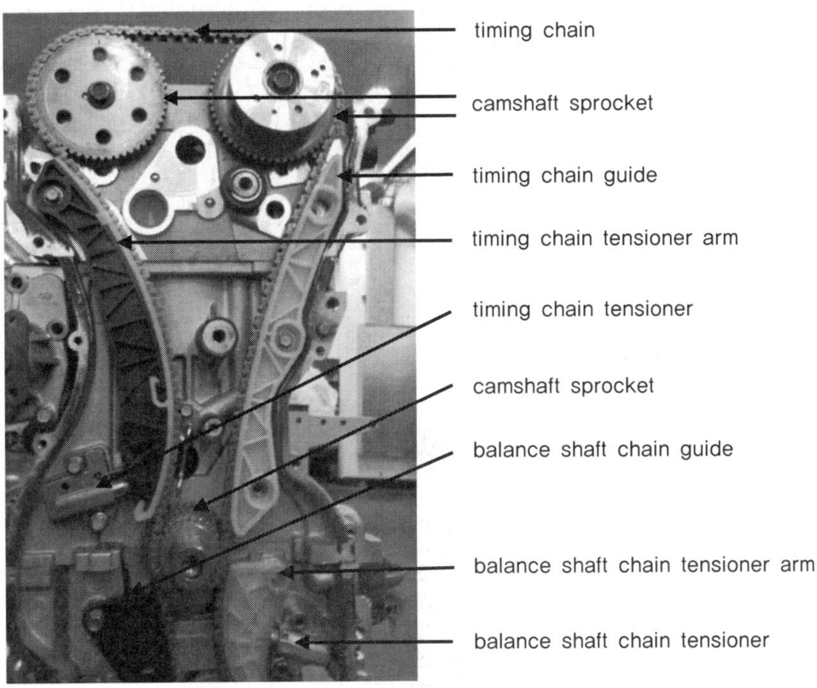

| 사진 5-1 | 밸브 구동계의 명칭

1) 흡배기 밸브

흡기 및 배기 밸브는 연소실을 구성하는 부품의 하나로 각각 혼합기를 연소실로 흡입하는 통로와 연소가스를 대기로 배출하는 통로 역할을 한다. 사진 5-2는 흡배기 밸브를 보이며 사진 5-2(b)의 좌측과 우측은 각각 배기 및 흡기밸브이다.

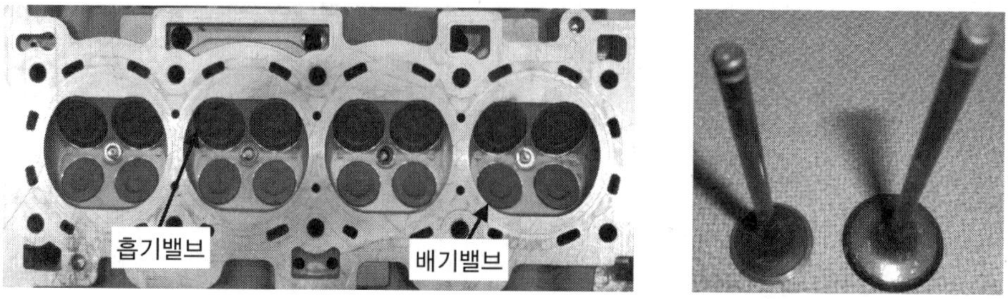

(a) 실린더 헤드에 장착된 흡배기 밸브의 모습 (b) 흡배기 밸브

| 사진 5-2 |

2) 밸브 스프링

캠에 의해 열린 흡배기 밸브는 밸브 스프링의 복원력에 의해 닫히고 닫힌 동안 밸브 스프링의 힘에 의해 밸브와 시트가 밀착되어 연소실의 기밀을 유지한다. 밸브 스프링에는 일반적으로 원통형 스프링이 많이 사용되고 벌통 모양의 스프링은 작은 엔진에 일부 사용된다. 두 가지 형태의 밸브 스프링을 그림 5-4에 보인다. 벌통형(beehive) 밸브 스프링은 상단의 직경이 하단보다 작은 형상으로 스프링 상단 직경 감소로 스프링 중량이 저감되고 리테이너(retainer)가 작아져 중량이 감소된다. 이러한 밸브구동계의 질량감소를 통해 밸브 구동에 필요한 마력을 줄여 연비 향상을 도모하는 것이 목적이다.

부품명	형상 비교	
	Beehive	일반
리테이너		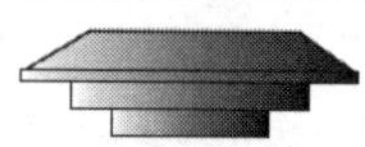
밸브 스프링	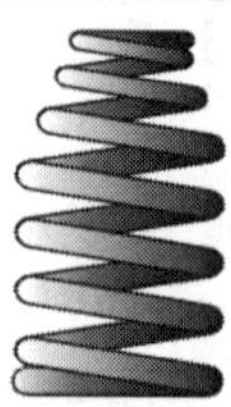	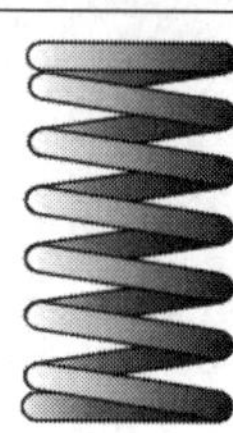

| 그림 5-4 | 밸브 스프링 형상

3) 밸브 스템 실

엔진 오일은 캠축이 설치되어 있는 실린더 헤드의 윗부분으로도 윤활을 위해 공급되며 이 부분의 오일은 밸브 스템(valve stem)을 따라 연소실로 흘러 들어갈 수 있다. 오일이 연소실로 들어가면 오일 소모량이 증가하여 소비자는 돈을 들여 자주 오일을 주입해야한다. 또 오일이 연소실에서 연소된 후 산소센서 및 삼원촉매와 접촉하여 이들의 성능을 저하시켜 유해한 배기가스의 배출이 증가한다. 따라서 엔진 오일이 밸브 스템을 따라 엔진의 연소실로 유입되는 것을 방지하기 위해 존재하는 부품이 밸브 스템 실(valve stem seal) 또는 오일 실(oil seal)이다. 그림 5-5은 밸브 스템 실의 설치위치와 이의 역할을 보인다. 좌측은 스템 실이 없어 오일이 밸브 스템을 따라 연소실로 흘러가고 우측은 스템 실이 오일 흐름을 막는다.

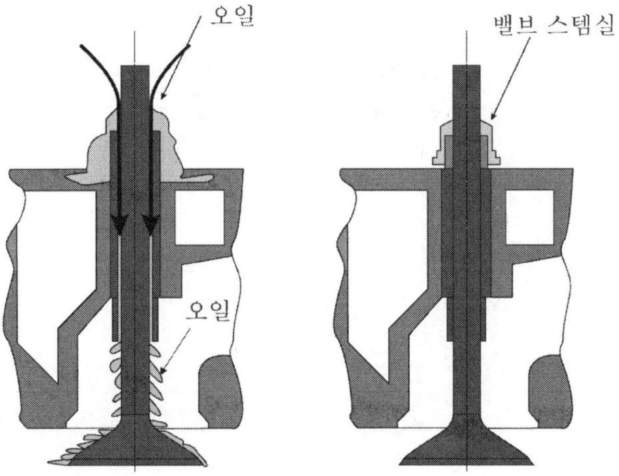

| 그림 5-5 | 밸브 스템 실의 유무

4) 태핏

캠과 밸브 사이에서 캠의 회전 운동을 밸브에 전달하는 장치를 태핏(tappet)이라 하며 유압식(HLA, hydraulic lash adjuster)과 기계식(MLA, mechanical lash adjuster)으로 나눠진다. 밸브간극(valve clearance)은 밸브 태핏과 캠 사이의 간극으로 정의한다. 기계식 및 유압식 태핏과 밸브간극은 그림 5-6에 보인다. 밸브 간극은 밸브의 열팽창과 수축 때문에 존재하는 것으로 흡기밸브는 배기밸브보다 온도변화가 작아 간극이 작다. 참고로 어떤 엔진의 흡기밸브와 배기밸브의 간극은 각각 0.2mm와 0.3mm이다. HLA는 실린더 헤드의 오일 갤러리로부터 공급되는 오일을 이용하여 항상 밸브간극이 자동으로 0이 유지되어 캠과 태핏사이에 충돌이 없어 소음이 발생하지 않는다. MLA는 밸브간극이 존재하고 마모로 인해 수시로 점검과 조정이 필요하며 밸브가 열리는 시점에서 캠과 태핏 사이의 충돌로 소음이 발생한다.

하지만 구조가 간단하고 경량이기에 약한 밸브 스프링을 사용할 수 있어 엔진의 마찰손실을 줄여 연비 측면에서 유리하다. 한편 태핏 상면의 DLC(diamond like carbon) 코팅은 캠과 태핏 접촉 시의 마찰을 줄여 연비 향상을 꾀한 것이다. 사진 5-3(a)의 직동식 MLA는 캠과 접촉 시 미끄럼 접촉을 하여 사진 5-3(b)의 롤러 타입의 구름접촉에 비해 마찰이 크므로 이를 보완하기 DLC 코팅을 한다. MLA의 태핏은 심(shim)을 교환할 수 있는 형식과 심이 없는 형식이 있으며 그림 5-7에 보인다. 사진 5-4는 MLA의 내부 모습이다.

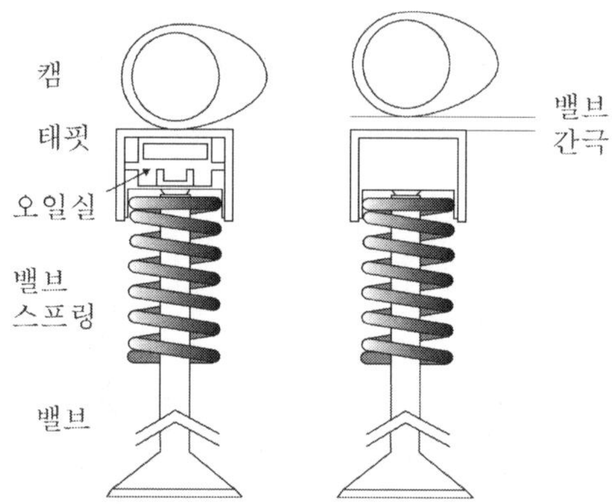

| 그림 5-6 | 유압식 및 기계식 태핏과 밸브 간극

(a) 캠과 MLA

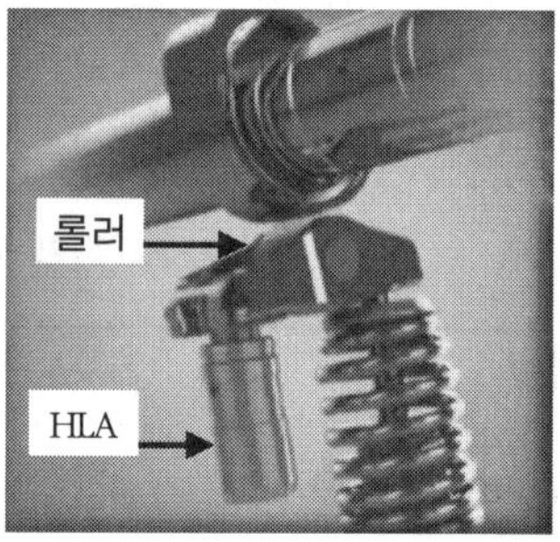

(b) 롤러 스윙 암과 HLA

| 사진 5-3 |

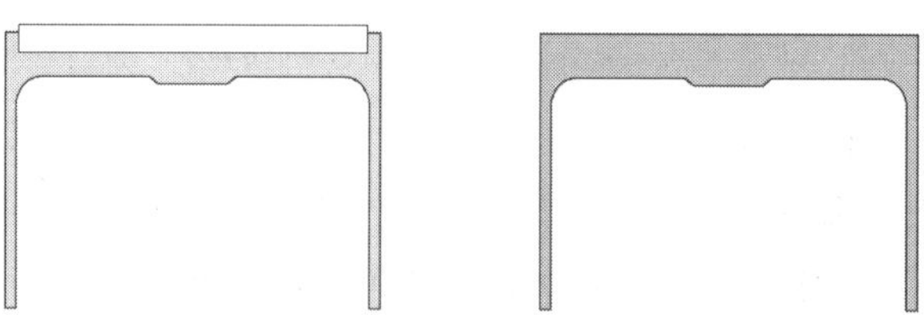

(a) shim type (b) shimless type

| 그림 5-7 | MLA

| **사진 5-4** | MLA 내부

그림 5-8과 같이 과거 로커암(rocker arm)을 사용하는 엔진에서는 로커암에 장착된 태핏과 밸브 스템 사이의 틈을 밸브 간극으로 정의하고 이러한 엔진에서는 주기적으로 틈새게이지(feeler gage)를 이용하여 밸브 간극을 조절한다.

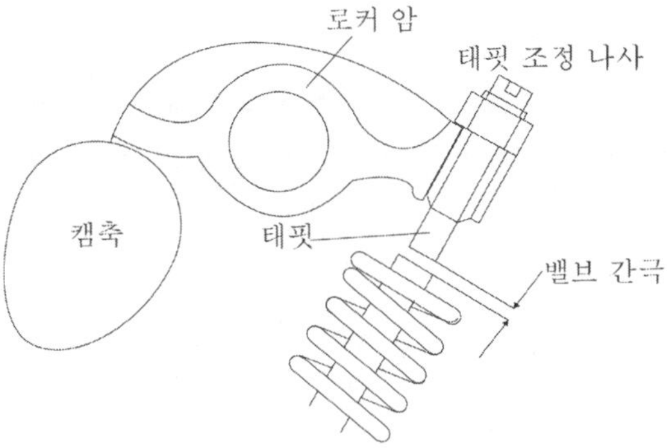

| **그림 5-8** | 로커암식 밸브기구의 밸브간극

5) 캠

캠(cam)은 캠축에 설치된 것으로 캠의 형상에 따라 흡배기 밸브의 개폐시기와 기간 그리고 열리는 정도가 결정된다. 사진 5-5는 하나의 캠축에 8개의 캠이 설치된 것을 보인다. 그림 5-9의 캠은 기초원(base circle)과 로브(lobe)로 구성되며 로브가 설치되어 있는 각도 동안 밸브는 열리고 밸브가 열리는 정도를 리프트(lift)라 한다. 이는 로브와 기초원 사이의 거리로 정의되며 실제 밸브에서는 그림 5-10과 같이 정의된다. 그림에 보인 캠의 최대 리프트는 9mm이며 밸브가 열리는 기간은 캠축을 기준으로 141° 크랭크축을 기준으로 이의 2배인 282° 동안 열린다.

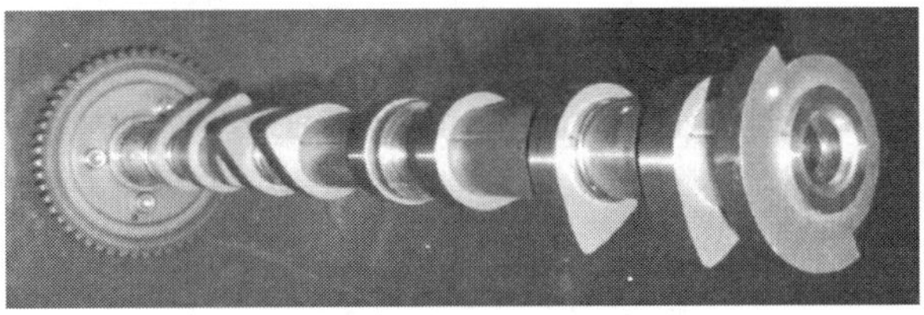

| **사진 5-5** | 흡배기 밸브를 여닫는 캠축

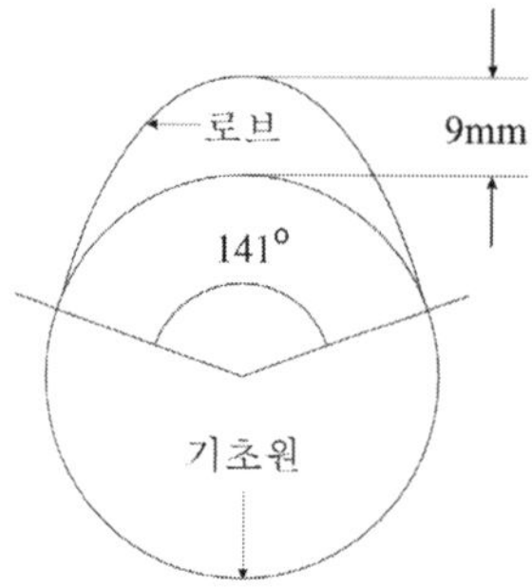

| 그림 5-9 | 캠 형상

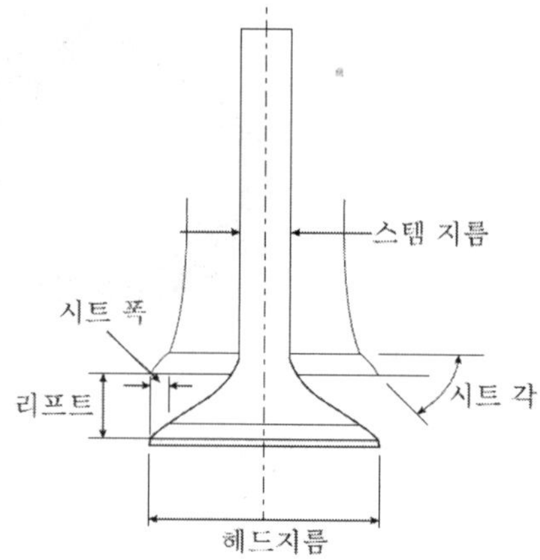

| 그림 5-10 | 밸브 리프트의 정의

그림 5-11은 크랭크각도와 밸브 리프트 사이의 일반적인 관계를 보인다. 그림에서 실선과 점선은 각각 배기 및 흡기밸브의 리프트를 나타내며 상사점 부근에서 두 밸브가 동시에 열리는 구간이 존재한다. 이를 밸브 오버랩(valve overlap)이라 부른다.

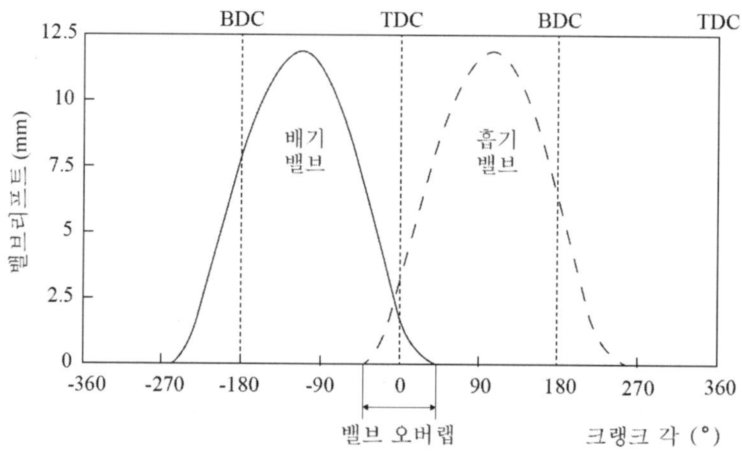

| 그림 5-11 | 크랭크각도에 따른 밸브 리프트

6) 캠축

캠축(camshaft)는 사진 5-5와 같이 캠이 설치되어 있는 축으로 캠축의 수에 따라 SOHC(single overhead camshaft) 및 DOHC(double overhead camshaft) 엔진으로 나뉜다. SOHC 엔진은 하나의 캠축이 흡기 및 배기 밸브의 개폐를 담당하고 DOHC 엔진은 2개의 캠축이 각각 흡기 및 배기밸브의 개폐를 담당한다. 크랭크축의 구동력이 타이밍 체인을 거쳐 캠축에 설치된 스프라켓으로 전달되어 캠축이 크랭크축과 항상 동기하여 회전한다.

7) 캠축 스프라켓

사진 5-1과 사진 5-5에 보인 캠축 스프라켓(sprocket)은 캠축에 설치된 것으로 타이밍 체인과 미끄러지지 않고 맞물린다.

8) 타이밍 체인

크랭크축의 동력을 이용하여 흡배기 밸브를 크랭크축 각도 기준으로 원하는 시기에 개폐해야한다. 이를 위해 크랭크축과 캠축사이에 항상 미끄럼이 없이 두 축의 위상을 일정하게 유지하면서 동력을 전달할 수 있는 체인을 사용하며 이를 타이밍 체인(timing chain)이라 부른다. 이는 사진 5-6과 같은 모습으로 수명이 반영구적인 장점이 있다. 반면 과거 체인 대신에 벨트를 사용하였는데 이를 타이밍 벨트(timing belt)라 불렀으며 수명이 짧다.

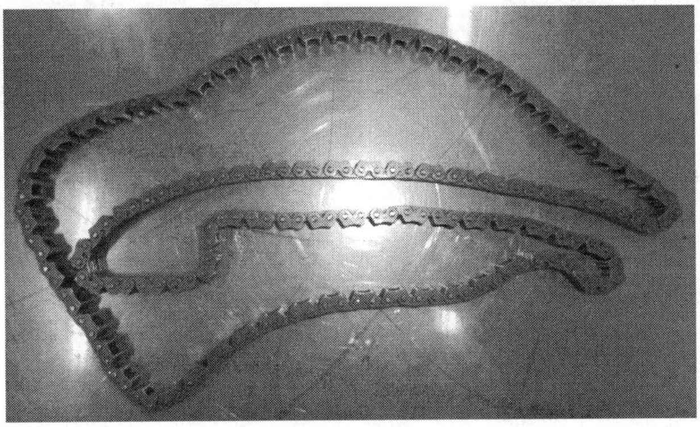

| 사진 5-6 | 타이밍 체인

9) 크랭크축 스프라켓

사진 5-1의 크랭크축 스프라켓은 크랭크축에 설치된 것으로 타이밍 체인과 맞물리며 이 구동력이 밸브를 열고 닫는다. 캠축에 설치된 스프라켓의 이수는 크랭크축의 스프라켓의 이수의 2배이므로 크랭크축 2회전에 캠축은 1회전 한다.

5-4 엔진 본체

여기서 엔진 본체는 밸브 구동계를 제외한 부분으로 실린더 헤드, 실린더 블록, 크랭크축, 커넥팅 로드, 피스톤 등을 말한다.

1) 실린더 헤드

실린더 헤드(cylinder head)는 연소실의 상부를 구성하는 것으로 밸브 구동계와 점화 플러그가 설치되어 있다. MPI엔진의 경우 연료를 흡기포트에 분사하나 GDI 엔진의 경우는 연소실로 직접 연료를 분사한다. 사진 5-7은 연소실에 흡배기 밸브가 각 2개 그리고 점화플러그가 설치된 것으로 보아 캠축이 2개인 MPI 엔진이다. 반면 사진 5-8은 사진 5-7에 추가로 인젝터가 있으므로 GDI 엔진의 연소실이다.

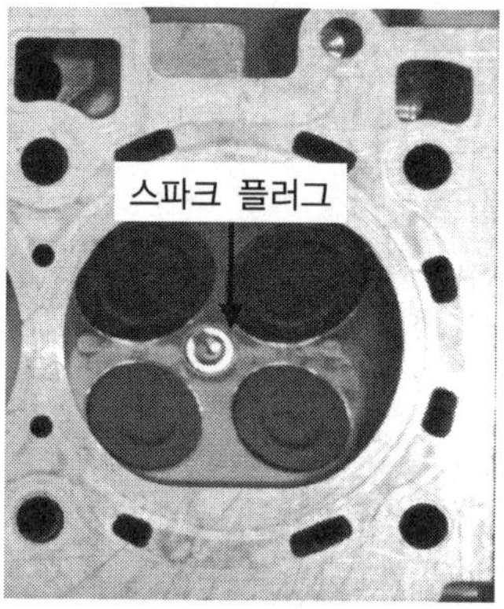

| **사진 5-7** | DOHC 엔진의 실린더 헤드

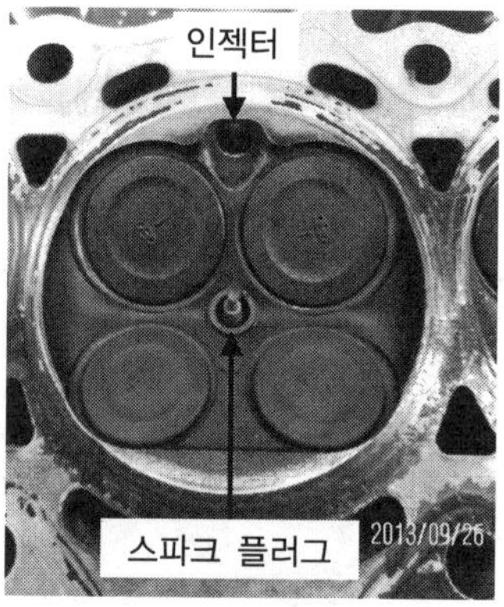

| **사진 5-8** | GDI 엔진의 실린더 헤드

2) 피스톤

피스톤(piston)은 연소실의 하부를 구성하는 부품으로 실린더에서 연소에 의해 발생하는 고온 고압의 연소가스의 힘을 직접 받는 부분으로 실린더 내의 상사점과 하사점 사이를 왕복한다. 피스톤은 커넥팅로드의 소단부(small end)와 피스톤 핀으로 연결된다. 사진 5-9는 피스톤과 커넥팅 로드가 연결된 실물 모습이고 그림 5-12는 피스톤 각 부위의 명칭을 나타낸 것이다.

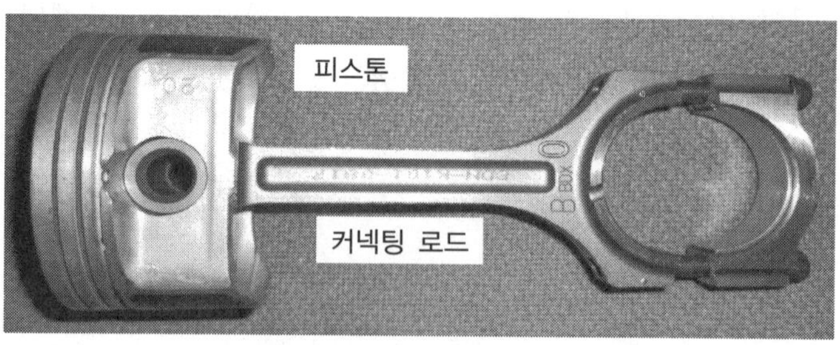

| **사진 5-9** | 피스톤과 연결된 커넥팅 로드

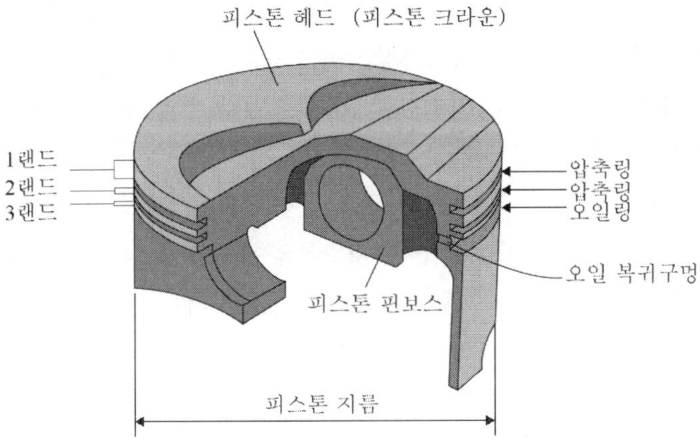

| 그림 5-12 | 피스톤 각부의 명칭

3) 피스톤 링

사진 5-10과 같이 하나의 피스톤에 3개의 링이 설치되어 있으며 위쪽 2개(top ring, second ring)는 압축링(compression ring), 아래쪽 한개는 오일링(oil ring)이라 부른다. 실린더헤드, 피스톤 그리고 실린더로 구성되는 연소실은 특히 압축 및 팽창행정 중에 혼합기나 연소가스가 크랭크실로 누설되지 않고 완전히 밀폐되어야 한다. 또한 흡기행정 중에는 피스톤이 하강하면서 단지 흡입계로부터 실린더 내로 공기가 흡입되어야한다. 압축링 2개가 이러한 기밀작용을 수행하며 원리는 그림 5-13에 보인다.

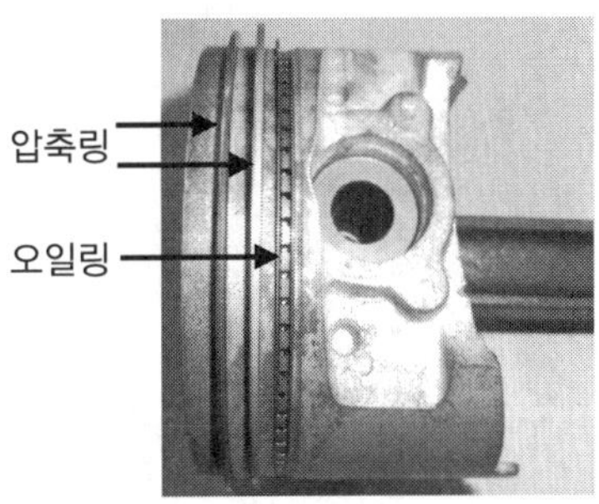

| 사진 5-10 | 3개의 피스톤 링

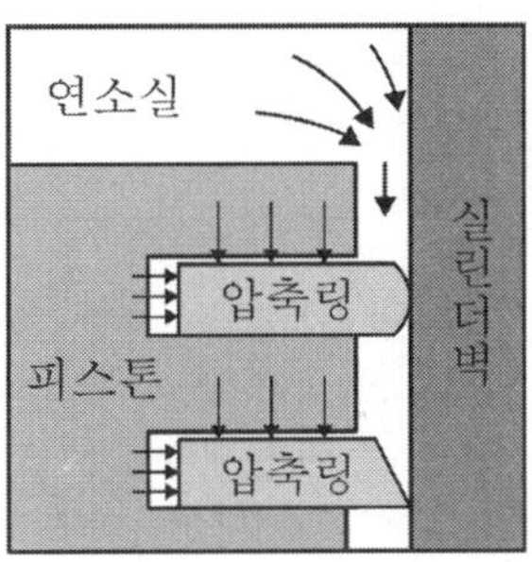

| 그림 5-13 | 압축링의 기밀 작용

피스톤의 압축링은 그림 5-14와 같이 자유로운 상태에서 피스톤보다 크며 링의 양단에는 자유간격이 존재하고 조립된 상태에서도 피스톤 링의 양끝에는 틈새가 존재한다. 설치된 링에는 장력이 작용하고 있어 링은 반경방향으로 확장되어 실린더의 벽과 밀착된다. 장력이 큰 링의 경우 실린더 벽면과 링의 접촉 압력이 증가하여 마찰력이 커진다. 조립 후 틈새의 존재는 열팽창에 의해 링의 양단이 붙음으로 인해 발생하는 링의 굽힘과 이로 인한 링과 실린더 벽의 접촉 불량 문제를 없애기

위한 것이다. 이는 밸브 간극이 존재하는 이유와 비슷하다. 엔진의 연비향상을 위해서는 피스톤 링에서 발생하는 마찰손실을 줄이는 것이 필요하며 이를 위해서는 링의 폭을 줄이거나 장력을 최소화할 필요가 있다. 이외에도 링의 마찰계수를 줄이기 위해 저 마찰계수의 물질로 표면처리를 한다.

연소에 의해 실린더 내의 가스는 온도가 높아 이와 직접 접촉하는 피스톤의 상부는 다른 부분과 달리 온도가 높다. 피스톤의 내구성을 높이기 위해 온도를 낮출 필요가 있다. 압축링 2개와 오일링은 피스톤으로부터 실린더 벽으로 열이 전달될 수 있는 통로를 확보하여 피스톤의 냉각작용을 하며 링을 통한 열전달 경로를 그림 5-15에 보인다. 엔진이 소형화 및 고출력화가 진행됨에 따라 피스톤 상부의 냉각을 원활히 하기 위해 엔진 오일을 피스톤 크라운의 뒷면에 직접 분사하는 오일젯을 이용하는 방식도 있다.

기밀작용을 유지하기 위해 피스톤에 설치된 압축링은 실린더와 항상 접촉하면서 상사점과 하사점 사이를 왕복하므로 이들 사이에 발생하는 마찰력을 줄여야한다. 이를 위해 실린더 표면에 적절한 유막 형성이 필요하고 또 실린더 벽에 여분의 유막이 형성될 경우 연소실로 흘러들어가 연소되는 것을 방지하기 위해 오일을 제

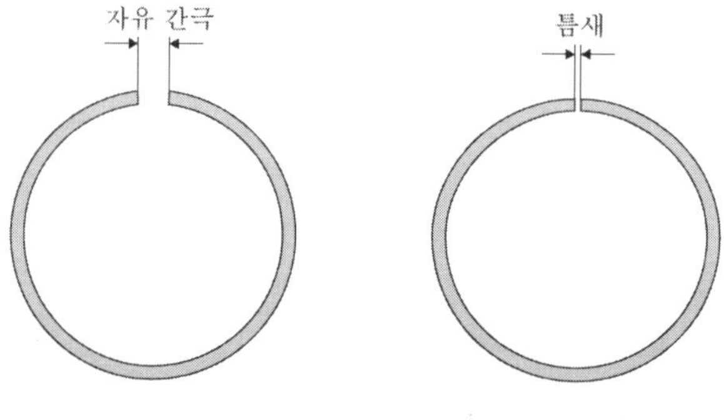

(a) 조립 전 (b) 조립 후

| 그림 5-14 | 링의 간극

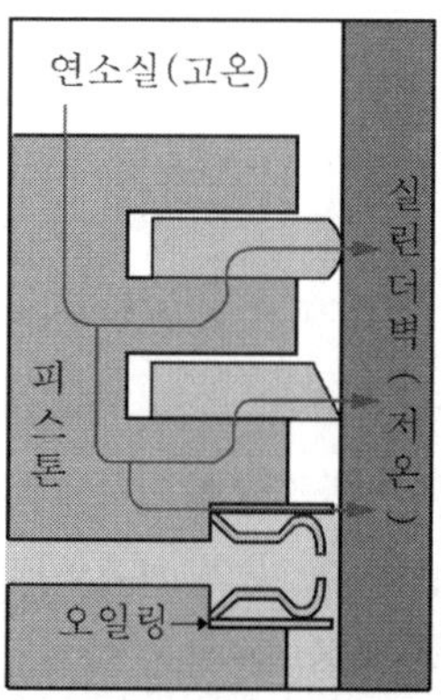

| 그림 5-15 | 냉각작용

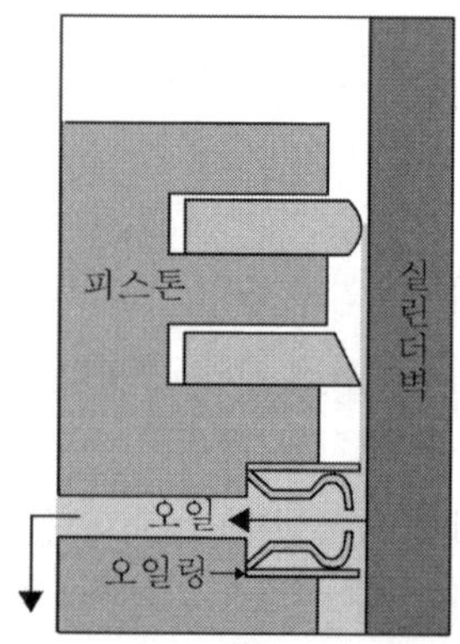

| 그림 5-16 | 유막 형성 및 오일제거작용

거하여 크랭크실로 다시 보내는 기능이 필요하다. 3번째에 위치한 오일링이 이러한 유막형성 및 오일제거작용을 하며 원리는 그림 5-16에 보인다.

4) 피스톤 핀

피스톤 핀(pin)은 피스톤의 핀 보스(pin boss)와 커넥팅 로드의 소단부(small end)를 연결하는 것으로 사진 5-11과 같다. 엔진의 폭발력은 피스톤과 피스톤 핀을 거쳐 커넥팅 로드를 지나 크랭크축으로 전달된다. 피스톤과 커넥팅 로드를 연결할 때 핀 부싱이 장착되어 피스톤과 핀, 핀과 커넥팅 로드의 소단부가 각각 서로 움직일 수 있도록 되어있는 형식을 전부동식(full floating)이라 한다. 반면 부싱이 없고 피스톤 핀을 커넥팅로드 소단부에 압입하여 장착하는 형식을 반부동식(semi-floating)이라 하고 핀과 피스톤은 서로 자유롭게 움직이도록 되어있다. 승용차의 엔진에 대부분 후자가 사용된다.

| 사진 5-11 | 피스톤 핀

5) 커넥팅 로드

커넥팅 로드는 피스톤과 크랭크축을 연결하는 부품으로 크랭크축과 함께 피스톤의 왕복운동을 크랭크축의 회전운동으로 바꾸는 역할을 한다. 커넥팅로드는 소단부, 로드(rod)부 및 대단부로 구성되고 소단부와 대단부(large end)는 각각 피스톤 및 크랭크축과 연결되는 부분이다. 피스톤 핀과 크랭크 핀이 각각 소단부와 대단부를 연결하는데 사용된다. 사진 5-12는 커넥팅 로드의 모습이다.

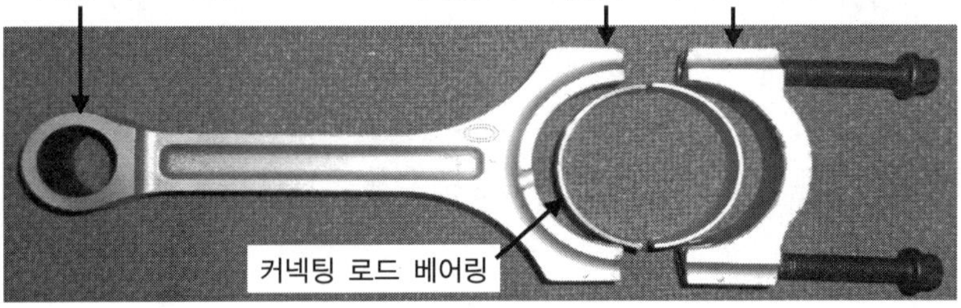

| 사진 5-12 | 커넥팅 로드

6) 크랭크축

크랭크축(crankshaft)은 커넥팅 로드와 함께 피스톤의 왕복운동을 회전운동으로 변환하고 각 실린더에서 발생하는 구동력을 한 축에 모으는 장치이다. 사진 5-13과 같이 크랭크축은 메인 베어링 저널, 크랭크 암(크랭크 웨브), 크랭크 핀, 밸런스 웨이트, 오일 구멍 등으로 구성된다. 사진의 왼쪽 끝부분은 수동변속기의 플라이휠과 자동변속기의 토크 컨버터가 연결되고 오른쪽 끝부분은 각종 스프라켓과 풀리가 설치된다. 크랭크 핀은 회전운동에 의해 원심력이 발생하고 이 힘이 균형을 이루지 못하면 크랭크축은 wobble 진동(날아가는 화살이 길이 직각 방향으로 진동하는 것과 같은 현상)을 일으킨다. 균형추(또는 평형추, counterweight or balance weight)는 크랭크 핀의 반대쪽에 질량을 배치하여 원심력을 없애기 위한 것이다. 사진 5-13의 위의 크랭크축은 균형추가 4개이고 아래 것은 균형추가 8개이다.

| 사진 5-13 | 크랭크 축

크랭크축은 메인 베어링과 스러스트 베어링을 이용하여 실린더 블록에 설치되며 그 모습은 사진 5-14(a)와 같다. 메인베어링 캡 볼트를 풀면 사진 5-14(b)와 같은 하부 메인 베어링과 캡이 분리된다. 사진 5-14(c)는 실린더 블록으로부터 크랭크축이 분리된 상태의 상부 메인 베어링과 스러스트 베어링이 설치될 위치(3번 메인 베어링의 좌우)를 보이고 사진 5-14(d)은 분리된 스러스트 베어링의 모습이다. 윤활을 위해 메인 베어링에 공급되는 오일은 크랭크축의 메인 베어링 저널로부터 커넥팅로드의 대단부가 연결되는 크랭크 핀으로 오일이 흐를 수 있는 통로가 만들어져 있다.

(a) 실린더 블록에 설치된 크랭크축

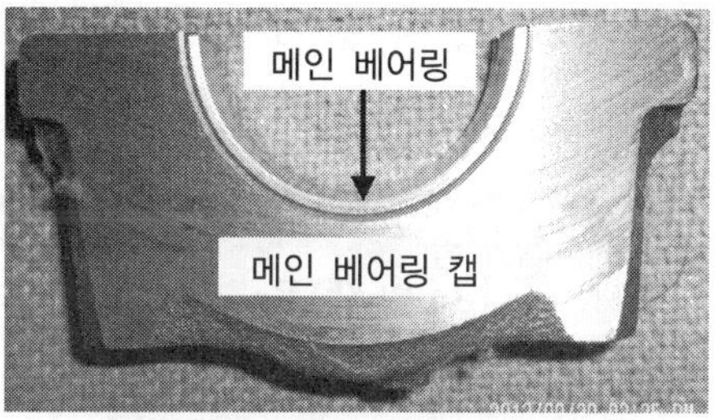

(b) 하부 메인 베어링과 캡

(c) 크랭크축이 분리된 상태의 상부 메인 베어링과 스러스트 베어링 설치 위치

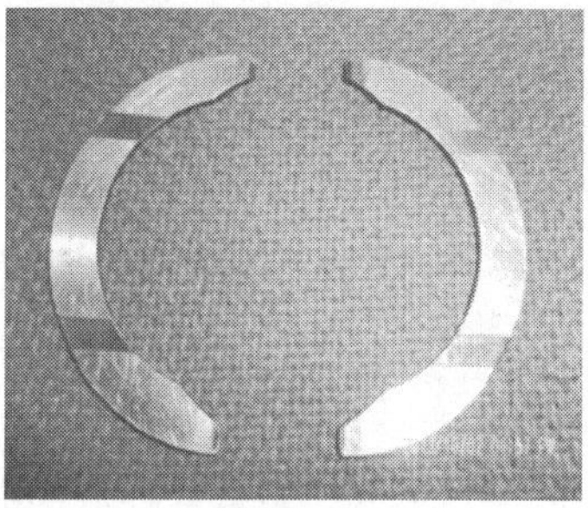

(d) 스러스트 베어링

| 사진 5-14 |

7) 실린더 블록

실린더 블록(cylinder block)은 실린더 헤드의 하부를 지탱하고 실린더가 설치되는 부분으로 엔진 부품 중에서 가장 무거운 부분이다. 차량의 무게는 연비에 영향을 주기에 무게를 줄이기 위해 기존 주철로 제작하던 것을 요즘은 알루미늄으로 제작한다. 사진 5-15는 두 종류의 실린더 블록을 보인다. 블록에는 냉각수 통로(water jacket)와 엔진 오일 통로(oil gallery)가 설치되어 있으며 블록의 아래쪽에 밸런스 샤프트 모듈(balance shaft module)이 설치된다. 주철로 실린더 블록을 만들 경우 실린더와 실린더 블록을 일체로 제작한다. 알루미늄으로 실린더 블록을 만들 때 라이너 자체도 알루미늄으로 하는 형식과 주철 라이너를 삽입하는 형식이 있는데 전자는 내마모성을 갖기 위해 표면처리가 필요하며 후자는 알루미늄 모재와 라이너 사이에 공간이 존재할 수밖에 없고 이 공간은 열전달 측면에서 열접촉 저항이 되어 열 흐름을 방해한다.

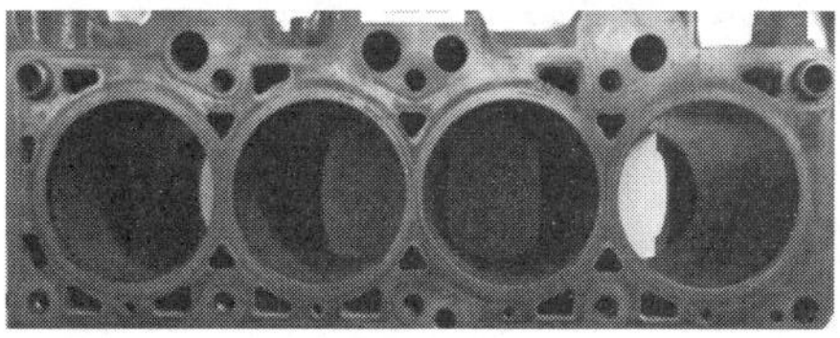

(a) 주철 실린더 블록

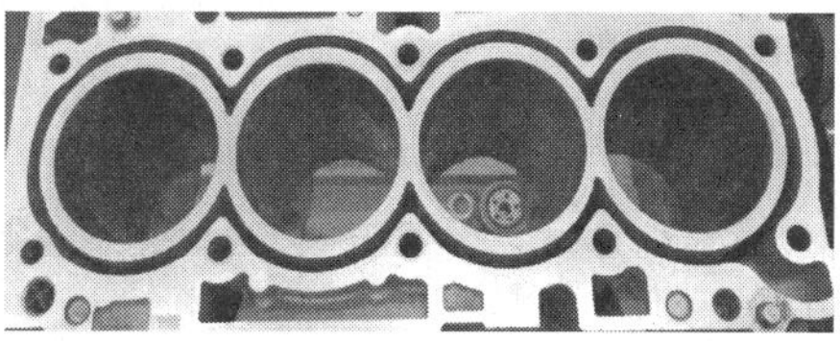

(b) 알루미늄 실린더 블록

| 사진 5-15 |

8) 플라이휠 및 링 기어

플라이휠(flywheel)은 엔진의 각 실린더에서 간헐적으로 발생하는 힘을 균일하게 하는 장치로 엔진에서 폭발행정이 없는 경우 플라이휠의 관성력으로 엔진이 회전한다. 사진 (a)와 (b)는 각각 수동변속기와 자동변속기 차량의 플라이휠을 보인다. 링 기어(ring gear)는 시동전동기의 피니언 기어와 연결되어 시동 시 사용되는 것으로 크랭크 축에 연결된 플라이휠의 둘레에 설치된다. 사진 5-16(a)와 (b)는 각각 수동변속기의 플라이휠에 설치된 링기어와 토크컨버터의 프런트 커버에 설치된 자동변속기의 링기어를 보인다.

(a) 수동변속기 플라이휠 및 링기어

(b) 자동변속기 플라이휠 및 링기어

| 사진 5-16 |

9) 크랭크축 풀리

사진 5-17의 크랭크축 풀리(crankshaft pulley)는 엔진의 구동력으로 차량주행과 안전 및 승차감에 영향을 주는 장치를 벨트로 구동하기 위해 크랭크축에 설치된다. 참고로 풀리로 구동되는 장치는 냉각수 펌프, 동력조향장치의 오일펌프, 에어컨 컴프레서, 알터네이터 등이 있다.

| 사진 5-17 | 크랭크축 풀리

10) 밸런스 샤프트 모듈

사진 5-18은 직렬 4기통 엔진의 2차 진동을 감쇄시켜주는 밸런스 샤프트와 엔진에 오일을 공급하는 오일펌프가 하나의 모듈에 합쳐져 있는 밸런스 샤프트 모듈(balance shaft module)을 보인다. 4기통 엔진의 피스톤에 작용하는 1차 왕복 관성력은 엔진 회전수와 같은 주기로 발생하며 크랭크축의 배치에 의해 서로 상쇄된다. 하지만 엔진 배기량이 커짐에 따라 왕복질량(피스톤 및 콘로드 소단부 포함)이 증가하여 엔진 회전수의 2배로 발생하는 2차 왕복 관성력은 엔진의 상하방향 진동을 증가시킨다. 엔진 회전수의 2배로 2차 왕복 관성력과 반대 방향의 관성력을 발생시키는 장치가 밸런스 샤프트 모듈이다. 참고로 배기량이 작은 엔진에는 밸런스 샤프트 모듈을 적용하지 않는다.

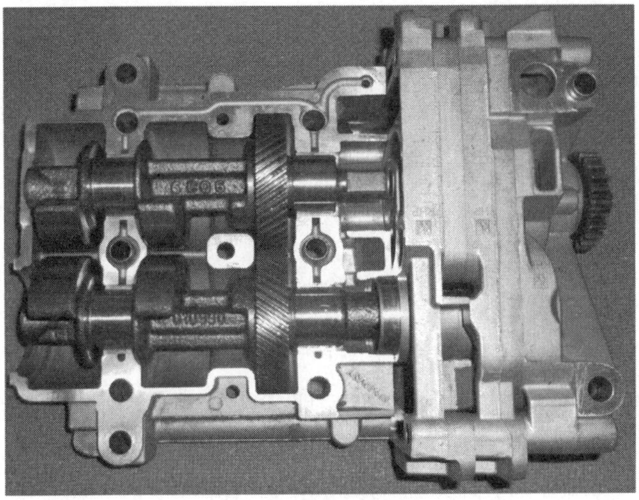

| 사진 5-18 | 밸런스 샤프트 모듈

5-5 심화 내용

5-5-1 직선운동과 회전운동의 비교

표 5-3은 이해하기 쉬운 직선운동과 관련된 식을 회전운동으로 쉽게 확장할 수 있음을 보인다.

| 표 5-3 | 직선운동과 회전운동의 비교

항 목	직선 운동	회전 운동
변 위	$s\ [m]$	$\theta\ [rad]$
속 도	$v = \dfrac{ds}{dt}\ [m/\sec]$	$\omega = \dfrac{d\theta}{dt}\ [rad/\sec]$
가속도	$a = \dfrac{dv}{dt}\ [m/\sec^2]$	$\alpha = \dfrac{d\omega}{dt}\ [rad/\sec^2]$
힘 [N]과 토크 [Nm]	F	T
뉴턴 법칙	$F = m\,a$	$T = I\theta$
일 [J]	$W = F\,s$	$W = T\,\theta$
일률 [W]	$P = F\,v$	$P = T\,\omega$
운동에너지 [J]	$E_k = \dfrac{1}{2}mv^2$	$E_k = \dfrac{1}{2}I\omega^2$

5-5-2 밸브의 열팽창에 의한 길이 변화

강의 열팽창계수는 $11 \sim 13 \times 10^{-6}/K$이다. 배기밸브의 경우 평균적인 온도변화가 약 300K이고 스템의 길이가 약100mm라고 가정하자. 이 경우 배기밸브가 온도변화에 의해 늘어나는 길이(Δl)는

$$\Delta l = 11 \times 10^{-6} \times 300 \times 100 = 0.33mm$$

가 된다. 또 흡기밸브의 경우 온도변화는 배기밸브보다 낮을 것이며 150K로 가정하면 흡기밸브는 0.165mm 늘어난다. 따라서 이러한 길이변화를 대처하기 위해 태핏과 캠 사이에 밸브간극을 설치한다. 밸브간극이 없다면 어떠한 일이 발생할까? 물론 온도가 낮을 경우에는 문제가 없다가 엔진 운전에 따라 엔진 각 부위의 온도가 올라가면 흡배기밸브는 길이가 늘어나 밸브가 닫혀있어야 하는 상태에서도 밸브가 열리는 현상이 발생한다. 즉 압축행정이나 팽창행정 중에 흡배기밸브가 열리는 문제가 발생할 수 있다.

5-5-3 HLA 작동

1) 캠 기초원 상태(밸브가 닫혀있는 상태)에서 그림 5-17의 저압실(③)과 고압실(④)에 같은 오일 압력이 작용하고 볼 밸브(⑤)는 닫힌 상태로 평형을 유지한다. 이때 밸브 간극은 0이다.
2) 먼저 캠이 회전하여 캠의 로브가 시작되어 HLA 바디(①)에 힘이 전달되면 볼 밸브는 닫히고 고압실의 압력은 올라간다. 고압실의 압력을 통해 캠의 구동력

이 HLA 플런저(②)를 거쳐 밸브로 전달되어 밸브가 열린다. 고압실과 저압실의 압력차가 커지면 오일이 플런저와 바디 사이의 틈새를 통하여 흘러 나가므로 시간이 경과함에 따라 HLA의 길이가 짧아진다.

3) 캠의 변위가 끝나고 다시 기초원 상태가 되면 단계 2에서 짧아진 HLA는 플런저 스프링(⑦)은 팽창하여 플런저를 밀어 고압실 내부의 압력은 낮아진다. 반면 저압실의 상대적인 높은 압력이 체크볼 스프링(⑥)을 밀어 체크 볼은 열리고 오일은 고압실로 흘러들어 평형 상태를 유지한다. 다시 밸브 간극은 0이 된다.

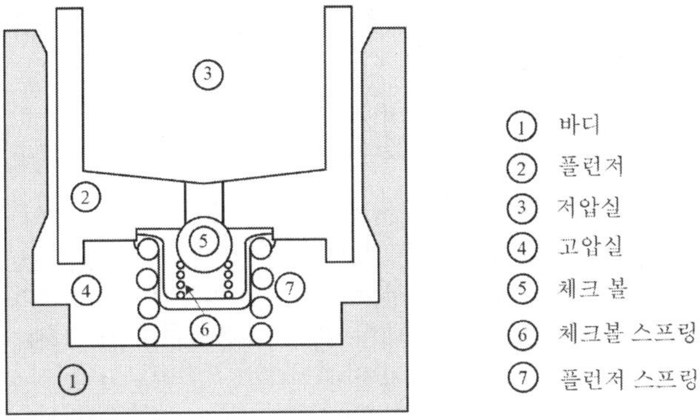

| 그림 5-17 | HLA 구조

5-5-4 밸브 개폐시기

흡배기 밸브의 개폐시기를 밸브 타이밍(valve timing)이라 부르며 이는 엔진의 출력, 토크, 연비 및 배기가스에 영향을 주는 인자로 캠의 형상에 의해 결정된다. 가솔린 엔진의 밸브 타이밍이 설정되는 근거와 실제 값은 표 5-4와 같다. 물론 엔진을 만드는 자동차회사가 추구하는 방향에 따라 값은 달라진다. IVO, IVC, EVO, EVC는 각각 흡기밸브 열림, 닫힘, 배기밸브 열림과 닫힘을 뜻한다. 또 밸브 타이밍을 이해하기 쉽게 그림 5-18과 같이 나타낸다. 그림에서와 같이 흡배기 밸브가 동시에 열려 있는 구간을 밸브오버랩(valve overlap)이라 부르며 이는 고속에서 체적효율 높여 출력을 올리는 장점이 있다. 반면 저속에서 이로 인해 체적효율이 감소하여 토크가 줄어들며 잔류가스는 증가하여 연소가 악화된다.

| 표 5-4 | 밸브 개폐시기의 설정 근거 및 실제 값

구 분	실제 값	설정 근거
IVO	10 ~ 25° bTDC	흡기행정 초기에 흡기밸브를 지나는 유동면적이 매우 작아 피스톤 하강 시 실린더 내 압력 강하를 방지하기 위해 상사점 이전에 흡기밸브를 연다.
IVC	40 ~ 60° aBDC	고속에서 흡기밸브를 통과하는 공기의 관성력을 이용하여 체적효율을 증가시키기 위해 흡기밸브를 압축행정 중에 닫는다. 이러한 ram 효과를 이용하는 엔진은 저속에서 압축행정 중에 흡기밸브가 닫히므로 흡기다기관으로 역류가 발생하여 체적효율이 나빠진다. IVC 지각(지연)에 따른 역류현상을 이용하여 펌핑일을 감소시켜 연비 향상을 추구할 수도 있다.
EVO	50 ~ 60° bBDC	폭발행정의 말기에 배기밸브를 열어 압력차이로 많은 양의 배기가스를 빨리 배출시킨다. (blowdown 과정) 이를 통해 배기행정이 시작되는 하사점 이후 실린더 내 압력을 배기 다기관 압력과 동일하게 유지하여 펌핑 일을 감소시킨다.
EVC	8 ~ 20° aTDC	고속 고부하에서 배기행정 말기에 실린더 압력 상승 방지와 새로운 공기로 실린더내의 연소가스를 제거하여 체적효율 상승하기 위해 배기밸브를 상사점이 지난 후 닫는다. 반면 아이들과 저부하에서 높은 압력의 배기 다기관의 배기가스가 흡기다기관으로 역류한 후 다시 흡입행정 시 실린더로 흡입되어 전류가스가 증가하여 토크 감소 및 연소 불안정을 일으킨다.

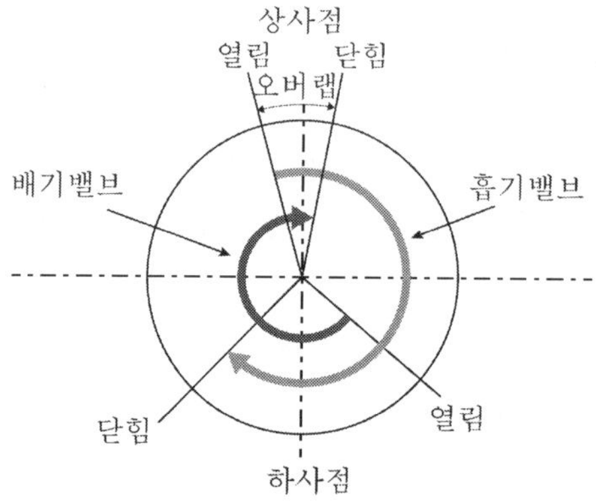

| 그림 5-18 | 밸브 타이밍

5-5-5 CVVT 시스템

기존의 캠축은 엔진의 모든 운전영역, 즉 엔진의 회전수와 스로틀 밸브의 개도가 변하더라도 항상 일정한 시기에 흡기 및 배기 밸브를 열고 닫는다. 실제 엔진 실험 결과 최적의 밸브 개폐시기는 엔진의 운전조건에 따라 다르다. 따라서 엔진의 모든 운전영영에서 항상 최적의 밸브 타이밍을 갖도록 하기 위해 도입된 것이 CVVT(continuously variable valve timing) 시스템이다. 이 방식은 흡배기밸브의 개폐를 담당하는 흡배기 캠축을 크랭크축에 대해 어떠한 각도로 회전함으로써 원하는 밸브개폐시기를 얻는 것이다.

CVVT 장치는 OCV(oil control valve), OCV 필터, OTS(oil temperature sensor), CVVT로 구성되며 주요 부품은 사진 5-19와 5-20에 보인다. 그림 5-19는 CVVT의 작동 방법을 설명한다. OCV에 공급되는 제어 신호에 의해 OCV 내부의 스풀이 이동하여 CVVT로 공급되는 오일의 통로는 변한다. 엔진 블록에서 공급되어 OCV 필터를 지난 오일은 통로에 따라 CVVT의 진각실 또는 지각실에 오일에 공급되어 로터 베인과 연결된 캠축이 회전하여 밸브는 진각 또는 지각된다.

밸브 개폐시기는 엔진과 같은 회전방향으로 캠축이 회전하면 진각(advance) 그 반대일 경우 지연(retard)된다. 캠 형상의 변화가 없기에 흡배기 밸브가 열려 있는 총 각도와 밸브 리프트는 변하지 않는다. 사진 5-20 (a)와 (b)는 밸브 개폐시기가 진각 및 지각된 상태의 CVVT 내부구조와 엔진 회전방향을 보인다. 그림 5-20은 흡기 캠축을 회전시켜 밸브의 개폐시기를 "흡기1"로부터 "흡기2"의 진각 방향으로 제어한 것으로 (a)와 (b)는 각각 밸브 개폐시기와 밸브 리프트를 보인다.

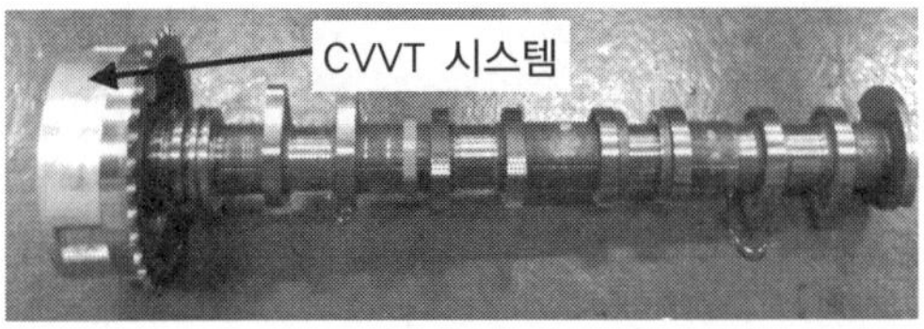

(a) CVVT 시스템의 캠축과 CVVT

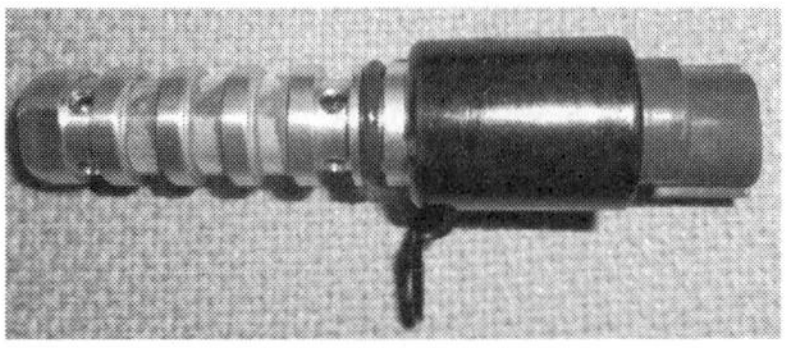

(b) OCV

| 사진 5-19 |

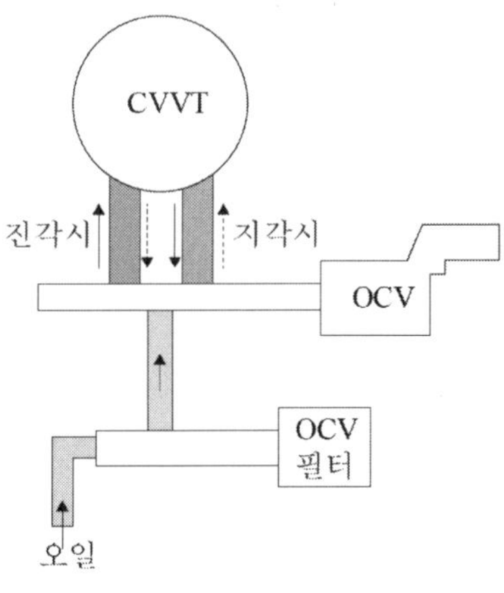

| 그림 5-19 | CVVT 구성도

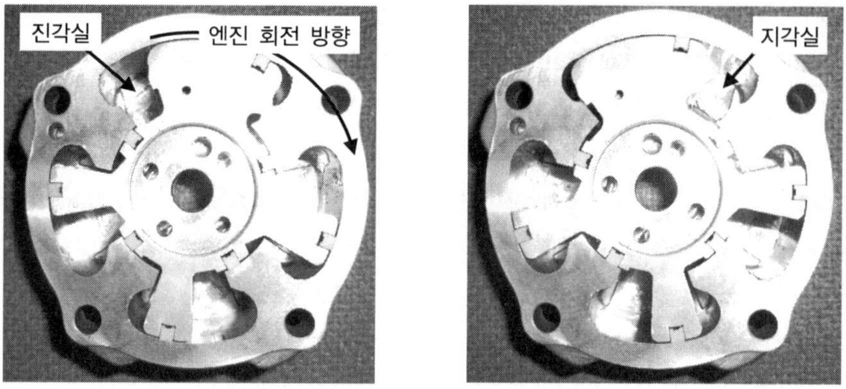

(a) 진각 상태 (b) 지각 상태

| 사진 5-20 | CVVT의 동작

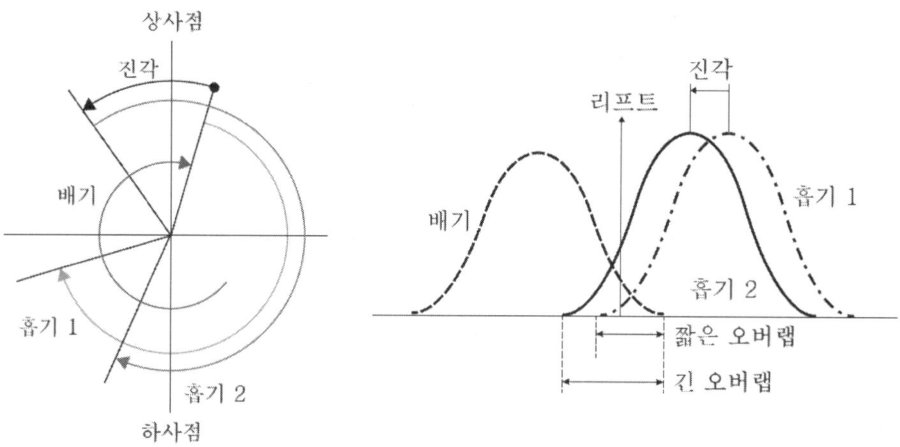

(a) 밸브 개폐시기 (b) 밸브 리프트

| 그림 5-20 |

1) single CVVT

이 장치는 흡기밸브를 담당하는 캠축을 회전시켜 흡기밸브의 개폐시기만을 변경하고 배기밸브의 개폐시기는 변경되지 않는 것으로 사진 5-21에 보인다. 그림 5-21은 엔진의 운전 조건에 따른 흡기 캠의 제어영역을 크게 4가지로 나눈 것을 보인다. 저속 저부하에서는 연소 안정성을 높이는 것이 중요하다. 특히 공회전 상태에서는 연소 안전성을 높여 공회전수를 낮추는 것이 연비와 진동에 중요하다. 이 경우 잔류가스의 양을 줄여야하므로 밸브오버랩을 줄이기 위해 흡기밸브의 캠을 지각한다. 부분부하에서는 연비향상과 배기가스저감이 중요하다. 잔류가스량을 증가시킴으로써 혼합기의 비열비를 높여 연비향상을 꾀하고 또 최고 연소온도를 내려 NOx 생성을 줄인다. 이를 위해 흡기밸브의 캠을 진각시켜 밸브오버랩을 증가시킨다. 저속 고부하에서는 공기를 많이 흡입하여 토크를 높이는 것이 필요하다. 저부하에서 밸브오버랩이 증가하면 배기가스가 흡기다기관으로 역류가 발생한 후 재 흡입되기에 잔류가스가 많아져 공기흡입량이 감소한다. 하지만 고부하에서는 흡기다기관과 배기다기관의 압력차이가 크지 않기 때문에 역류가 발생하지 않고 새로 흡입되는 공기가 연소실에 존재하는 잔류가스를 배기계로 같이 빠져나가게 함으로써 잔류가스를 줄여 공기흡입량을 늘린다. 이를 위해 흡기밸브의 캠을 진각시킨다. 고속 고부하에서는 출력 향상이 주 목적으로 이를 달성하기 위해 공기 흡입량 증가를 통해 토크를 높여야한다. 압축행정 중에 흡기밸브가 열려있으면 피스톤이 상승운동을 하므로 실린더 내의 공기는 흡입계로 역류되어 흡입공기량이 감소할 것으로 생각하기 쉽다. 하지만 고속 고부하에서는 흡입되는 공기의 관성으로 흡입되는 공기량(ram 효과라 한다)이 피스톤에 의해 역류되는 공기량보다 많다. 따라서 이런 영역에서 흡입 공기량을 증가시키기 위해서 압축행정 중에 흡기밸브를 늦게 닫는다. 이 영역에서는 캠을 지각시킨다.

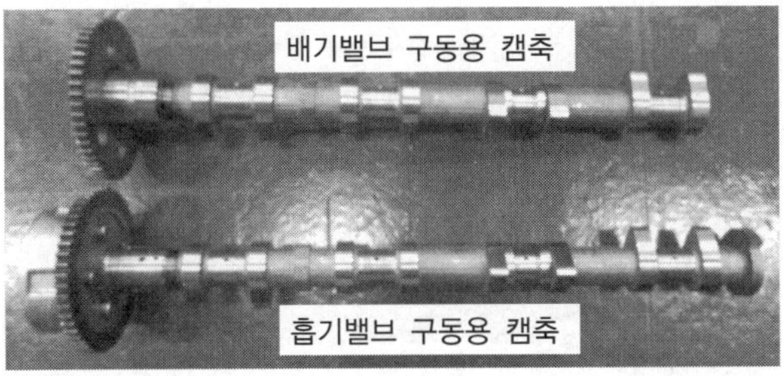

| **사진 5-21** | single CVVT

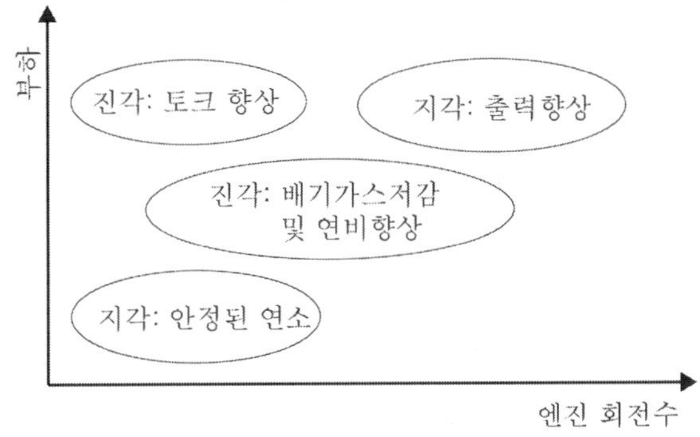

| **그림 5-21** | CVVT 제어 영역

2) dual CVVT

사진 5-22에 보인 것과 같은 dual CVVT는 흡기 및 배기 밸브의 개폐시기를 엔진 운전영역에 따라 바꿀 수 있는 장치이다. 흡기밸브의 개폐시기를 제어하는 원

리는 single CVVT에서 설명하였다. 여기서는 배기밸브의 개폐시기가 엔진 성능에 미치는 영향을 설명한다. 배기밸브를 빨리 닫으면 실린더 내에 잔류가스 증가로 EGR과 같은 효과를 볼 수 있어 연비가 향상되지만 흡기 행정 초기에 실린더내의 압력 감소가 커 펌핑일이 증가된다. 반면 고속에서 배기밸브를 늦게 닫으면 밸브 오버랩 증가로 연소가스를 많이 배출할 수 있어 공기를 많이 흡입하여 토크 및 출력 향상이 가능하다. 배기밸브를 빨리 열면 팽창행정 중 팽창일이 감소하고 늦게 열면 배기가스를 배출하는데 필요한 펌핑 일이 증가하므로 배기밸브를 여는 시기는 팽창일과 펌핑일을 고려하여 결정된다. 엔진 속도와 부하가 증가함에 따라 blowdown과정 중 더 많은 배기가스를 배출해야하므로 EVO를 진각하는 것이 유리하다. 그렇지 않으면 배기행중 초기에 압력이 높아 배기과정 중의 펌핑 손실이 증가한다. 그림 5-22는 EVO 변화에 따른 연비를 보여주는 것으로 엔진 회전수가 증가할수록 최적의 EVO는 그림의 화살표와 같이 진각하여 빨리 여는 것이 연비 측면에서 유리함을 보인다.

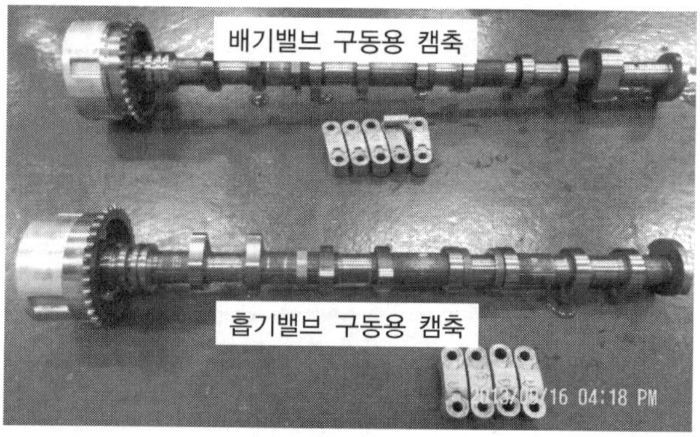

| 사진 5-22 | dual CVVT

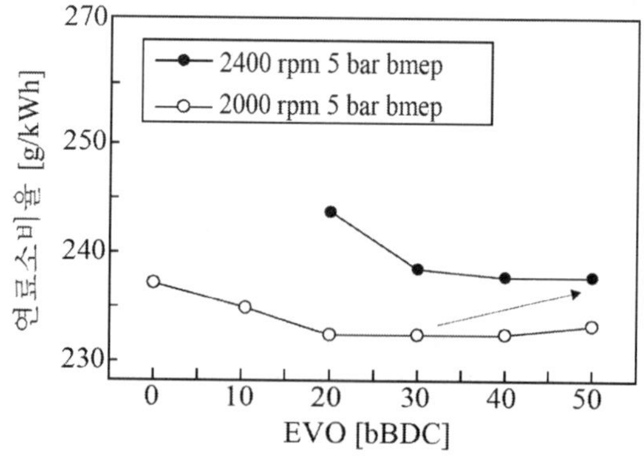

| 그림 5-22 | 배기밸브 열림 시기에 따른 연비

5-5-6 CVVL

기존 엔진에서 밸브 리프트와 밸브 타이밍은 모두 캠의 형상에 의해 고정되어 있다. CVVL(continuously variable valve lift)은 밸브 리프트와 밸브 타이밍을 조절하는 장치이다. BMW의 Valvetronic, Nissan의 VVEL(variable valve event and lift), 도요타의 Valvematic, 현대차의 CVVL 등이 여기에 속한다. 기존 가솔린 엔진의 출력은 스로틀 밸브의 개도를 조절하여 엔진으로 흡입되는 공기량을 조절함으로써 조절된다. CVVL은 흡기 밸브의 리프트(양정)을 조절하여 엔진으로 흡입되는 공기량을 조절하여 엔진의 출력을 조절하는 것으로 원리는 그림 5-23과 같다.

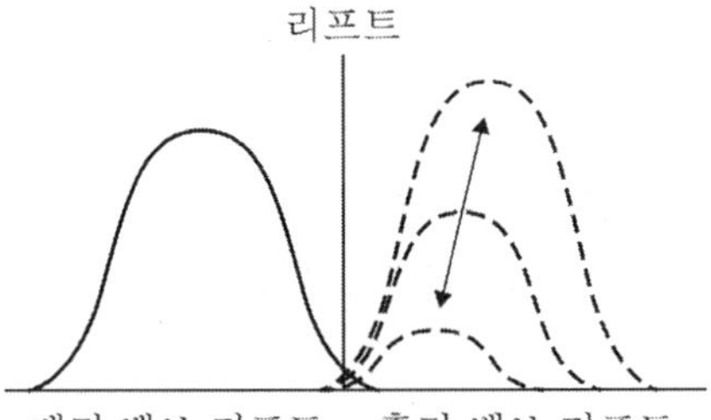

| 그림 5-23 | CVVL의 원리

가솔린 엔진이 저 부하로 운전될 때 기존 엔진의 스로틀 밸브부터 흡기밸브까지의 압력은 대기압보다 낮은 상태로 유지된다. 흡기 밸브가 열리면 실린더 내의 압력이 흡기 다기관의 압력보다 높기 때문에 실린더로부터 잔류가스가 흡기다기관으로 역류하는 동안 피스톤은 하강운동을 한다. 이 동안 실린더 내의 압력이 급격히 감소하여 흡기 다기관의 압력보다 낮아져 공기가 흡입된다. 이 과정 동안의 펌핑 일은 그림 5-24와 같다. 반면 기존 엔진과 달리 CVVL 엔진의 흡기밸브의 상류는 대기압을 유지하고 있으므로 흡기밸브가 열리는 순간의 실린더 내의 압력과 흡기다기관의 압력은 큰 차이가 없다. 흡기 행정이 계속 진행되면서 피스톤이 하강하므로 실린더 내의

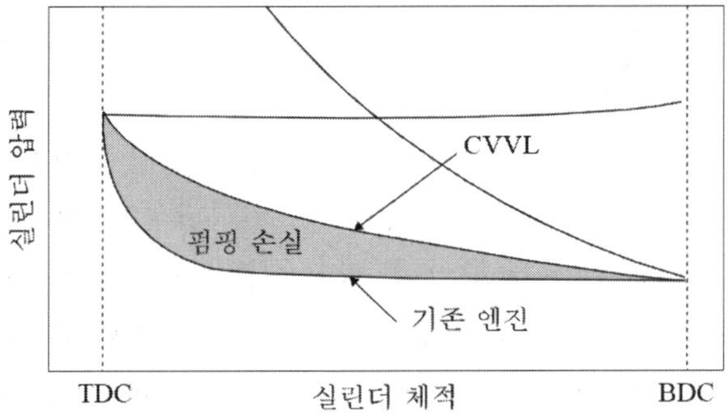

| 그림 5-24 | 흡기밸브 리프트에 따른 펌핑 손실

압력이 줄어드는 즉시 흡기 다기관과의 압력차에 의해 공기가 흡입된다. 흡입 밸브가 열려 있는 동안 이 과정을 반복하므로 실린더 내의 압력은 급격하게 감소하지 않고 서서히 감소한다. 이 과정 동안 그림 5-24와 같이 CVVL 엔진의 펌핑일은 기존 엔진보다 색칠된 만큼 적다.

CVVL은 필요한 공기량에 따라 밸브의 리프트를 최소량으로 제어할 수 있으므로 밸브를 여는데 필요한 일이 감소한다. 이는 엔진을 구동하는데 필요한 기계적 마찰 손실이 감소함을 뜻한다. 저속 저부하에서는 밸브를 조금만 열기 때문에 마찰손실이 기존 엔진에 비해 크게 줄어드나 고속 고부하에서는 감소효과가 없어진다. 이와 같이 펌핑일의 감소와 마찰손실의 감소를 통해 연비가 향상된다.

저속의 토크는 흡기밸브를 일찍 닫아 압축 행정 중 흡기계로 역류하는 공기량을 줄여 높은 토크를 얻는다. 반면 고속에서는 밸브 리프트 증가를 통해 밸브를 통과하는 유동면적을 증가시켜 많은 공기가 흡입될 수 있도록 하여 토크를 높인다. 저속과 고속의 전부하 영역에서는 밸브 개폐시기와 리프트를 조절하여 체적효율을 향상시켜 토크를 높인다. 저속과 고속에서 CVVL에 의해 토크가 향상되는 것을 그림 5-25에 보인다.

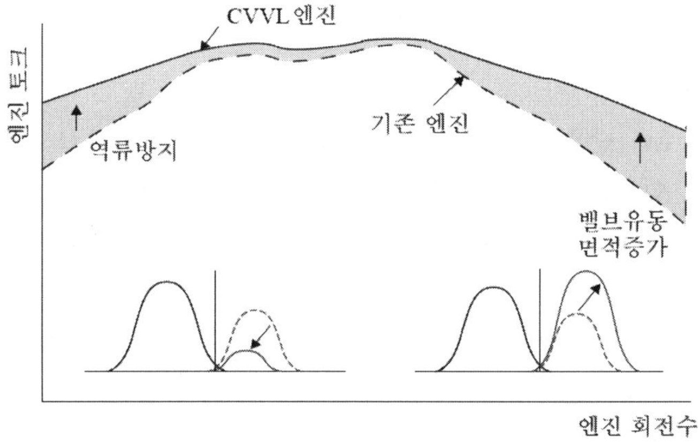

| 그림 5-25 | CVVL에 의한 저속 및 고속 토크 향상

CVVL은 앞서 언급한 주요한 장점 외에도 부가적인 특징이 존재한다. 차량을 가속할 경우 기존 시스템은 스로틀 밸브의 하류 공간의 압력이 상승한 다음 공기가 실린더로 흡입된다. 하지만 CVVL에서는 흡기밸브 상류가 항상 대기압 상태로 유지되기 때문에 가속시 공기는 즉시 실린더로 흡입되므로 응답성이 좋다. 저온에서 엔진을 시동할 때 흡기 밸브의 리프트를 줄일 수 있어 이를 통과하는 공기의 속도는 증가된다. 연료의 입자가 작아져 증발이 잘 일어나며 이로 인해 점화시기를 지연할 수 있어 배기가스의 온도가 높아진다. 삼원촉매는 배기가스 온도에 의해 빨리 반응 온도에 도달하여 배기가스는 감소된다.

5-5-7 가변흡기시스템

엔진의 운전조건에 따라 흡기 시스템의 길이를 조절하여 엔진으로 흡입되는 공기량을 증대시켜 높은 토크를 얻기 위한 장치가 가변흡기시스템(VIS, variable induction system)이다. 그림 5-26은 가변흡기시스템의 개념을 보인 것으로 스로틀 밸브와 흡기 밸브 사이에 추가된 밸브는 엔진 운전조건에 의해 개폐가 제어된다. 엔진이 저속으로 운전될 때 가늘고 긴 흡기계를 통해 공기의 유속을 높여 엔진의 연소성능을 향상하고 고속에서는 굵고 짧은 흡기계를 사용하여 마찰저항 감소로 흡기저항을 줄여 공기량을 많이 흡입하도록 한 것이다. 그림 5-27은 흡기 러너의 길이에 따른 엔진 토크의 변화를 보인다. 따라서 가변흡기시스템은 엔진의 회전수에 따라 밸브를 제어하여 통로를 개폐한다.

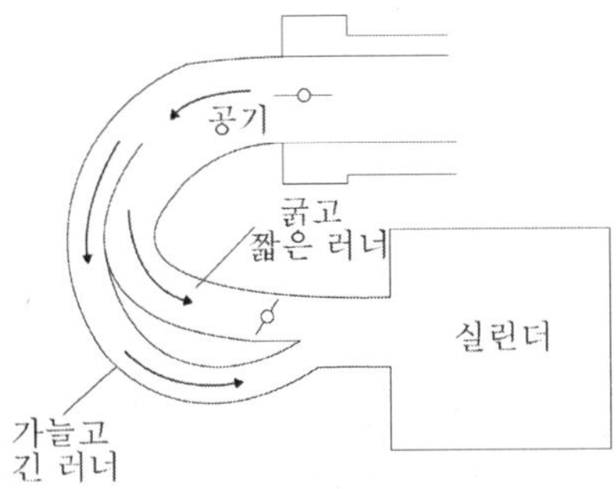

| 그림 5-26 | 가변흡기시스템의 개념

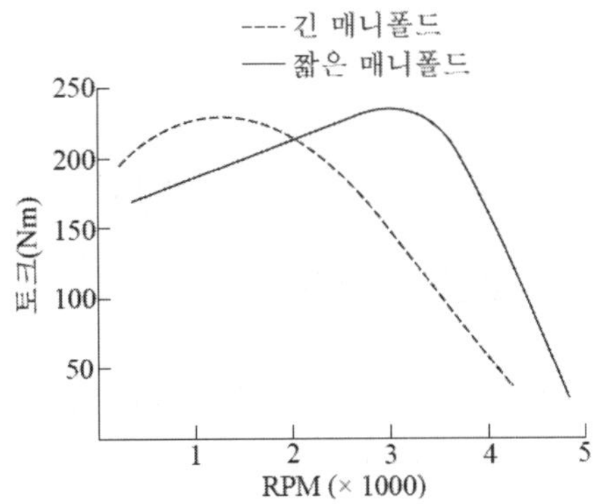

| 그림 5-27 | 흡기 러너의 길이에 따른 엔진 토크 변화

흡입행정 중에 피스톤이 아래로 움직일 때 흡기밸브에서 압력이 낮은 희박파가 발생한다. 이 파는 흡기다기관을 거쳐 서지탱크로 음속으로 전파되며 단면적이 급격히 증가하는 서지탱크에서 압축파로 반사된다. 이 압축파는 다시 흡기밸브 쪽으로 전파되며 흡기밸브에 도달하는데 걸리는 시간은 흡기계의 길이에 의해 결정된다. 압축파가 흡기밸브가 열릴 때 도달하게 되면 흡기행정 초기의 압력을 높여 펌핑 손실이 감소한다. 또 압축파가 흡기행정의 말기에 흡기밸브에 도달하면 흡입되는 공기의 질량이 증가된다. 이와 같이 흡기계의 길이를 조절하여 원하는 시기에 압력파가 흡기밸브에 도달하도록 하는 것을 튜닝(tuning)이라 부른다.

5-5-8 피스톤 슬랩 소음

피스톤은 높은 연소압력을 받아 고속으로 왕복운동 하는 것으로 실린더 벽면과 충돌하면서 기계적 소음을 일으키는데 이는 엔진 소음의 주원인이다. 실린더 내에서 왕복운동을 하는 피스톤은 피스톤과 실린더 사이의 간극이 존재하기에 피스톤 핀을 중심으로 수평 및 회전운동을 한다. 그림 5-28과 같이 이 운동은 폭발 행정 시의 연소압력에 의해 피스톤과 실린더 벽이 강하게 충돌하여 피스톤 슬랩(slap) 소음을 발생한다. 소음뿐만 아니라 심한 경우 피스톤의 내구성에도 영향을 준다. 이 현상에 영향을 주는 피스톤 설계 인자는 피스톤 핀 오프셋, 피스톤 압축높이, 피스톤 스커트 길이 및 형상, 피스톤과 실린더 보어 사이의 간극 등이 있다.

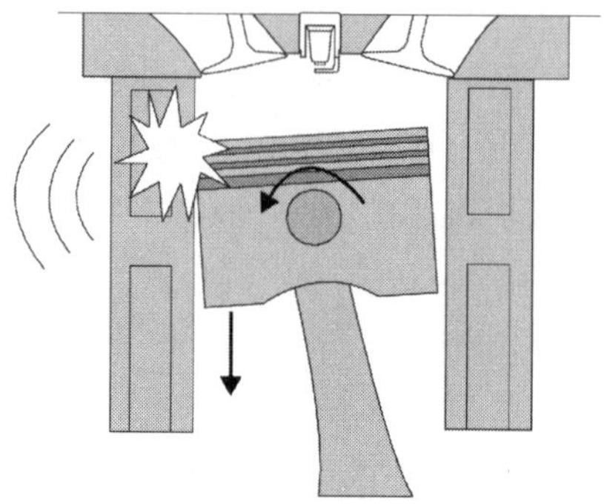

| 그림 5-28 | 피스톤 슬랩 소음

5-5-9 오프셋 피스톤

피스톤 슬랩 소음을 줄이기 위해 그림 5-29와 같이 피스톤 핀 구멍을 스러스트쪽으로 0.5~3.0mm 정도 이동시킨 것이 오프셋 피스톤(offset piston)이다.

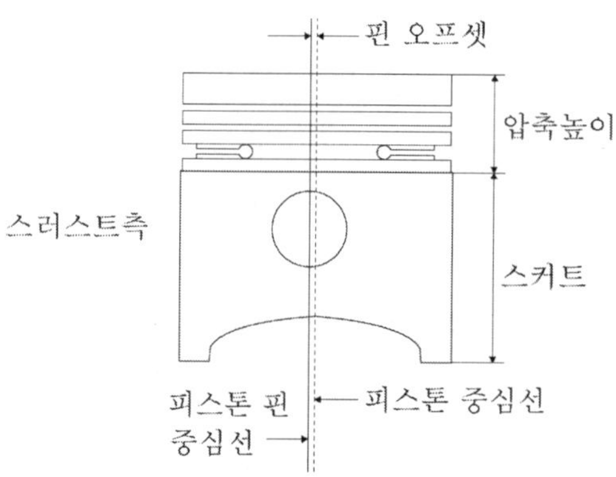

| 그림 5-29 | 오프셋 피스톤

5-5-10 오프셋 크랭크축

피스톤과 실린더벽면 사이에 작용하는 마찰력 저감을 통해 연비를 향상하기위해 오프셋 크랭크축(offset crankshaft)을 이용한다. 오프셋 크랭크축은 그림 5-30과 같이 크랭크축의 중심선을 스러스트 방향으로 일정한 거리만큼 편심시킨 것이다. 연소실의 압력에 의해 피스톤을 누르는 힘(F_g)은 그림 5-31에서 아래 방향의 것으로 이는 커넥팅 로드에 작용하는 힘(F_c)과 실린더 벽면에 작용하는 측력(F_s)과 평형을 이룬다. 참고로 커넥팅 로드는 소단부와 대단부가 핀으로 연결된 부재이기에 로드 방향으로 힘이 전달된다. 그림 5-31로부터 세 힘이 평형상태를 유지하므로 F_c와 F_s는 F_g와 ϕ로 다음과 같이 표현된다.

$$F_c = \frac{F_g}{\cos\phi},\ F_s = F_g \tan\phi$$

크랭크축 편심에 의해 ϕ_1이 ϕ_2보다 큰 값을 갖기에 팽창행정 중 크랭크축이 동일한 각도로 회전한 경우 편심된 것은 피스톤이 실린더 벽면을 미는 힘을 줄인다. 이 힘에 마찰계수를 곱한 것이 마찰력이므로 마찰력은 감소한다. 그러나 피스톤이 상승할 때에는 anti-thrust측에 가해지는 힘이 오히려 증가하기 때문에 최적 편심량 선정이 중요하다.

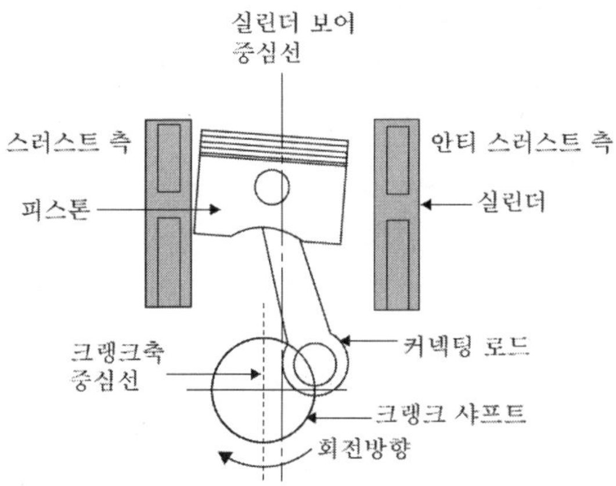

| 그림 5-30 | 오프셋 크랭크축

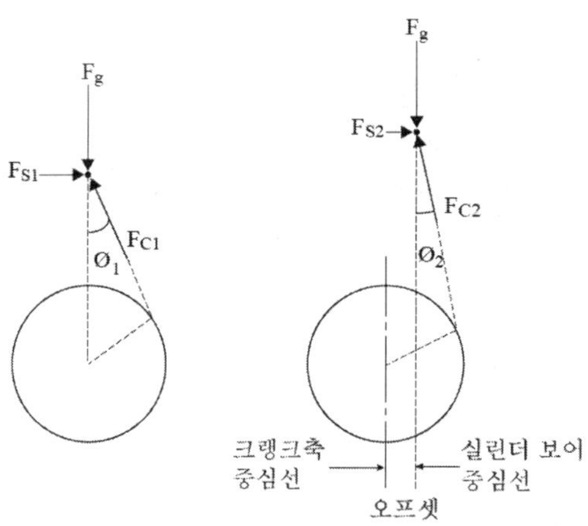

| 그림 5-31 | 오프셋 크랭크축에 의한 측력의 변화

5-5-11 water jacket spacer(또는 separator)

엔진의 과열을 방지하기 위해 냉각수는 실린더 둘레의 물 재킷 내부로 흐른다. 냉각수가 흐르는 양과 속도는 위치에 따라 일정하지 않아 실린더 벽면의 온도는 균일하지 않다. 또한 실린더의 위쪽은 연소실과 가까이 있으므로 실린더 벽면의 온도가 높을 것이고 아래쪽은 온도가 낮다. 이로 인해 실린더의 열팽창이 균일하지 못해 실린더 벽면은 굴곡이 생긴다. 이는 피스톤의 운동에 방해가 되어 연비를 저하하는 요인이 된다. water jacket spacer는 물 재킷에 설치하여 냉각수의 흐름을 제어하여 실린더 벽면이 균일한 온도분포를 갖도록 하는 것이다. 그림 5-32와 같이 water jacket spacer는 물 재킷의 아래쪽에 설치하여 냉각수 통로를 줄임으로써 냉각을 줄이고 위쪽은 냉각이 잘되게 하여 균일한 온도분포를 갖도록 한다.

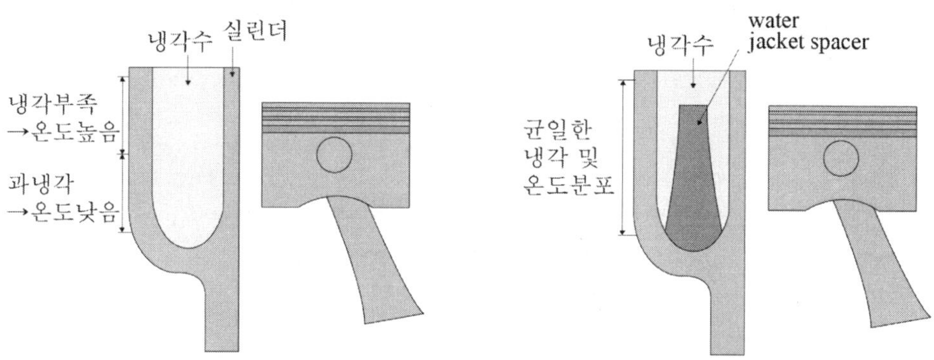

(a) water jacket spacer 없는 것 (b) water jacket spacer 설치된 것

| 그림 5-32 |

5-6 예제

5-6-1 배기량, 연소실 및 압축비 관계

예제 4기통 엔진의 보어와 행정이 각각 88과 97mm이다. 이 엔진의 배기량을 구하시오. 또 압축비가 10.5일 때 연소실의 체적은 얼마인가?

풀이 보어와 행정이 주어졌으므로 식 (5-1)을 이용하여 배기량을 계산한다.

$$V_d = 4 \times \frac{\pi}{4}(8.8cm)^2(9.7cm) = 2{,}359cc$$

연소실의 체적은 식 (5-2)의 정의를 이용하여 계산한다.

$$V_c = \frac{V_d}{r_c - 1} = \frac{2359/4}{10.5 - 1} = 62cc$$

5-6-2 엔진 성능 및 열효율

예제 최대토크 $14kg_fm$ @2,400rpm, 최고출력 75PS@4,600rpm, 연비 $200g/ps \cdot hr$ 인 엔진이 있다. 이 엔진의 2,400rpm에서 출력은 몇 마력이며 4,600rpm에서 토크는 얼마인가? 그리고 이 엔진의 열효율은?

풀이 엔진의 각속도는 식 (5-11)로부터

$$\omega = \frac{2\pi \times 2400}{60} = 80\pi\,[rad/\sec]$$

가 되고 회전력을 Nm 단위로 환산하면

$$T = 14kg_fm = 14 \times 9.81Nm = 137.34Nm$$

이 된다. 식 (5-10)과 (5-12)로부터 출력은

$$P = T \times \omega = 137.34 \times 80 \times 3.14 = 34500\,W = 34.5KW = 34500/735.5 = 46.9PS$$

이 된다. 4,600rpm에서 토크를 구하기 위해서는 식 (5-10)을 이용하며 이 회전수의 각속도는

$$\omega = 153.33\pi\ [rad/\sec]$$

이다. 토크는 식 (5-10)으로부터

$$T = \frac{75 \times 735.5}{153.33\pi} = 359.8Nm = 36.7kg_fm$$

가 된다.

엔진의 열효율은 엔진으로 입력되는 연료가 갖는 에너지와 엔진에서 만들어내는 일의 양을 비교한 것이다. 이것을 나타내는 것이 바로 엔진의 연비이며 주어진 자료에 의하면 200g의 연료로 $1ps \cdot hr$의 일을 한다는 것을 의미한다. 엔진에 입력되는 에너지는 연료량에 연료의 발열량을 곱한 것으로 가솔린의 발열량은 44MJ/kg이다. 따라서 열효율 η는 다음과 같이 계산된다.

$$\eta = \frac{W_{out}}{Q_{in}} = \frac{PShr}{200g} = \frac{735.5\,W \times 3600\sec}{0.2Kg \times 44MJ/Kg} = 0.3$$

5-6-3 피스톤 링의 열팽창

예제 피스톤 링이 피스톤에 설치되었을 때 존재하는 링 갭이 어느 정도가 되어야 하는지 이 예제를 통해 파악해보자. 4기통 가솔린 엔진의 배기량은 1,975cc이고 보어와 행정은 각각 82mm와 93.5mm이다. 대기온도와 엔진 작동 시 링의 온도는 각각 20℃와 200℃라 가정한다. 이 경우 온도 상승에 의해 링의 원주길이는 얼마나 늘어날까? 단 링의 재질인 주철의 열팽창계수는 10×10^{-6}이다.

풀이 링이 피스톤에 설치되었을 때의 링의 원주길이는

$$l = \pi \times B = 3.14 \times 82mm = 257.48mm$$

이고, 온도 변화에 의한 링의 길이 변화량

$$\Delta l = \alpha \Delta T\ l = 10 \times 10^{-6} \times 180 \times 257.48 = 0.46mm$$

이다. 즉 링의 길이변화가 0.46mm 이므로 설치되었을 때 링 갭은 최소 0.46mm가 되어야한다. 하지만 실제 엔진의 링 갭은 1번과 2번 링이 각각 0.23~0.38mm와 0.33~0.48mm로 위에서 계산한 링의 길이변화량보다 작다. 이는 실제 엔진에서 링의 길이만 변하는 것이 아니라 실린더 벽면 또한 온도 상승에 의해 팽창하기 때문이다.

CHAPTER 06

시동장치

시동장치는 엔진의 시동을 위해 필요한 장치로 배터리에 저장된 전기에너지를 이용하여 시동모터를 회전시켜 크랭크축과 연결된 링기어를 구동한다. 이 과정을 크랭킹(cranking)이라 부르며 이때 필요한 양의 연료가 공급되어 스파크플러그에서 발생된 불꽃으로 연소가 시작되어 엔진이 시동된다. 가솔린 엔진이 요구하는 최소 시동 회전수는 60~100rpm으로 알려져 있다. 이와 달리 과거 경운기와 같이 사람의 힘으로 시동하는 것도 있었으며 현재에도 동일한 방법으로 시동을 하는 예취기도 있다.

기온이나 냉각수의 온도가 높을 때 엔진은 문제없이 시동이 잘 된다. 하지만 냉각수 온도가 낮을 때 엔진 시동은 상대적으로 어렵다. 이는 온도가 낮기 때문에 발생되는 배터리의 성능 저하, 윤활유의 점성 증가, 연료의 증발부족에 의해 일어난다. 가솔린 엔진의 시동은 일반적으로 -30℃까지 확보되고 그 이하인 아주 추운 곳에서는 엔진의 블록을 전기 히터로 가열하는 블록 히터(block heater)라는 시동을 위한 보조 장치를 사용한다. 냉시동 성능과 함께 주로 배기가스의 배출과 촉매 온도의 상승에 관한 연구가 활발히 진행되고 있다.

6-1 시동장치의 구성

엔진의 시동장치는 그림 6-1과 같이 크게 시동모터(starting motor)와 링기어 그리고 배터리로 구성된다. 사진 6-1에 보이는 "ON"에서 "START" 위치로 운전자가 키를 돌려 시동을 시작하면 배터리로부터 시동 모터로 전류가 흘러 시동모터가 회전한다. 이때 시동모터에 설치된 피니언 기어가 크랭크축과 연결된 링기어와 연결되어 크랭크축은 회전하게 된다. 참고로 수동변속기 차량의 링기어는 플라이휠에 설치되어 있고 자동변속기 차량의 링기어는 토크컨버터 하우징에 설치되어있다.

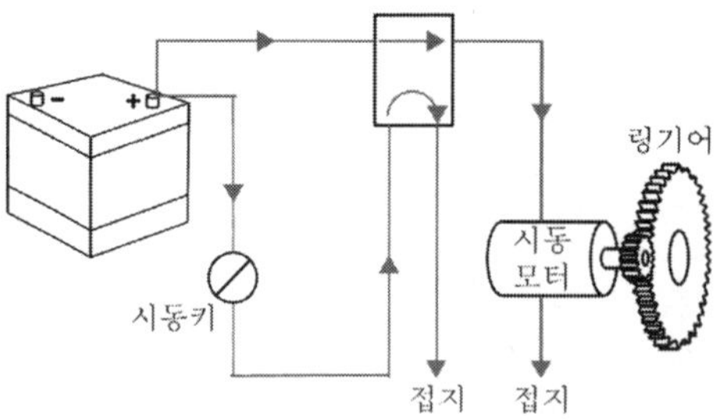

| 그림 6-1 | 시동장치의 구성

| 사진 6-1 | 키의 여러 위치

6-2 시동모터의 원리

시동모터는 "자기장 속에 존재하는 도체에 전류가 흐르면 이 도체는 힘을 받는다." 라는 플레밍의 왼손법칙의 원리를 이용한 것이다. 그림 6-2(a)와 같이 자기장의 방향과 전류의 방향이 주어지면 그림 6-2(b)의 플레밍의 왼손법칙을 적용하여 힘의 방향을 구할 수 있다.

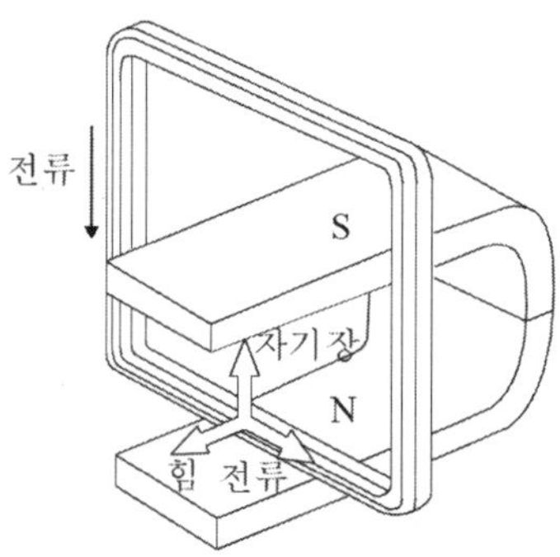

(a) 자기장 속에 전류가 흐르는 도체

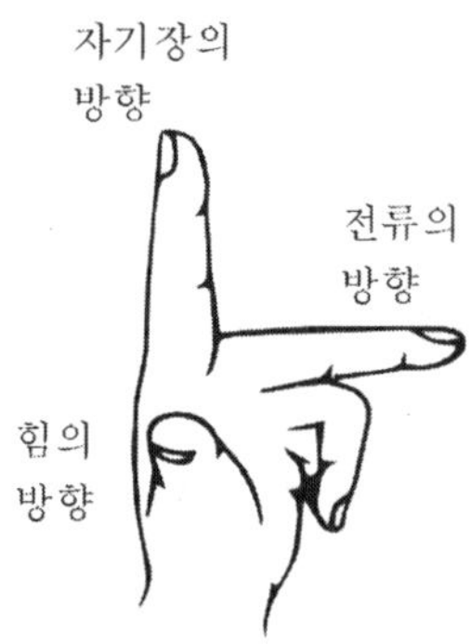

(b) 플레밍의 왼손법칙

| 그림 6-2 | 모터의 원리

6-3 시동장치의 구성부품

시동모터는 사진 6-2에 보인 것과 같이 모터부(사진 6-2(a)의 아랫부분)와 마그네틱 스위치부(또는 솔레노이드부, 사진 6-2(a)의 윗부분)로 크게 두 개의 부분으로 나누어진다. 사진 6-2(b)는 모터의 케이스를 제거한 내부의 모습이다.

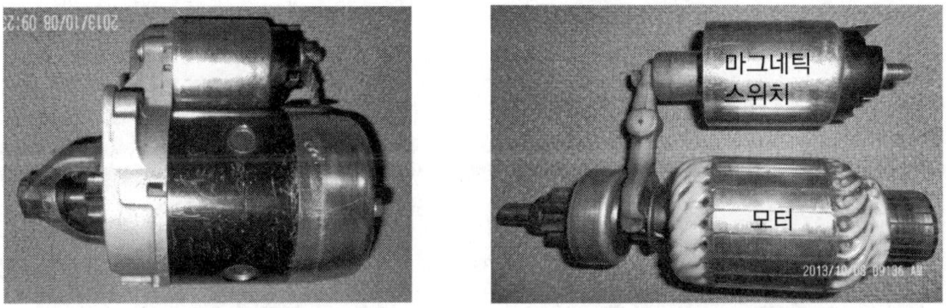

(a) 시동모터의 조립 모습　　　　(b) 시동모터의 분해 모습

| **사진 6-2** |

6-3-1 모터부분

모터는 그림 6-3과 같이 도식적으로 간단히 나타낼 수 있으며, 자기장을 만드는 자석(magnet), 회전하는 전기자(armature), 전기자에 흐르는 전류의 방향을 바꾸는 정류자(commutator), 회전하는 부분에 전류를 공급하는 브러시(brush)로 구성된다. 실제 시동모터를 구성하는 부품의 모습은 사진 6-3과 같다. 사진 6-3(a)와 같이 모터의 케이스 부분에는 영구자석이 설치되어있고 사진 6-3(b)의 전기자에는 수많은 코일이 감겨있으며 그 끝에는 정류자가 설치되어있다. 마지막으로 정류자와 미끄럼접촉을 하는 브러시는 사진 6-3(c)와 같다.

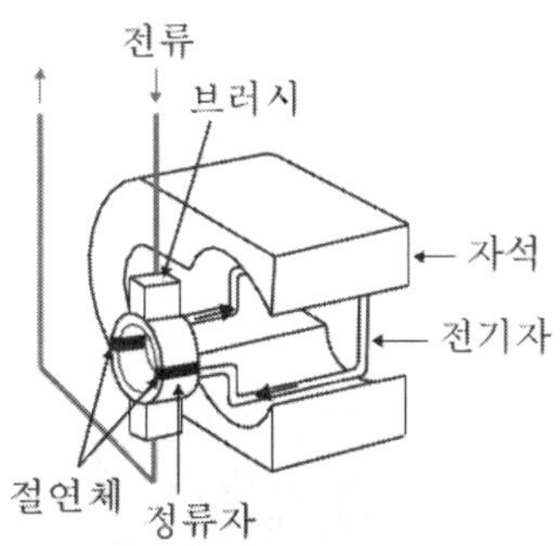

| **그림 6-3** | 시동 모터의 도식적 표현

(a) 자석

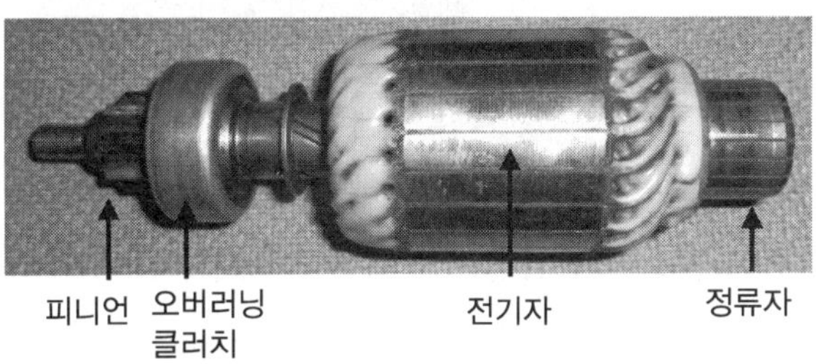

(b) 전기자와 정류자

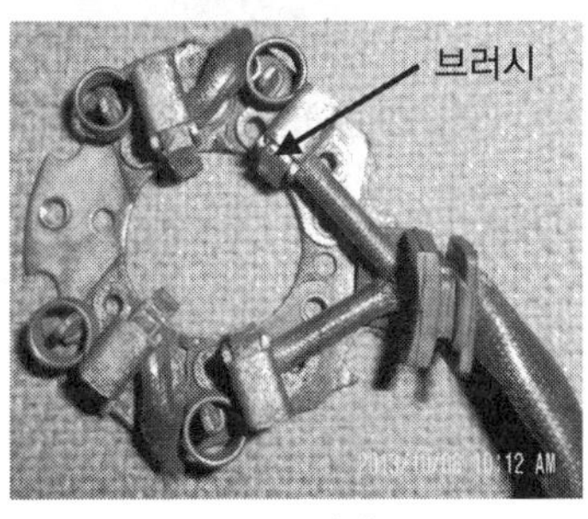

(c) 브러시

| **사진 6-3** |

6-3-2 마그네틱 스위치부분

사진 6-4(a)는 마그네틱 스위치부분을 분해한 것으로 솔레노이드, 스프링, 플런저로 구성되어있다. 솔레노이드는 내부의 코일에 전류가 흐르면 전자석이 되어 플런저를 이동시킨다. 사진 6-4(b)와 같이 솔레노이드의 끝에는 3개의 단자가 설치되어있고 각각 S, M, B단자로 부른다. 각각의 단자는 각각 스타터 스위치(S), 시동모터(M), 배터리(B)와 연결된다. 플런저의 끝부분에는 피니언 기어를 움직여 링기어와 연결 또는 차단을 담당하는 시프트 포크가 설치되며 이 형상은 사진 6-4(c)와 같다. 또 솔레노이드 코일에 전류 공급이 차단되면 플런저를 원래의 위치로 복귀시키는 스프링이 솔레노이드와 플런저 사이에 설치된다. 마그네틱 스위치부는 피니언 기어를 움직여 링기어에 연결 또는 차단하는 역할과 모터부에 큰 전류를 흘리는 릴레이 역할을 한다. 이에 대해서는 다음에 상세히 설명된다.

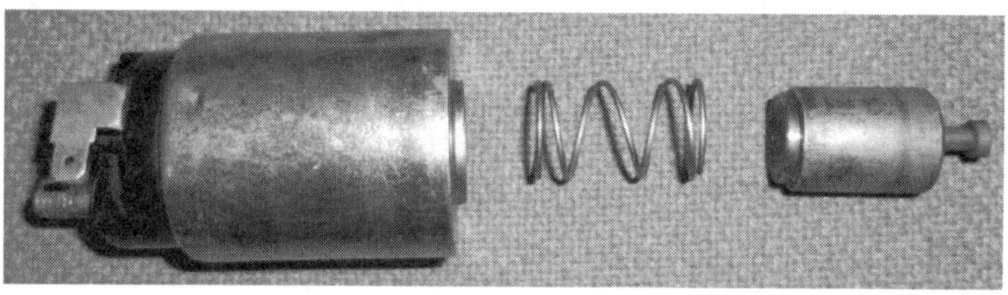

(a) 마그네틱 스위치부분

(b) 솔레노이드의 S, M, B 단자

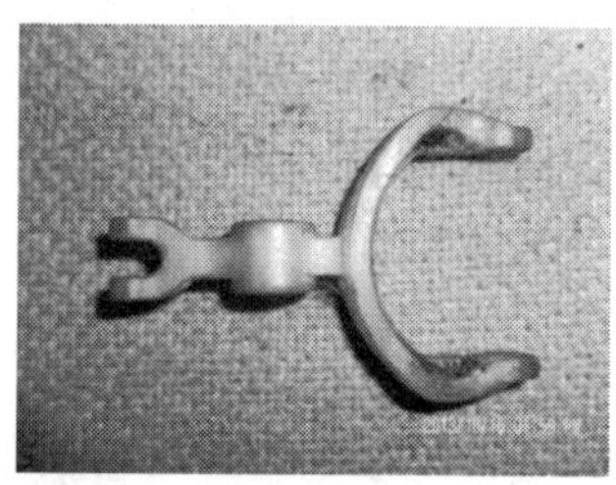

(c) 시프트 포크

| 사진 6-4 |

그림 6-4는 모터와 마그네틱 스위치 부분을 간단히 도식적으로 나타낸 것으로 각각의 명칭은 표 6-1과 같다.

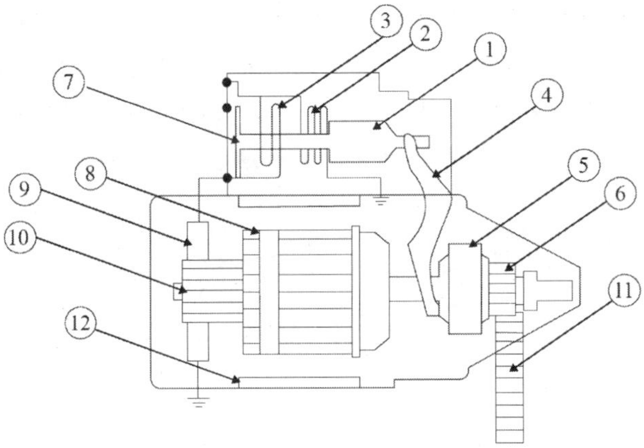

| 그림 6-4 | 시동모터의 구성

| 표 6-1 | 시동모터 각 부분의 명칭

번호	명칭	번호	명칭
1	플런저	7	메인 컨택터
2	홀딩 코일	8	아마츄어
3	풀인 코일	9	브러시
4	시프트 포크	10	정류자
5	오버러닝클러치	11	링기어
6	피니언 기어	12	자석

6-3-3 오버러닝 클러치

엔진을 시동할 때는 시동 모터가 엔진을 구동하나 엔진이 시동된 후에는 어떤 현상이 발생할까? 엔진이 시동되면 엔진은 크랭킹 중일 때의 속도보다 훨씬 빠른 속도로 회전하며 그 속도는 엔진의 냉각수 온도에 의해 결정된다. 이 경우 엔진이 시동모터를 역으로 구동하게 될 것이다. 어느 차량의 시동모터에 설치된 피니언 기어의 이수는 8개 이고 플라이휠에 설치된 링 기어의 이수는 120~140개 정도이다. 엔진 시동 후 엔진이 약 2,000rpm으로 회전하게 되면 시동모터의 회전수는 약 30,000rpm에 이르게 된다. 이렇게 되면 원심력에 의해 모터가 파손될 우려가 있다. 엔진이 시동된 후부터 운전자가 시동키에서 손을 뗀 후 키가 ON위치에 자동으로 되돌아올 때까지 이러한 문제가 발생한다. 이를 방지하기 위해 설치된 것이 그림 6-5의 오버러닝 클러치(overrunning clutch)로 이는 엔진이 시동된 후 엔진의 회전력이 시동모터로 전달되는 것을 차단한다. 오버러닝 클러치는 한쪽 방향으로 동력을 전달하는 원웨이 클러치(one-way clutch)로 롤러(roller) 및 스프래그(sprag) 형식이 있다. 이는 엔진의 분해조립에 사용하여 볼트나 너트를 풀고 조일 때 사용하는 라쳇(ratchet)과 동일한 원리이다. 사진 6-5의 타원 속 부품이 모터 축에 설치된 오버러닝 클러치이다.

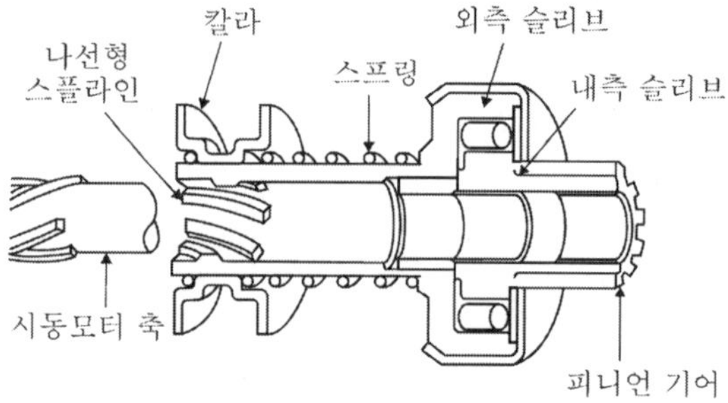

| **그림 6-5** | 오버러닝 클러치의 설치 위치

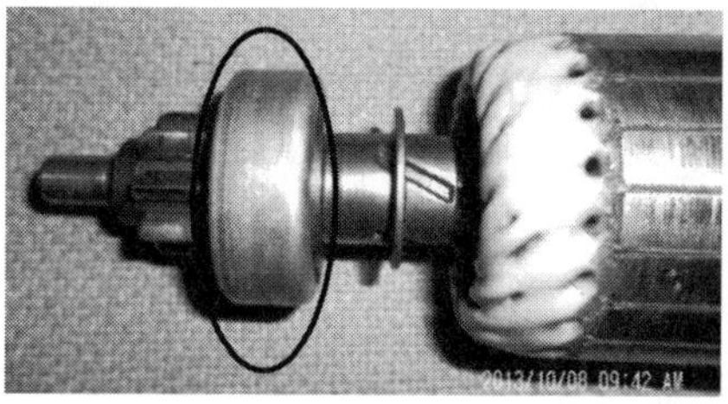

| **사진 6-5** | 모터 축에 연결된 오버러닝 클러치

6-3-4 배터리

배터리(battery)는 전기 에너지를 저장하는 장치로 엔진의 시동과 발전기가 동작하고 있지 않을 때 점화 플러그의 불꽃 생성 그리고 각종 전기장치의 작동을 위해 전기 에너지를 공급하는 것이다. 반대로 엔진이 시동된 후 발전기에서 발전된 전기에너지는 화학적 에너지로 배터리에 저장된다. 그림 6-6은 알터네이터가 동작할 때와 그렇지 않을 때 전류의 흐름을 보이며 배터리를 충전하기 위한 발전기는 배터리와 병렬로 연결되며 각종 전기부하 역시 병렬로 연결된다.

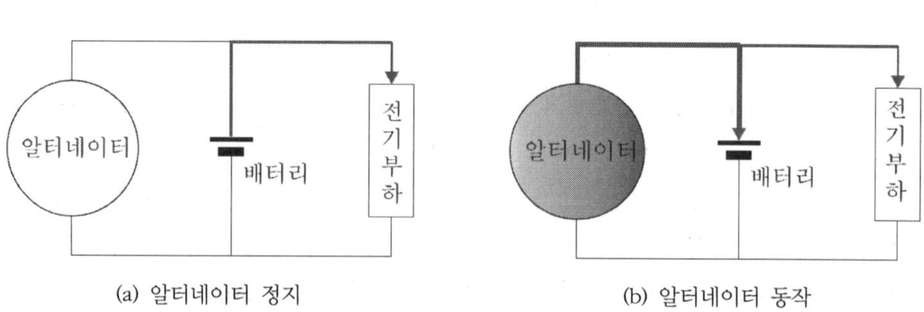

| **그림 6-6** |

자동차에 사용되는 배터리는 양극과 음극에 납이 사용되므로 납축전지(lead-acid battery)라 부른다. 승용차에 사용되는 배터리는 여섯 개의 셀(cell)이 직렬로 연결되어 있고 셀 하나는 완전 충전 시 2.1V의 전압을 발생하므로 배터리의 전압은 12.6V이다. 배터리는 건전지(1차 전지)와 달리 충전과 방전을 할 수 있는 2차 전지이다. 표 6-2는 실제 차량에 사용되고 있는 배터리의 특성을 정비 지침서로부터 인용한 것이다.

| 표 6-2 | 배터리 특성

형식	냉간 시동전류(-18℃)	보유용량	비중(25℃)
MF60AH	550A	92분	1.280+-0.01

1) MF

MF(maintenance free) 배터리는 사용 중 보수가 필요 없는 배터리를 말한다. 이 배터리는 화학반응으로 발생하는 가스로 인한 전해액의 감소가 적어 사용기간 동안 증류수 보충이 필요 없다.

2) 정격용량(60AH)

완전히 충전된 배터리를 일정한 전류로 연속 방전할 경우 단자전압은 점진적으로 감소하여 방전종지전압(10.5V)에 이르게 된다. 어떤 전류로 20시간 방전하여 방전종지전압에 도달한 경우 배터리의 정격용량은 이 전류에 20시간을 곱한 것으로 정의하고 단위는 Ah이다. 20시간 방전을 기준으로 정의한 것을 20시간율 정격용량이라 하며 5시간율 정격용량도 사용된다. 60AH는 3A의 전류로 20시간 방전하면 방전종지전압에 도달함을 뜻한다.

3) 방전종지 전압

배터리는 어떤 전압까지 방전하면 그 이후로는 전압이 급격히 저하된다. 이 한계를 넘어 방전하면 배터리의 수명에 악영향을 준다. 그 기준은 한 셀의 전압이 1.75V 그리고 배터리의 전압이 10.5V이며 이를 방전종지전압이라 한다.

4) 냉간 시동전류

-18℃(0°F)에서 배터리 전압이 최소 7.2V를 유지하면서 30초간 공급할 수 있는 최대 전류를 냉간 시동전류(cold cranking amperes)라 하며 이는 배터리의 시동 능력을 표시하는 척도이다. 표 6-2에 보인 배터리는 550A의 전류를 공급할 수 있다.

5) 보유용량

27℃(80°F)에서 배터리가 방전종지전압(10.5V)에 도달하기 전에 25A의 전류를 연속적으로 공급할 수 있는 시간을 분으로 나타낸 것을 보유용량(reserve capacity)이라 정의한다. 이는 차량의 발전 장치 고장 시 사용 가능한 배터리의 용량을 나타낸 것으로 배터리의 에너지만으로 운행 가능한 시간을 나타낸다. 표 6-2에 보인 배터리는 92분간 25A의 전류를 공급할 수 있음을 나타낸다.

6) 비중

황산의 비중(specific gravity)은 1.84로 물보다 무겁다. 충전이 진행되면 전해액 속에 황산이 증가하고 반대로 방전되면 전해액 속에는 물이 증가한다. 즉 전해액의 비중이 높으면 충전상태가 양호하고 낮으면 충전이 잘 안된 상태를 나타낸다. 전해액의 비중을 측정하여 배터리의 충전과 방전 상태를 확인할 수 있다. 참고로 전해액의 비중은 온도에 따라 변하므로 25℃에서 완전 충전 시 전해액 속의 황산의 농도는 약 37%이고 전해액의 비중은 1.280이다.

7) 화학 반응

배터리가 충전과 방전될 때 배터리 내부의 양극과 음극 그리고 전해액의 화학변화는 아래와 같다. 배터리의 전체 반응식에서 알 수 있듯이 충전이 진행될수록 물이 황산으로 바뀐다.

양극에서의 반응:

$$PbO_2 + 3H^+ + HSO_4^- + 2e^- \leftrightarrow PbSO_4 + 2H_2O \text{ (방전: } \rightarrow\text{, 충전: } \leftarrow\text{)}$$

음극에서의 반응:

$$Pb + HSO_4^- \leftrightarrow PbSO_4 + H^+ + 2e^- \text{ (방전: } \rightarrow\text{, 충전: } \leftarrow\text{)}$$

전체의 반응:

$$PbO_2\text{(양극)} + 2H_2SO_4 + Pb\text{(음극)} \leftrightarrow PbSO_4 + 2H_2O + PbSO_4 \text{ (방전: } \rightarrow\text{, 충전: } \leftarrow\text{)}$$

6-4 시동 모터의 동작

6-4-1 키를 ON에서 ST로 돌리는 순간

엔진을 시동하기위해 운전자는 키(자동차의 키)를 사진 6-1에 보이는 ON에서 ST로 돌린다. 이 순간 시동 스위치가 닫혀 그림 6-7과 같이 배터리로부터 솔레노이드 내부의 홀딘(hold-in) 및 풀인(pull-in) 코일로 전류가 흐른다. 플런저를 둘러싸고 있는 솔레노이드 코일에 전류가 흘러 솔레노이드부는 전자석이 되며 자력에 의해 플런저는 솔레노이드의 내측으로 이동한다. 이 그림에서는 플런저가 B와 M단자 쪽으로 이동하여 메인 컨택이 B와 M단자를 연결한다. 플런저에 연결된 시프트 포크가 이동하면서 모터 축에 연결된 피니언 기어를 링기어에 연결한다. 배터리로부터 풀인 코일을 거쳐 M 단자 및 모터의 필드코일과 아마츄어 코일로 전류가 흘러 모터가 회전하기 시작한다.

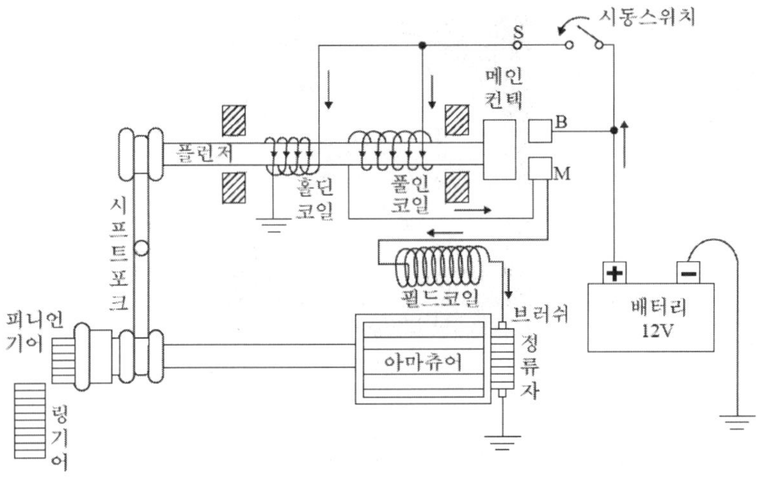

| 그림 6-7 | 키를 ON에서 ST로 돌리는 순간

6-4-2 키를 ST로 유지

키를 ON에서 ST로 돌린 후 계속 ST를 유지하는 동안 일어나는 것은 다음과 같다. 플런저가 이동하여 사진 6-6에 보이는 솔레노이드부의 중앙에 위치한 단자를 눌러 B 단자와 M 단자가 직접 연결된다. 이로 인해 풀인 코일의 양단의 전압은 배터리 전압이므로 전압 차이가 없어 풀인 코일로는 전류가 흐르지 않는다. 반면 홀딘 코일의 양단의 전압차이는 여전히 배터리 전압이므로 전류는 계속 흐른다. 플런저는 홀딘 코일의 전류에 의해 계속 현 위치를 유지한다. 6-4-1에서 풀인 코일을 거쳐 모터로 전류가 흐른 반면 여기서는 그림 6-8과 같이 풀인 코일을 거치지 않고 B 단자와 M 단자를 지나 직접 모터로 더 많은 양의 전류가 흘러 모터는 큰 출력으로 회전한다.

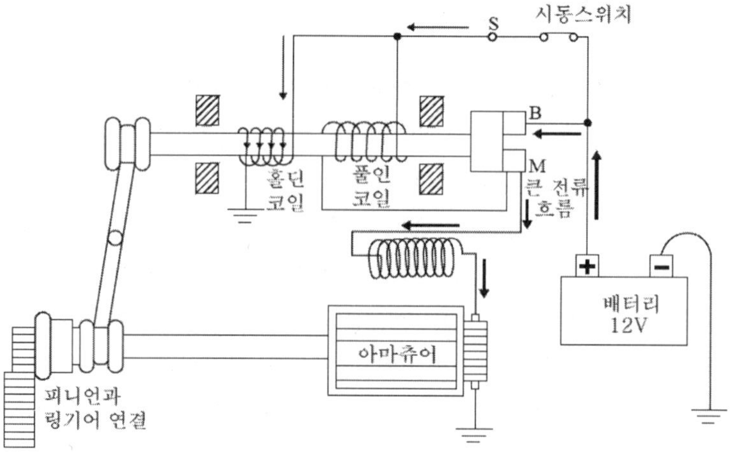

| 그림 6-8 | 키를 ST로 유지

| 사진 6-6 | 솔레노이드부에 중심에 위치한 단자

6-4-3 ST 상태인 키에서 손을 놓을 때

마지막으로 운전자가 시동이 완료되었다고 판단하면 시동키에서 손을 떼며 시동키는 ST 위치에서 ON으로 되돌아온다. 이는 그림 6-9의 시동 스위치가 열리는 것을 뜻한다. 6-4-2에서 S단자를 지나 홀딘 코일로 전류가 흘렀지만 여기서는 배터리에서 S단자 쪽으로 전류가 흐르지 못한다. 반면 B단자와 M단자가 직결되어 배터리로부터 이 단자를 지나 풀인 및 홀딘 코일로 전류가 흐른다. 두 코일에 전류가 흐르는 방향은 서로 달라 두 코일에 의해 발생되는 자력은 서로 상쇄된다. 사진 6-4(a)의 플런저는 스프링의 힘으로 원래의 위치로 되돌아가 B와 M단자가 서로 분리되고 피니언 기어와 링기어는 차단된다. 또 필드 및 전기자 코일에 흐르는 전류도 차단되어 모터는 정지한다.

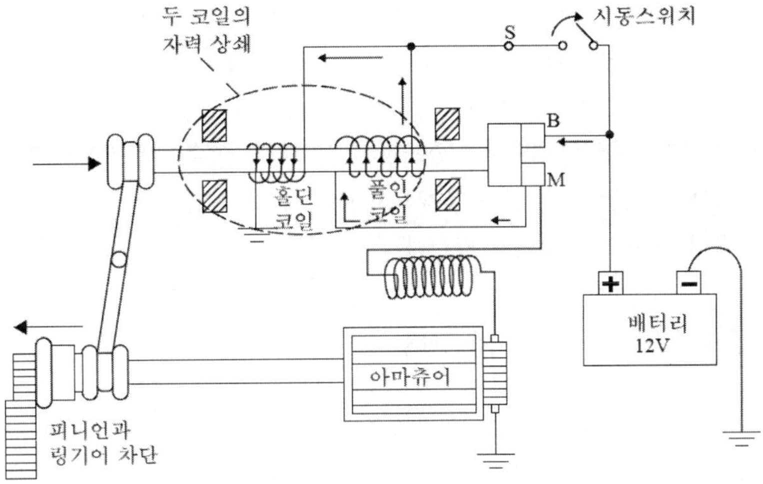

| 그림 6-9 | ST 상태인 키에서 손을 놓을 때

6-5 심화 내용

6-5-1 오버러닝 클러치

오버러닝 클러치는 그림 6-5와 사진 6-5와 같이 시동모터의 축과 피니언 기어 사이에 설치된다. 모터 축과 나선형 스플라인으로 연결되어 같이 회전하는 부분을 외측 슬리브 그리고 피니언 기어와 일체로 회전하는 부분을 내측 슬리브라 정의한다. 두 개의 슬리브 사이에 롤러가 설치되며 이의 움직임에 의해 동력이 전달 또는 차단된다. 엔진이 정지하고 있을 때 스프링의 팽창력에 의해 롤러는 외측 및 내측 슬리브에 의해 만들어지는 좁은 틈에 위치하여 두 슬리브는 롤러를 사이에 두고 연결된 상

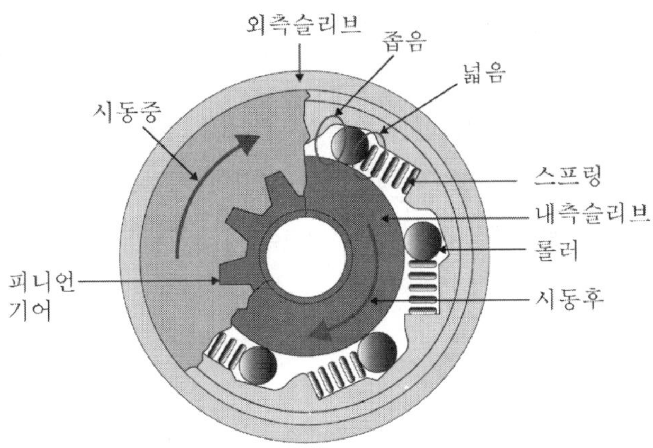

| 그림 6-10 | 롤러 형식의 오버러닝 클러치의 구조

태를 취한다. 그림 6-10에 보인 것과 같이 시동모터가 시계 방향으로 회전하면 좁은 틈에 존재하는 롤러에 의해 내측 슬리브도 동일한 방향으로 회전하면서 시동모터의 동력이 피니언 기어로 전달된다. 반면 엔진이 시동된 후 내측 슬리브가 외측 슬리브보다 빠른 속도로 회전하므로 내측 슬리브는 스프링을 압축하면서 롤러를 넓은 틈으로 이동시킨다. 롤러는 넓은 틈에 존재하기 때문에 두 개의 슬리브는 서로 분리되어 엔진의 동력이 모터로 전달되지 않는다.

6-5-2 감속기가 내장된 시동모터

사진 6-7과 같이 모터 내부에 감속기를 갖는 형식의 시동모터는 기어비가 크기 때문에 고속 저 토크로 설계된다. 이로 인해 모터의 크기와 중량을 줄일 수 있다. 모터의 축은 유성기어 3개의 중심부에 연결되어 모터 구동력은 유성기어를 거쳐 유성기어와 맞물리는 링기어로 전달된다. 링기어는 크랭크축의 링기어를 구동하는 피니언 기어와 연결된다. 여기에 나오는 유성기어 역시 자동변속기에 나오는 유성기어와 비슷한 것이다.

| 사진 6-7 | 감속기를 내장한 시동 모터

6-5-3 AGM 배터리

AGM(absorbent glass mat) 배터리는 기존의 납축전지보다 많은 양의 전기 에너지를 빠르게 사용하고 저장할 수 있으며 내구성을 지닌 것이다. 이 배터리는 자주 정차하고 시동하는 ISG(idle stop and go) 시스템을 장착한 차량에 사용된다.

CHAPTER 07

충전장치

차량에 사용되는 각종 전기부하(시동모터, 점화 플러그, 헤드램프, 에어컨, 히터, 냉각팬, 브레이크 등, 열선 등)를 위해 알터네이터에서 발전을 하며 여분의 전기는 배터리를 충전한다. 알터네이터는 교류발전기로 배터리와 함께 자동차 전기장치의 전원으로 엔진의 회전력을 이용하여 발전을 하고 발전된 교류는 정류기에서 직류로 변환된다. 알터네이터의 발생전압은 일반적으로 배터리 전압보다 2~3V 높은 14~15V 정도이다. 이와 같이 알터네이터는 발전을 위해 엔진의 회전력을 이용하기 때문에 차량의 연비에 영향을 주므로 차량의 운전 상태에 따라 발전을 제어하여 연비를 향상시키는 방법이 도입되고 있다.

7-1 발전 원리

그림 7-1과 같이 자석의 N극을 코일에 가까이 가져갈 때 N극이 가까이 오는 것을 방해하는 전류가 코일에 유도된다. 즉 점선과 같은 자기장을 만들기 위해 코일의 위쪽에 N극이 만들어져야 하며 오른손 법칙에 의해 전류가 흐르는 방향이 결정된다. 반대로 N극이 멀어질 경우 코일의 위쪽에는 S극이 만들어져야 하므로 코일에는 반대 방향의 전류가 발생한다. 이와 같은 발전의 원리는 패러데이법칙과 렌츠의 법칙으로 다음과 같이 정리된다. 유도전류의 크기는 코일의 단면을 통과하는 자기선속의 시간 변화율과 코일의 감은 횟수에 비례하고(패러데이 법칙), 유도 기전력은 자속의 변화를 방해하는 방향으로 생긴다(렌츠의 법칙).

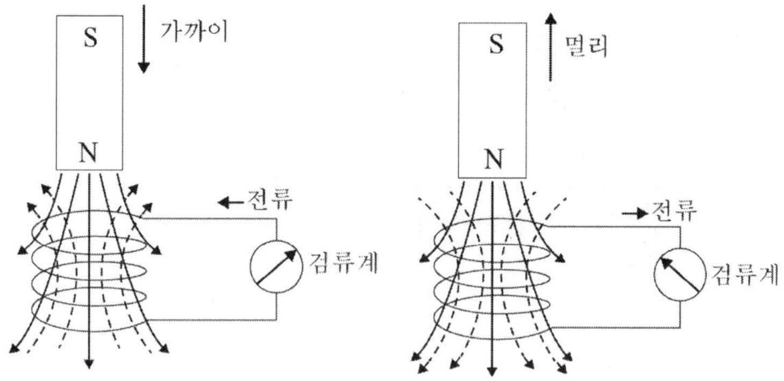

| 그림 7-1 | 발전 원리

위의 실험에서 코일에 만들어지는 유도전류의 세기는 자석을 움직이는 속도와 코일의 감긴 회수 그리고 자석의 세기에 따라 달라진다. 이 원리를 이용하여 알터네이터에서 발전되는 전기량을 제어한다.

7-2 충전장치의 구성 부품

충전장치를 대표하는 것은 알터네이터(alternator) (또는 발전기(generator))와 배터리로 6장에서 배터리에 대해 설명하였기에 여기서는 알터네이터의 구성에 대해서만 서술한다. 사진 7-1은 알터네이터의 분해된 모습을 보인다.

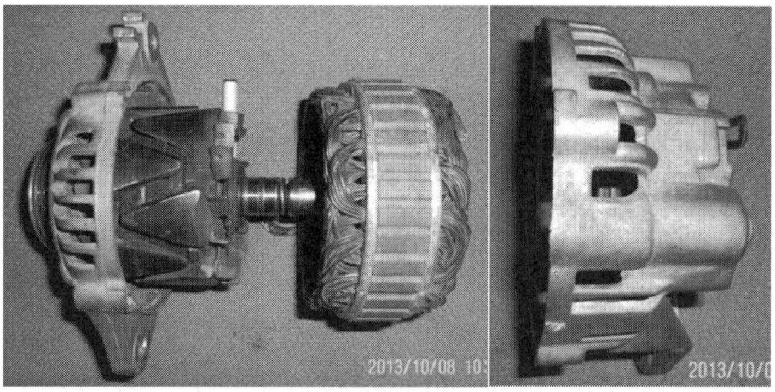

회전자 고정자 회로

| 사진 7-1 | 알터네이터의 분해된 모습

7-2-1 회전자

회전자(rotor)는 크랭크축의 회전력을 벨트와 풀리로 전달받아 회전운동을 한다. 회전자는 사진 7-2(a)와 같이 로터 코어, 로터 코일, 슬립링으로 구성되고 로터 코일에 흐르는 전류를 여자전류(자석을 만들기 위해 흐르는 전류)라 한다. 회전자 코일에 전류가 흐르면 회전자는 전자석이 되고 고정자 코일 내부에서 회전한다. 회전하는 로터코일로 전류를 공급하기 위해 사진 7-2의 브러시(brush)와 슬립링(slip ring)을 사용하며 브러시는 회전하는 슬립링에 미끄럼접촉을 한다. 브러시에서 공급된 전류는 슬립링과 로터코일을 거쳐 또 다른 슬립링과 브러시로 흘러나온다. 자동차의 연비를 향상시키기 위해 알터네이터의 발전을 제어하는 방식이 있으며 이는 가속 영역에서 발전하지 않고 감속 영역에서 발전한다. 이 방식은 회전자에 공급되는 전류를 변화시켜 자기장의 세기를 제어한다.

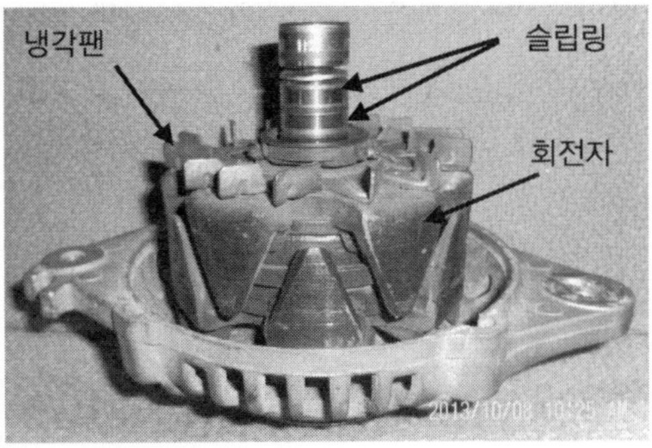

(a) 회전자와 슬립링

(b) 슬립링과 접촉하는 브러시

| 사진 7-2 |

7-2-2 고정자

회전자가 회전하면 고정자(stator) 코일 속에 자기장의 변화가 생겨 고정자에 유도전류가 발생하여 발전되며 발생된 기전력은 교류(AC, alternating current)이다. 고정자의 모습을 사진 7-1에 보인다.

7-2-3 정류기

정류기(rectifier)는 고정자 코일에서 발전된 교류를 직류로 바꾸는 장치로 다이오드로 구성된다. 사진 7-2(b)의 상부에 정류회로가 설치되어 있고 그 상세한 모습은 그림 7-2의 고정자 코일에 연결된 다이오드를 포함하는 부분이다.

7-2-4 팬

코일, 정류기와 전압조정기 등에서 발생하는 열을 냉각시키기 위해 설치된 것이 팬(fan)으로 이것은 사진 7-2(a)와 같이 회전자와 일체로 만들어져 있다.

7-2-5 전압조정기

알터네이터에서 발전되는 전압은 회전자에서 만들어지는 자기장 세기와 회전자의 속도 및 고정자 권선수와 관계가 있다. 엔진의 회전 속도가 증가하면 회전자의 속도가 증가하여 발전되는 전압이 높아져 배터리의 과충전이나 각종 전기부하의 고장의 원인이 된다. 발전 전압을 조정할 수 있는 유일한 방법이 회전자 코일로 공급되는 전류를 변화시켜 자기장의 세기를 제어하는 것이다. 그림 7-2~7-4에 보인 것과 같이 전압조정기(voltage regulator)는 제너다이오드와 파워 트랜지스터로 구성되며 알터네에터의 발전전압에 따라 회전자 코일로 흐르는 전류를 단속하여 발전전압을 조정전압 $(14.4 \pm 0.2)V$ 정도로 일정하게 유지한다. 발전전압이 조정전압 이상이 되면 회전자로 공급되는 전류를 차단하여 발전을 멈추고 반대인 경우 전류를 공급하여 발전한다.

7-3 심화 내용

7-3-1 차량의 전압

우리는 승용차의 전압을 12V라고 하는데 이는 단순히 배터리의 전압을 간단히 말하는 것이다. 실제 완전히 충전된 배터리의 전압은 12.6V이다. 배터리를 충전하기 위해서는 알터네이터로부터 배터리로 전류가 흘러야하기 때문에 이 보다 높은 전압이 발전되어야한다. 배터리를 충전하는 전류는 배터리 내에서 화학반응을 일으켜 전기에너지를 화학에너지로 변환하여 에너지를 저장한다. 이러한 화학반응을 일으키기에 가장 최적인 전압이 약 14.4V 근처이다. 따라서 전압조정기는 14.4V 근처로 발전전압을 제어한다. 엔진 운전 중에 알터네이터로 발전할 때 최대 전압은 14.4V이므로 차량에 사용되는 각종 전기장치들은 이 전압에 작동하도록 만들어진다.

7-3-2 알터네이터의 동작

여기서는 알터네에터가 각 단계별로 동작하는 방법에 대해 상세히 설명된다.

1) 시동스위치를 OFF에서 ON으로 할 경우

시동스위치를 ON으로 하면 그림 7-2와 같이 전류는 배터리로부터 알터네이터의 IG단자와 L단자로 흐른다. 이 전류의 일부가 전압조정기의 L단자로 흘러 내부의 파워 TR을 동작시켜 로터코일로 전류는 흐른다. 로터코일로 흐르는 전류는 F

단자와 전압조정기를 거쳐 접지로 흐르며 로터코일은 이 전류에 의해 자화된다. 또 배터리에서 L 단자로 흐르는 전류에 의해 릴레이가 작동하여 코일에 발생된 자력에 의해 접점은 닫혀 충전 경고등이 점등된다. 이 경우는 엔진이 시동되지 않았기에 발전은 되지 않는다.

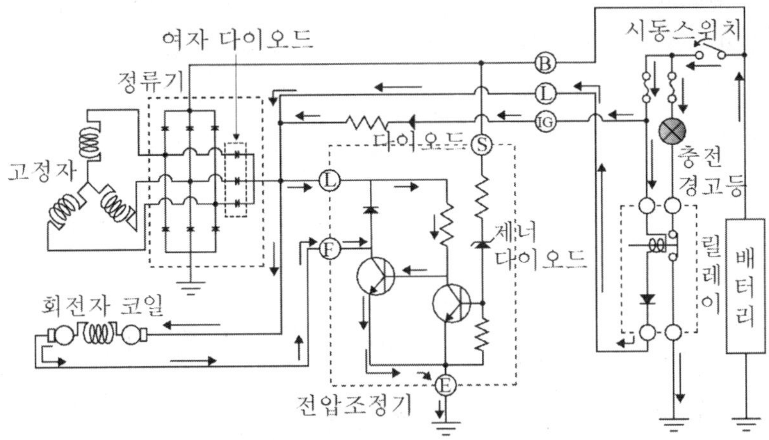

| 그림 7-2 | 시동스위치를 ON으로 할 경우

2) 엔진 시동된 후 알터네이터가 발전을 시작할 경우

알터네이터의 고정자 코일에서 발전되는 전압이 배터리 전압 이상이 되면 알터네이터의 B단자로부터 배터리로 충전이 시작된다. 이때 알터네이터의 L 단자의 전압이 배터리의 전압보다 높기 때문에 릴레이로 전류가 흐르지 않는다. 릴레이 접점은 열려 충전 경고등으로 전류가 흐르지 않아 경고등은 꺼진다. 고정자 코일의 전압에 의해 여자 다이오드를 통과한 전류는 역류방지용 다이오드에 의해 배터리나 부하로는 흐르지 않고 회전자 코일과 전압 조정기의 L 및 F 단자로 흐른다.

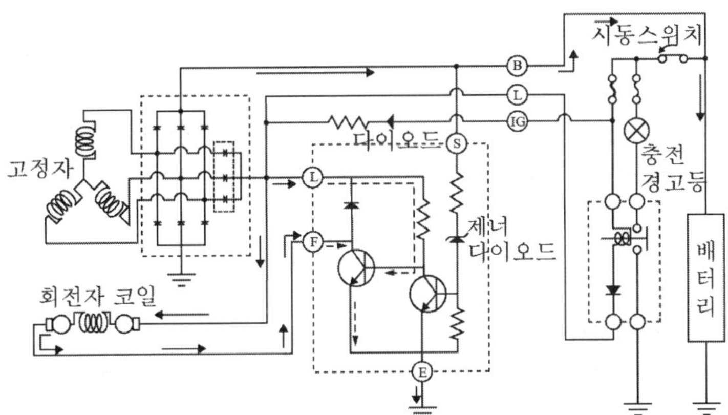

| 그림 7-3 | 알터네이터가 발전을 시작할 경우

3) 엔진이 고속으로 회전하여 발전전압이 조정전압보다 높을 경우

엔진 회전속도가 증가하여 알터네이터에서 발전되는 전압이 조정전압을 초과하면 전류는 전압조정기의 S단자로부터 조정기 내부의 제너다이오드와 파워 TR을 지나 접지로 흐른다. 이 작용에 의해 회전자 코일과 F 단자를 통해 접지로 흐르던 회로는 차단되어 회전자 코일로는 전류가 흐르지 못한다. 회전자 코일로의 여자 전류가 차단되어 알터네이터의 발전전압은 낮아지며 조정전압 이하가 되면 바로 2)의 동작을 수행한다. 이와 같이 제너다이오드의 동작에 의해 회전자 코일에 흐르는 전류를 단속하여 발전 전압을 일정한 값으로 유지한다.

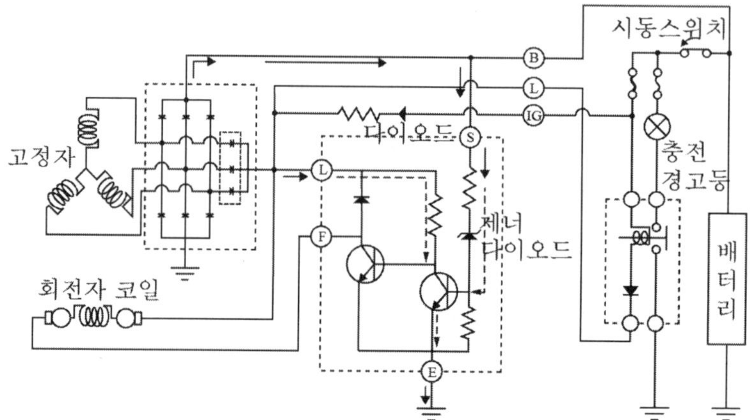

| 그림 7-4 | 발전전압이 조정전압에 도달한 경우

7-3-3 알터네이터의 단자

알터네이터에 설치된 단자는 사진 7-3과 같이 3개로 B, L 그리고 S 단자로 구성된다. 이 단자들은 그림 7-2~7-4에 보이는 단자들과 동일한 것이다.

1) B 단자

B(battery) 단자는 알터네이터의 출력단자로 알터네이터에서 발전된 전류가 배터리의 충전을 위해 B 단자로부터 배터리로 전류가 흐른다.

2) L 단자

L(lamp) 단자로 전류가 흐르면 릴레이가 작동하여 충전 경고등이 점등되며 이는 알터네이터에서 발전되지 않던지 또는 발전전압이 배터리 전압보다 낮다는 것을 뜻한다.

3) S 단자

S(sensing) 단자는 알터네이터에서 발전되는 전압을 조정하기 위해 알터네이터에서 발전된 전압을 전압조정기에 입력하는 것이다. S단자의 전압이 조정전압 이상이면 회전자 코일로 흐르는 전류를 차단하여 발전을 중단한다.

| 사진 7-3 | 알터네이터의 세 단자

7-3-4 발전제어

발전제어는 차량의 운전 상태에 따라 알터네이터에서 발전되는 양을 제어하는 것이다. 감속할 경우 차량의 운동에너지가 제동부의 열에너지로 버려지는 것을 이용하기 위해 알터네이터에서 발전을 많이 한다. 반대로 가속할 경우 가속성능을 높이기 위해 알터네이터의 발전을 중지한다. 전압조정기에 사용되었던 회전자 코일의 전류를 제어(PWM 제어)하여 발전제어를 수행하며 이를 통해 연비와 가속성능을 향상할 수 있다.

CHAPTER 08

점화장치

가솔린 엔진은 공기와 연료의 혼합기를 흡입 행정에서 흡입한 후 압축 행정의 말기에 점화플러그에서 불꽃을 만들어 연소를 시작한다. 불꽃이 발생하는 시각을 점화시기라 부르고 불꽃을 만드는데 관계가 있는 부품 전체를 점화장치라 정의한다. 엔진의 운전조건에 따라 점화시기는 엔진의 토크와 연비 그리고 배기가스 생성에 영향을 줄뿐만 아니라 노크 발생에도 큰 영향을 준다.

8-1 점화시기 및 통전시간 제어

그림 8-1은 점화시기(ignition timing)에 따른 실린더 내의 압력을 크랭크각도마다 측정한 것으로 점화시기에 따라 실린더 내의 연소 압력은 크게 변한다. a, b, c는 각각 bTDC 50°, 30°, 10°에 점화가 발생한 것이다. a는 b보다 상대적으로 먼저 점화가 발생한 것으로 a는 b나 c보다 점화시기가 진각(advance)된 것이다. 반면 c는 b보다 상대적으로 점화가 나중에 발생한 것으로 c는 b나 a보다 점화시기가 지각(retard)된 것이다. a의 점화시기는 너무 빨라 압축행정 중에 피스톤이 실린더 내부의 가스를 압축하기 위한 압축일이 증가한다. 반면 c는 너무 늦게 점화가 발생하여 실린더 내의 부피가 증가하고 있는 팽창행중 중에 실린더내의 압력이 최고치에 달해 실린더 가스가 피스톤에 하는 팽창일이 감소한다. 따라서 최적의 점화시기는 두 가지 현상을 고려하여 엔진으로부터 최고의 토크가 나오도록 설정되며 점화시기에 따른 엔진 토크의 변화는 그림 8-2와 같다. 이 점화시기를 최적 점화시기(MBT timing, maximum brake torque timing)라 부르며 이는 엔진의 운전조건에 따라 변한다. 점화시기는 엔진의 운전조건에 따라 토크, 연비, 배기가스와 노크(knock) 등을 종합적으로 고려하여 설정되어 ECU에 기억된 후 제어된다.

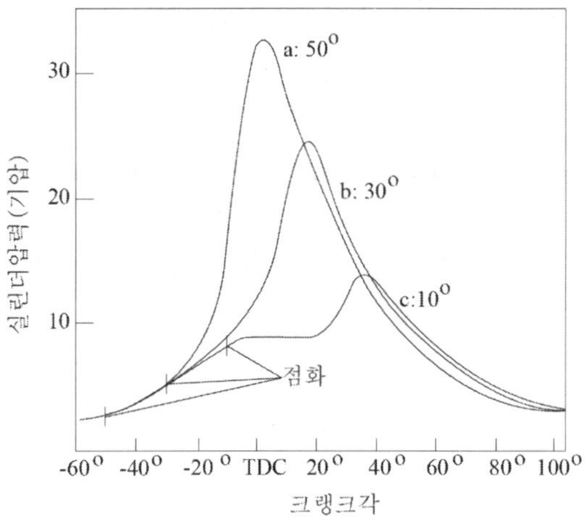

| 그림 8-1 | 점화시기에 따른 실린더 내의 압력

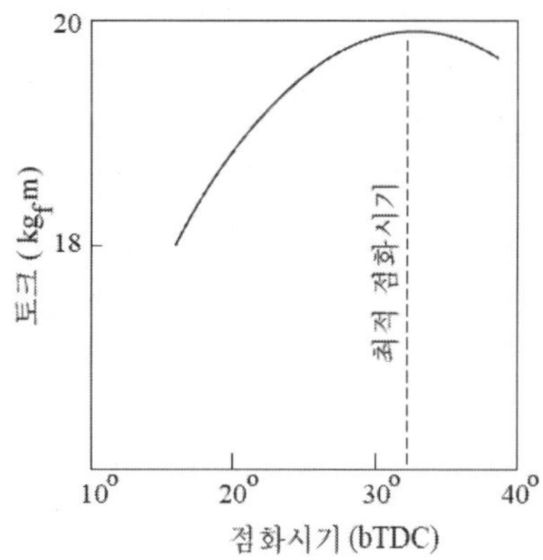

| 그림 8-2 | 점화시기에 따른 토크

그림 8-3은 점화시기에 따라 엔진에서 배출되는 배기가스의 변화를 보인다. NOx의 경우 점화시기를 진각함에 따라 실린더 내의 연소가스 압력상승으로 온도가 높아져 많이 배출된다. HC 역시 점화시기를 진각하면 배기가스의 온도가 낮아져 배기 포트에서 산화작용이 부족하여 많이 배출된다. 그러나 CO의 배출은 점화시기에 민감하게 변하지 않는다.

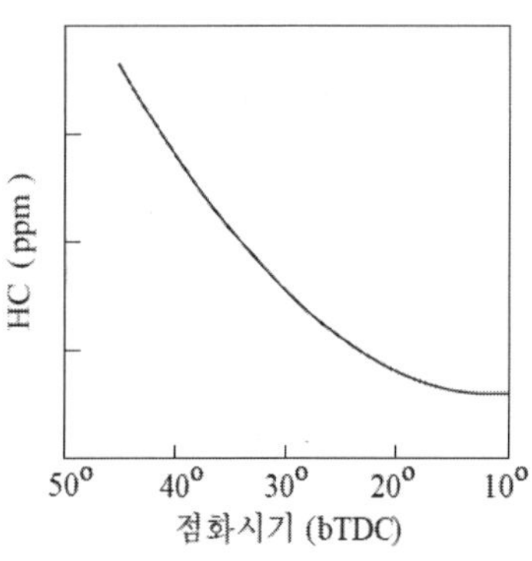

(a) 점화시기에 따른 HC 배출 특성

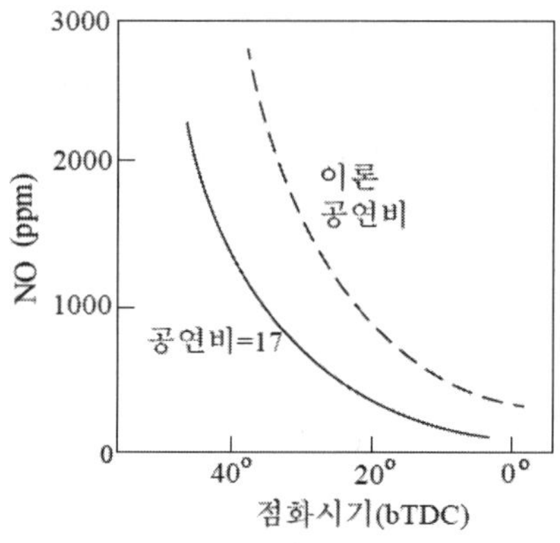

(b) 점화시기에 따른 NOx 배출 특성

| 그림 8-3 |

그림 8-4는 프로판과 공기의 혼합기에 점화를 위해 필요한 최소 점화에너지를 보이며 이는 혼합기의 공연비와 유속과 관계가 있다. 일반적으로 이론공연비 근처에서 점화 에너지는 최소이고 희박 또는 농후한 혼합기의 최소 점화에너지는 급격히 증가한다. 또 혼합기의 유속이 증가할수록 최소점화에너지가 증가함을 보이며 이는 엔진의 회전수가 증가할 때 발생하는 현상이다. 안정된 점화를 확보하기 위해서는 혼합

기에 제공될 점화에너지 역시 엔진의 회전속도에 따라 달라지는데 이를 제어하는 것이 바로 통전시간(dwell angle, 점화에너지)제어라 부른다.

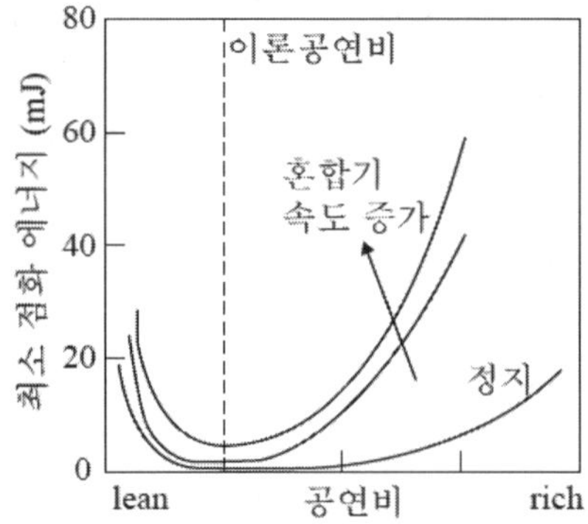

| 그림 8-4 | 프로판과 공기 혼합기의 최소 점화 에너지

8-2 점화 방식

점화장치를 구성하는 기본 요소와 작동원리는 그림 8-5와 같다. 12V인 저전압이 배터리 또는 알터네이터로부터 점화코일로 흐르고 있을 때 갑자기 이 전류(1차 전류, primary current)를 차단하면 점화코일에서 고전압이 유도된다. 이 전압은 점화플러그로 흘러가 양극과 음극사이에서 불꽃을 만든다. 점화장치의 방식은 시대 순으로 배전기방식, 무배전기방식 마지막으로 독립점화방식으로 발전되었다.

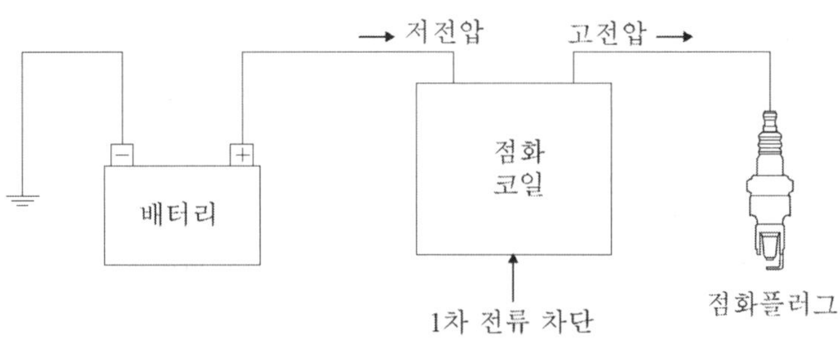

| 그림 8-5 | 점화장치의 기본 구성

8-2-1 배전기 점화방식

배전기 방식(distributor ignition system)의 점화장치는 전자제어 가솔린엔진의 초기에 사용된 것으로 캠축에 의해 구동되는 배전기(distributor)를 갖는다. 배전기는 점화코일에 유도된 고압의 전류를 엔진의 점화순서에 따라 각 실린더의 점화플러그에 분배하는 역할을 한다. 파워 트랜지스터는 점화코일의 1차 전류를 차단하여 2차 코일에서 고전압을 얻는다. 점화코일과 배전기의 중심전극 그리고 4기통 엔진의 경우 배전기와 점화플러그 사이에 고전압을 전달하는 5개의 고장력선이 필요하다. 점화시기는 ECU로 파워 트랜지스터를 제어하므로 이전 방식에 사용되던 원심 및 진공 진각장치가 필요 없다. 이 방식의 구성은 그림 8-6에 보인다.

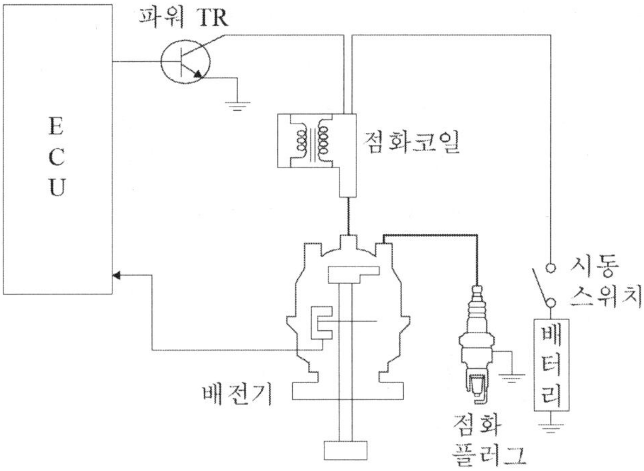

| 그림 8-6 | 배전기 방식의 점화장치

8-2-2 무배전기 점화방식

무배전기 방식(DLI, distributorless ignition system)의 점화장치는 배전기방식의 점화장치 다음에 사용된 것으로 그림 8-7과 같이 배전기가 없는 대신 2개의 파워 트랜지스터와 2개의 점화코일을 갖는다. 파워 트랜지스터에 신호가 입력되면 하나의 점화코일에 2개의 점화 플러그가 연결되어 있어 두 실린더에 동시에 점화가 일어난다. 두

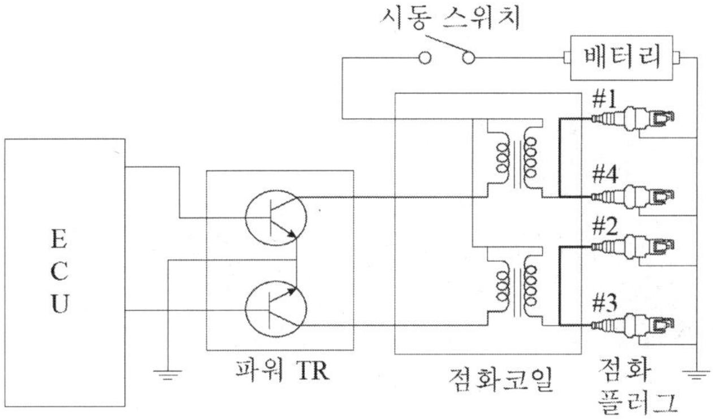

| 그림 8-7 | 무배전기 방식의 점화장치

실린더 중 하나는 압축 행정에 있고 다른 하나는 배기 행정에 있으므로 문제는 없다. 점화코일의 2차에 유도된 고전압을 점화플러그에 전달하기 위해 4개의 고장력선이 필요하다. 이 방식 역시 점화시기는 ECU로 파워 트랜지스터를 제어하므로 원심 및 진공 진각장치가 필요 없다.

8-2-3 독립점화방식

독립점화방식의 점화장치는 무배전기 방식과 동일한 원리를 이용하나 그림 8-8과 같이 4개의 파워 트랜지스터와 4개의 점화코일로 구성된다. 즉 하나의 실린더에 점화를 발생시키기 위해 하나의 파워 트랜지스터와 하나의 점화코일이 사용된다. 나머지의 원리는 무배전기 방식과 동일하며 점화코일과 점화플러그가 사진 8-1과 같이 서로 직결되므로 고전압을 전달하기 위한 고장력선이 필요 없다.

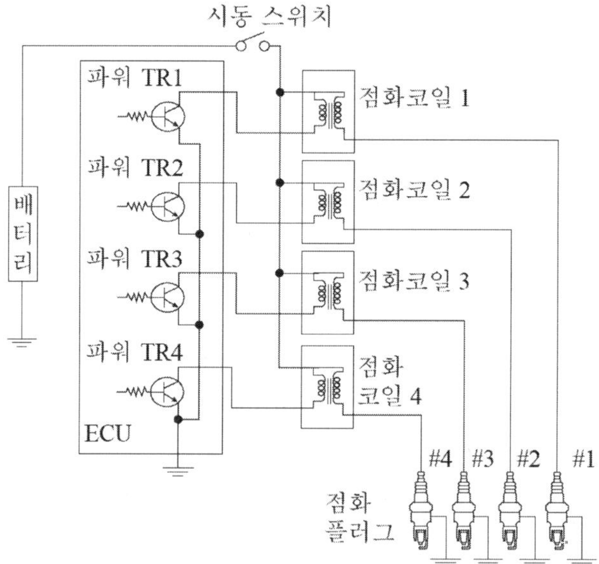

| 그림 8-8 | 독립점화방식의 점화장치

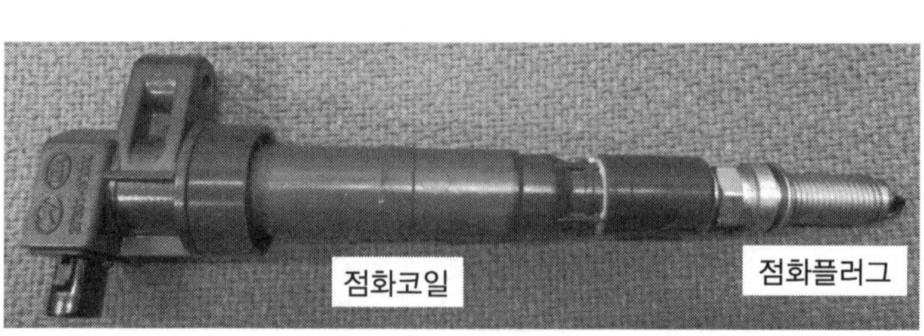

| 사진 8-1 | 독립점화방식의 점화코일과 점화 플러그의 연결

8-2-4 각 방식의 비교

다음은 4기통 엔진을 기준으로 위에 언급된 각 점화방식에 대해 특징을 정리 비교한 표이다.

| 표 8-1 | 점화방식의 비교

	배전기방식	무배전기방식	독립점화방식
점화코일 수	1	2	4
파워 TR 수	1	2	4
고장력선 수	5	4	0
점화행정	압축	압축 및 배기	압축

8-3 구성부품

8-3-1 점화코일

점화코일(ignition coil)은 배터리 또는 발전기에서 공급되는 저전압(12V) 전원을 이용하여 스파크 플러그에서 불꽃을 만들기 위해 필요한 고전압을 만드는 일종의 변압기이다. 그림 8-9와 같이 점화코일은 1차와 2차 코일로 구성되고 두 코일의 권선수의 비를 권선비라 한다. 권선비는 보통 150~200:1의 값을 갖고 이에 비례하여 2차 전압의 크기가 결정된다. 1차 코일에 흐르는 전류를 단속하는 순간 2차 코일에 고전압이 유도되며 파워 트랜지스터로 1차 전류를 차단한다. 2차 코일에 유도되는 고전압은 보통 20~30kV의 값을 갖고 현재 45kV인 차량도 있다. 사진 8-2(a), (b), (c)는 각각 배전기방식, 무배전기방식 그리고 독립점화방식에 사용되는 점화코일을 보인다.

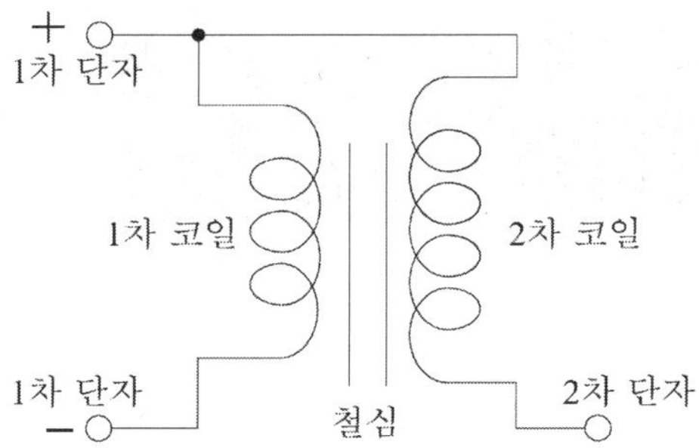

| 그림 8-9 | 점화 코일의 회로

(a) 배전기 방식의 점화코일

(b) 무배전기 방식의 점화코일

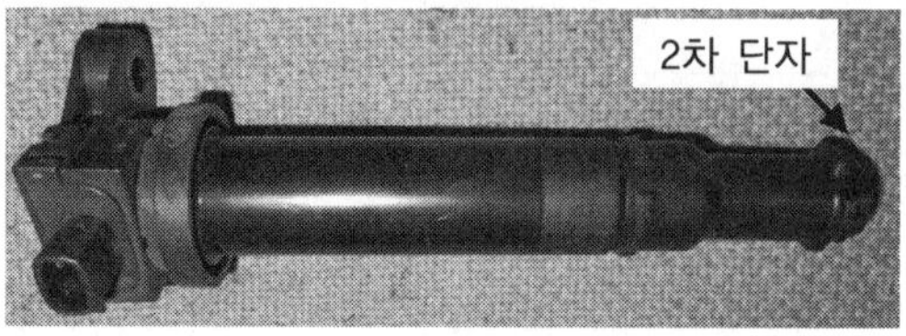

(c) 독립점화방식의 점화코일

| **사진 8-2** |

8-3-2 배전기

배전기(distributor)는 점화코일에 유도된 고전압을 엔진의 점화순서(1-3-4-2)에 따라 각 실린더의 점화플러그에 분배하는 역할을 한다. 캠축에 의해 배전기는 구동되며 오늘날 잘 사용되지 않는다.

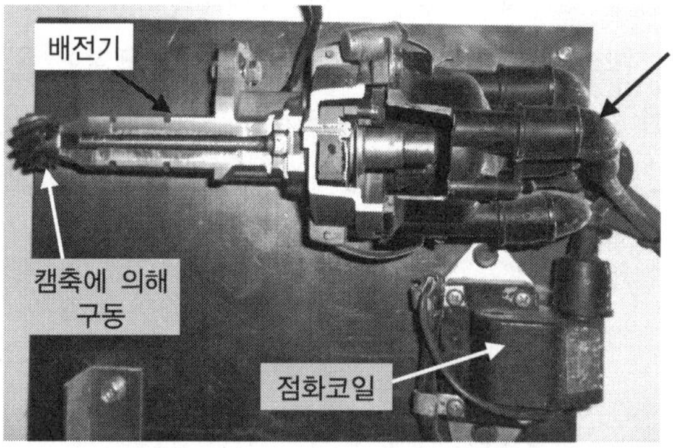

| **사진 8-3** | 배전기

8-3-3 스파크 플러그

스파크 플러그(spark plug) 또는 점화 플러그는 실린더 헤드에 장착되며 고전압이 가해지면 중심전극(+극)에서 접지전극으로 방전이 되면서 불꽃이 발생하여 전극 사이에 존재하는 압축된 혼합기가 점화된다. 사진 8-4는 점화플러그의 모습이다.

| 사진 8-4 | 스파크 플러그

8-3-4 고장력선

점화코일의 2차 코일에서 발생한 고전압을 스파크 플러그까지 송전하는 선이 고장력선(high tension cable)이며 사진 8-5에 그 모습을 보인다. 이는 독립점화방식의 점화장치에서는 사용되지 않는다.

| 사진 8-5 | 고장력선

8-4 심화 내용

8-4-1 점화시기 설정 원리

엔진 운전조건에 따라 점화시기를 설정하기 위해서는 경험적 법칙이 사용된다. 연소실의 최고 압력이 aTDC 15° 근처에서 발생할 때 엔진의 토크가 가장 높으며 이는 실린더 내에서 화염이 일정 거리에 도달할 때 발생한다. 점화시기로부터 연소 최고압에 도달할 때까지 걸리는 시간은 점화시기로부터 화염이 형성되는 화염핵형성시간과 화염핵 형성 후 일정한 거리에 도달하는데 걸리는 화염전파시간의 합이다. 점화시기로부터 목표 화염전파 위치까지의 일련의 과정을 시간 축을 기준으로 표시하면 그림 9-10(a)와 같다. 엔진 회전수를 제외한 모든 조건이 같을 경우 화염핵 형성에 걸리는 시간은 같고 회전수에 비례하여 화염전파속도가 증가하므로 회전수가 높은 경우 화염전파가 빨리 완료된다. 하지만 점화시기는 크랭크각도 축을 기준으로 설정되어야 하므로 일련의 과정을 크랭크각도 축으로 바꾸면 그림 8-10(b)와 같다. 그림(b)의 2,000rpm의 경우 화염이 목표 화염전파 위치에 도달했을 때 연소실의 압력이 최대가 된다면 4,000rpm의 경우는 화염이 목표 화염전파 위치에 이를 때 연소실의 압력은 최댓값에 도달한 후 감소한다. 이와 같이 엔진 회전수가 상승하더라도 aTDC 15° 부근에서 연소실의 압력이 최대로 되기 위해서는 점화시기를 진각해야 된다.

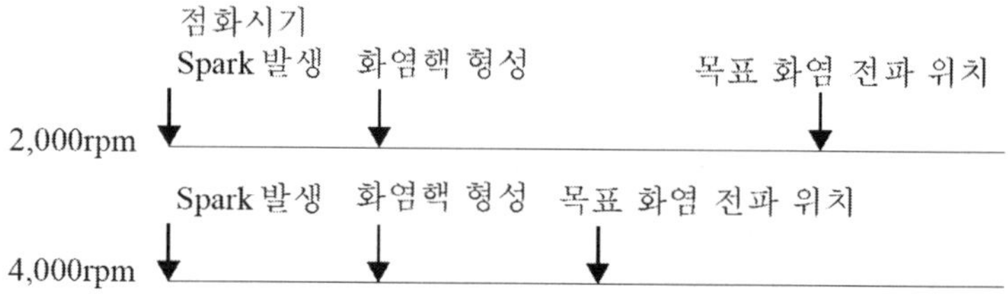

(a) 시간 축 기준 화염전파

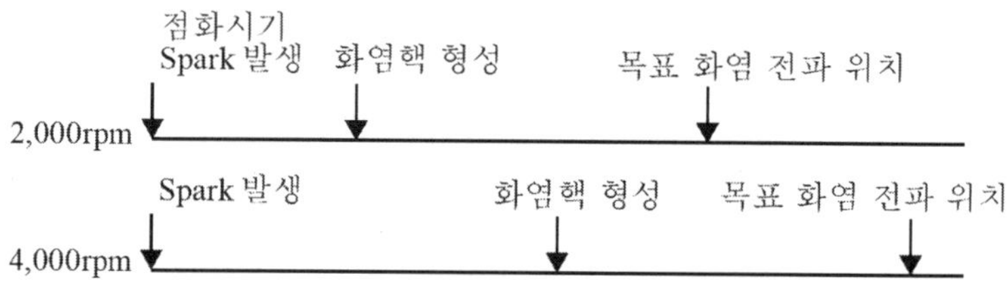

(b) 크랭크각 축 기준 화염전파

| 그림 8-10 |

점화시기는 화염핵형성시간과 화염전파시간에 영향을 크게 받는다. 화염핵형성시간은 점화가 발생할 때 스파크플러그 주위의 연료종류, 공연비, 온도, 압력 등에 영향을 받으며 연료와 산소가 충돌할 기회가 높을수록 짧아진다. 이는 스로틀 밸브의 개도나 흡기다기관의 압력에 의해 좌우되며 흡기다기관의 압력이 낮을수록 길어진다. 화염전파시간은 주로 엔진의 회전수에 반비례한다. 가솔린 엔진에서 점화시기를 보정하는 대표적인 인자는 엔진의 회전수와 흡기다기관의 압력이다.

그림 8-10에 나타낸 것과 같이 엔진 회전수가 상승하면 화염핵형성시간은 변하지 않고 화염전파시간은 감소한다. 이를 크랭크각도 기준으로 환산하면 화염핵형성에 대한 크랭크각은 증가하나 화염전파에 대한 크랭크각은 동일하다. 따라서 회전수가

상승할수록 동일한 크랭크각에서 최고 연소압을 얻기 위해서는 점화시기를 진각해야 된다. 전자제어 이전의 엔진에는 엔진 회전속도가 증가할수록 점화시기를 진각하기 위해 엔진 회전속도를 이용하는 원심진각장치가 있었다. 스로틀밸브가 닫히면 흡기다기관의 압력은 낮아져 연료와 공기의 충돌 가능성이 줄어들므로 화염핵형성시간은 길어진다. 이를 보정하기 위해서는 점화시기를 진각해야 된다. 진공진각장치는 흡기다기관의 압력을 이용하여 점화시기를 진각한 것으로 옛날 엔진에 이용되었다. 그러나 전자제어 가솔린 엔진의 점화시기는 파워 트랜지스터의 베이스 단자에 가해지는 신호에 따라 결정되므로 점화시기를 보정하기 위한 추가적인 장치는 필요 없다.

대기의 온도가 증가하면 점화시기는 어떻게 보정해야 할까? 화염전파시간은 주로 엔진의 회전수에 영향을 받기에 혼합기의 온도는 이에 영향을 주지 못한다. 반면 화염핵형성시간은 온도가 높을수록 짧아지므로 그 만큼 점화시기를 지각 해야 된다. 전자제어엔진에는 이와 같이 대기의 온도를 측정하여 점화시기를 보정하는 기능이 있다. 완전히 웜업된 경우와 냉각수 온도가 낮을 경우 점화시기는 어떻게 변할까? 위의 원리대로 냉각수 온도가 낮을 경우 화염핵 형성이 지연되므로 점화시기를 진각해야 한다.

8-4-2 노크

점화시기를 진각하면 연소실의 압력이 급격히 올라가 화염면의 전방에 있는 미연 혼합기의 온도 역시 급격히 상승한다. 화염이 도달하기 전 혼합기가 자발화 온도(autoignition temperature) 이상이 되면 자연 발화된다. 이와 같이 정상적인 연소 중에 미연 혼합기가 여기저기서 자발화되면 실린더 내에는 압력파가 연소실 벽면 사이를 왕복하면서 연소실 벽과 충돌하여 벽을 두드리는 소리를 만드는데 이것이 노크(knock)이다. 노크가 심하게 발생하면 급격한 열전달이 발생하여 피스톤과 같은 부분이 녹거나 소음 문제가 발생한다. 노크가 발생하지 않도록 하기 위해 낮은 압축비의 엔진, 지연된 점화시기, 높은 엔진 회전수 및 고 옥탄가의 연료가 유리하다.

엔진의 운전조건에 따라 정상상태와 과도상태에서 노크가 발생할 수 있다. 정상상태의 노크는 엔진이 노후화됨에 따라 연소실에 형성되는 퇴적물 등에 의해 정상상태에서 발생하는 노크이다. 이 현상이 발생할 경우 점화시기를 지연시키거나 고 옥탄가의 연료를 사용하여야 해결가능하다. 반면 과도상태의 노크는 주로 가속 시에 발생하는 것으로 가속 초기 연소실로 충분한 연료가 공급되지 않아 연한 혼합기에 의해 연소 속도의 저하에 의해 발생하는 현상이다. 이 문제는 공연비로 해결하지 못할 경우 점화시기를 지연하여 해결할 수 있으나 가속 성능이 나빠지는 단점이 있다.

CHAPTER 09

윤활장치

그림 9-1은 대부분의 승용차가 운전되는 영역인 부분부하 상태에서 가솔린 엔진의 에너지 분배를 보여주는 것이다. 연소실에서 방출된 연료 에너지의 32.5%는 엔진의 냉각수와 오일로 열전달 되어 사라지는 냉각손실이고 31.5%는 배기가스의 열에너지(온도)와 화학에너지(미연소와 불완전연소)의 형태로 대기로 손실된다. 나머지 9%와 7%는 각각 기계손실과 흡배기 과정에 필요한 일인 펌핑 손실로 사용되며 나머지 20%가 실제 차량 주행을 위해 사용되는 유효한 일이다. 기계 손실의 대부분은 마찰 손실로 비록 작아 보이나 이의 10%를 개량하면 연비가 약 5% 상승한다. 그림 9-2에서 알 수 있듯이 엔진에서 발생하는 마찰 손실의 대부분은 피스톤, 크랭크축, 밸브 주위의 주요 운동부에서 발생하며 자동차 메이커는 여기에 윤활유를 공급하여 마찰 손실을 줄여 연비와 출력 향상을 꾀하고 또한 부품의 마모를 최소화하여 내구성 향상을 추구하는 노력을 하고 있다.

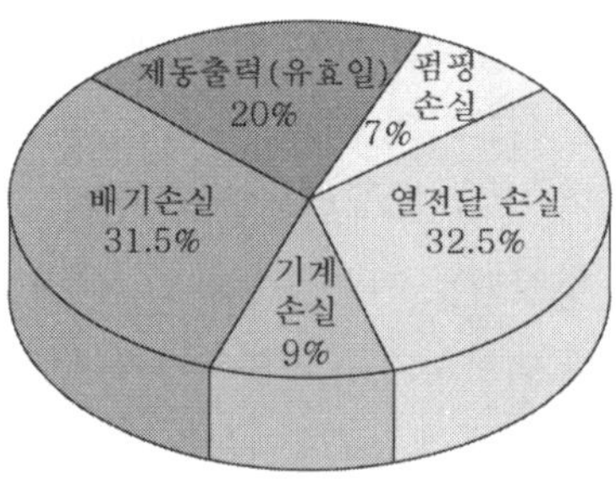

| 그림 9-1 | 연료 에너지의 분배

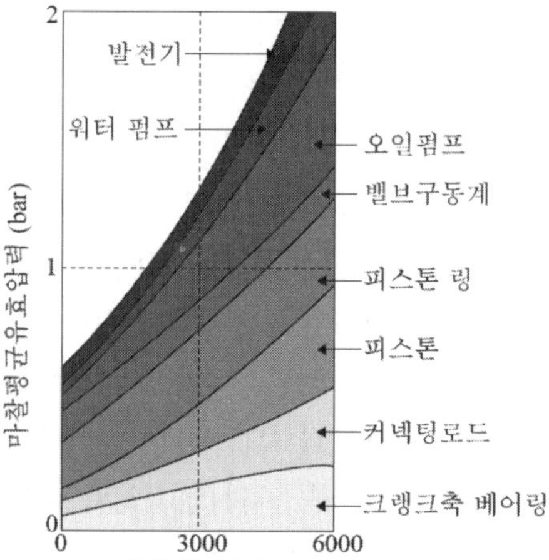

| 그림 9-2 | 기계손실과 엔진 각 부위의 마찰 손실

9-1 윤활의 목적 및 방식

9-1-1 윤활의 목적

윤활장치의 궁극적인 목적은 주요 운동부의 미끄럼 면 사이에 유막을 형성하여 유체마찰 상태를 유지하여 마찰력과 마모를 줄이는 것이다. 윤활은 이뿐만 아니라 다음과 같은 부가적인 기능도 갖는다.

1) 냉각 작용

미끄럼 면에서 발생하는 마찰열과 연소실에서 전달되는 열을 윤활유가 흡수하여 냉각작용을 한다.

2) 충격압력의 분산 및 흡수

연소에 의해 순식간에 증가된 압력이 충격력으로 피스톤을 거쳐 크랭크축에 전달되는데 베어링 부위에 존재하는 윤활유는 이 충격력을 흡수 및 분산하여 국부적인 압력의 증대를 줄일 뿐만 아니라 금속끼리의 접촉에 의한 소음도 줄인다.

3) 방청 및 방식

연소 생성물에 의해 금속 표면에 녹이 설고 부식이 진행되는데 윤활유는 금속 표면을 보호하여 방청 및 방식 기능을 갖는다.

4) 청정

흡입 공기에 포함된 먼지, 연소생성물인 매연, 오일 열분해에 의한 카본 및 마모 금속 가루 등을 제거하는 청정 작용을 한다. 무거운 것은 오일 팬에 남고 가벼운 것은 오일 필터로 제거한다.

5) 밀폐작용

피스톤 링과 함께 연소실의 고압가스가 누설되는 것을 방지한다.

9-1-2 윤활방식

커넥팅 로드의 대단부에 설치된 오일 국자(dipper)로 윤활유를 공급하는 방식을 비말급유방식이라 한다. 오일펌프를 사용하여 윤활유를 각 윤활부로 압송하는 방식을 강제급유방식이라 하며 이것이 승용차 엔진의 윤활방식이다. 그림 9-3은 윤활장치에서 윤활유가 흐르는 경로를 나타낸 것으로 크게 크랭크축 주위의 부품과 실린더 헤드 부품의 윤활부로 크게 나눌 수 있다.

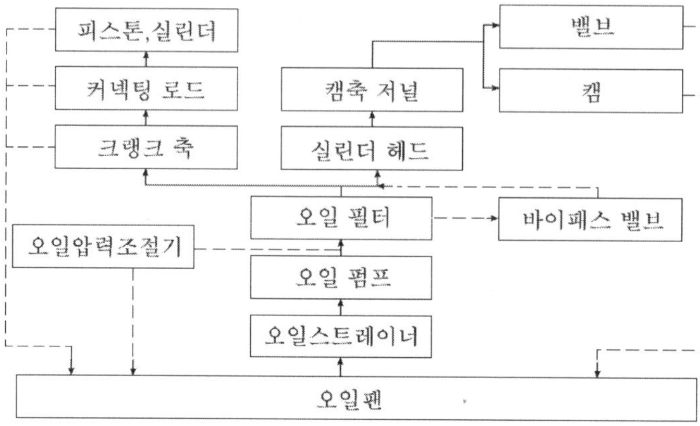

| 그림 9-3 | 윤활장치의 윤활유 흐름

9-2 윤활장치의 구성 부품

윤활장치를 구성하는 부품은 그림 9-3에서 윤활유가 흐르는 경로에 존재하는 부품의 전체를 말한다.

9-2-1 오일 팬

오일 팬(oil pan)은 오일을 저장하는 용기로 엔진의 각 부위의 윤활을 마친 고온의 오일이 다시 여기로 모인다. 고온에 의한 오일의 성능 악화(열화)를 억제하기위해 오일 팬은 열전달이 잘 되어야한다. 사진 9-1은 엔진의 하부에 장착되는 오일 팬의 모습이다.

| 사진 9-1 | 오일 팬

9-2-2 오일 레벨 게이지

엔진 오일은 엔진 운전 중 계속 소모되는 것이므로 오일 레벨 게이지(oil level gage)는 엔진에 존재하는 오일의 양을 수동으로 확인하는 장치이다. 오일 레벨 게이지의 끝부분에는 엔진이 필요로 하는 오일의 최소량과 최대량이 표시되어 있고 실제 점검 시 오일의 양이 이 사이에 오면 정상이다. 사진 9-2(a)와 (b)는 각각 오일 레벨 게이지의 모습과 이의 장착 위치이다.

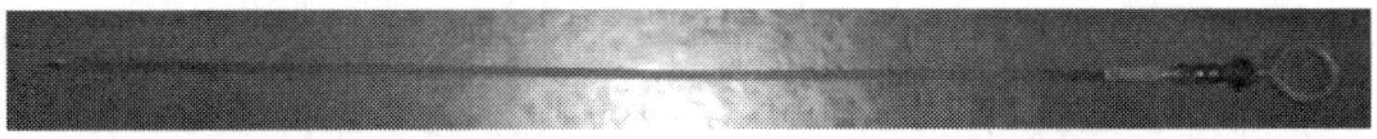

(a) 오일 레벨 게이지 모습

(b) 오일 레벨 게이지의 장착

| 사진 9-2 |

9-2-3 오일 스트레이너

오일 스트레이너(oil strainer)는 한쪽 끝은 오일 속에 잠긴 금속의 망으로 된 부분이고 다른 쪽은 오일펌프의 입구에 연결된다. 이는 오일 속에 포함된 비교적 큰 이물질을 제거한다. 사진 9-3은 오일 스트레이너의 모습니다.

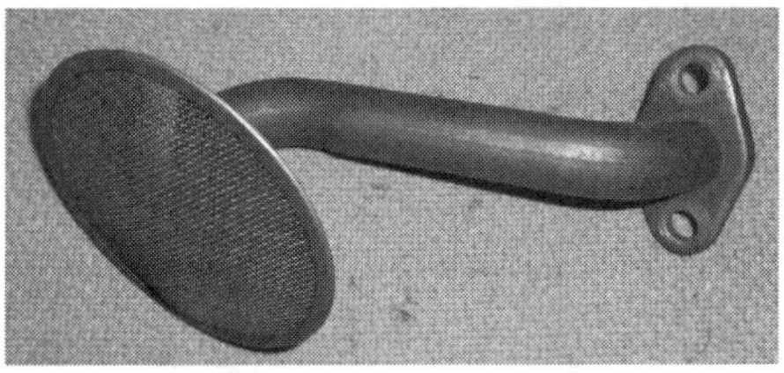

| 사진 9-3 | 오일 스트레이너

9-2-4 오일펌프

오일펌프(oil pump)는 저널 베어링과 쿨링 젯 및 가변밸브기구 등 윤활이 필요한 곳에 필요한 오일 유량과 압력을 제공한다. 최근 엔진의 출력 증대와 연비 향상을 위해 가변밸브기구의 적용으로 오일펌프의 용량 증대가 필요하다. 저속에서 가변밸브기구를 구동하기 위해 오일펌프 용량이 선정되면 고속에서는 필요 이상의 오일이 공급된다. 왜냐하면 펌프 토출량은 펌프 회전수에 비례하기 때문이다. 이로 인해 과도한 오일압력 상승과 펌프 구동 토크의 증가 및 윤활부의 내구성 저하를 수반한다. 그림 9-4에 저속에서 요구 압력을 만족하는 펌프가 선정되면 고속에서 점선과 같은 오일 압력이 공급되므로 실선으로 표시된 요구 압력보다 높다. 따라서 고속에서 펌프로부터 공급되는 압력을 줄임으로써 엔진의 토크와 연비를 향상시킬 수 있다.

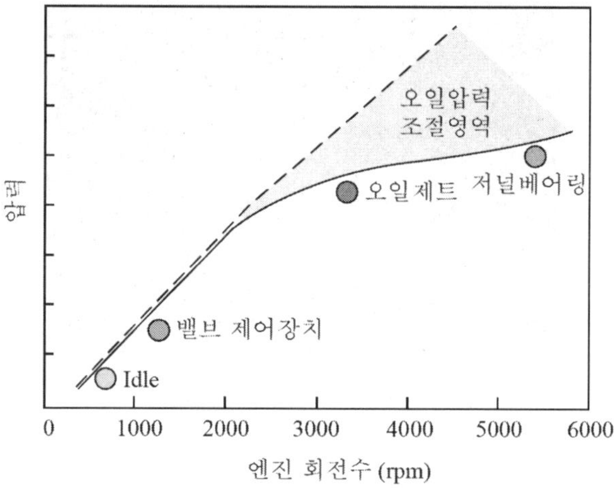

| 그림 9-4 | 윤활부의 필요 오일 압력

그림 9-4의 점선과 같은 특성을 갖는 고정 용량식 펌프는 고속에서 오일압력을 제한하기위해 펌프 토출 단에 설치된 릴리프 밸브(오일압력조절기)로 토출 유량의 일부를 오일 팬으로 재순환시킨다. 이렇게 하더라도 고속에서 오일펌프의 구동 토크 증가는 피할 수 없으므로 엔진의 토크와 출력 그리고 연비를 악화시킨다. 고정 용량식 펌프가 갖고 있는 이러한 단점을 해결하기 위해서는 그림 9-4의 실선과 같이 고속에서 펌프 토출량을 줄여야한다. 즉 속도에 따라 펌프 토출량을 변화시킬 수 있는 가변 용량식 오일펌프가 필요하게 되었다. 이 펌프는 베인 형식의 용적식 펌프에 용적 가변장치를 추가한 것이다. 로터의 회전중심과 메인 링의 중심 사이의 거리인 편심거리의 조절로 펌프 토출량은 조절된다. 그림 9-5(a)는 저속으로 엔진이 운전될 경우 편심거리가 길어 펌프 용량이 큰 경우를 나타내고 그림 9-5(b)는 엔진이 고속으로 운전될 경우 펌프 토출량을 줄이기 위해 메인 링이 회전하여 편심거리가 짧아져 펌

프 용량이 감소한 경우를 나타낸다. 그림 9-5(a)와 (b)는 각각 편심거리가 큰 것과 작은 것을 나타낸다. 메인 링 내의 오일 압력과 펌프 토출압에 의한 조절실 압력(메인 링 외부의 오일 압력), 스프링 반력, 메인 링 내의 오일과 베인에 작용하는 원심력 그리고 씰링 및 피봇에 작용하는 마찰력에 의해 외측 링이 피벗을 중심으로 회전하여 편심거리가 조절된다.

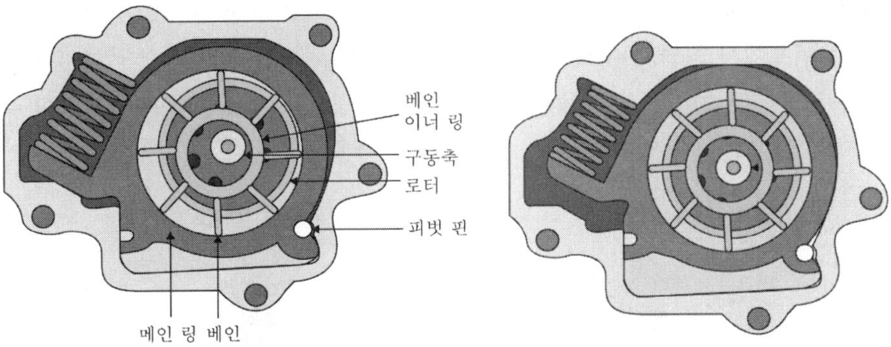

(a) 긴 편심거리　　　　(b) 짧은 편심거리

| 그림 9-5 | 가변 용량식 오일 펌프

사진 9-4는 고정 용량식 오일펌프의 모습이다. 내부 로터의 이수는 10개이고 외부 로터의 이수는 11개이다. 내부 로터는 크랭크축에 의해 회전하는 구동기어이고 외부 로터 역시 구동기어에 의해 회전하는 피동기어로 두 로터가 회전하면서 로터 사이의 공간의 크기가 변한다. 이는 내부와 외부 로터의 이수가 다르기 때문에 발생한다. 펌프가 회전할 때 빈 공간에 들어온 오일은 공간이 좁아짐에 따라 가압되어 출구로 방출된다.

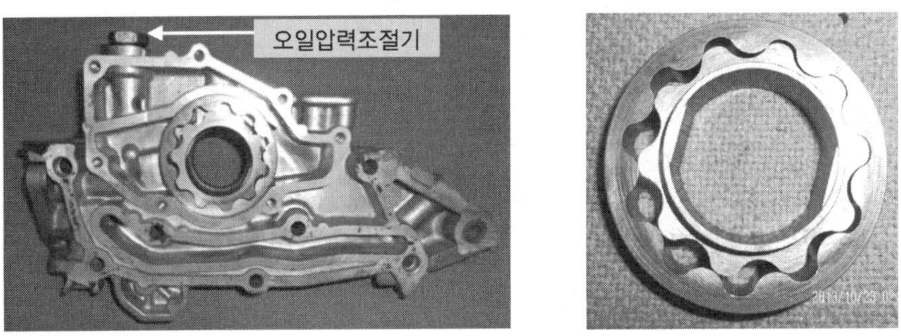

(a) 고정 용량식 오일펌프 전체 모습　　　　(b) 고정 용량식 오일펌프

| 사진 9-4 |

9-2-5 오일압력조절기

엔진이 저속으로 운전될 때에도 오일펌프는 엔진이 필요로 하는 윤활유를 충분히 공급해야 된다. 이 기준으로 오일펌프의 용량이 설정되면 고속운전 시 오일펌프에서는 여분의 오일이 공급되어 유압이 필요이상으로 상승한다. 고압의 윤활유는 윤활장치의 누유나 파손을 일으킨다. 오일압력조절기(oil pressure regulator)는 이러한 현상을 방지하기 위해 그림 9-6과 같이 플런저와 스프링으로 구성된다. 그림 9-6(a)와 같이 오일 펌프에서 공급되는 오일의 압력이 낮을 경우 오일은 모두 엔진의 윤활부로 보내지나 그림 9-6(b)와 같이 규정 이상의 압력이 플런저에 작용하면 스프링이 수축하여 여분의 오일을 오일 팬으로 보냄으로써 압력을 조절한다. 사진 9-5는 오일압력조절기의 실제 모습이다.

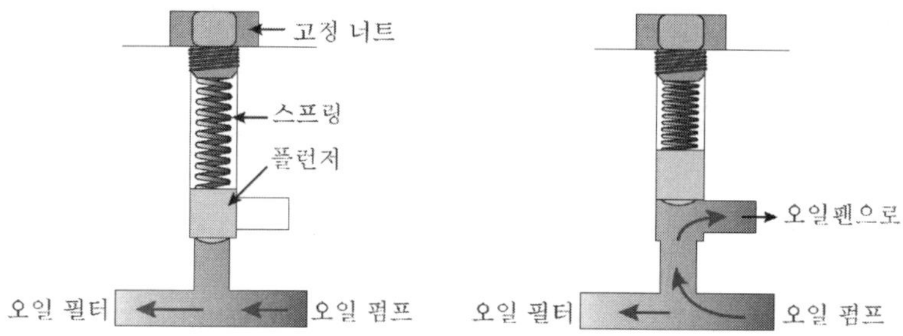

| 그림 9-6 | 오일압력조절기의 작동

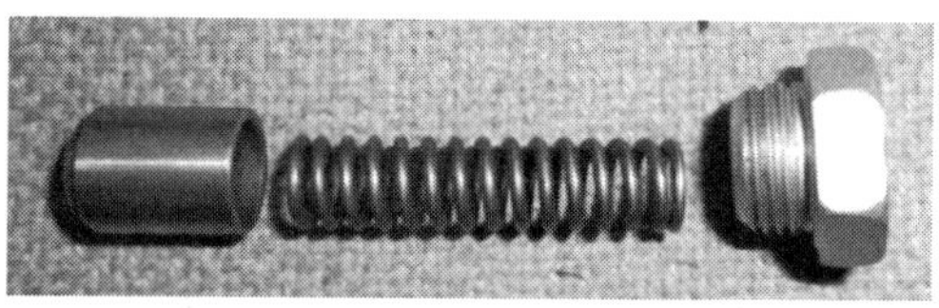

| 사진 9-5 | 오일압력조절기

9-2-6 오일 필터

오일 필터(oil filter)는 오일 스트레이너로 제거되지 않는 오일에 포함된 미세한 입자를 제거하는 부품으로 사진 9-6(a)는 엔진에 장착된 모습이다. 엔진을 보호하기 위해 정기적인 교환이 필요하며 오일 필터를 포함하는 케이스 전체를 교환한다. 사진 9-6(b)는 오일필터의 내부 모습이다. 그림 9-7과 같이 오일펌프에서 온 오일은 오일 필터의 입구로 들어가 외측으로부터 내측으로 필터를 거친 후 내측의 오일 출구를 빠져나와 엔진의 오일갤러리로 향한다. 오일 필터를 오래 사용하게 되어 필터가 막히게 되면 오일 입구로 들어온 오일이 오일 출구로 나갈 수 없게 되어 엔진에 오일이 공급되지 않아 심각한 문제를 일으킨다. 그림 9-8(a)와 같이 오일 필터가 정상적인 상태에서는 바이패스 밸브가 닫혀있고 그림 9-8(b)와 같이 필터가 막힌 경우에는 오일필터의 입구로 들어온 오일은 바이패스 밸브(bypass valve)를 거쳐 오일필터의 출구로 흘러가나 이 오일은 전혀 여과되지 않은 것이다.

(a) 오일 압력 스위치와 오일 필터가 설치된 모습　　(b) 오일 필터의 단면

| 사진 9-6 |

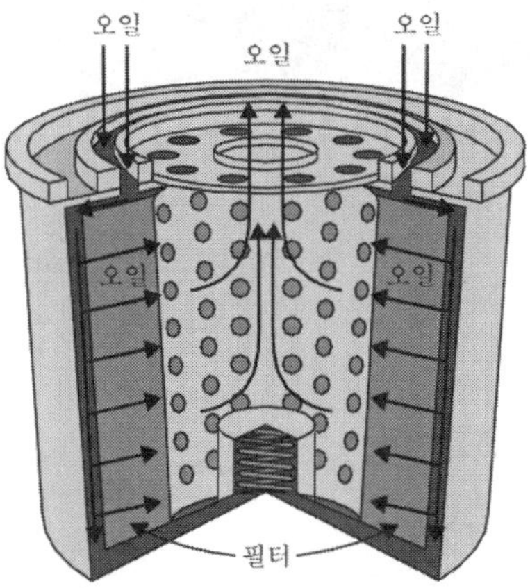

| 그림 9-7 | 오일 필터의 내부 구조

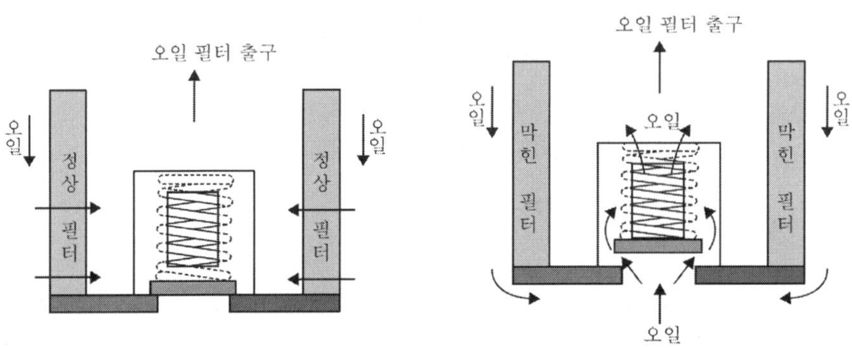

(a) 정상 필터　　(b) 막힌 필터

| 그림 9-8 | 바이패스 밸브

9-2-7 오일 압력 스위치

오일 레벨 게이지와 달리 사진 9-7의 오일 압력스위치(oil pressure switch)는 윤활장치 내에 오일의 존재 여부를 운전자에게 자동으로 알리기 위해 계기판에 경고등을 점등시키기 위해 사용되는 장치이다. 그림 9-9에서와 같이 오일펌프에서 공급되는 엔진 오일의 양이 충분할 경우 오일이 스프링 부위를 눌러 회로의 접촉부위가 떨어져 경고등은 소등된다. 반면 오일이 없거나 부족할 경우 스프링이 팽창하여 접촉부위가 연결되어 경고등은 점등된다. 오일 회로내의 오일 압력이 일정한 값 ($0.2 \sim 0.4 kg_f/cm^2$) 이하일 때 경고등이 점등된다.

| 사진 9-7 | 오일 압력 스위치의 모습

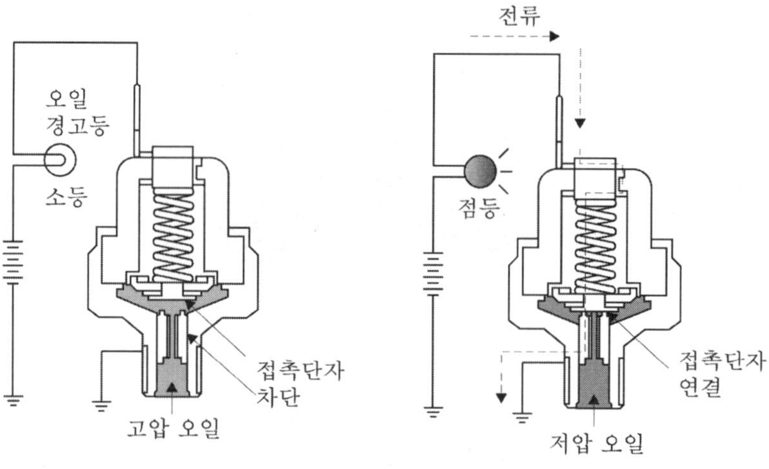

| 그림 9-9 | 오일 압력에 따른 오일압력스위치의 동작

9-2-8 윤활유

윤활유는 엔진의 윤활을 직접 담당하는 것으로 점도가 가장 중요하다. 저온에서 엔진 시동이 잘 되고 또 오일이 윤활의 각 부위로 빨리 잘 분배되기 위해서는 오일의 점도가 낮아야 한다. 반면 고온에서는 유막을 형성할 수 있도록 점도가 너무 낮아서는 안 된다. 윤활유의 점도가 낮으면 윤활부의 유막두께가 얇아져 금속끼리 접촉이 일어날 수 있으며, 특히 베어링 부위는 미끄럼 마찰열에 의해 윤활유 온도의 급격한 상승으로 오일 점도가 심하게 저하된다.

미국자동차공학회(SAE, society of automotive engineers)의 점도분류와 미국석유협회(API, american petroleum institute)의 서비스 분류를 이용하여 윤활유를 구분한다. SAE에 의한 분류는 표 9-1과 같이 저온과 고온에서 오일의 점도에 따라 등급화한 것으로 0W, 5W, 10W, 20, 30, 40 등의 숫자가 등급을 나타낸다. 참고로 SAE 10W-30의 윤활유는 다급 점도유로 W는 겨울을 뜻하고 W 앞의 수는 작을수록 추운 기후에 잘 맞고 뒤의 수는 클수록 더운 기후에 잘 작동한다. 이 오일의 점도 범위는 표 9-1로부터 확인할 수 있다. 반면 API는 윤활유의 성능에 따라 Sx와 Cx(x:영어 알파벳을 의미)로 분류하며 S와 C는 각각 service와 commercial의 첫 자를 뜻하며 가솔린과 디젤엔진에 사용된다. 뒤에 위치하는 알파벳 x는 윤활유의 등급을 표시하는 것으로 A는 가장 오래된 것이고 최근에 출시된 윤활유일수록 뒤쪽의 알파벳으로 표시한다. 최근 출시된 가솔린과 디젤 엔진용 오일의 등급은 각각 SN과 CJ이다.

| 표 9-1 | 윤활유의 SAE 점도 분류표

SAE 점도 등급	저온		고온	
	크랭킹 점도 (mPa s)	펌핑 점도 (mPa s)	저전단율 동점도 (cSt@100℃)	고전단율 점도 (mPa s@150℃)
0W	6,200@-35℃	60,000@-40℃	3.8~	-
5W	6,600@-30℃	60,000@-35℃	3.8~	-
10W	7,000@-25℃	60,000@-30℃	4.1~	-
15W	7,000@-20℃	60,000@-25℃	5.6~	-
20W	9,500@-15℃	60,000@-20℃	5.6~	-
25W	13,000@-10℃	60,000@-15℃	9.3~	-
8	-	-	4.0~6.1	1.7
12	-	-	5.0~7.1	2.0
16	-	-	6.1~8.2	2.3
20	-	-	6.9~9.3	2.6
30	-	-	9.3~12.5	2.9
40	-	-	12.5~16.3	3.5(0W, 5W, 10W)
40	-	-	12.5~16.3	3.7
50	-	-	16.3~21.9	3.7
60	-	-	21.9~26.1	3.7

오일의 점도는 온도에 따라 크게 변한다. 잔디 깎는 기계(모우어, mower)와 같이 특정 시기에만 사용되는 엔진에 사용되는 오일은 특정 온도에서의 점도 특성만 지니면 되므로 이러한 오일을 단급유(single-grade oil)라 부른다. 반면 자동차의 엔진과 같이 낮은 온도부터 높은 온도까지 동시에 사용되는 오일은 이러한 온도범위에서의 점도 조건을 만족해야 한다. 이러한 오일은 다급유(multi-grade oil)라 부르며 저온과 고온의 점도 기준을 동시에 만족시킨다. 참고로 SAE 30과 SAE 0W-40의 오일은 각각 단급유와 다급유를 나타낸다. SAE 30 오일은 고온에서의 점도 기준만 충족하고 SAE 0W-40 오일은 저온 및 고온에서의 점도 기준을 동시에 만족한다.

참고 : 점도지수(viscosity index)

윤활유의 점도는 사용온도에 따라 변하지 않는 것이 바람직하나 실제로는 온도에 따라 변한다. 점도지수는 온도에 따라 오일의 점도변화의 크기를 나타내는 척도로 온도에 따라 점도변화가 작은 오일은 점도지수가 높다.

참고 : 윤활유의 점도 분류

초기 대부분의 엔진이 운전되는 영역이 아주 협소하였기에 엔진이 요구하는 윤활유의 점도에 대해 표준화를 시작하였다. SAE는 처음으로 소비자가 쉽게 이해할 수 있도록 210℉(100℃)에서 윤활유의 동점도(kinematic viscosity)를 측정하여 숫자로 구성된 등급을 만들었다. 그 형태는 SAE xx(두 자리수)로 표시되었으며 동점도의 단위는 cSt 또는 mm^2/s이며 각 등급마다 동점도의 범위를 부여하였다. 이 점도는 100℃에서 저 전단율 조건에서 측정된 것이다.

펜실베이니아 원유와 걸프 원유로 만든 SAE 20의 동일 등급의 윤활유라도 낮은 온도에서 오일의 점도가 서로 달랐으며 전자가 저온 성능이 뛰어났다. 이러한 거동의 차이를 점도지수(viscosity index)로 설명하기 시작하였으며 결국 저온에서 윤활유의 절대점도(dynamic viscosity)를 측정하여 겨울용 윤활유를 의미하는 W 등급을 제정하였으며 이 점도를 크랭킹 점도라 한다. 추운 겨울 아침 시동할 때 크랭크축 베어링에 있는 오일의 점도가 낮아야 엔진이 시동을 위해 충분한 속도로 크랭킹 된다.

온도증가에 따른 점도감소율을 줄이는 점도 향상제를 사용하여 오일의 점도지수를 증가시켜 하나의 오일로 저온 및 고온 등급 기준을 만족시키는 다급 오일이 등장하였다. 이러한 다급 윤활유의 사용함에 따라 새로운 문제가 발생했다. 완전히 예열된 엔진에서 빠르게 움직이는 부품의 좁은 간극의 환경에서 다급유의 점도는 급격히 저하되어 엔진을 손상시키는 문제가 발생하였다. 이러한 환경에서 오일 점도를 규정한 것이 HTHS(high temperature high shear) 점도이다. 150℃에서 각 등급의 오일에 대해 절대점도[mPa sec or cP]의 범위를 설정하였다.

낮은 온도에서 엔진의 시동은 가능하나 오일이 굳어져 오일펌프가 오일 팬으로부터 오일을 흡입할 수 없는 또 다른 문제가 발생되었다. 이 문제를 해결하기 위한 저온 펌핑 시험이 추가되었으며 각 등급에 대해 절대점도의 최댓값이 설정되었다. 펌프가 오일을 각 베어링 부위로 공급할 수 있는 것을 확실히 보장하기 위해 크랭킹 시험보다 5℃ 낮은 온도에서 실시된다.

CHAPTER

10 냉각장치

엔진을 고온으로 유지하면 엔진의 연소실에서 발생된 에너지가 외부로 전달되는 열전달량이 감소하여 열효율이 상승하고 유해 배기가스 중 HC와 CO의 발생을 줄일 수 있다. 반면 재료의 강도 저하와 변형이 발생하고 다른 종류의 금속 사이에 열팽창 차이로 인해 열응력이 발생한다. 또 윤활유는 점도가 저하되고 열분해 된다. 이러한 장단점의 균형을 취해 엔진을 일정한 온도로 제어하는 것이 필요하며 이 역할을 하는 것이 냉각장치이다.

10-1 냉각방식

엔진을 냉각하는 방식은 공기로 냉각하는 공랭식과 물로 냉각하는 수랭식이 있다. 수랭식은 자동차용 엔진의 냉각방식에 사용되고 있다. 이 방식은 물 펌프로 냉각수를 실린더 블록과 실린더 헤드 부위의 냉각수 통로로 보내어 열을 흡수하고 온도가 높아진 냉각수는 라디에이터로 흘러간다. 냉각팬과 차량 주행에 의해 발생되는 공기의 흐름에 의해 식혀진 냉각수는 다시 엔진으로 공급된다. 바람에 의해 엔진이 국부적으로 냉각되는 공랭식과는 달리 수랭식은 냉각수로 엔진 전체를 냉각하므로 비교적 균일한 냉각이 가능하다. 또 온도가 높아진 냉각수로 차 실내를 순환시켜 난방하기에 난방 열량의 확보가 쉽고 수온조절기로 냉각수의 온도를 쉽게 조절할 수 있다.

그림 10-1은 냉각수의 온도에 따라 냉각수가 순환하는 경로를 보이며 냉각장치를 구성하는 주요부품이 표시되어 있다. 실선과 점선은 각각 수온이 낮을 때와 높을 때 냉각수의 흐름이다. 엔진의 냉각수 온도가 낮아 수온조절기가 닫혀 있을 때 냉각수는 라디에이터로 가지 않고 워터 펌프에 의해 엔진내부를 순환한다. 반면 온도가 높아 수온조절기가 열리면 뜨거워진 냉각수는 라디에이터로 가서 냉각된 후 다시 엔진으로 돌아온다. 또 냉각계의 압력이 높을 경우 냉각수의 누수가 발생할 수 있기에 라

디에이터 캡에 있는 고압밸브를 열어 냉각수의 일부를 보조수 탱크로 보내어 압력을 낮춘다. 반대로 엔진이 정지된 후 냉각수가 식으면 냉각수의 부피가 감소하여 압력이 낮아진다. 빈 공간을 채우기 위해 라디에이터 캡에 있는 저압밸브를 열어 보조수 탱크에 있는 냉각수를 라디에이터 안으로 보충해주어 압력을 높인다.

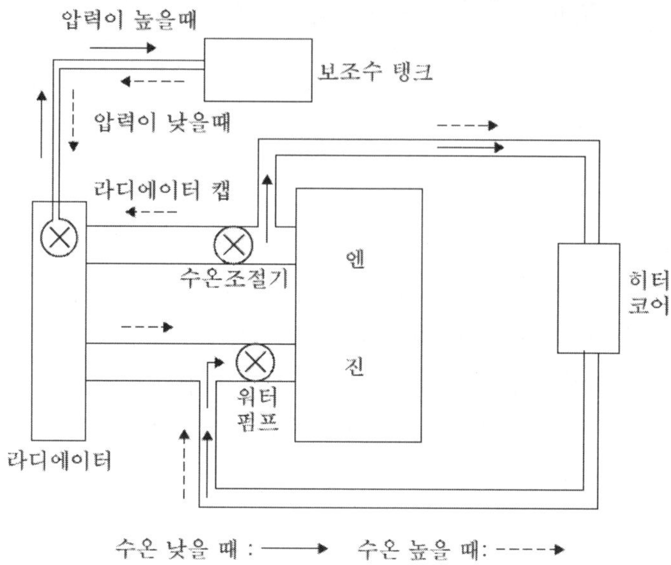

| 그림 10-1 | 냉각수 온도에 따른 냉각수의 흐름

10-2 구성 부품

10-2-1 워터 재킷

실린더 블록과 실린더 헤드를 냉각하기 위한 냉각수가 흐르는 통로를 물 재킷(water jacket)이라 한다. 사진 10-1에 실린더 블록과 실린더 헤드에 설치된 물 통로를 보인다.

(a) 실린더 주위의 물 자켓

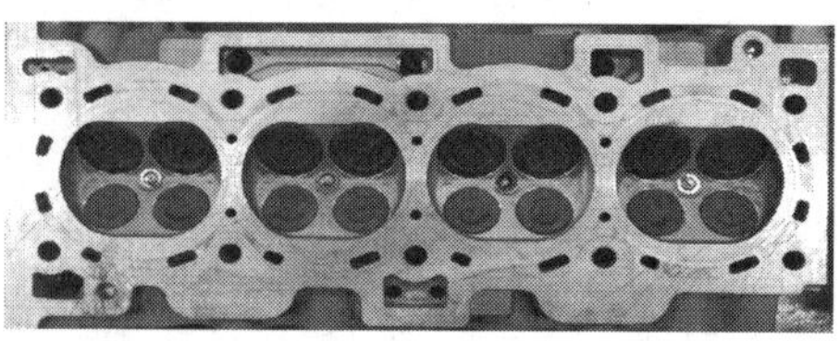

(b) 실린더 헤드의 냉각수 통로

| 사진 10-1 |

10-2-2 라디에이터

그림 10-1과 같이 엔진에서 가열된 냉각수는 수온조절기를 지나 라디에이터에 도달한다. 사진 10-2와 같이 라디에이터(radiator)는 차량 주행이나 전동 팬으로 발생되는 바람으로 냉각수를 냉각하는 열교환기이다. 그림 10-2는 라디에이터를 구성하는 요소들과 이들의 명칭을 보인다. 위쪽과 아래쪽의 두개의 물탱크(upper and lower tank), 이들 사이로 냉각수가 흐르는 통로인 튜브, 이를 둘러싸고 뜨거운 냉각수를 식히기 위한 핀(fin), 라디에이터와 보조수 탱크(reservoir tank)를 연결하는 오버플로 튜브 그리고 라디에이터 캡이 라디에이터를 구성하는 부품이다. 라디에이터의 코어는 고온의 냉각수가 냉각되는 부분으로 냉각수가 흐르는 튜브와 열전달 면적을 증가한 핀으로 구성된다. 코어의 종류는 그림10-3과 같이 plate fin형, ribbon cellular fin형, corrugated fin형 등이 있으며 요즘 corrugated fin이 주류를 이룬다.

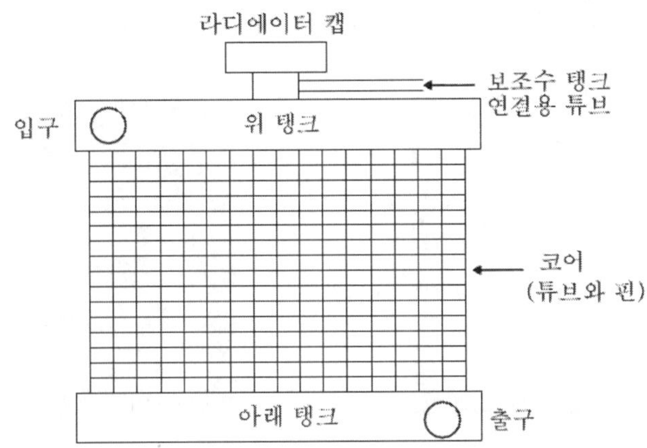

| 그림 10-2 | 라디에이터를 구성하는 요소의 명칭

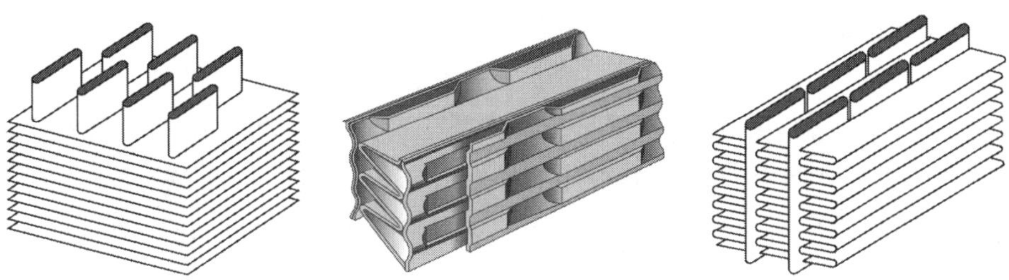

(a) plate fin type (b) ribbon cellular fin type (c) corrugated fin type

| 그림 10-3 | 라디에이터 코어의 종류

| 사진 10-2 | 라디에이터 모습

10-2-3 물 펌프

물 펌프(water pump)는 냉각수를 엔진, 라디에이터 그리고 난방용 히터 코어로 강제 순환시키는 장치로 크랭크축에 의해 벨트로 구동되는 원심력식이다. 펌프의 모습은 사진 10-3과 같고 펌프는 엔진이 돌아가면 항상 구동된다.

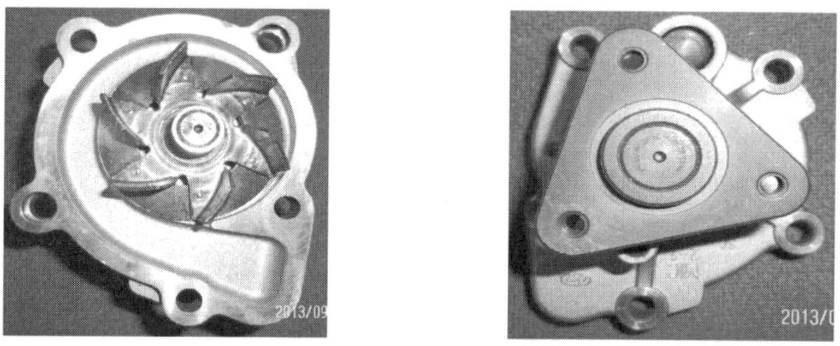

(a) 물 펌프의 날개 모습　　(b) 물 펌프를 구동하는 풀리가 장착되는 부분

| 사진 10-3 |

10-2-4 수온조절기

수온조절기는 엔진의 냉각수 온도를 조절하기위해 라디에이터로 가는 통로를 개폐하는 장치로 서모스탯(thermostat)이라 부른다. 이는 온도에 따라 팽창하고 수축하는 왁스의 특징을 이용한 것으로 $82^{o}C$에서 열리기 시작하여 $95^{o}C$에서 완전히 개방된다. 냉각수의 온도가 낮아 수온조절기가 닫힌 상태에서 냉각수는 라디에이터로 순환되지 않고 바이패스 통로를 거쳐 엔진 내부를 순환한다. 사진 10-4는 냉각수의 온도에 따라 수온조절기가 닫힌 경우와 열린 경우를 보인다. 그림 10-4는 실제 수온조절기가 냉각수 온도에 의해 왁스가 팽창함에 따라 통로가 개방되는 것을 보인다.

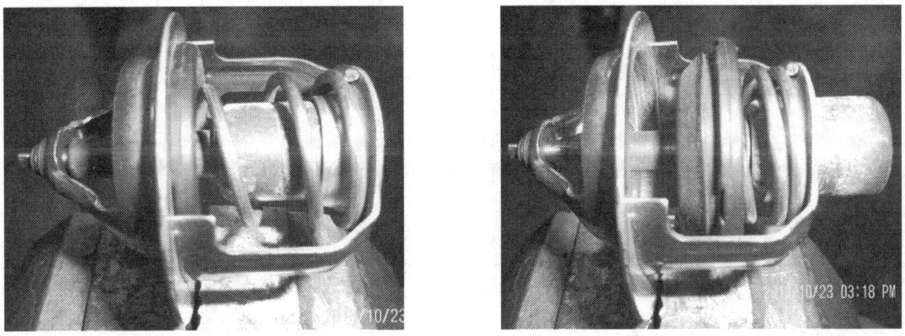

(a) 냉각수의 온도가 낮을 때 닫힌 수온조절기 (b) 냉각수의 온도가 높을 때 열린 수온조절기

| 사진 10-4 |

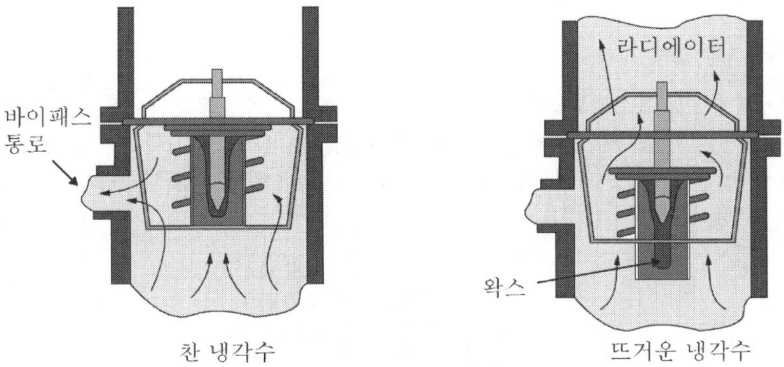

| 그림 10-4 | 수온조절기 작동

냉각수 온도를 제어하는 방식은 수온조절기의 설치위치에 따라 출구 및 입구 수온 제어방식으로 구분되며 전자와 후자는 각각 그림 10-5(a)와 (b)같이 수온조절기가 엔진의 냉각수 출구와 입구에 설치된 것을 말한다. 입구수온 제어방식은 수온조절기가 열릴 때 라디에이터의 냉각된 물이 바로 수온조절기를 지나 엔진으로 흘러들어가므로 수온조절기는 곧 닫히게 된다. 이로 인해 엔진 내의 냉각수 온도는 급격하게 변하지 않는다. 반면 출구수온 제어방식은 수온조절기가 열리면 엔진 내부에서 가열된 냉각수가 계속하여 수온조절기를 지나므로 엔진 내부에 존재하는 모든 가열된 냉각수가 수온조절기를 지난 후 냉각수의 온도가 떨어져야 수온조절기가 닫힌다. 따라서 수온조절기가 열리기 전후의 엔진 내부의 냉각수 온도 차이는 입구수온 제어방식에 비해 크다.

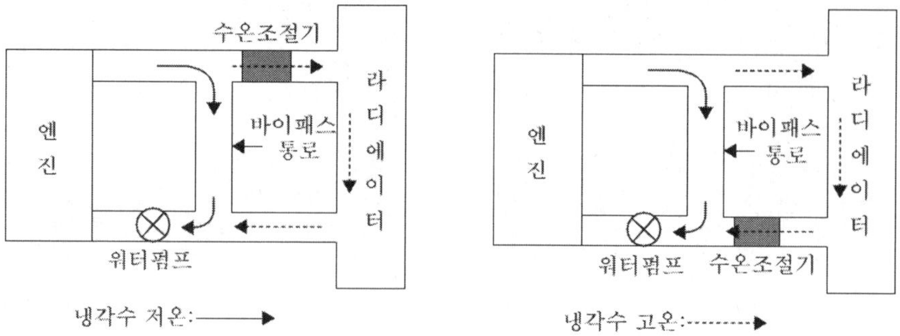

(a) 출구수온 제어방식 (b) 입구수온 제어방식

| 그림 10-5 |

참고 : 지글 밸브

냉각수를 주입할 때 일반적으로 수온조절기는 닫힌 상태이기 때문에 냉각수 통로에 존재하는 공기를 제거할 구멍이 필요하다. 이를 위해 냉각수를 주입할 때 공기를 방출하는 구멍을 만들고 수압이 작용하면 이 구멍을 막는 지글 밸브(jiggle valve)가 설치되어 있다. 지글 밸브는 사진 10-5와 같이 수온조절기에 설치된다.

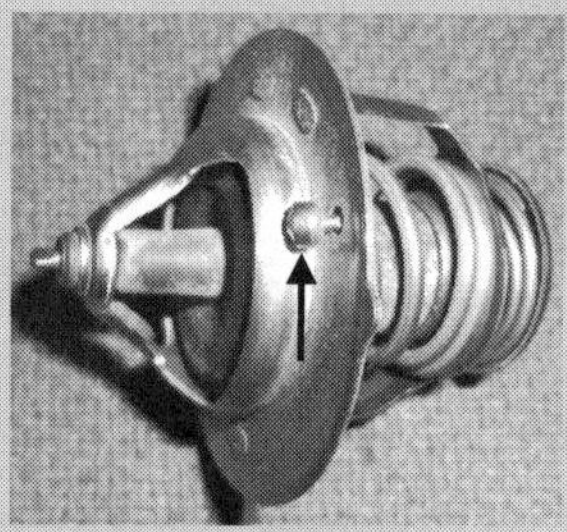

| 그림 10-5 | 지글 밸브

10-2-5 냉각 팬

라디에이터로 들어온 고온의 냉각수를 식히기 위해서 주행할 때는 주행에 의해 생기는 바람을 이용하고 정지 시는 냉각 팬(cooling fan)에 의해 발생되는 바람을 이용한다. 팬을 구동하는 방법은 직결 팬, 커플링 팬, 전동 팬의 세 종류가 있다. 직결 팬은 크랭크축의 동력과 벨트로 팬을 직접 구동하는 것이고 커플링 팬은 크랭크축과 팬 사이에 유체 커플링을 이용한 것이다. 사진 10-6의 전동 팬은 모터에 의해 구동되는 것으로 쉽게 제어가 가능한 장점이 있어 대부분의 승용차에 사용된다.

| 사진 10-6 | 라디에이터에 설치된 전동 팬

10-2-6 라디에이터 캡

라디에이터 캡(radiator cap)은 고압 밸브와 저압 밸브로 구성되어 냉각계의 압력을 조절하는 장치로 라디에이터와 보조수 탱크를 연결 또는 차단한다. 사진 10-7과 그림 10-6은 각각 라디에이터 캡의 실물 모습과 그 내부의 모습과 명칭을 보인다.

| 사진 10-7 | 라디에이터 캡

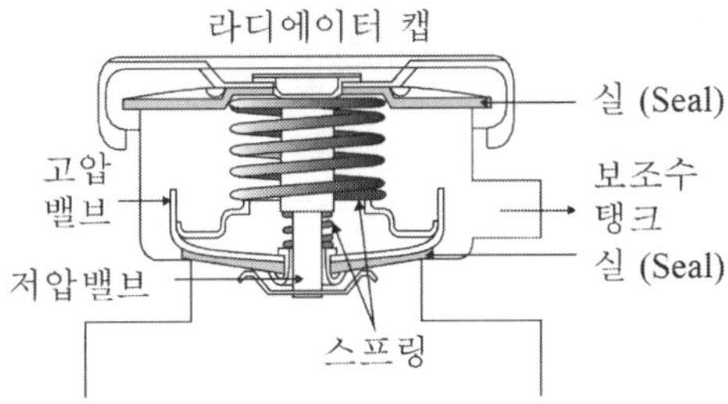

| 그림 10-6 | 라디에이터 캡의 내부 구조 및 명칭

1기압 25℃와 100℃에서 1kg의 물의 부피는 각각 1.003l와 1.044l로 물의 부피는 온도에 따라 변하며 당연히 온도가 상승하면 부피가 증가한다. 엔진이 시동되면 냉각수의 온도는 점진적으로 상승하여 냉각수의 부피 증가로 인해 냉각계의 압력도 상승한다. 냉각계의 압력이 높을 경우 냉각수의 누수가 발생할 수 있기에 라디에이터 캡에 있는 고압밸브를 열어 냉각수의 일부를 보조수 탱크로 보내어 압력을 낮춘다. 고압 밸브는 보통 0.8~1.1kg_f/cm^2의 압력에서 열려 라디에이터내의 냉각수가 보조수 탱크로 흐른다. 반대로 엔진이 정지한 후 냉각수가 식으면 냉각수의 부피가 감소

하여 냉각계 내에는 빈 공간이 생겨 압력이 낮아진다. 이때 라디에이터 캡에 있는 저압밸브를 열어 보조수 탱크로 보내졌던 냉각수를 라이에이터 안으로 보충해주어 압력을 높인다. 저압 밸브는 대기압보다 약간 낮은 압력일 때($-0.07kg_f/cm^2$) 열린다. 고압밸브와 저압밸브가 동작하는 모습을 그림 10-7에 보인다.

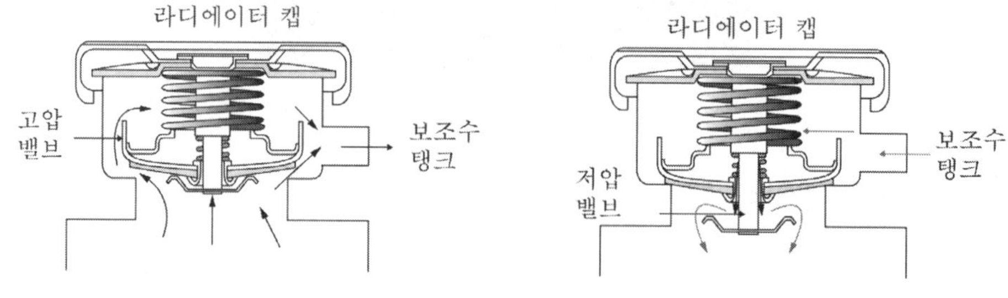

(a) 고압 밸브의 작동 (b) 저압 밸브의 작동

| 그림 10-7 |

참고 : 냉각계를 고압으로 유지하는 이유

더운 여름날 자동차가 오르막길을 주행하거나 라디에이터에서 냉각수를 충분히 식히지 못할 경우 엔진의 냉각계에서 냉각수는 끓는점에 도달하여 수증기가 발생한다. 이 증기는 라디에이터 캡의 고압밸브를 열고 오버플로 파이프를 지나 보조수 탱크로 간다. 이 현상을 오버히트라 부른다. 이 상태에서 계속 엔진을 운전하면 냉각계에는 냉각수(액체)가 감소하고 기체는 점점 더 늘어난다. 이와 같은 상태에서 물 펌프의 냉각수 순환 능력은 나빠지고 냉각수는 기체 때문에 열전달 능력이 악화된다. 이러한 문제가 발생하는 것을 미연에 방지하기 위해 냉각수의 끓는점을 높여 냉각수가 끓지 않도록 냉각계의 압력을 높인다. 참고로 냉각수의 끓는점은 압력이 증가함에 따라 증가하며 물의 끓는점은 그림 10-8과 같이 압력에 따라 변한다.

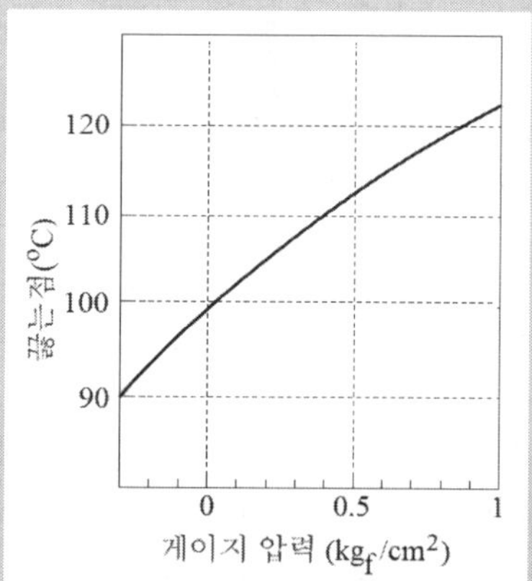

| 그림 10-8 | 압력과 물의 끓는점

10-2-7 냉각수

물이 끓어 기화되면 물 펌프의 기능과 냉각수의 냉각 기능이 악화되고 반대로 물이 얼게 되면 부피가 늘어나 라디에이터나 물 재킷의 파손을 야기하고 심한 경우 엔진 블록도 깨진다. 그리하여 냉각수는 엔진 과열과 동파를 방지하기 위해 끓는점을 올리고 어는점을 내리야 한다. 또 냉각장치의 부식을 방지하기 위해 냉각수는 부식 방지기능을 지녀야 한다. 단순히 물만으로 이러한 기능을 가질 수 없으므로 물에 이러한 기능을 갖춘 것을 일정량 추가한다. 우리나라에서는 동파 방지를 강조하여 이를 부동액이라 부르고 미국에서는 부식방지 기능에 초점을 두어 장 수명 냉각수(long life coolant)라 부른다. 부동액은 주로 에틸렌 글리콜($C_2H_2(OH)_2$)에 각종 부식 방지제를 첨가한 것을 사용한다. 표 10-1은 부동액과 물의 부피혼합비율에 따른 어는점과 끓는점 변화를 나타낸 것이다. 참고로 부동액으로 부식방지를 위해 최소 25% 농도가 필요하며 물은 경수가 아닌 수돗물을 사용할 것을 추천하고 있다.

| 표 10-1 | 부동액과 물의 혼합비율에 따른 냉각수의 어는점과 끓는점의 변화

혼합비율(부동액: 물)	어는점(℃) 내림	끓는점(℃) 오름
1:1	−37	8
2:3	−24	6
1:2	−18	5
1:3	−12	3

CHAPTER 11

수동변속기

어떤 종류의 자동차를 보아도 수동변속기나 자동변속기가 반드시 설치되어 있다. 변속기는 차량을 출발시키거나 가속하기에 엔진에서 발생되는 회전력이 충분하지 않아 이를 증대하는 것이 가장 중요한 역할이다. 1단이 아닌 4단이나 5단으로 출발하려고 하면 출발이 잘되지 않는 이유는 엔진에서 나오는 회전력을 고단에서 증대할 수 없기 때문이다. 전기모터를 이용하여 회전운동을 할 경우 역시 모터 앞에 감속기를 부착하는 경우가 많은데 이 역시 회전력을 증대하고자하는 것이다. 정속주행의 경우는 필요구동력이 작으나 출발과 가속 그리고 오르막길 주행 시 필요 구동력은 매우 크다. 감속하지 않고 이러한 요구를 만족시키기 위해서는 큰 배기량의 엔진이 필요하다. 이외에도 차량은 전진뿐만 아니라 후진도 가능해야 하며 또한 신호 대기 중이나 잠시 정차할 때 엔진으로부터의 동력을 일시적으로 차단하는 기능도 가져야 한다. 이러한 역할을 하는 것을 변속기라하며 변속을 운전자가 직접 해야 하는 변속기가 수동변속기이다.

11-1 회전력 증대의 필요성

자동차가 주행할 때 발생하는 주행저항은 타이어의 구름저항, 공기저항, 경사길을 올라가는 저항(구배저항), 가속저항으로 구분된다. 타이어의 구름저항은 타이어의 변형과 이에 따른 노면과의 마찰에 의해 발생한다. 자동차가 주행함으로써 발생하는 공기저항은 자동차의 속도의 제곱에 비례하기 때문에 고속으로 주행할 경우 연비를 나쁘게 하는 것이다. 구배저항은 자동차가 경사길을 주행할 때 발생하고 평지를 주행할 때는 존재하지 않는다. 마지막으로 차량을 가속할 때 발생하는 가속저항은 자동차의 전체 질량에 의한 것과 회전 운동 부분(크랭크축, 캠축, 플라이휠, 변속기, 구동축, 휠 및 타이어 등)에 의해 발생하는 것으로 구분된다. 이들 네 가지 저항들은 모두 힘의 단위를 갖고 관계식은 표 11-1에 정리되어있다.

| 표 11-1 | 자동차 주행을 위한 각종 저항

저항 종류	구름저항	공기저항	구배저항	가속저항
관계식	$R_r = \mu_r Mg$	$R_a = \frac{1}{2} C_D \rho v^2 A$	$R_\theta = Mgsin\theta$	$R_\alpha = (M + \Delta M)\alpha$
기호설명	• μ_r : 타이어의 구름저항계수 • M: 자동차의 질량 • ΔM: 회전 부분의 등가 질량 • g : 중력가속도 • C_D : 공기저항계수 • ρ: 공기 밀도 • v : 차량속도 • A: 차량의 전면 투영 면적 • θ: 경사길의 경사각			

변속기가 장착되지 않은 중형 승용차가 평지에서 정지 상태에서 출발하기 위해 필요한 엔진의 최소 회전력을 계산함으로써 변속기를 이용한 회전력의 증대가 필요한 이유를 이해할 수 있다. 차량이 출발을 위해 구름저항을 극복할 힘이 필요하다. 중형차의 공차중량과 타이어의 구름저항계수를 각각 1500Kg와 0.015라 가정하면, 표 11-1에 주어진 식으로부터 엔진의 최소 구동력(F)은

$$F = R_r = 0.015 \times 1500 \times 9.8 = 220.5N = 22.5Kg_f \tag{11-1}$$

이다. 구동륜의 유효 반지름을 $r = 0.3135m$라 하면, 식 (11-1)의 힘과 반지름으로부터 엔진의 최소 회전력은

$$T_{eng} = 22.5Kg_f \times 0.3135 = 7.05Kg_f m \tag{11-2}$$

로 계산된다. 변속기가 없는 차량의 경우 두 가지 방법에 의해 차량은 출발될 수 있다. 하나는 엔진의 스로틀밸브를 많이 열어 엔진의 회전력을 식 (11-2)의 값 이상에 도달하게 하는 것이다. 다른 방법은 큰 배기량의 엔진을 사용하여 엔진의 회전력을 식 (11-2)의 값보다 훨씬 높여 스로틀밸브를 조금 열고 차량을 출발하는 것이다. 하지만 이 두 방법은 모두 비현실적이기 때문에 변속기를 장착하여 총 감속비를 증가시킨다. 감속비는 바로 회전력을 증대시키는 정도를 뜻한다. 총 감속비가 15인 변속기가 엔진과 연결되면 식 (11-2)에서 계산된 엔진의 최소 회전력은 $0.47Kg_f m$로 대폭 낮아져 작은 배기량의 엔진으로도 쉽게 출발할 수 있고 가속 또한 용이하게 된다. 이것이 바로 변속기가 자동차에 반드시 필요한 이유 중의 하나이다.

11-2 회전력 증대의 원리

엔진의 크랭크축에서 나오는 회전력이 변속기를 지나면서 증대된다. 이는 변속기 내부에서 구동 및 피동 기어 한 쌍이 맞물려 회전함으로써 발생된다. 그림 11-1은 입력축과 출력축에 연결된 구동기어와 피동기어가 서로 맞물려 회전하는 것을 나타낸다. 회전력의 방향을 쉽게 나타내기 위해 2중 화살표를 사용하였다. 오른 나사의 법칙과 같이 오른 손의 엄지손가락을 화살표 방향으로 하였을 때 나머지 손가락의 방향이 회전력의 방향이다.

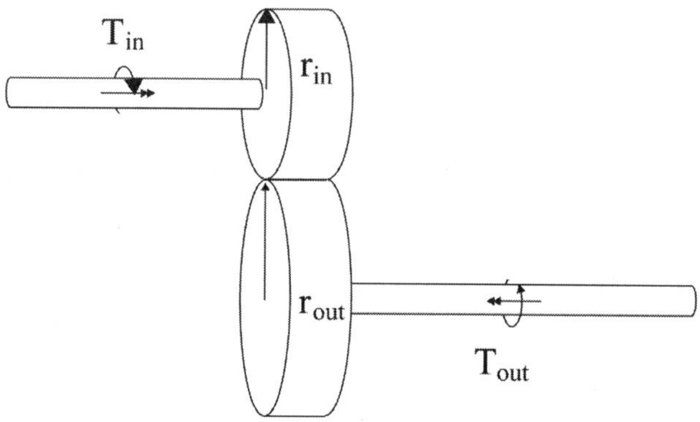

| 그림 11-1 | 변속의 원리

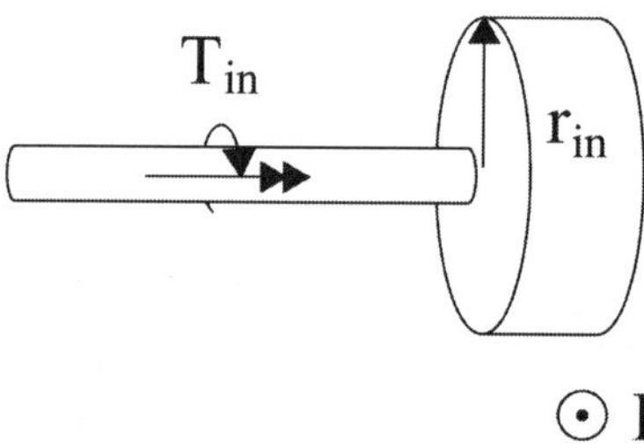

(a) 구동기어에 작용하는 힘과 회전력

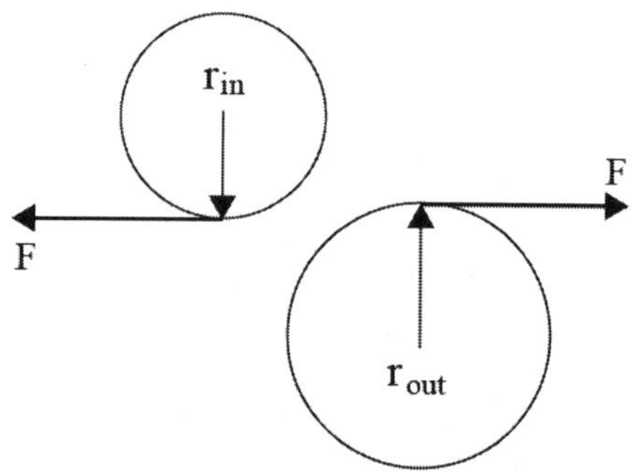

(b) 구동 및 피동기어에 작용하는 힘

| 그림 11-2 |

엔진과 변속기가 등속운동을 하고 있는 그림 11-1의 구동기어 부분만을 확대하여 구동기어에 작용하는 힘 F를 나타낸 것이 그림 11-2(a)이다. 구동기어는 등속으로 회전하고 있기 때문에 기어의 중심에서 계산한 회전력은 평형을 유지해야하므로 힘 F는 엔진의 회전력과 기어의 반지름으로 다음과 같이 표시된다.

$$F = T_{in} / r_{in} \tag{11-3}$$

그림 11-2(b)는 구동기어와 피동기어에 작용하는 힘을 나타낸 것으로 두 기어의 접촉점에서는 작용 반작용의 원리에 의해 동일한 힘 F가 서로 반대방향으로 작용한다. 이 힘 F에 의해 출력축의 회전력은

$$T_{out} = r_{out} \times F = \frac{r_{out}}{r_{in}} T_{in} \tag{11-4}$$

이 된다. 여기서 변속비(GR, gear ratio)는 다음과 같이 정의된다.

$$\frac{T_{out}}{T_{in}} = \frac{r_{out}}{r_{in}} = GR \tag{11-5}$$

변속비는 구동 및 피동기어의 반지름을 측정하여 구할 수 있으나 기어의 이수와 반지름은 비례하기 때문에 기어의 이수를 세어 계산하는 것이 보다 편리하고 정확하다. 따라서 변속비는 기어의 이수 Z를 이용하면 다음 식으로 표현된다.

$$GR = \frac{r_{out}}{r_{in}} = \frac{Z_{out}}{Z_{in}} \tag{11-6}$$

구동 및 피동 축의 회전속도 비 역시 변속비와 관계가 있다. 구동 및 피동 기어가 맞물려 회전하는 거리와 두 기어의 접촉점에서의 속도가 동일한 것은 다음 식으로 표현된다.

$$r_{in}\theta_{in} = r_{out}\theta_{out} \tag{11-7}$$

$$r_{in}\omega_{in} = r_{out}\omega_{out} \tag{11-8}$$

여기서 θ와 ω는 각각 회전 각도와 각속도를 나타낸다. 구동 및 피동 기어의 회전속도로 표현된 변속비는

$$GR = \frac{\omega_{in}}{\omega_{out}} = \frac{r_{out}}{r_{in}} \tag{11-9}$$

이다. 위에서 구한 변속비를 하나로 정리하면 다음과 같다.

$$GR = \frac{T_{out}}{T_{in}} = \frac{\omega_{in}}{\omega_{out}} = \frac{r_{out}}{r_{in}} = \frac{Z_{out}}{Z_{in}} \tag{11-10}$$

입력축으로부터 출력축으로의 동력 전달에 손실이 존재하지 않으면 회전력과 각속도 사이의 관계를 간단히 계산할 수 있다. 입력축과 출력축의 일과 단위시간 당 일은 같기 때문에

$$T_{in} \times \theta_{in} = T_{out} \times \theta_{out} \tag{11-11}$$

$$T_{in} \times \omega_{in} = T_{out} \times \omega_{out} \tag{11-12}$$

의 관계가 성립한다. 엔진의 회전력은 변속기에서 증대된 후 마지막으로 종 감속기를 거치면서 한 번 더 증대된다. 종 감속기를 구동하는 구동기어와 종 감속기의 링기어의 변속비를 종 감속비(Final Gear Ratio, FGR)라 한다. 종 감속기 역할을 하는 것은 사진 11-8에 보인 차동기어로 차동기어의 링기어가 바로 종 감속기의 링기어를 말한다. 변속기의 어느 변속단이 선택되더라도 변속기의 출력축의 회전력은 반드시 종 감속기를 지난다. 따라서 엔진의 회전력은 변속기의 변속비와 종 감속기의 종 감속비를 곱한 총 감속비(TGR, total gear ratio)만큼 증대되며 총 감속비는

$$TGR = GR \times FGR \tag{11-13}$$

로 표현된다. 엔진의 회전력은 변속기와 구동축을 거쳐 타이어에 전달되어 자동차를 구동하는 토크이다. 구동계의 전달효율을 100%라 가정하면 엔진의 회전력이 타이어에 전달되는 총 구동력 F는 다음 식으로 표현된다.

$$F = T_{eng} \frac{TGR}{r} \tag{11-14}$$

- T_{eng} : 엔진 토크
- TGR: 구동계의 총 감속비
- r : 구동륜의 유효 반지름
- F: 엔진의 회전력에 의한 타이어 구동력

엔진의 회전수(N)와 차속(v)과의 관계는 다음과 같다.

$$v[kph] = \frac{2\pi r N[rpm] \times 60}{1,000} \times \frac{1}{TGR} \tag{11-15}$$

또 바퀴에 전달되는 총 회전력은 다음과 같다.

$$T_{wheel} = TGR \times T_{eng} \tag{11-16}$$

11-3 승용차의 구동계 구성 및 배치

승용차의 엔진은 차량의 앞쪽에 설치되고 구동륜은 앞바퀴 또는 뒷바퀴이다. 그림 11-3과 11-4는 각각 전륜구동 및 후륜구동 차량의 동력전달계를 표시한 것이며 FF (front engine front wheel drive) 또는 FR(front engine rear wheel drive) 차량이라 불린다. 구동방식에 관계없이 엔진의 동력은 클러치, 변속기, 차동기어, 구동축, 바퀴로 전달된다. 전륜구동과 달리 후륜구동 차량은 변속기와 차동기어 사이에 추진축이 존재한다.

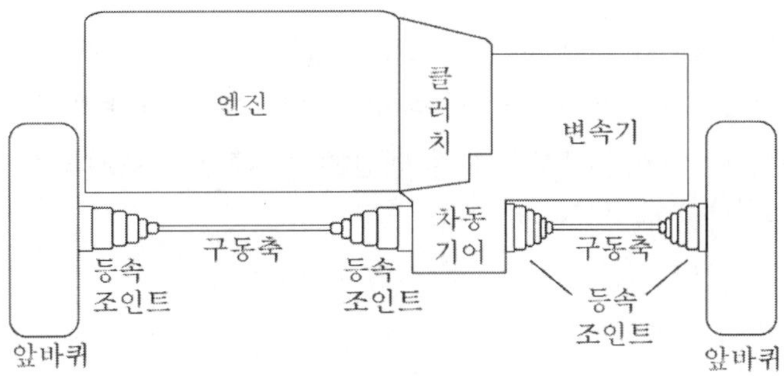

| 그림 11-3 | FF 자동차

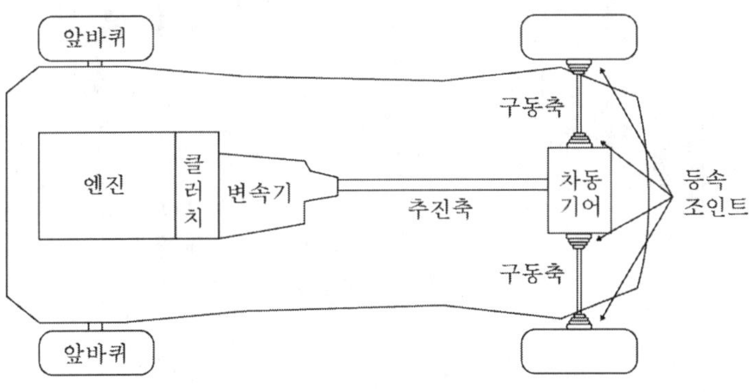

| 그림 11-4 | FR 자동차

11-4 수동변속기의 구성 및 작동

수동변속기는 크게 변속을 위해 동력을 일시적으로 차단할 수 있는 클러치, 회전력을 바꾸는 변속기, 마지막으로 회전력을 증대시키는 종 감속기 부분으로 구성되어 있다.

11-4-1 클러치

(1) 클러치 구성 및 작동

클러치는 그림 11-5와 같이 클러치 디스크, 압력판, 다이어프램 스프링, 릴리스 베어링, 릴리스 포크로 구성된다. 이들의 실제 모습은 사진 1에 보인다. 클러치는 크랭크축에 연결된 플라이휠과 마찰을 통해 엔진의 회전력을 변속기의 입력축에 전달하고 필요할 경우 차단하는 역할을 한다.

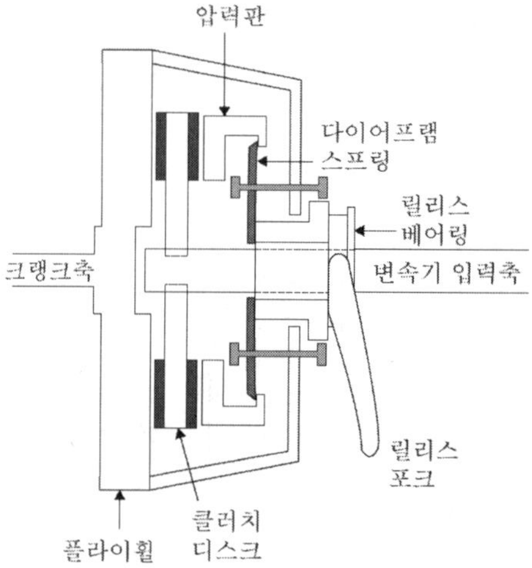

(a) 클러치부 및 클러치 분리

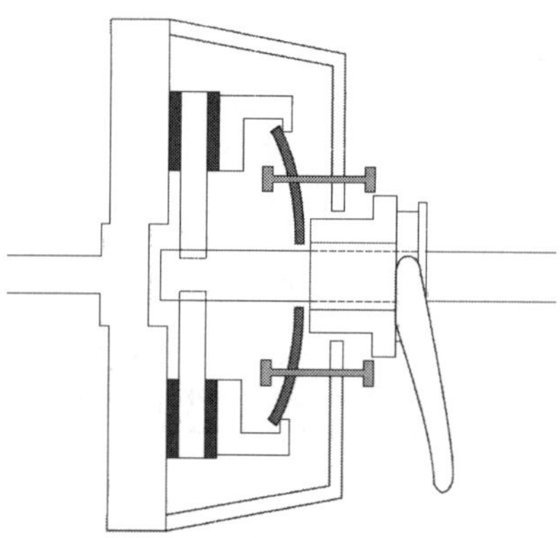

(b) 클러치부 및 클러치 연결

| 그림 11-5 |

(a) 수동변속기의 플라이 휠 및 링 기어

(b) 클러치 디스크

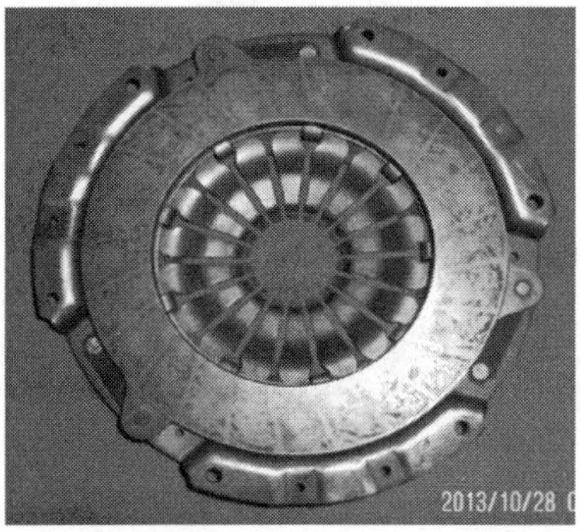

(c) 압력판과 다이어프램스프링

(d) 압력판과 다이어프램 스프링

(e) 릴리스 베어링

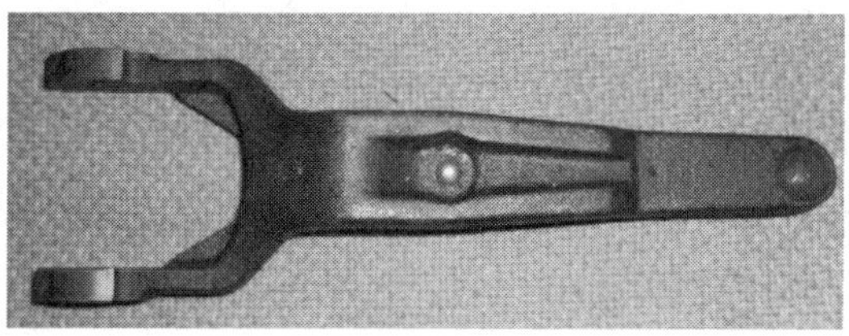

(f) 릴리스 포크

| 사진 11-1 |

사진 11-1(b)와 같이 클러치 디스크는 중심부에 설치된 스플라인으로 변속기 입력축에 설치되며 압력판에 의해 축 방향으로 이동이 가능하여 플라이휠과 밀착될 때 디스크에 설치된 마찰재의 마찰력에 의해 동력을 전달한다. 반대로 밀착되는 힘이 사라질 때 동력은 차단된다. 클러치 디스크의 마찰재(라이닝)와 허브의 스플라인 사이는 클러치 댐퍼 유닛이며 이는 엔진에 의해 발생하는 비틀림 진동을 흡수하기 위해 몇 개의 코일 스프링(또는 댐퍼 스프링, damper spring)으로 구성된다. 클러치 디스

크 양면의 마찰재에 있는 홈은 클러치가 연결될 때 플라이휠과 압력판에 라이닝이 고착되는 것을 방지한다.

다이어프램(diaphragm) 스프링의 작용에 의해 압력판(pressure plate)은 클러치판을 플라이휠에 완전히 밀착시켜 동력을 전달하거나 밀착작용을 해제하여 동력을 차단하는 역할을 한다. 사진 11-1(c) 및 (d)와 같이 클러치 커버 내부에 다이어프램 스프링과 압력판이 설치되어 있다. 다이어프램스프링은 원형 디스크 형상의 스프링(접시스프링)에 몇 개의 핑거가 설치되어 있다. 다이어프램 스프링의 하중 곡선은 그림 11-6과 같다. 점A는 신품 상태의 클러치 밀착력을 나타내고 클러치의 마모에 따라 클러치 밀착력은 점B까지 상승한 후 클러치가 완전히 마모될 경우 밀착력은 다시 C까지 감소한다. 이와 같은 스프링 특성으로 클러치 수명동안 어떠한 클러치 조정장치 없이 밀착력은 최소 필요 밀착력 이상으로 유지된다. 그러나 클러치의 마모에 의해 클러치의 두께가 변하므로 클러치 페달의 유격은 변한다.

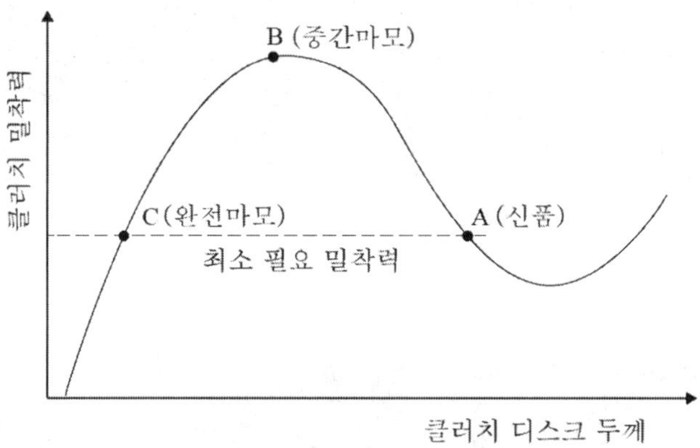

| 그림 11-6 | 다이어프램 스프링의 하중곡선

(2) 클러치 조작 기구

클러치의 조작을 위한 구성장치는 그림 11-7과 같으며 실물은 사진 11-2에 마스터 및 릴리스 실린더를 보인다. 운전자가 동력을 차단하기 위해 클러치 페달을 밟으면 마스터 실린더에서 유압이 생성되어 릴리스 실린더로 전달된다. 릴리스 실린더의 피스톤에 작용하는 유압은 릴리스 실린더의 로드를 움직여 순차적으로 릴리스 포크, 릴리스 베어링, 다이어프램 스프링으로 힘이 전달된다. 릴리스 포크는 릴리스 실린더의 유압에 의해 동작해 릴리스 베어링을 누른다. 릴리스 베어링이 다이어프램 스프링의 핑거를 누를 때 다이어프램 스프링은 변형되어 압력판을 누르는 밀착력이 사라진다. 이로 인해 플라이휠과 클러치 디스크 사이에 마찰력이 작용하지 않아 동력은 전달되지 않는다.

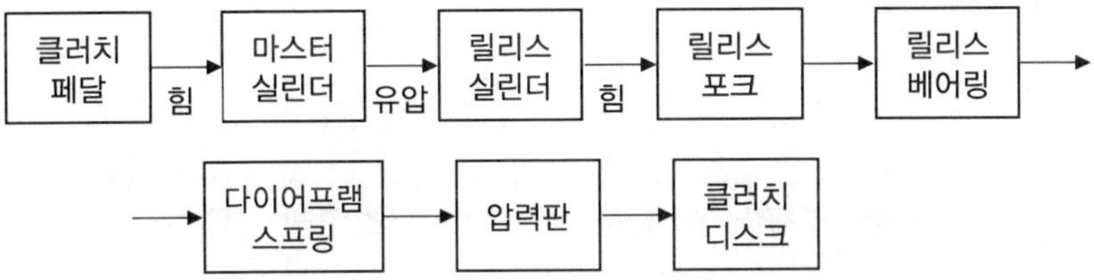

| 그림 11-7 | 클러치 페달 조작력의 전달

(a) 마스터 실린더

(b) 릴리스 실린더

| 사진 11-2 |

11-4-2 변속기

(1) 변속기 구성 및 작동

사진 11-3(a)와 (b)는 각각 축이 3개인 것과 2개인 변속기를 나타내며 2축으로 구성된 것이 원가 측면에서 유리하다. 2축 변속기의 경우 제일 오른쪽에 5단을 담당하는 기어가 사진 11-3(b)에 빠져있다.

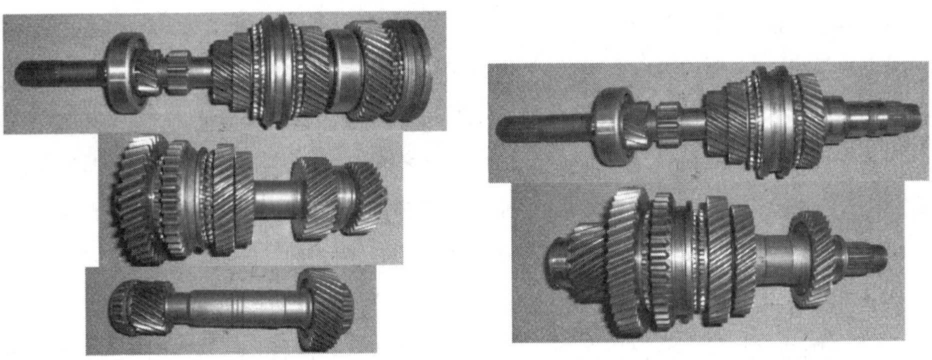

(a) 3축으로 구성된 수동변속기

(b) 2축으로 구성된 수동변속기

| 사진 11-3 |

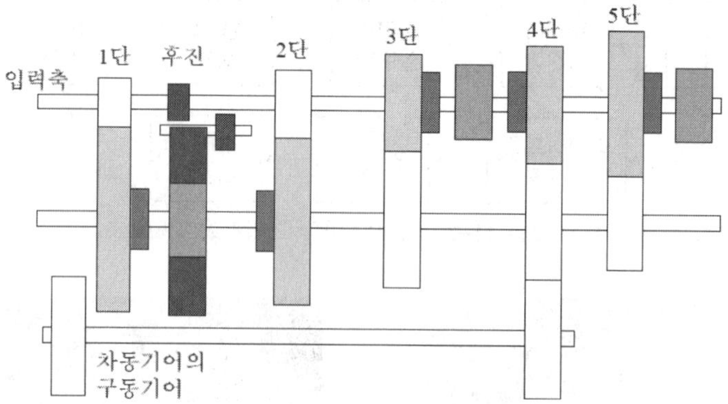

☐ 축에 고정
■ 각 단의 기어에 고정된 클러치 기어
■ 후진 평기어: 소음 발생
■ 니들베어링으로 축에 고정
■ 싱크로나이저 슬리브

| 그림 11-8 | 3축 수동변속기의 내부구조

변속기 내에서의 변속 작용을 쉽게 이해할 수 있게 사진 11-3(a)의 3축 5단 변속기를 도식적으로 그림 11-4에 나타내었다. 흰색으로 표시된 기어는 축에 일체형으로 설치되어 축과 같이 회전한다. 반면 흰색의 기어와 항상 맞물려있는 기어는 축에 니들베어링으로 고정되어 이 기어가 회전하더라도 축이 같이 회전하지 않는다. 또 이 기어에 일체로 클러치 기어가 설치되어있다. 클러치 기어의 중간(1-2단과 3-4단)과 5단 클러치 기어의 오른쪽에 위치하는 사각형은 싱크로나이저기구로 변속할 때 각단의 기어 옆에 설치된 클러치 기어에 연결된다. 싱크로나이저기구는 스플라인이 설치된 허브가 스플라인축에 설치되어 있어 서로 미끄러짐 없이 회전한다. 변속기가 중립 상태에 있을 때는 싱크로나이저기구가 어느 단의 클러치 기어에도 연결되어 있지 않기 때문에 입력축의 회전력이 차동기어의 구동기어로 전달되지 않는다. 후진 기어는 평기어로 되어 있고 나머지 기어는 모두 헬리컬 기어이기에 전진할 때보다 후진 시에 소음이 많이 발생한다.

변속기를 4단에 연결할 때 다음과 같은 동작이 발생한다. 싱크로나이저기구는 변속포크에 의해 오른 쪽으로 이동하여 4단의 클러치 기어에 연결된다. 입력축의 회전력은 먼저 싱크로나이저기구를 거쳐 4단 기어에 전달되고 이 기어에 맞물리는 하얀색 기어에 전달되어 차동기어의 구동기어로 전달된다. 후진의 경우는 입력축의 후진기어에 변속포크에 의해 아이들러 기어가 연결되고 여기에 1단과 2단을 담당하는 싱크로나이저 슬리브에 설치된 평기어가 연결되어 동력이 전달된다. 다른 변속단과는 달리 후진에는 싱크로나이저기구가 사용되지 않는다. 왜냐하면 차량이 정지한 상태에서 즉 변속기의 기어가 정지한 상태에서 변속되기 때문이다.

(2) 싱크로나이저 기구

다른 속도로 회전하는 두 기어를 연결할 경우를 생각하자. 별다른 문제없이 기어가 서로 잘 맞물릴까? 당연히 두 기어가 충돌하여 연결하기가 어려울 것이다. 이러한 어려움을 없애기 위해 고안된 장치가 싱크로나이저(synchronizer)기구로 실제 조립된 상태는 사진 11-4에 보인다. 이는 구동기어와 피동기어의 회전속도를 같게 한 후 기어가 서로 연결되도록 하는 장치이다. 이를 구성하는 5개 부품은 싱크로나이저 허브, 슬리브, 키, 스프링, 링이며 분해된 부품은 사진 11-5에 보인다.

| **사진 11-4** | 싱크로나이저 기구

(a) 싱크로나이저 허브

(a) 싱크로나이저 허브의 옆모습

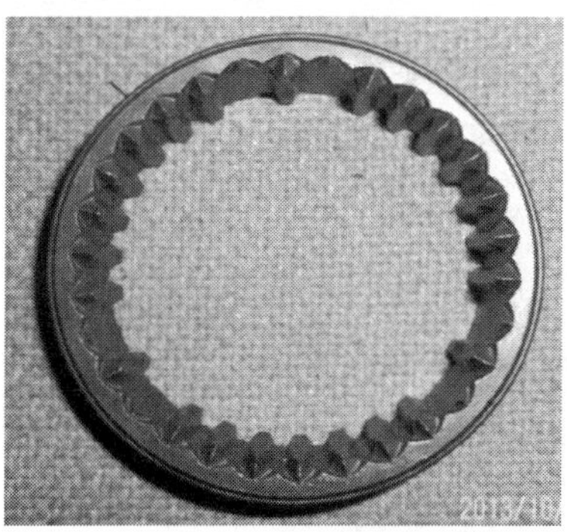

(b) 싱크로나이저 슬리브

(b) 싱크로나이저 슬리브의 옆모습

(c) 싱크로나이저 링

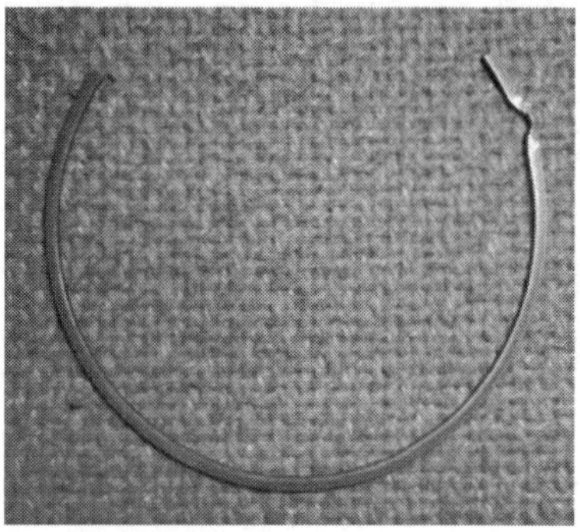

(d) 싱크로나이저 스프링

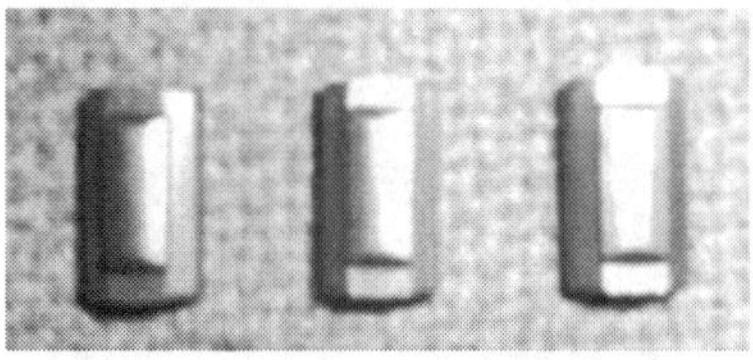

(e) 싱크로나이저 키이

| 사진 11-5 |

(3) 싱크로나이저 기구의 작동

사진 11-5(a)에 보인 것처럼 싱크로나이저 허브의 중심부는 스플라인축에 연결되어 있어 축과 항상 연결되어있다. 허브의 외부에 설치된 스플라인은 허브를 둘러싸고 있는 슬리브의 내부와 항상 연결된 상태를 유지하며 슬리브는 축 방향으로 이동이 가능하다. 운전자가 변속을 위해 변속레버를 이동하면 사진 11-6의 변속포크는 싱크로나이저 슬리브를 클러치 기어 쪽으로 이동한다. 슬리브와 허브 사이에 설치된 세 개의 키는 슬리브와 같이 움직여 링을 클러치 기어 쪽으로 민다. 사진 11-7과 같이 링 내부에 만들어진 경사면은 클러치 기어 옆에 설치된 경사면(콘 면)과 접촉한다. 이 두 경사면의 접촉에 의해 링과 클러치 기어는 같은 속도로 회전한다. 이 때 슬리브는 링을 지나 클러치 기어와 맞물려 변속이 완료된다. 이러한 동작을 그림 11-9에 간단히 나타내었다.

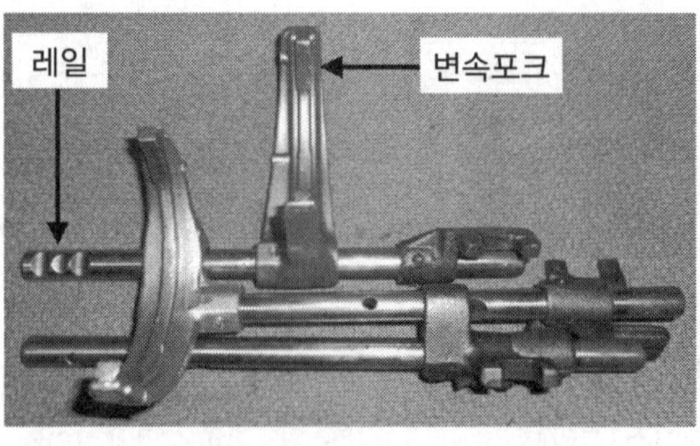

| 사진 11-6 | 변속포크와 레일

(a) 클러치 기어와 콘 경사면　　　(b) 클러치 기어와 결합된 싱크로나이저 링

| 사진 11-7 |

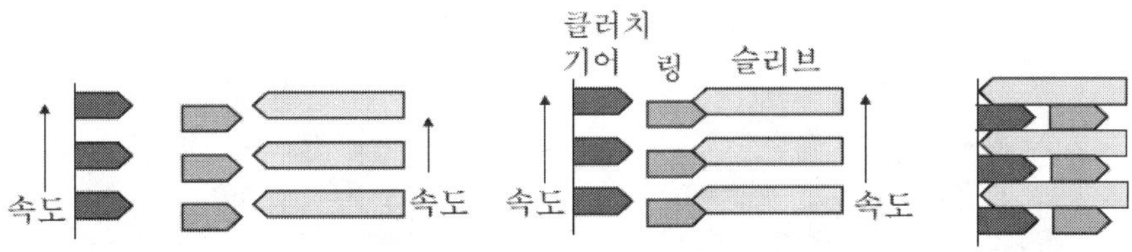

| 그림 11-9 | 싱크로나이저 기구의 동작

11-4-3 종감속기 및 차동기어

변속을 마친 회전력은 좌우측 바퀴의 회전속도를 조절하는 차동기어로 전달된다. 이때 차동기어를 구동하는 구동기어와 차동기어에 설치된 링기어의 기어비가 종 감속비이다. 사진 11-3과 그림 11-8에 표시된 변속기 마지막 축에 연결된 헬리컬 기어는 차동기어의 링기어를 구동하는 기어이다.

(1) 차동기어의 구성

사진 11-8은 차동기어의 모습으로 링기어, 2개의 피니언기어와 사이드기어, 피니언 축, 차동기어 케이스로 구성된다. 곡선 길을 주행할 경우 내륜과 외륜의 주행거리는 차이가 난다. 차동기어가 없이 하나의 축에 두 바퀴가 연결될 경우 외륜은 구르고 내륜은 미끄러져야한다. 이로 인해 내륜이 심하게 마모되거나 또는 구동축이 심하게 비틀려 부러지는 문제가 발생된다. 내외륜의 주행거리 차이를 피니언 기어가 자전함으로써 보정해주는 장치가 차동기어(differential gear)이다. 사이드 기어의 내부에는 스플라인이 만들어져 있고 여기에 구동축이 연결된다. 사진 11-9에 피니언 및 사이드 기어의 모습과 사이드 기어에 연결되는 구동축의 형상을 보인다.

| 사진 11-8 | 차동기어의 구성

(a) 차동기어의 구성품인 피니언 기어

(b) 차동기어의 구성품인 사이드 기어

(c) 사이드 기어와 연결되는 구동축

| 사진 11-9 |

(2) 차동기어의 작동

1) 직선로 주행

직선로를 주행할 경우 양쪽 바퀴에 걸리는 저항은 동일하다. 이 저항은 사이드 기어를 거쳐 피니언 기어에 작용한다. 그림 11-10은 피니언 기어의 자유물체도를 나타낸 것으로 피니언 기어에 작용하는 회전력은 없다. 따라서 피니언 기어는 자신의 축을 중심으로 회전(자전)하지 않고 차동기어 케이스와 함께 사이드 기어 위를 회전(공전)만 한다. 이 작용으로 양쪽의 사이드 기어는 같은 속도로 회전한다.

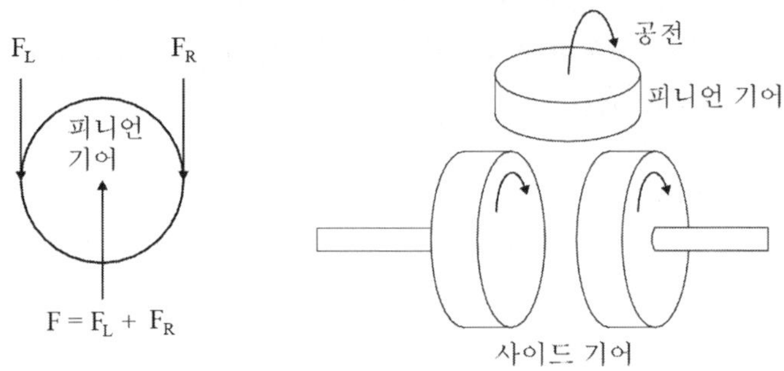

| 그림 11-10 | 직선로 주행시의 차동기어

2) 곡선로 주행

차량이 좌회전을 할 때 차량의 내륜의 조향각은 외륜의 그것보다 크다. 좌측 바퀴에 작용하는 저항력이 우측 바퀴보다 크다. 그림 11-11에 피니언 기어의 자유물체도를 보인다. 피니언 기어의 중심에서 모멘트에 의해 각가속도가 생기며 그 관계는 다음과 같다.

$$\Sigma M = r_p(F_L - F_R) = J_p \alpha_p \quad (11\text{-}17)$$

각가속도가 존재하여 피니언 기어는 반시계방향으로 자전하여 왼쪽 사이드 기어는 감속되고 오른쪽 사이드 기어는 가속된다.

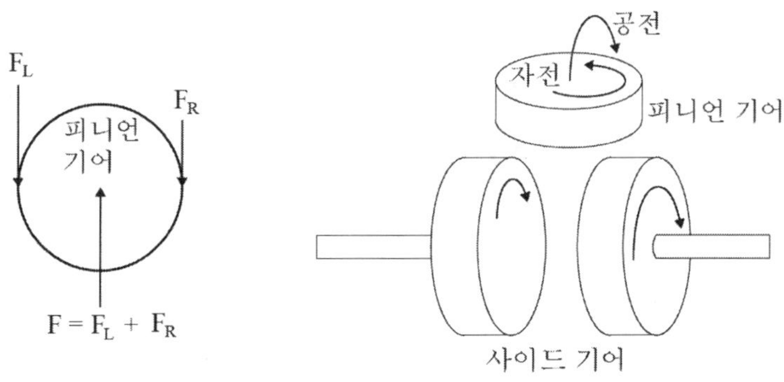

| 그림 11-11 | 곡선로 주행시의 차동기어

11-4-4 축이음

회전하는 두 축을 연결할 때 사용되는 기계요소를 축이음이라 한다. 전륜구동 자동차의 경우 차동기어의 사이드기어와 바퀴 사이에 축이음이 필요하고 후륜구동 자동차의 경우 변속기의 출력축과 차동기어 사이 그리고 차동기어와 바퀴 사이에 축이음이 필요하다. 다음은 자동차에 사용되는 대표적인 축이음인 유니버설 조인트와 등속 조인트에 대해 설명한다.

(1) 유니버설 조인트

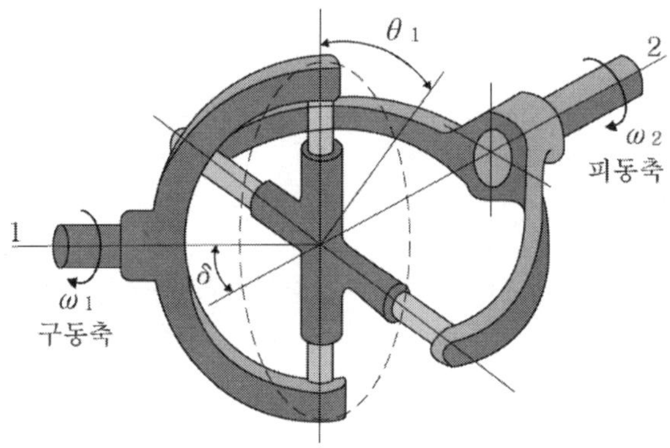

| 그림 11-12 | 유니버설 조인트

그림 11-12에 보이는 유니버설 조인트(universal joint)의 구동축과 피동축의 각속도를 각각 ω_1과 ω_2라면 이들의 비는

$$\frac{\omega_2}{\omega_1} = \frac{1-\sin^2\theta_2 \sin^2\delta}{\cos\delta} \quad \text{또는} \quad \frac{\omega_2}{\omega_1} = \frac{\cos\delta}{1-\sin^2\delta\cos^2\theta_1} \tag{11-18}$$

이다. δ는 두 축의 교차각이고 θ_1과 θ_2는 구동축과 피동축의 회전각이다. 출력축의 각속도의 최댓값과 최솟값은 각각 $1/\cos\delta$와 $\cos\delta$이고 피동축의 회전각도가 0° 및 90^o일 때 발생한다. 그림 11-13에 두 축의 교차각과 구동축의 회전각에 따라 피동축의 각속도를 rpm으로 나타내었으며 구동축의 회전수는 1,000rpm의 정속 상태이다. 피동축의 각속도는 구동축의 회전각도에 따라 정현파의 형태를 띠며 두 축의 교차각이 증가함에 따라 피동축의 각속도의 변동 폭은 증가한다. 두 축의 교차각이 0^o이면 두 축은 항상 동일한 각속도로 회전한다. 두 축의 각가속도(α) 관계는 다음과 같다.

$$\alpha_2 = \frac{\alpha_1\cos\delta}{1-\sin^2\delta\cos^2\theta_1} - \frac{\omega_1^2\cos\delta\sin^2\delta\sin 2\theta_1}{(1-\sin^2\delta\cos^2\theta_1)^2} \tag{11-19}$$

구동축(아래 첨자 1)이 일정한 각속도로 회전하더라도 피동축(아래 첨자 2)의 각가속도는 0^o부터 90^o간격으로 감속 및 가속을 반복한다. 운전자가 정속 주행을 원해 구동축을 정속으로 유지해도 피동축은 주기적으로 가감속한다. 그림 11-13에서 알 수 있듯이 유니버설 조인트는 두 축의 교차각이 작을 때는 피동축의 각속도 변동폭이 작다. 따라서 후륜구동 승용차의 경우 변속기 출력축과 차동기어 입력축의 거리가 멀어 두 축의 교차각이 작아 여기에 유니버설 조인트가 사용된다.

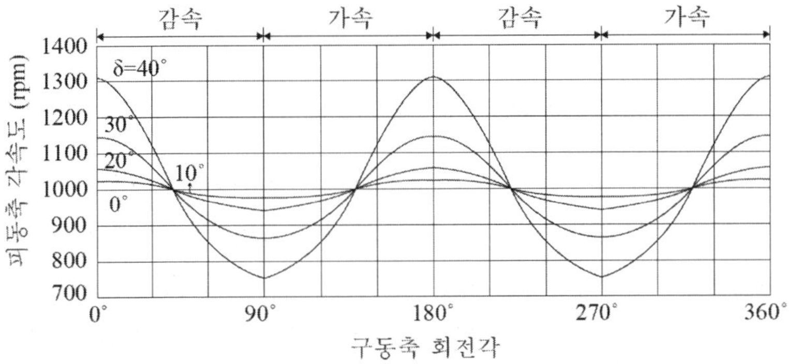

| 그림 11-13 | 두 축의 교차각에 따른 피동축의 각속도 변화

2) 등속조인트

전륜구동 승용차의 경우 엔진에서 발생된 구동력은 변속기를 지난 후 차동기어의 사이드기어를 거쳐 바퀴로 전달된다. 사이드기어와 바퀴의 중심선은 항상 일치할까? 당연히 일치하지 않는다. 최대로 조향을 할 때 바퀴는 최대 약 40^o정도 회전하므로 두 축의 중심선은 이 각도만큼 어긋난다. 또 조향을 하지 않더라도 바퀴가 과속 방지턱 위를 지날 때 또는 엔진이 진동에 의해 상하로 움직일 때도 두 축의 중심선은 어긋난다. 약 40°정도 어긋나는 두 축을 연결하기 위해 위에 보인 유니버설 조인트로는 피동축이 운전자의 의지와 상관없이 가감속을 반복하는 문제가 발생한다. 두 축의 교차각에 관계없이 항상 구동축과 피동축의 각속도가 동일하도록 하는 축이음을 등속조인트(CV joint, constant velocity joint)라 한다.

그림 11-14에 보인 것과 같이 구를 매개로 동력을 전달하는 경우 구동축(아래 첨자 1)과 피동축(아래 첨자 2)의 각속도는 다음 관계를 갖는다.

$$\frac{\omega_2}{\omega_1} = \frac{a^2\sin^2\theta + b^2\cos^2\theta}{ab} \tag{11-20}$$

여기서 θ는 피동축의 회전각이다. a와b는 구동축과 피동축의 중심선에서 구까지의 거리로 식 (11-20)에서 $a=b$이면 구동축과 피동축의 각속도는 항상 같다. 즉

구가 구동면과 피동면이 이루는 각도를 이등분하는 평면에 항상 존재하면 구동축과 피동축의 속도는 동일하다. 이것이 바로 등속 조인트의 원리이다.

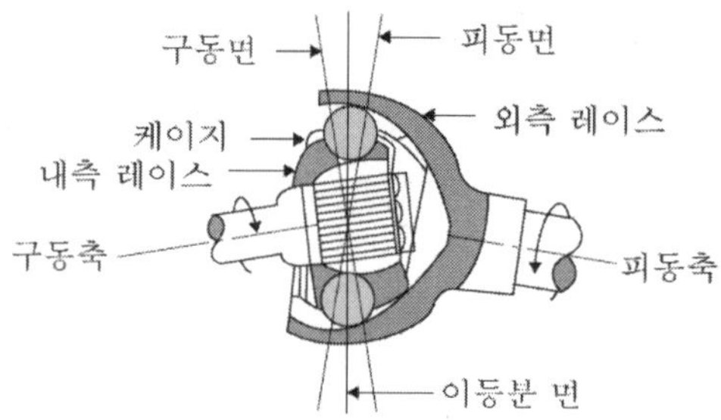

| **그림 11-14** | 등속 조인트의 원리

전륜구동 차량 1대에 사용되는 등속조인트는 그림 11-3과 같이 총 4개로 변속기로부터 차륜에 엔진의 구동력을 전달하는 부품으로써 변속기 측에 사용되는 플런지형(plunge type) 등속조인트와 차륜 측에 사용되는 고정형(fixed type) 등속조인트로 구성된다. 플런지형은 축 방향으로 길이변화가 가능하나 고정형은 길이변화가 없다. 바퀴 측에 연결되는 등속조인트는 조향장치와 현가장치 때문에 축의 교차각도가 크고 축방향의 길이변화가 없는 birfield 조인트가 사용된다. 반면 변속기 측에는 축 교차 각도가 작고 길이 변화가 가능한 6개의 볼로 구성된 double offset 조인트나 3개의 구면 롤러로 구성된 tripod 조인트가 사용된다. 사진 11-10에 이들의 모습을 보인다. double offset 조인트는 birfield 조인트와 유사하며 길이 변화를 위해 외측 레이스의 내부에 긴 홈이 설치되어 있다. Tripod 조인트 역시 외측 레이스 내부에 긴 홈이 있어 고정형 보다 길이가 길다.

(a) Birfield 등속 조인트

(b) Double offset 등속 조인트

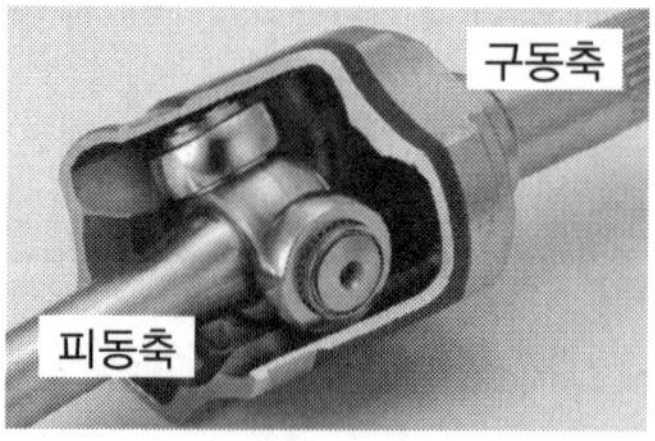

(c) Tripod 등속 조인트

| **사진 11-10** |

11-4-5 구동축

구동축은 차동기어의 좌우 사이드 기어로부터 구동 바퀴에 동력을 전달하기 위한 축으로 축의 양쪽 끝에는 등속조인트가 연결된다. 전륜 구동형 승용차의 경우 엔진 및 변속기의 배치에 의해 사진 11-11과 같이 좌우 구동축의 길이는 같지 않으며 동일한 회전력을 전달하기 위해서는 긴 축은 굵고 짧은 축은 가늘다. 승용차의 경량화 추세는 구동축의 직경을 감소시켰고 이에 따른 축의 굽힘 진동 모드를 제어하는 것이 불가피하게 되었다. 문제되는 부위의 특정 주파수 진동을 직접 흡수할 수 있는 능력을 가진 것이 동흡진기(dynamic vibration absorber)로 사진 11-11의 축 중간 부분에 설치된 것이며 이를 간단히 댐퍼라 부르기도 한다.

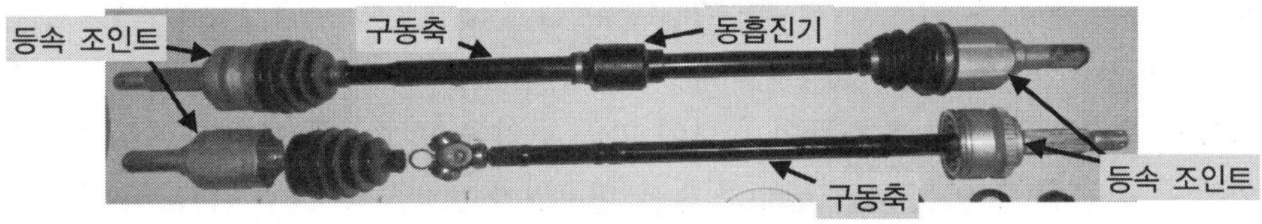

| 사진 11-11 | 좌우 2개의 구동축과 동흡진기

11-4-6 속도계

차량의 속도를 운전자에게 알리기 위해 사용하는 속도계는 사진 11-12와 같이 차동기어 케이스의 회전수를 플라스틱 기어로 측정하여 차량의 속도로 변환한다.

| 사진 11-12 | 속도계 피동 기어

11-5 심화내용

11-5-1 변속기의 변속 단수 및 무단변속기

과거 수동변속기의 변속 단수는 전진 4단에서 5단으로 진화되어왔으며 지금도 단수를 증가시키려고 노력하고 있다. 그림 11-15와 같이 엔진의 연비 맵은 엔진 회전수와 엔진 토크를 각각 가로축과 세로축으로 하고 등고선과 같이 동일한 연비의 점들을 연결한 선으로 표시한 것이다. 제일 내측의 원 내부의 영역에서 연비가 가장 좋고 이로부터 멀어질수록 연비는 나빠진다. 그림 11-15에 어떤 속도 v_i로 정속주행하기 위해 필요한 엔진의 토크와 회전수를 연결한 점선을 보인다. 100kph의 정속으로 주행하기 위해 그림 11-15에서와 같이 3단, 4단 및 5단으로 주행 가능하지만 5단은 3단과 4단의 경우에 비해 엔진의 회전수가 낮아 소음이 적게 발생하며 연비가 좋은 쪽에서 운전된다. 따라서 차량의 속도에 따라 다양한 변속비를 선택해 차량의 연비와 소음을 줄일 수 있는 변속 단수가 많은 변속기가 필요하다. 그림 11-15와 같이 속도 v_1, v_2, v_3, v_4에 대해 최적의 연비는 각각 점 A, B, C, D에서 발생하며 모든 속도에 대해 항상 최적의 연비곡선을 추종하기 위해서는 무수히 많은 변속단이 필요하다. 이를 구현한 장치가 바로 무단변속기(CVT, continuously variable transmission)이다.

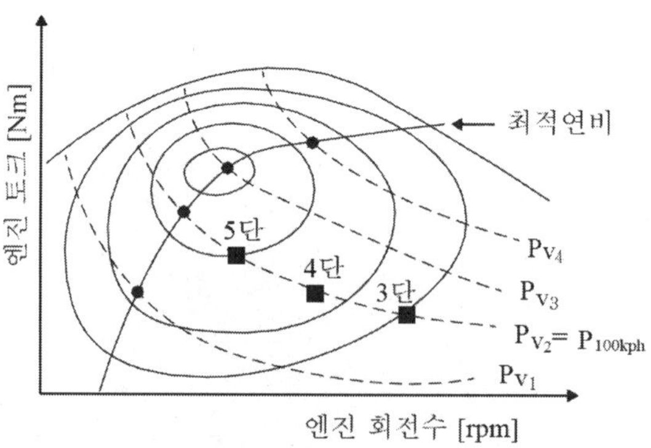

| 그림 11-15 | 엔진의 연비 맵과 변속단

11-5-2 클러치 디스크에 의해 전달되는 회전력

압력판에 의해 마찰재에 균일한 압력 p를 발생시키기 위한 힘 F는 다이어프램 스프링이 제공한다. 마찰재의 내측 및 외측 반지름을 각각 r_i와 r_o라 하면 힘 F는

$$F = \int_{r_i}^{r_o} p \times 2\pi r dr = \pi (r_o^2 - r_i^2) p \tag{11-21}$$

이 된다. 플라이휠과 마찰재 사이의 마찰계수를 μ라 하면 그림 11-6의 원형 띠에 작용하는 힘 dF에 의해 전달되는 토크 dT는

$$dT = r \times \mu dF = r \times \mu p 2\pi r dr \tag{11-22}$$

이 되며 이를 적분하여 플라이휠과 클러치 디스크를 통해 전달되는 토크 T는 다음과 같이 계산된다.

$$T = \int_{r_i}^{r_o} \mu p 2\pi r^2 dr = \frac{2}{3}\pi \mu p (r_o^3 - r_i^3) \tag{11-23}$$

힘 F를 이용해 나타내면 토크는

$$T = \frac{2}{3}\frac{r_o^3 - r_i^3}{r_o^2 - r_i^2}\mu F \tag{11-24}$$

이 된다.

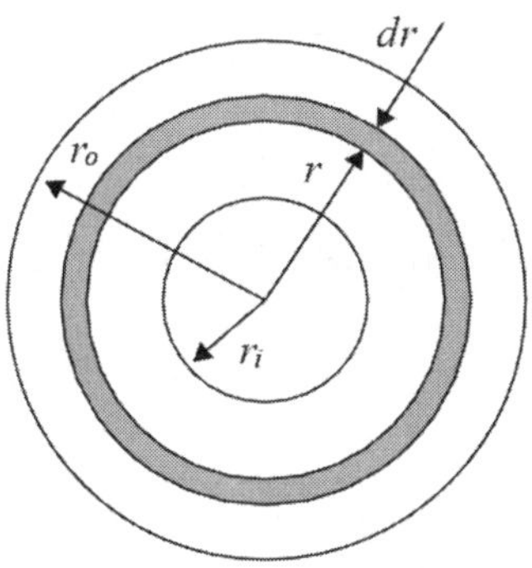

| 그림 11-16 | 클러치의 회전력 전달

11-5-3 차동기어의 회전속도

구동륜의 좌우측 바퀴의 회전속도 사이에는 어떠한 관계가 있는지 살펴보자. 그림 11-17은 차동기어를 간단히 표시한 것으로 피니언 기어, 사이드 기어 그리고 사이드 기어에 연결된 구동축을 보인다. 차동기어의 A점과 B점의 속도는 사이드 기어의 회전속도나 피니언 기어의 공전 및 자전속도를 이용하여 나타낼 수 있다. A점과 B점의 속도 v_A와 v_B 각각 링기어와 피니언 기어의 각속도 그리고 거리로부터 다음과 같은 관계를 갖는다.

$$v_A = r_s\omega_r - r_p\omega_p = r_s\omega_L,$$
$$v_B = r_s\omega_r + r_p\omega_p = r_s\omega_R \qquad (11\text{-}25)$$

여기서 아래첨자 r, p, s, L, R은 각각 링 기어, 피니언 기어, 사이드 기어, 좌측 및 우측 구동축을 뜻하고 ω와 r는 각속도와 회전 반지름을 나타낸다. 식 (11-25)의 두식을 연립하면 링 기어의 회전 속도는 좌측 및 우측 구동축의 회전 속도의 평균값이다.

$$\omega_r = \frac{\omega_L + \omega_R}{2} \qquad (11\text{-}26)$$

링 기어의 회전속도가 일정하게 유지될 때 식 (11-26)을 미분하면

$$\Delta\omega_L + \Delta\omega_R = 0 \qquad (11\text{-}27)$$

관계를 얻는다. 이는 한쪽이 가속되는 만큼 다른 쪽은 감속되는 것을 의미한다. 식 (11-26)을 식 (11-25)에 대입하면 피니언 기어의 자전속도는 다음과 같다.

$$\omega_p = \frac{r_s(\omega_R - \omega_L)}{2r_p} \qquad (11\text{-}28)$$

피니언 기어의 공전속도는 링 기어와 같이 회전하는 케이스에 피니언 기어의 축이 설치되어 있으므로 링 기어의 회전속도와 같다.

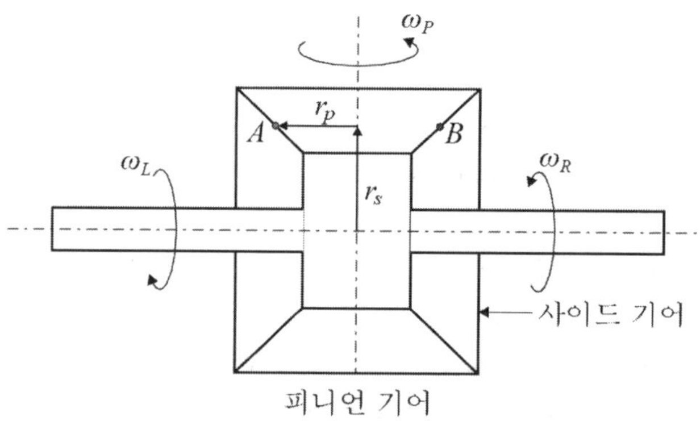

| 그림 11-17 | 차동기어의 원리

11-5-4 DCT(dual clutch transmission)

DCT는 semi-automatic transmission, clutchless manual transmission, automated manual transmission 등의 이름으로 알려져 있다. DCT는 가속 페달과 브레이크 페달의 두 개의 페달로 구성되어 자동변속기와 동일하고 변속기의 구조는 수동변속기에 기반을

두고 있다. 유압과 전자제어로 클러치를 제어하므로 클러치 페달이 필요 없으므로 자동변속기의 편리함과 수동변속기의 연비와 동력성능의 장점을 추구한다. 기존 수동변속기의 클러치는 1개인데 반해 DCT(dual clutch transmission)는 이름이 뜻하는 바와 같이 2개의 클러치를 이용한다. 클러치는 클러치의 크기를 줄이기 위해 자동변속기에 사용되는 다판 클러치를 사용한다. 하나의 클러치는 홀수 단을 다른 하나는 짝수 단을 위해 동력을 연결하고 차단한다. 1단에 연결되어 차량이 주행하고 있을 경우 홀수 단을 담당하는 클러치는 연결되어 있다. 이 때 2단 기어는 수동변속기의 동기기구(싱크로나이저)와 같은 장치로 연결되어 있지만 이를 담당하는 클러치만 차단되어 있다. 2단으로 변속할 경우 기존 수동변속기의 클러치를 차단한 후 동기기구를 연결하기 위한 동작은 필요 없이 1단 클러치만 해제하고 2단 클러치를 연결하면 2단 변속이 완성된다. 이러한 동작 메커니즘에 의해 기존 수동변속기에서 발생하는 변속시 쇼크는 DCT에서 발생하지 않는다.

11-6 예제

11-6-1 수동 변속기

예제 다음은 5단 수동변속기의 각단의 변속비를 보여준다.

1. 각 단에서 바퀴에 전달되는 회전력은 엔진 회전력보다 얼마나 증대되나?
2. 차량이 100kph로 주행할 때 바퀴 및 엔진의 rpm을 계산하시오. 단, 이때 변속기는 5단이 사용된다.

1단	2단	3단	4단	5단	후진	종 감속비
3.363	1.947	1.285	0.939	0.756	3.083	4.322

풀이

1. 바퀴에 전달되는 회전력은 엔진회전력에 기어비와 종감속비를 곱한 값이다. 1단일 경우 $3.363 \times 4.322 = 14.535$배의 회전력이 바퀴로 전달된다. 나머지 변속단에서 동일한 방법으로 계산된다.
2. 타이어 P205/60 HR15를 장착한 승용차의 타이어의 반경은 다음과 같이 계산된다. 자세한 내용은 타이어에 대한 설명을 참고하기 바란다.
   $(15 \times 2.54 + 20.5 \times 0.6 \times 2)/2 = 31.35cm$
   차량의 속도와 바퀴의 회전속도 관계식에 속도와 타이어 반지름을 대입하면 바퀴의 회전속도는
   $N_w = 1000 \times 100/(2\pi \times 0.3135 \times 60) = 847rpm$

이다. 변속기가 5단에 연결되어 있기에 총감속비는 $0.756 \times 4.322 = 3.267$ 이므로 엔진 회전수는

$N_{eng} = 3.267 \times 847 = 2,767rpm$

이다.

11-6-2 차동기어

예제 $Z_s = 14$, $Z_p = 10$, $\omega_r = 1,000rpm$, $\omega_R = 1,100rpm$일 때 좌측 구동축의 회전수와 피니언 기어의 자전속도를 구하시오. 단, 아래첨자 r, p, s, L, R은 각각 링기어, 피니언 기어, 사이드 기어, 좌측 및 우측 구동축을 나타내고 Z는 기어의 이수를 나타낸다.

풀이 좌측 및 우측 구동축의 평균 회전속도는 링 기어의 회전속도이므로 좌측 구동축의 회전속도는

$\omega_L = 900rpm$

이다. 피니언 기어의 자전속도는 식 (11-28)으로부터

$\omega_p = 140rpm$

이다.

CHAPTER

12 자동변속기

12-1 목적

국내 차량의 경우 자동 변속기(A/T, automatic transmission)에 8단을 장착한 차량도 있다. 변속단이 많을수록 이해하기 복잡하고 어렵다. 처음 자동변속기를 공부하는 사람은 간단한 변속기를 이용하여 기본 원리를 파악하는 것이 좋은 출발점이다. 따라서 본 장에서는 국내에서 많이 판매된 차량에 장착된 4단 자동변속기를 이용하여 기본 원리를 설명한다. 자동변속기는 변속기 자체의 목적을 지니며 처음에는 장애인을 위해 개발되었으나 지금은 편리함 때문에 대부분의 운전자들이 이를 선호한다.

12-2 자동변속기 구성

자동변속기를 구성하는 부품을 크게 토크 컨버터, 변속부, 유압제어기구 및 전자제어장치로 나눌 수 있다.

12-2-1 토크 컨버터

사진 12-1의 토크 컨버터(torque converter)는 엔진의 크랭크축과 변속부 사이에 설치되어 동력을 전달 또는 차단한다. 수동변속기의 경우 클러치에 의해 동력이 차단되나 토크 컨버터는 유체의 슬립 작용으로 동력을 차단한다. 자동변속기 차량은 토크 컨버터의 토크 증폭작용에 의해 차량의 저속 발진성이 좋으나 고속에서 유체의 슬립 때문에 동력 전달효율이 낮아 연비가 나쁜 단점을 지니고 있다.

토크 컨버터는 그림 12-1과 같이 하나의 케이스 내에 임펠러(impeller), 터빈(turbine)

및 스테이터(stator)의 세 가지 요소로 구성된다. 크랭크축과 토크 컨버터의 프런트 커버(front cover)는 체결되고 임펠러는 프런트 커버와 직접 연결되어 있다. 서로 마주하고 있는 터빈과 임펠러는 많은 날개를 갖고 있으며 그 방향은 서로 반대이다. 엔진의 회전력은 임펠러와 터빈을 거쳐 터빈의 축으로부터 변속부로 전달된다. 스테이터는 외부 하우징과 원웨이 클러치(one-way clutch)로 연결되어 임펠러의 회전을 돕도록 터빈에서 나오는 유체의 흐름 방향을 바꾸어 토크 증대를 할 수 있게 하는 역할을 한다. 사진 12-1의 토크 컨버터를 분해한 각 구성품의 모습은 사진 12-2에 보인다.

| **사진 12-1** | 토크 컨버터

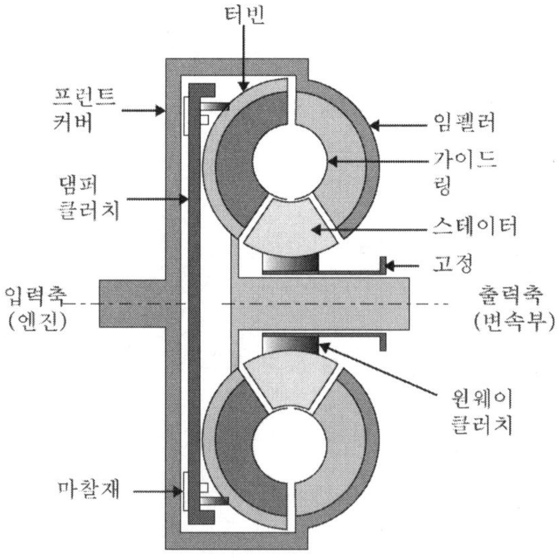

| **그림 12-1** | 토크 컨버터의 구조

1) 펌프(또는 임펠러)

임펠러는 엔진의 크랭크축 회전력이 프런트 커버를 거쳐 전달되어 회전하며 임펠러 내의 유체(자동변속기 오일, automatic transmission oil, ATF)는 원심력을 받아 바깥쪽으로 흘러 터빈 쪽으로 흐른다. 즉 엔진으로부터 임펠러로 들어오는 일은 유체의 운동에너지로 변환된다. 사진 12-2(b)의 프런트 커버에 설치된 기어는 링 기어로 엔진 시동시 시동모터의 피니언 기어가 연결되며 프런트 커버 부분은 수동 변속기의 플라이휠 역할을 한다. 사진 12-2(c)의 임펠러의 축 부분에 만들어진 직선 부분은 자동변속기의 오일 펌프를 구동하는 부분으로 엔진이 회전하면 항상 임펠러가 회전하므로 오일 펌프 역시 항상 구동된다.

2) 터빈

터빈은 임펠러에서 나오는 유체의 운동에너지를 터빈이 장착된 축의 회전 운동으로 변환하여 변속부로 공급하는 역할을 한다. 변속을 위한 변속부의 입력축은 사진 12-2(e)와 (f)의 터빈의 중심부 허브에 스플라인으로 연결된다.

3) 스테이터(리엑터)

스테이터는 임펠러와 터빈 사이에 설치되고 변속기 케이스에 고정된 축에 원웨이 클러치로 설치된다. 이는 터빈을 빠져나온 유체를 임펠러 회전방향에 유리하게 흐르도록 유동방향을 변환하여 토크를 증폭하는 역할을 한다.

4) 원웨이 클러치(one way clutch)

원웨이 클러치는 터빈의 회전속도에 따라 스테이터를 고정 또는 회전시키는 장치로 터빈을 나온 유체가 임펠러로 유입될 때 유동 방향에 영향을 준다. 사진 12-2(i)는 스테이터와 원웨이 클러치의 모습이다.

5) 댐퍼클러치

댐퍼클러치(damper clutch) 또는 록업 클러치(lock-up clutch)는 유체의 미끄럼(slip)에 의한 동력전달 손실을 줄이기 위해 엔진 회전력을 직접 터빈에 전달하는 장치로 연비를 향상하는 것이 목적이다. 댐퍼클러치는 터빈과 프런트 커버 사이에 설치된 것으로 댐퍼클러치의 피스톤은 사진 12-2(g)와 같다. 사진 12-2(f)의 터빈에 설치된 돌기부분과 사진 12-2(g)의 댐퍼클러치의 원주에 설치된 홈이 연결되어 있으며 댐퍼 클러치가 작동하는 영역에 도달하면 TCU에 의해 DCCSV(damper clutch control solenoid valve)는 작동된다. 이에 의해 그림 12-1의 터빈과 댐퍼클러치 피스톤 사이에 유압이 가해지면 댐퍼클러치는 프런트 커버 쪽으로 압력을 받아 이동하여 댐퍼클러치의 원주에 설치된 마찰재와 프런트 커버는 수동변속기의 클러치처럼 직결된다. 이때 토크 컨버터는 입력축 및 출력축이 기계적으로 연결되어 동력을 전달하므로 유체의 미끄럼에 의한 손실이 발생하지 않아 전달효율이 좋아져 연비가 향상된다. 댐퍼클러치에 장착된 댐퍼스프링은 댐퍼클러치가 연결될 때 발생하는 비틀림을 흡수하여 쇼크 발생을 방지한다. 이는 수동변속기의 클러치 디스크에 있는 댐퍼스프링과 같은 역할을 한다.

(a) 프런트 커버

(b) 프런트 커버

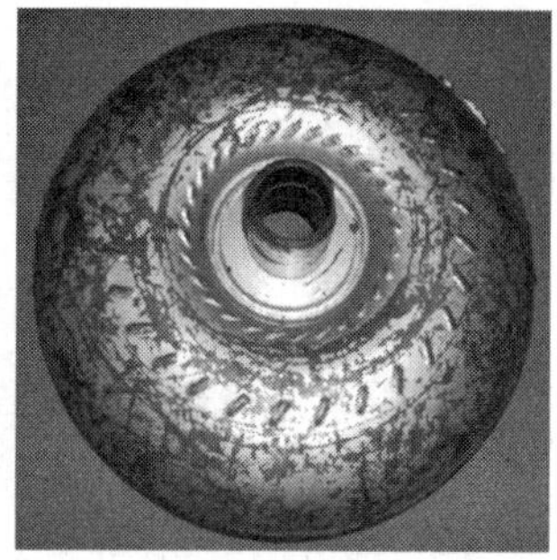
(c) 임펠러

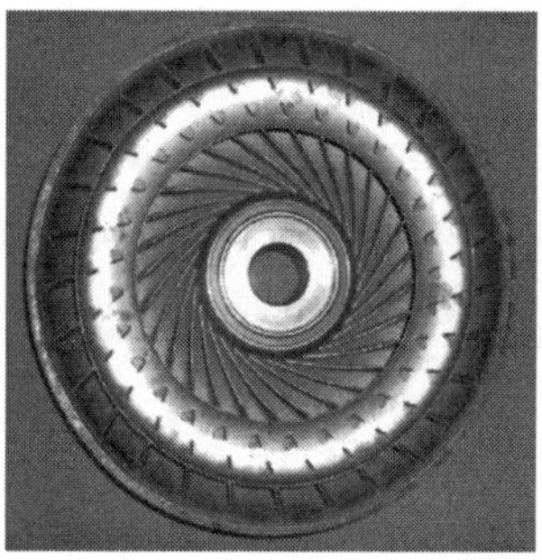
(d) 임펠러

(e) 터빈

(f) 터빈

(g) 댐퍼클러치

(h) 댐퍼클러치

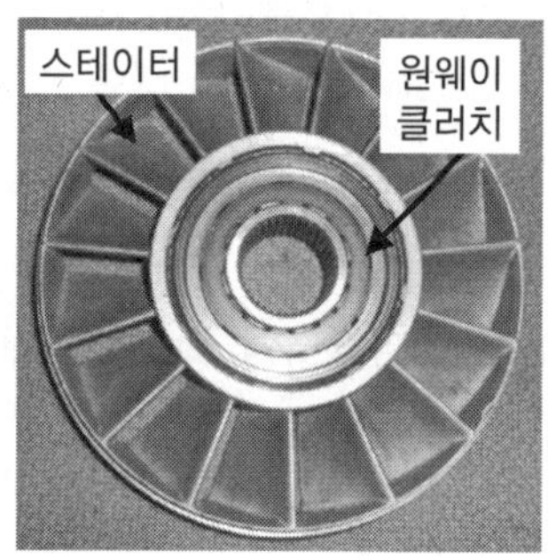

(i) 스테이터 및 원웨이 클러치

| 사진 12-2 |

12-2-2 변속부

수동변속기는 입력축 및 출력축에 설치된 두 개의 기어를 연결함으로써 원하는 변속비를 얻는다. 자동변속기의 변속비는 수동변속기 보다 복잡한 장치에 의해 결정된다. 변속부를 구성하고 있는 대표적인 요소는 클러치, 브레이크 및 유성기어로 이를 도식적으로 나타낸 것이 그림 12-2이다. 클러치류는 프런트 클러치(front clutch, FC),

리어 클러치(rear clutch, RC), 엔드 클러치(end clutch, EC) 그리고 원웨치 클러치(one way clutch, OWC)로 구성되고 브레이크류는 킥 다운 밴드 브레이크(K/D band brake)와 로우 리버스 브레이크(low & reverse brake)로 구성된다. 마지막으로 유성기어(planetary gear)는 포워드 선 기어(forward sun gear, FSG), 리버스 선 기어(reverse sun gear, RSG), 쇼트 피니언(short pinion, SP), 롱 피니언(long pinion, LP) 그리고 링 기어(ring gear, RG)로 구성되어 있다. 사진 12-3에 자동변속기의 변속부의 모습을 나타내었다.

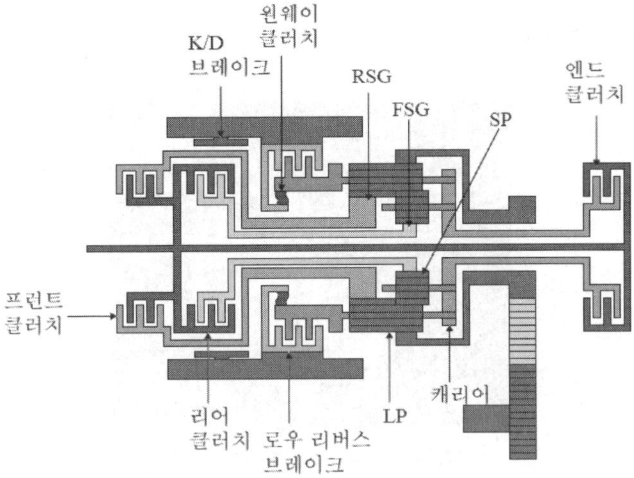

| 그림 12-2 | 자동변속기의 변속부의 구성

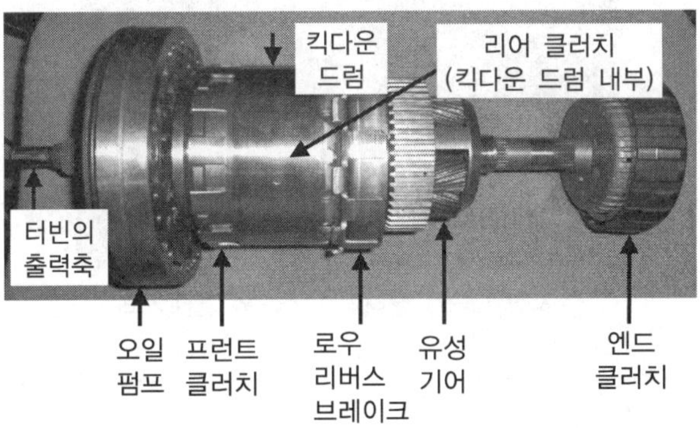

| 사진 12-3 | 자동변속기의 변속부

(1) 클러치 류

1) 다판 클러치의 구조 및 작동원리

프런트 클러치, 리어 클러치 그리고 엔드 클러치는 모두 다판 클러치로 기본적인 구조와 작동원리는 다음과 같다. 다판 클러치는 사진 12-4와 같이 클러치 리테이너와 허브 그리고 그 내부에 여러 개의 클러치 디스크와 클러치 플레이트 그리고 이들을 연결 및 차단하는 피스톤과 스프링이 설치되어 있다. 사진 12-5와 같이 마찰재가 붙은 클러치 디스크는 클러치 플레이트 사이에 위치하고 클러치 디스크의 내부에 설치된 돌기는 클러치 허브와 결합되어 있다. 클러치 플레이트의 외부에 설치된 돌기는 클러치 리테이너와 연결되어 있다. 유압이 클러치 내부에 설치된 피스톤에 작용하면 그림 12-3(b)와 같이 피스톤이 클러치 디스크와 클러치 플레이트를 밀착시켜 서로 연결시킴으로써 클러치 허브와 클러치 리테이너는 서로 연결된다. 또 유압이 제거되면 클러치 내의 스프링의 복원력에 의해 피스톤은 그림 12-3(a)와 같이 좌측으로 이동하여 클러치 디스크와 클러치 플레이트 사이에 마찰력이 작용하지 않아 클러치는 차단된다.

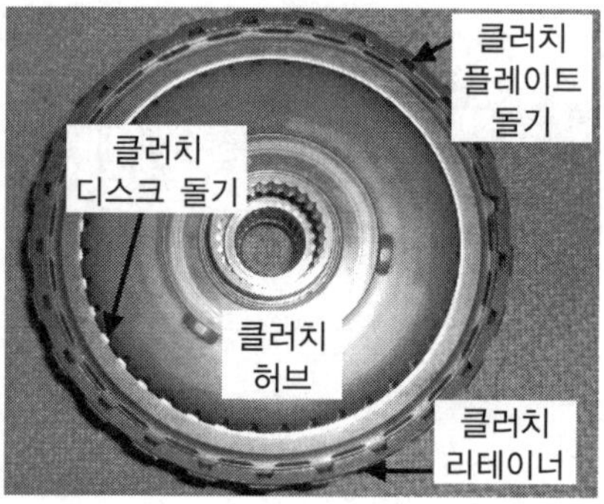

| **사진 12-4** | 다판 클러치의 모습

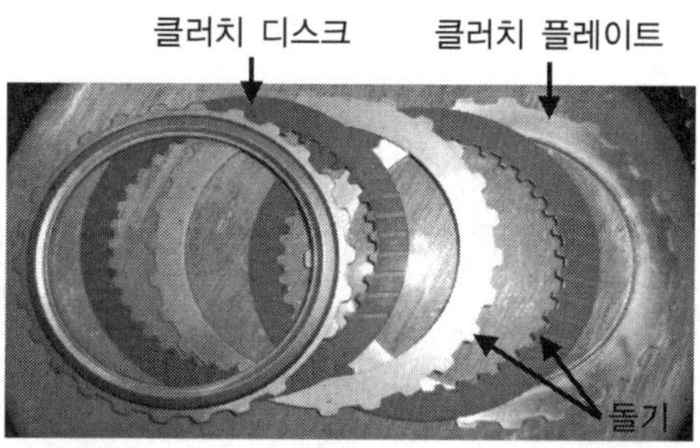

| **사진 12-5** | 클러치 디스크와 플레이트

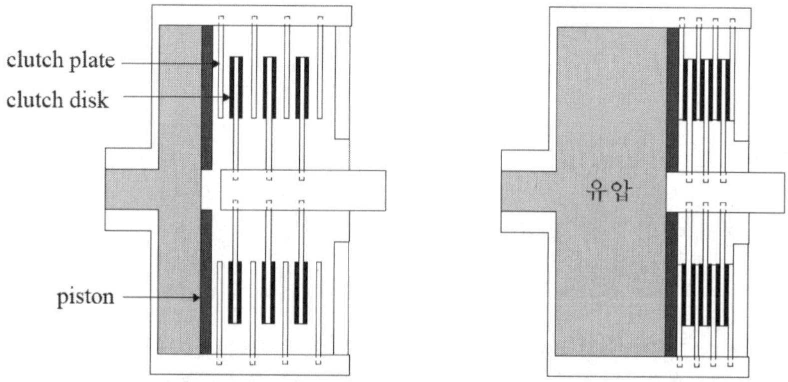

(a) 다판 클러치 차단

(b) 다판 클러치 연결

| **그림 12-3** |

2) 리어 클러치

사진 12-6(b)에 보이는 리어 클러치(rear clutch)의 리테이너의 중심부는 스플라인이 설치되어 있고 이는 사진 12-6(a)의 변속부의 입력축(터빈축)과 항상 연결되어 있다. 리어클러치가 작동하면 입력축의 회전력은 리어 클러치의 리테이너 그리고 클러치 허브 및 스플라인을 거쳐 전진 선 기어로 전달된다. 사진 12-6(c)는 리어클러치의 허브와 연결된 전진 선 기어를 보인다.

(a) 리어 클러치가 설치될 입력축

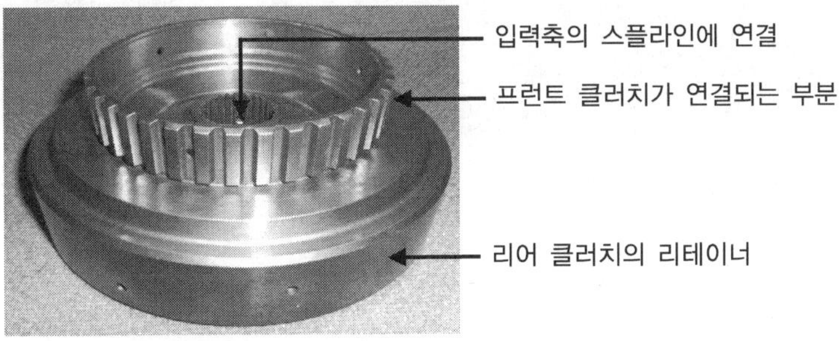

(b) 리어 클러치 리테이너

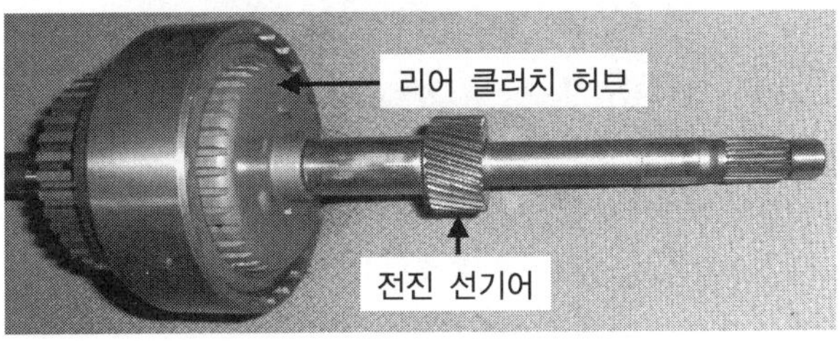

(c) 리어 클러치의 허브와 연결된 전진 선 기어

| 사진 12-6 |

3) 프런트 클러치

사진 12-7(a)의 리어 클러치의 왼쪽부분에 사진 12-7(a)의 프런트 클러치(front clutch)가 연결된다. 프런트 클러치가 연결되면 동력은 변속부의 입력축(터빈축)과 리어클러치의 리테이너 그리고 이와 연결된 부분과 왼쪽의 프런트 클러치가 연결된다. 사진 12-7(b)와 같이 프런트 클러치 둘레의 돌기와 사진 12-7(c)의 킥다운 드럼 둘레의 돌기와 맞물려 사진 12-7(c)와 같이 연결되고 사진 12-7(b)의 킥다운 드럼의 중심부의 스플라인과 사진 12-7(b)에 보이는 후진 선기어의 스플라인이 연결

되어 프런트 클러치가 동작하면 킥다운 드럼을 거쳐 후진 선 기어가 회전한다.

(a) 프런트 클러치와 리어 클러치의 연결

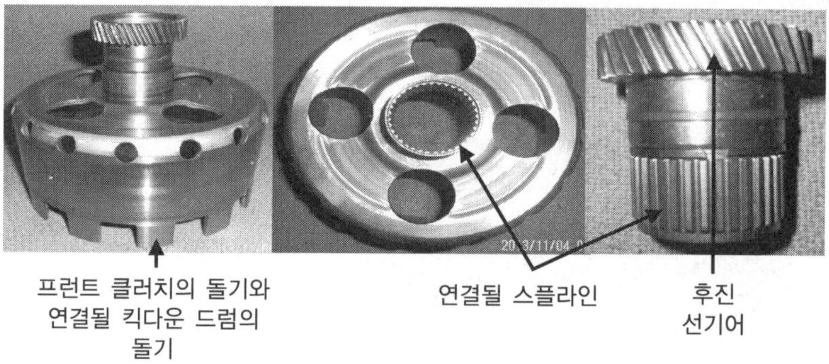

(b) 킥다운 드럼과 연결된 후진 선 기어

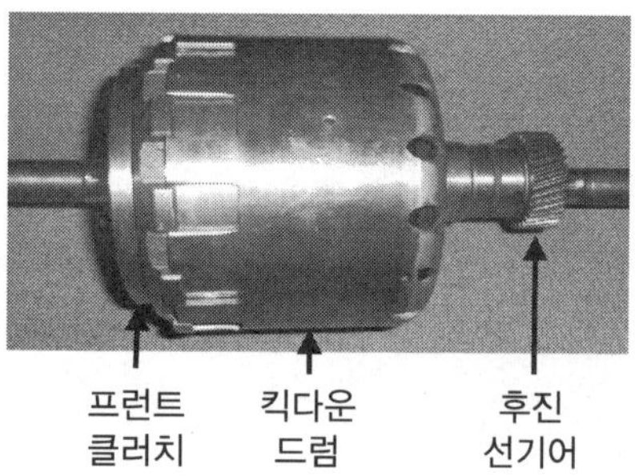

(c) 프런트 클러치, 킥다운 드럼 그리고 후진 선 기어

| 사진 12-7 |

4) 엔드 클러치

엔드 클러치(end clutch)의 클러치 허브(clutch hub)와 클러치 리테이너(clutch retainer)의 중심부에는 사진 12-8(a)와 같이 스플라인이 만들어져 있다. 엔드 클러치에 유압이 공급되지 않을 때는 클러치 디스크와 클러치 플레이트는 서로 미끄러져 클러치 리테이너와 허브 사이에 동력이 전달되지 않는다. 반면 유압이 공급되면 클러치 플레이트와 클러치 디스크가 밀착되어 두 개 사이에 동력이 전달된다. 클러치 리테이너는 내부에 만들어진 스플라인에 연결되는 변속부의 입력축(터빈

축)에 의해 구동되고 이 회전력은 사진 12-8(b)와 같이 허브에 만들어진 스플라인에 연결되는 중공축을 거쳐 유성기어의 캐리어로 전달된다. 엔드 클러치의 허브와 유성기어를 연결하는 축은 중공축이고 그 내부에 입력축이 지나가 엔드 클러치의 리테이너와 연결된다. 사진 12-8(c)의 오른쪽은 엔드 클러치 허브와 캐리어를 연결하는 스플라인축이고 왼쪽은 이와 맞물리는 캐리어를 구동하는 스플라인의 모습이다.

(a) 엔드 클러치

(b) 엔드 클러치와 연결된 캐리어

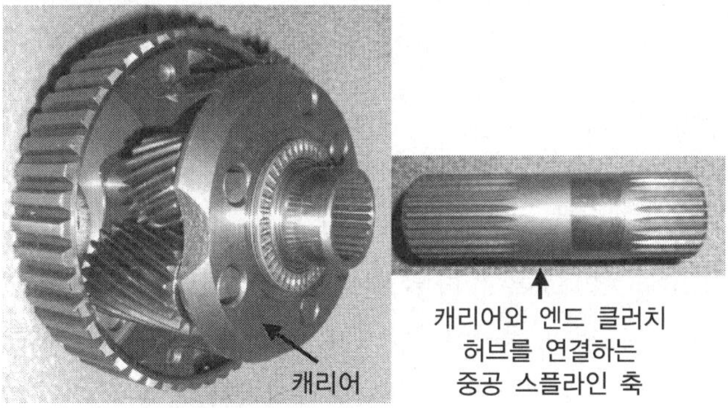

(c) 유성기어의 캐리어와 스플라인 축

| 사진 12-8 |

5) 원웨이 클러치

사진 12-9(a)의 좌측과 우측은 각각 로우리버스 브레이크와 이와 연결되는 원웨이 클러치를 포함하는 유성기어 세트이다. 사진 12-9(b)는 로우리버스 브레이크와 유성기어 세트가 연결된 모습이며 로우리버스 브레이크는 변속기의 케이스에 고정되어 회전하지 않는다. 사진 12-9(c)는 유성기어 세트의 캐리어에 설치된 원웨이 클러치로 캐리어는 스프래그 타입의 원웨이 클러치(OWC, one way clutch)에 의해 한쪽방향으로의 회전이 제한된다. 로우리버스 브레이크의 센터 서포트와 접촉하는 OWC는 반시계방향으로 회전하지 못하고 시계방향으로는 자유롭게 회전한다.

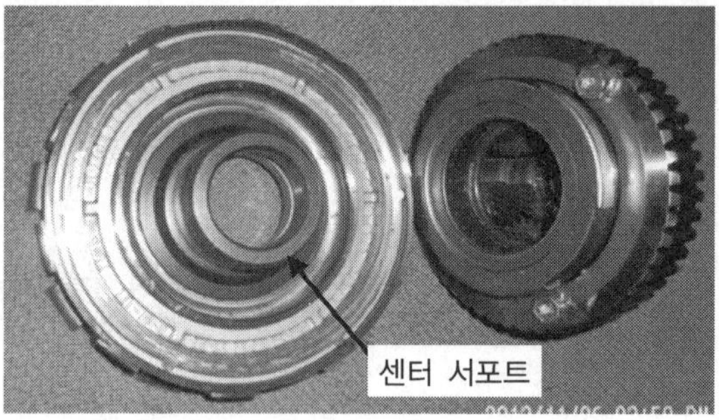

(a) 로우리버스 브레이크(좌)와 유성기어세트(우)

(b) 로우리버스 브레이크와 유성기어세트의 연결

(c) Sprag 형식의 OWC

| **사진 12-9** |

(2) 브레이크류

1) 킥다운 밴드 브레이크

사진 12-10(a)에 보인 것은 킥다운 밴드 브레이크(kick down band brake)로 사진 12-10(b)의 킥다운 드럼의 둘레에 설치되어 이의 회전을 결정한다. 브레이크가 작동하면 킥다운 드럼은 회전하지 못하며 여기에 연결된 후진 선 기어 역시 회전하지 못한다. 그림 12-4는 킥다운 밴드 브레이크의 작동원리로 오른쪽 그림과 같이 유압이 공급되면 피스톤 로드가 밴드 브레이크를 드럼에 밀착시킨다.

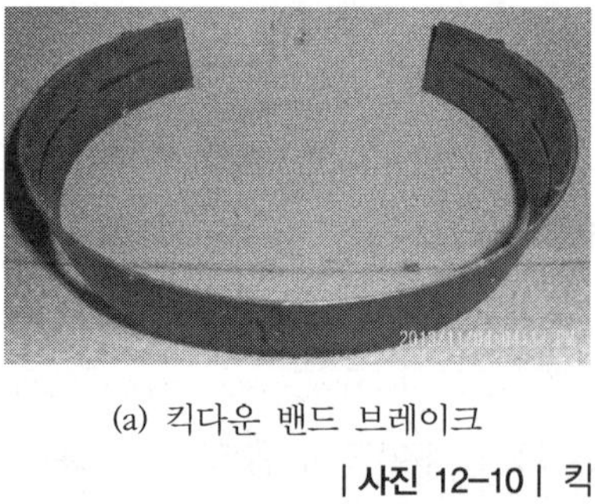

(a) 킥다운 밴드 브레이크

(b) 킥다운 드럼

| **사진 12-10** | 킥다운 밴드 브레이크

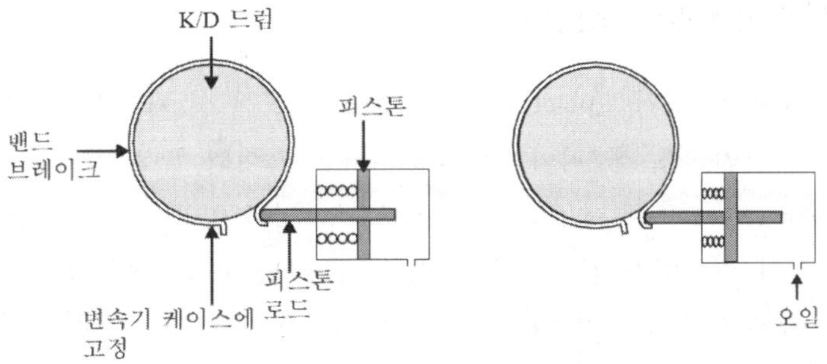

| 그림 12-4 | 킥다운 밴드 브레이크

2) 로우 리버스 브레이크

사진 12-11(a)의 클러치 플레이트는 사진 12-11(b)의 변속기의 케이스의 홈에 고정되고 마찰 디스크는 캐리어의 원주에 만들어진 홈에 고정된다. 유압이 사진 12-11(c)에 화살표로 표시된 로우 리버스 브레이크(LRB, low reverse brake)의 구멍에 공급되면 피스톤이 움직여 클러치 플레이트와 디스크를 밀착시킨다. 사진 12-11(d)와 같이 변속기 케이스에 고정된 LRB가 동작하지 않을 때는 캐리어는 클러치 디스크와 함께 회전하지만 LRB가 동작할 때는 클러치 플레이트와 클러치 디스크는 LRB의 피스톤에 의해 밀착되고 플레이트가 자동변속기 케이스에 고정되어 있으므로 캐리어는 고정된다.

(a) 캐리어와 클러치 디스크 및 플레이트

(b) 클러치 플레이트가 자동변속기 케이스에 고정되는 홈

(c) 로우 리버스 브레이크

(d) LRB가 자동변속기 케이스에 설치된 모습

| 사진 12-11 |

(3) 유성기어(Planetary gear)

사진 12-12(a)는 유성기어(planetary gear) 세트로 전진 선 기어(FSG), 후진 선 기어(RSG), 쇼트 피니언(SP), 롱 피니언(LP)과 피니언 기어의 축을 지지하는 캐리어 및 링 기어(RG, ring gear 또는 에뉼러스 기어)로 구성되어 있다. 이들 기어의 조합에 의해 자동변속기의 변속비가 결정된다. 사진 12-12(a)의 중심부에는 FSG와 RSG가 설치되고 그 모습은 사진 12-12(b)와 같으며 FSG는 RSG의 내부에 설치된다. 변속부로 입력된 회전력은 사진 12-12(c)의 링기어로 출력되며 링기어의 외주에는 주차 브레이크용 스프래그(sprag) 기어가 설치된다. 사진 12-12(d)는 유성기어와 조립된 링 기어를 보이며 링 기어에 롱 피니언이 내접한다. 그림 12-5는 유성기어를 도식적으로 나타낸 것이다. FSG는 제일 안쪽에 위치하는 기어로 SP과 맞물리고 SP는 다시 LP과 맞물린다. RSG는 FSG의 외부에 설치되는 기어로 LP과 직접 연결된다. LP은 RG에 내접하는 기어이며 RG를 통해 증대된 회전력이 출력된다. 캐리어는 SP와 LP의 중심을 연결한 것이다.

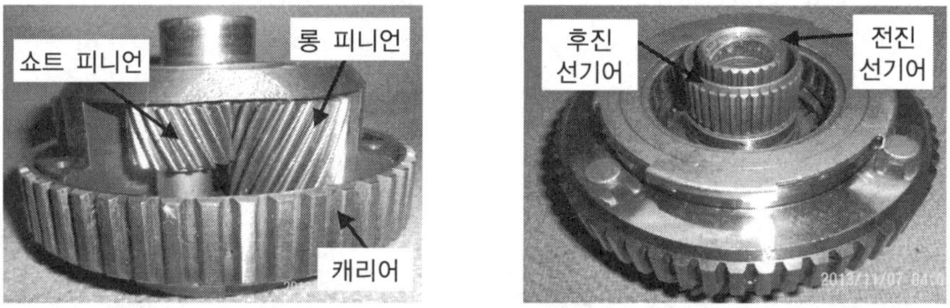

(a) 유성기어

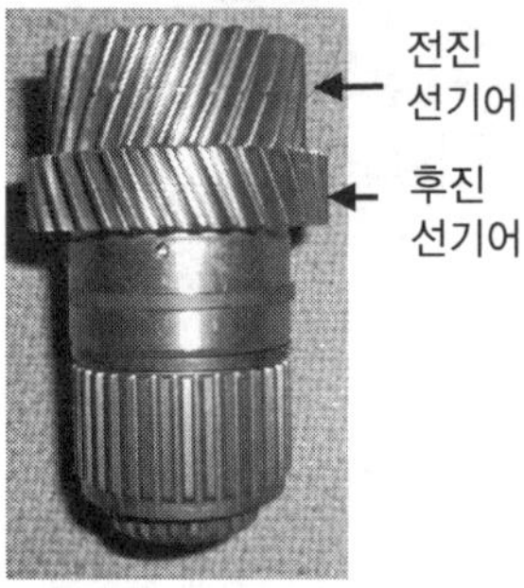

(b) FSG와 RSG

(c) 링 기어

(d) 유성기어와 조립된 링기어

| 사진 12-12 |

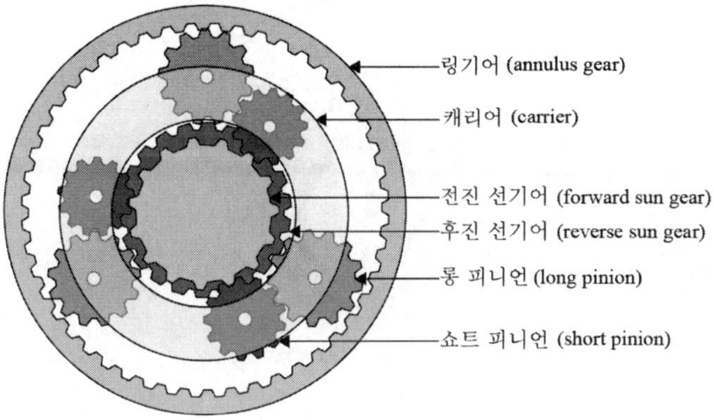

| 그림 12-5 | 유성기어

12-2-3 유압제어기구

자동변속기에 사용되는 오일(ATF, automatic transmission fluid)은 윤활작용이 주 역할인 엔진 오일과 달리 세 가지 기능을 갖는다. 첫째, 토크 컨버터 내에서 엔진의 동력을 펌프로부터 터빈으로 전달하는 매개체 역할을 한다. 둘째, 자동 변속을 위해 사용되는 클러치류와 브레이크류의 작동유의 역할과 그리고 이들을 유압제어를 위한 유체 역할을 한다. 마지막으로 동력전달을 위한 각 구성요소의 윤활 작용을 한다.

사진 12-13의 오일펌프는 내접 기어 펌프로 구동 기어는 사진 12-2(c)의 토크 컨버터의 펌프에 설치된 허브에 의해 구동된다. 이로 인해 엔진 운전 중에 유압은 항상 발생된다. 사진 12-13(b)를 참고로 오일펌프를 간단히 나타낸 것이 그림 12-6이다. 내측의 구동 기어가 화살표 방향으로 회전하면 외측의 피동 기어 역시 화살표 방향으로 회전한다. 두 기어사이에 초승달 모양의 기구가 설치되어 왼쪽 부분은 두 기어에 의해 공간이 넓어져 압력이 내려가 오일이 흡입된다. 반대쪽은 공간이 줄어들어 오일이 외부로 공급된다. 이 펌프에 의해 토크 컨버터와 유압제어기구의 작동유압을 공급하고 또 각종 요소 등의 마찰부분에 윤활을 위한 오일을 공급한다.

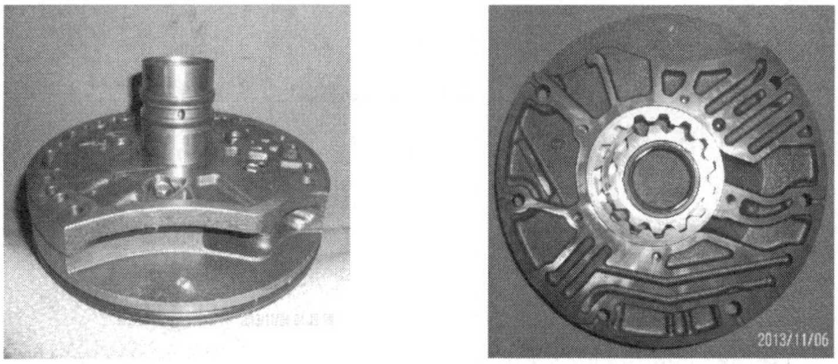

(a) 오일펌프 (b) 오일펌프의 내부 구조

| 사진 12-13 |

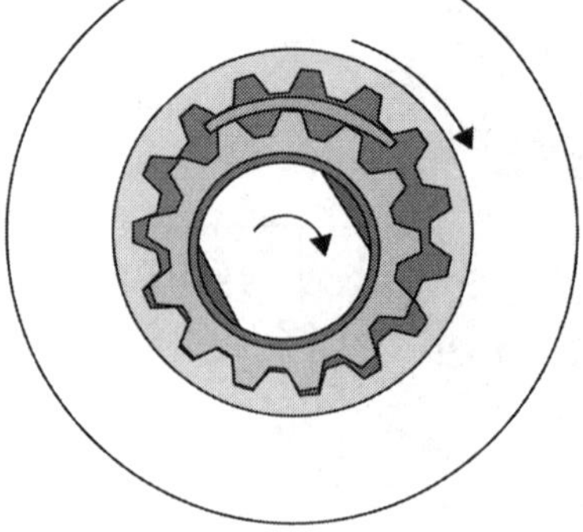

| 그림 12-6 | 오일펌프의 구동 원리

사진 12-14는 각종 클러치나 브레이크를 제어하기 위해 사용되는 밸브바디 어셈블리와 유압 회로를 나타낸다.

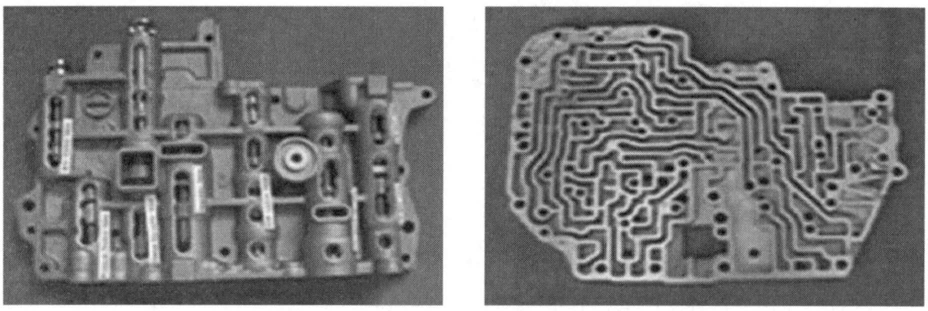

(a) 밸브바디 어셈블리 (b) 유압회로

| 사진 12-14 |

12-2-4 전자제어장치

자동으로 변속기의 변속단을 제어하기 위해서는 여러 가지 다양한 정보의 입력이 필요하나 가장 기본적인 것은 선택레버의 위치, 스로틀밸브 개도 및 차량의 속력이다. 사진 12-15의 운전석 옆에 있는 선택레버의 위치는 P, R, N, D 등이 있으며 이의 위치를 검출하여 전자제어장치(TCU, transmission control unit)에 보내는 것이 인히비터(inhibitor) 스위치이다. 이는 차량을 주차, 후진, 중립 또는 전진할지에 대한 운전자의 의지를 파악한다. 스로틀밸브의 개도는 운전자가 원하는 가속의 정도를 나타내는 것이다. 운전자는 가속을 원할 경우 가속 페달을 밟아 스로틀밸브를 개방하여 더 많은 공기가 엔진으로 흡입되게 하여 엔진 출력을 높인다. 스로틀 밸브의 개도를 측정하는 센서는 TPS(throttle position sensor)이다. 마지막으로 동일하게 가속 페달을 밟는 경우라도 차량의 속력에 따라 운전자가 원하는 차량의 주행상태는 다르다. 이 경우 차량이 저속으로 주행하고 있다면 운전자는 차량의 가속을 원하고 고속에서는 정속 주행을 원하는 것이다. 변속기에서 변속된 후 차동기어로 동력이 전달되는 축의 회전수는 차량의 속도와 비례관계에 있으므로 이 축의 회전수를 측정하여 차량의 속도를 판단한다. 이러한 세 가지 정보가 TCU로 입력되며 TCU는 미리 저장된 변속 패턴(shift pattern)에 따라 몇 단으로 변속기를 제어할지 결정하여 제어신호를 출력한다. 자동변속기의 제어를 위한 대표적인 입출력 신호를 표 12-1에 정리하였다.

| 사진 12-15 | 자동변속기의 선택 레버

| 표 12-1 | 자동변속기 전자제어장치의 대표적인 입력과 출력신호

입력신호		출력신호	
TPS (throttle position sensor)	엔진의 스로틀 개도를 검출	SCSV (shift control solenoid valve)	변속 패턴에 의해 결정된 변속단 제어
차속센서	차량의 속도를 검출	DCCSV (damper clutch control solenoid valve)	엔진의 동력을 직접 터빈에 전달하기 위해 댐퍼 클러치 제어
inhibitor switch	변속기의 선택레버 위치를 검출	PCSV (pressure control solenoid valve)	변속시 충격 발생을 방지하기 위해 유압을 제어

변속제어장치(TCU, transmission control unit)에는 그림 12-7과 같은 변속 패턴(shift pattern)이 내장되어 있다. 대표적인 변속 패턴은 그림 12-7과 같이 가로축은 차속이고 세로축은 스로틀개도이다. 엄밀히 말하면 가로축은 차동기어로 연결되는 축의 회전수이다. 그림 12-7은 4단 변속기의 변속 패턴을 나타낸 것으로 전체 영역이 4부분으로 구분된다. 각 영역을 구분하는 실선은 저단에서 고단으로 변속될 때 사용되고 점선은 고단에서 저단으로 변속될 때 사용되는 것이다. 변속 패턴은 차량의 가속성

능과 연비 외에도 소음과 진동에 따라 결정된다. 늦게 고단으로 변속되는 변속 패턴은 가속성이 우수하고 반대로 일찍 고단으로 변속되는 것은 연비가 우수한 특성을 지닌다.

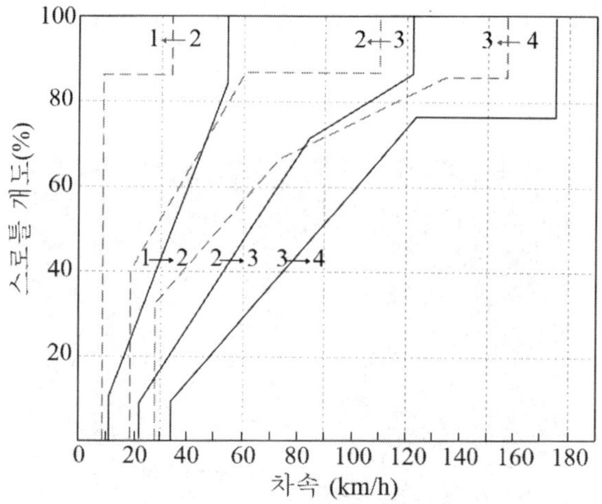

| 그림 12-7 | 변속패턴

12-3 변속비 계산

자동변속기의 변속비를 계산하기 위해 기어의 반지름 대신 기어의 이수를 사용하며 변속부를 구성하는 각 기어의 이수는 다음과 같다.

$$Z_{FSG} = 29,\ Z_{RSG} = 34,\ Z_{SP} = 19,\ Z_{LP} = 20,\ Z_{AG} = 74$$

캐리어의 반지름은 AG, LP, RSG의 반지름을 이용하여 다음과 같이 표시된다.

$$R_C = R_{AG} - R_{LP} = R_{RSG} + R_{LP} \tag{12-1}$$

여기서 R은 반지름을 나타낸다.

12-3-1 1단

1단이 연결될 때 그림 12-8과 같이 리어 클러치와 원웨이 클러치가 작동한다. 토크 컨버터에서 나오는 회전력은 리어 클러치 작동에 의해 FSG를 돌린다. 원웨이 클러치가 동작하여 캐리어는 고정된다. 따라서 변속부에서 회전력은 입력축, FSG, SP, LP를 거쳐 AG로 출력된다. 각 기어의 맞물리는 점에서 속력은 모두 일치하므로 기

어의 반지름과 각속도를 이용하여 이 조건은

$$R_{FSG}\omega_{FSG} = R_{SP}\omega_{SP} = R_{LP}\omega_{LP} = R_{AG}\omega_{AG} \tag{12-2}$$

의 관계로 표현된다. 따라서 맞물리는 기어의 반지름과 이수는 비례하므로 1단 변속비(GR)는 기어의 이수로 다음과 같이 계산된다.

$$GR = \frac{\omega_{input}}{\omega_{output}} = \frac{\omega_{FSG}}{\omega_{AG}} = \frac{R_{AG}}{R_{FSG}} = \frac{Z_{AG}}{Z_{FSG}} = \frac{74}{29} = 2.551$$

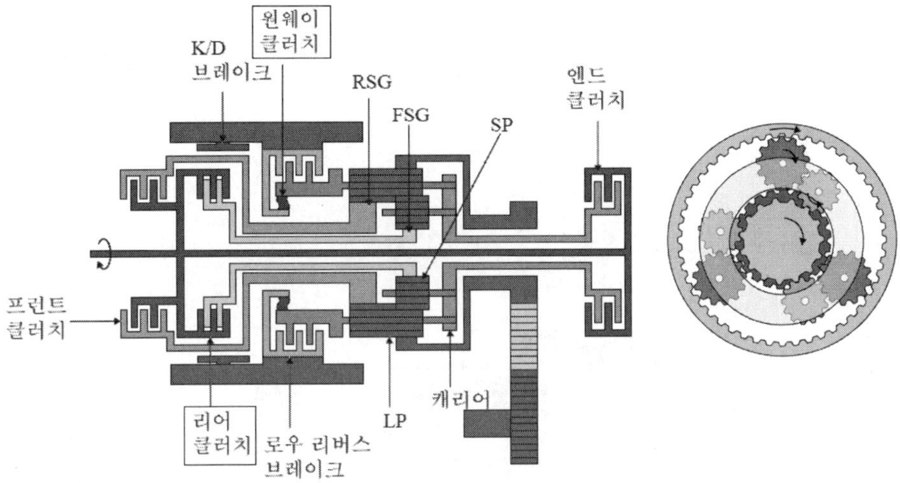

| 그림 12-8 | 1단의 작동요소: 캐리어 고정

12-3-2 2단

2단이 연결될 때 그림 12-9와 같이 리어 클러치와 킥다운 브레이크가 작동한다. 킥다운 브레이크 작동에 의해 RSG는 고정되며 1단과 마찬가지로 리어 클러치 동작에 의해 회전력은 FSG로 입력되어 SP, LP을 지나 AG로 출력된다. 이 경우 캐리어는 어떠한 구속이 없어 자유롭게 회전한다. SP과 LP은 캐리어와 함께 공전을 하면서 자신의 축을 중심으로 자전한다. RSG가 고정되었기에 LP에서의 속도 관계로부터 AG와 캐리어의 속도는

$$R_{AG}\omega_{AG} = 2R_C\omega_C \tag{12-3}$$

의 관계를 갖는다. 캐리어 좌표계에서 각 기어의 접촉점에서의 속도는 다음 관계를 만족한다.

$$R_{FSG}(\omega_{FSG}-\omega_C)=-R_{SP}(\omega_{SP}-\omega_C)=R_{LP}(\omega_{LP}-\omega_C)$$
$$=R_{AG}(\omega_{AG}-\omega_C)=-R_{RSG}(\omega_{RSG}-\omega_C) \tag{12-4}$$

식 (12-4)에서 FSG와 AG 사이의 관계식은 첫 번째와 네 번째 식으로

$$R_{FSG}(\omega_{FSG}-\omega_C)=R_{AG}(\omega_{AG}-\omega_C) \tag{12-5}$$

이다. 식 (12-3)과 (12-5)에서 캐리어의 각속도를 제거한 후 입력축(FSG)과 출력축(AG)의 각속도 관계로부터 변속비는

$$GR=\frac{\omega_{input}}{\omega_{output}}=\frac{\omega_{FSG}}{\omega_{AG}}=\frac{R_{AF}(2R_{AG}-2R_{LP}+R_{FSG}-R_{AG})}{2R_{FSG}(R_{AG}-R_{LP})}=1.4885$$

이 된다.

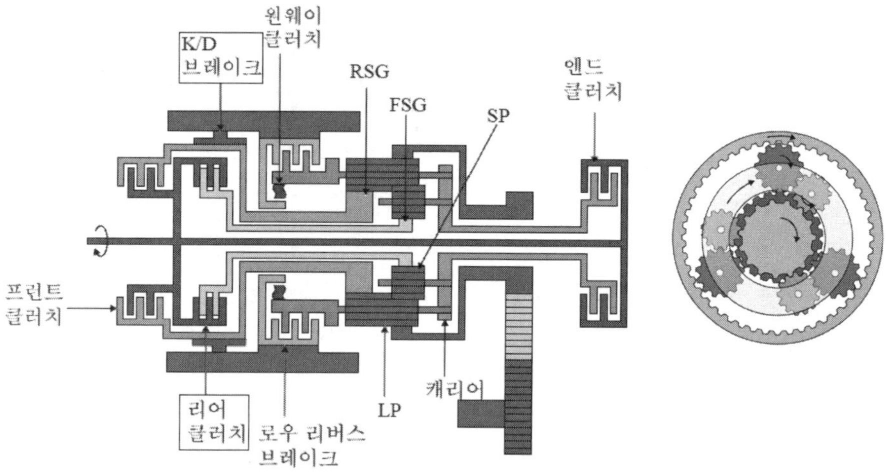

| 그림 12-9 | 2단의 작동요소: 후진 선기어 고정

12-3-3 3단

3단의 작동 요소는 그림 12-10과 같이 프런트 클러치, 리어 클러치, 엔드 클러치이며 이들은 각각 변속부 입력축의 회전력을 RSG, FSG, 캐리어로 전달한다. RSG와 FSG의 회전 방향은 같고 이와 연결된 SP과 LP도 같은 방향으로 회전한다. 하지만 SP와 LP는 서로 맞물리는 기어이기 때문에 같은 방향으로 회전할 수 없으므로 두 기어 모두 회전하지 않는다. 따라서 FSG, RSG, SP, LP, 캐리어의 전체가 일체가 되어 AG 내부를 회전한다. 캐리어는 엔드 클러치의 작용에 의해 회전한다. 이 경우 변속비는 간단하게

$$GR = \frac{\omega_{input}}{\omega_{output}} = \frac{\omega_{FSG}}{\omega_{AG}} = 1$$

이 된다.

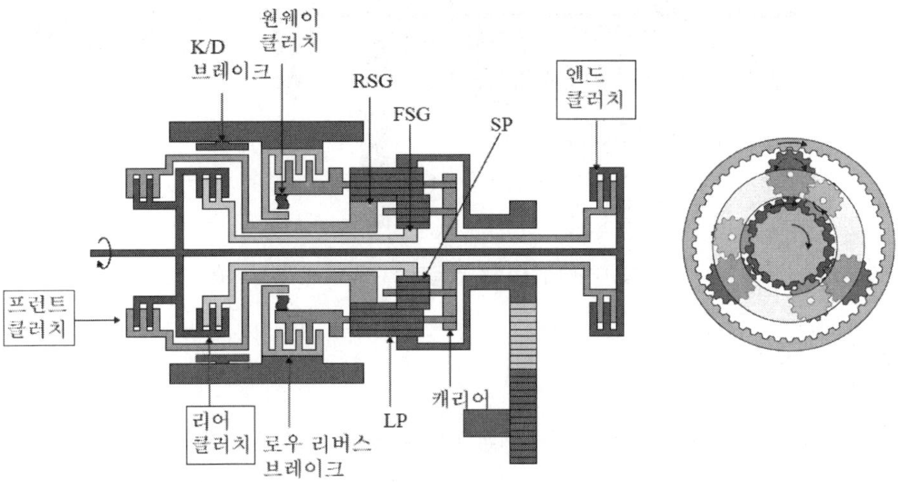

| 그림 12-10 | 3단의 작동요소

12-3-4 4단

4단에서는 그림 12-11과 같이 엔드 클러치와 킥다운 브레이크가 작동한다. 킥다운 브레이크에 의해 RSG는 고정되고 엔드 클러치 동작에 의해 캐리어로 회전력이 입력된다. 캐리어 회전에 의해 LP가 회전하여 AG를 구동한다. 캐리어와 LP 중심은 서로 일치하므로 같은 속력을 갖고 AG의 속력은 LP 중심 속력의 2배이다. 이를 식으로 표현하면 다음과 같다.

$$\begin{aligned} R_C \omega_C &= R_{LP} \omega_{LP} \\ R_{AG} \omega_{AG} &= 2R_{LP} \omega_{L} \\ R_{AG} \omega_{AG} &= 2R_C \omega_C \end{aligned} \tag{12-6}$$

4단의 변속비는 입력이 캐리어이므로 다음과 같이 계산된다.

$$GR = \frac{\omega_{input}}{\omega_{output}} = \frac{\omega_C}{\omega_{AG}} = \frac{R_{AG}}{2(R_{RSG} + R_{LP})} = \frac{74}{2(34+20)} = 0.685$$

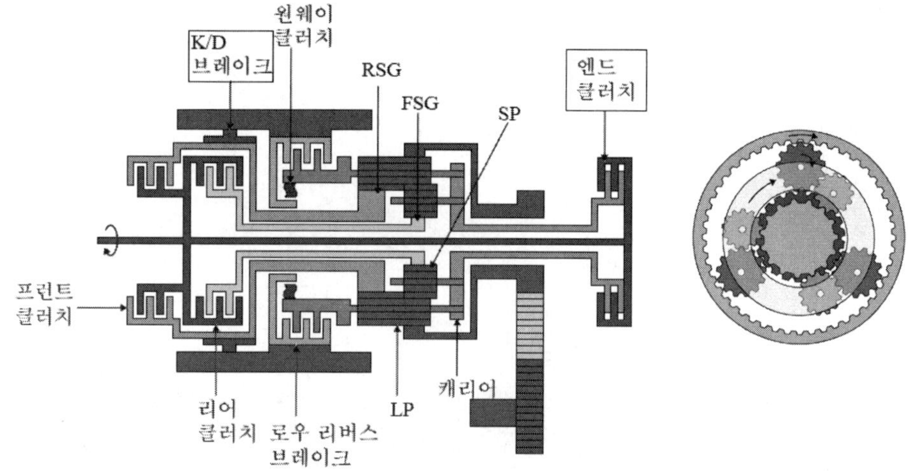

| 그림 12-11 | 4단의 작동요소: 후진 선기어 고정

12-3-5 후진

변속기가 후진으로 연결될 경우 그림 12-12와 같이 프런트 클러치와 로우 리버스 브레이크가 작동한다. 프런트 클러치에 의해 RSG가 회전하고 로우 리버스 브레이크에 의해 캐리어는 고정된다. 회전력은 RSG와 LP를 거쳐 AG로 전달된다. 전진은 2개의 기어를 거친 후 AG로 전달되고 후진은 1개의 기어를 지난 후 AG로 전달되므로 회전 방향은 서로 반대가 된다. 서로 맞물리는 기어의 속력은 같으므로

$$R_{RSG}\omega_{RSG} = R_{LP}\omega_{LP} = R_{AG}\omega_{AG} \tag{12-7}$$

의 관계식을 얻는다. 따라서 입력축이 RSG이므로 후진의 변속비는

$$GR = \frac{\omega_{input}}{\omega_{output}} = \frac{\omega_{RSG}}{\omega_{AG}} = \frac{R_{AG}}{R_{RSG}} = \frac{74}{34} = 2.176$$

이다.

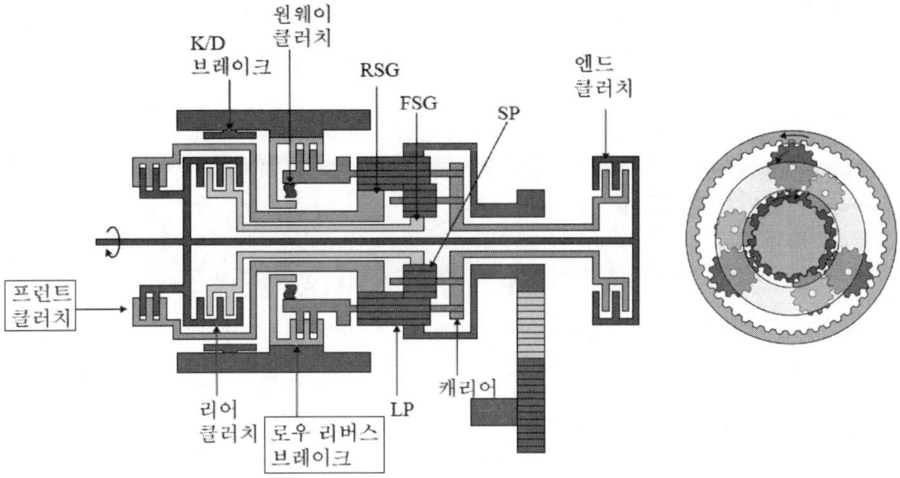

| 그림 12-12 | 후진의 작동요소: 캐리어 고정

12-4 심화내용

12-4-1 유체 클러치

그림 12-13(a)와 같이 유체클러치는 구동부와 피동부 사이에 기계적 연결 없이 구동부에 의해 발생된 유체의 운동 에너지로 피동부를 구동함으로써 동력을 전달하는 것이다. 임펠러(구동부)로부터 터빈(피동부)으로 흐르는 유체는 임펠러(펌프)의 회전과 원심력에 의해 사선 방향으로 터빈을 구동한다. 그림 12-13(b)는 임펠러의 회전수가 일정할 때 임펠러와 터빈을 지난 후 다시 임펠러로 입력되는 유체의 흐름 방향을 나타낸 것이다. 터빈이 정지하거나 임펠러보다 회전이 느릴 때 터빈에서 임펠러로

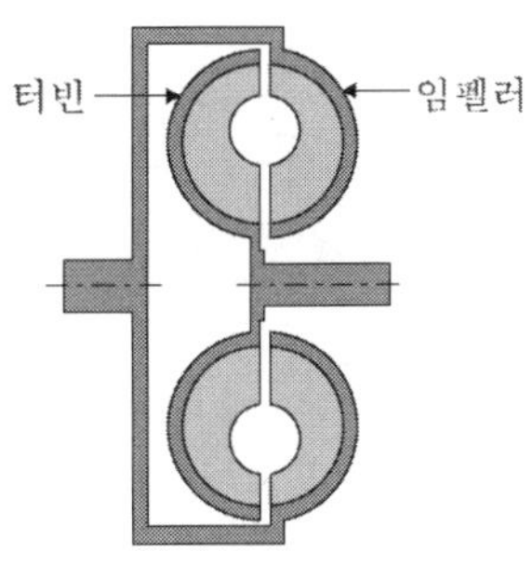

(a) 유체클러치의 구성

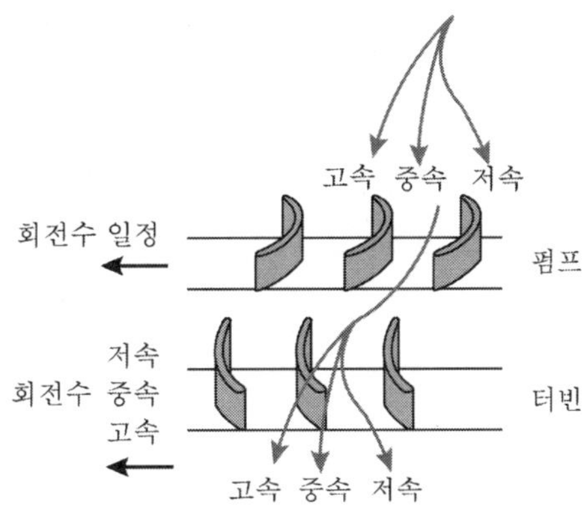

(b) 터빈에서 임펠러로의 유체흐름

| 그림 12-13 |

되돌아오는 유체의 방향은 터빈의 날개 때문에 방향이 바뀌어 임펠러의 회전을 방해한다. 이 결점을 보완하는 것이 토크 컨버터로 이를 구성하는 요소인 스테이터가 그 역할을 담당한다.

12-4-2 토크 컨버터

토크 컨버터는 유체클러치의 임펠러(펌프)와 터빈의 사이에 스테이터(또는 리액터)를 설치하고 이와 변속기 케이스 사이에 원웨이 클러치를 설치하여 유체클러치의 결점을 보완하여 토크를 증대한다. 터빈을 빠져나오는 유체가 스테이터의 날개에 의해 흐름방향을 바꿔 임펠러의 회전을 돕는 방향으로 유입됨으로써 토크는 증대된다. 그림 12-14와 같이 터빈이 정지하고 있을 때나 중속일 경우 스테이터에서 유출되는 유체의 방향은 그림의 A가 되어 임펠러의 회전을 도와 토크는 증대된다. 이 경우 스테이터는 회전하지 않고 고정된다. 터빈이 빨리 회전할 때 스테이터가 지금과 같이 고정되어 있다면 그림 12-14의 실선으로 표시된 터빈 고속의 경우와 같이 터빈을 나온 유체는 스테이터의 뒷면에 부딪혀 방향을 바꾼 후 임펠러 회전을 방해하는 방향으로 그림의 B와 같이 임펠러로 유입된다. 하지만 터빈을 나온 유체는 원웨이 클러치를 회전시킬 수 있는 방향으로 스테이터로 유입되어 스테이터는 자유롭게 공전하므로 그림 12-14의 점선으로 표시된 터빈 고속의 경우와 같이 유체는 그림의 A와 같이 임펠러로 유입되어 효율의 저하를 막는다. 이와 같이 스테이터가 공전을 시작하는 점을 커플링 포인트(coupling point)라고 하며 이때부터 토크 컨버터는 유체 커플링의 역할을 한다.

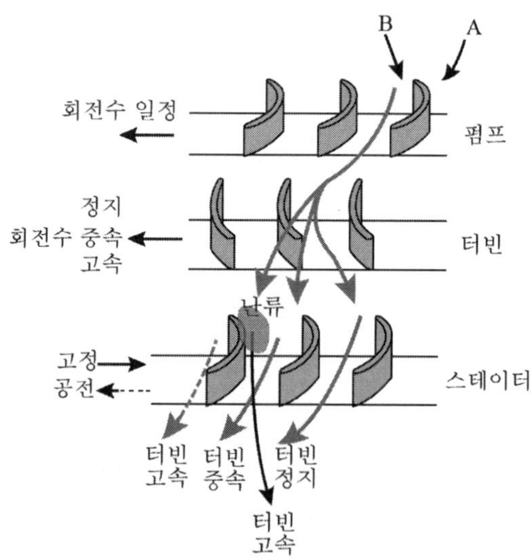

| 그림 12-14 | 스테이터에 의한 터빈에서 임펠러로의 유체흐름

12-4-3 토크 컨버터의 성능곡선

그림 12-15는 토크 컨버터와 유체 클러치의 성능을 비교한 것으로 세로축은 속도비 가로축은 토크비와 효율을 나타낸다. 터빈과 펌프(임펠러)의 회전속도를 각각 ω_t와 ω_p라 하면 속도비(SR, speed ratio)는

$$SR = \omega_t / \omega_p \quad (12\text{-}8)$$

로 정의된다. 출력축의 회전속도가 0인 상태를 스톨(stall)이라 하고 차량이 정지한 상태를 뜻한다. 터빈과 펌프의 토크를 각각 T_t와 T_p라 하면 토크비(TR, torque ratio)는

$$TR = T_t / T_p \quad (12\text{-}8)$$

로 정의한다. 토크 컨버터의 토크비는 속도비가 0일 때 가장 높고 속도비가 증가할수록 감소하여 속도비 0.8근처에서 1의 값을 갖는다. 이와 같이 토크 증대효과는 차량 출빌시 가장 커 차량의 발진성능을 우수하게하고 속도비 0.8근처에서 더 이상 토크의 증가 없이 동력만 전달하는 커플링 역할을 수행한다. 이때부터 토크컨버터 내부의 스테이터가 회전을 시작하여 토크 증배작용이 없어지는데 이 속도비를 커플링점이라 한다. 토크 증대효과가 있는 영역을 컨버터 영역이라 하고 그 이후 영역을 커플링 영역이라 한다. 토크 컨버터의 동력전달효율(η)은 입력 및 출력되는 일률의 비로 정의하며 다음 식으로 표현된다.

$$\eta = \frac{T_t \omega_t}{T_p \omega_p} = TR \times SR \quad (12\text{-}9)$$

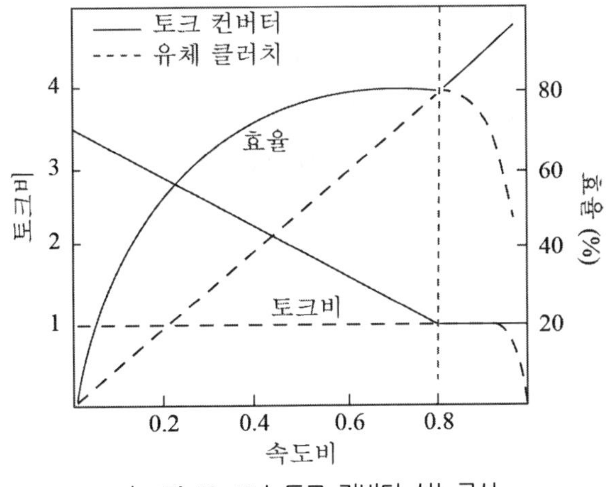

| 그림 12-15 | 토크 컨버터 성능곡선

이는 토크비와 속도비의 곱으로 표시된다. 토크비는 속도비 증가에 따라 감소하기 때문에 효율은 위로 볼록한 곡선의 형태를 취한다. 컨버터 영역에서는 포물선형으로 증가하여 속도비가 0.6~0.8 구간에서 최댓값을 보이다가 커플링 영역에서는 속도비에 따라 선형적으로 증가한다.

12-4-4 폭스바겐 6단 자동변속기

4단 자동변속기에 1개의 유성기어가 사용된 것과 달리 그림 12-16은 폭스바겐사의 6단 자동변속기로 2개의 유성기어가 사용된다. 나머지 구성 부품들은 4단의 것과 차이가 없다.

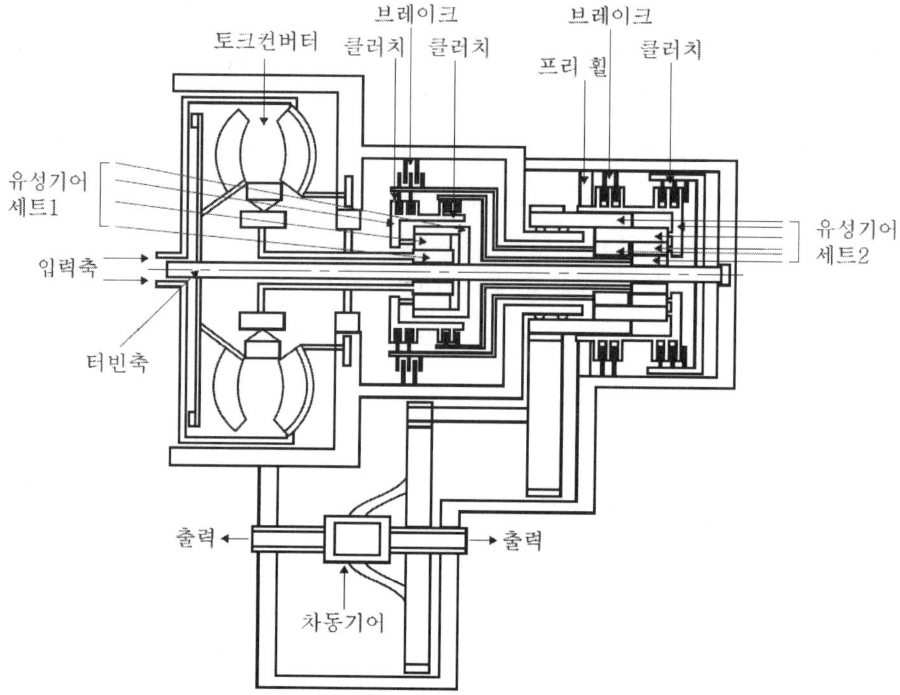

| 그림 12-16 | VW의 6단 자동변속기

CHAPTER

13

조향장치

13-1 목적

운전자가 운전대(steering wheel)를 돌리면 바퀴가 조향되어 차량의 진행 방향이 변경되며 이와 관련된 전체 부품을 조향장치(steering system)라 한다. 차량의 무게가 증가함에 따라 운전대를 회전하기 위해 필요한 조작력이 커지므로 운전자의 편의를 도모하기 위해 엔진의 회전력으로 오일펌프를 구동하여 조향하는 동력조향장치가 사용되고 있다. 여기에는 차량의 속도에 따라 운전대의 필요 조작력을 조절하여 고속 시 주행안정성을 높이는 기능이 포함되어 있다. 최근 자동차의 연비가 중요해짐에 따라 엔진에 의해 항상 작동하는 오일펌프를 대체하는 전기모터를 사용하는 조향장치가 확대 적용되고 있다. 전기모터는 운전자가 조향을 할 때만 작동하므로 에너지의 손실을 줄인다.

13-2 원리

그림 13-1(a)는 마차가 곡선 길을 주행하는 모습을 나타낸 것이다. 한쪽으로 말의 고삐를 당기면 그 방향으로 말이 달린다. 말과 연결된 막대가 앞 차축에 연결되어 있고 앞 차축은 킹핀(king pin)을 중심으로 회전하여 마차는 주행하는 방향을 바꾼다. 마차의 앞 차축은 항상 원의 중심을 향하고 두 바퀴는 항상 원에 접하므로 마차의 네 바퀴는 동심원을 그리며 진행한다.

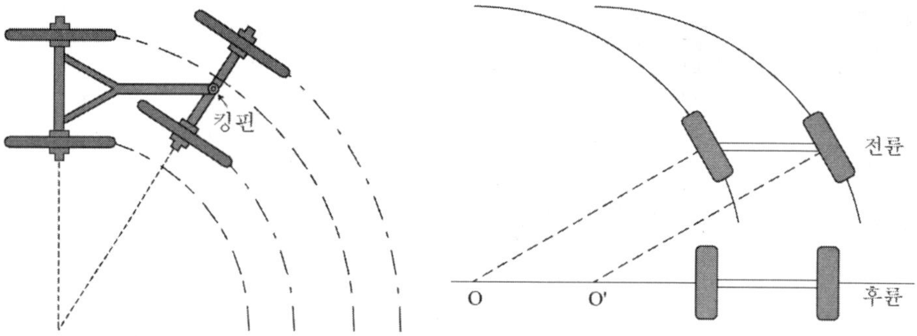

(a) 마차가 곡선로를 주행할 때　　(b) 좌우륜이 동일하게 조향될 때

| 그림 13-1 |

자동차는 앞 차축이 무거워 앞 차축 전체를 조향하기 어렵고 또 급격한 회전을 위해서는 바퀴를 위한 여유 공간이 필요해 차량이 높아져 마차와 같이 조향하는 것은 어렵다. 따라서 자동차는 조향을 위해 앞 차축 전체의 회전 대신 앞바퀴만 앞 차축의 끝부분에서 회전한다. 좌우 두 개의 조향 암(steering arm)이 서로 평행하게 설치되면 그림 13-1(b)와 같이 앞바퀴가 동일하게 조향되므로 전륜은 O와 O'를 중심으로 회전하며 그림과 같은 궤적을 따라 앞바퀴는 움직인다. 이로 인해 타이어에 슬립이 발생하여 마모가 촉진되는 문제가 생긴다. 내륜의 조향각이 외륜보다 큰 값을 갖고 뒤차축의 연장선의 한 점을 중심으로 모든 타이어가 동심원을 그리며 회전함으로써 슬립에 의한 마모 발생을 해결할 수 있다. 이것이 바로 에커먼(Ackermann)의 조향원리로 현재 사용되고 있으며 그림 13-2에 표시하였다. 좌우 다른 조향각을 얻기 위해 너클에 설치된 조향 암은 평행하지 않고 서로 안쪽으로 향하고 있다. 이러한 조향 암의 실제 모습을 사진 11-1에 보인다.

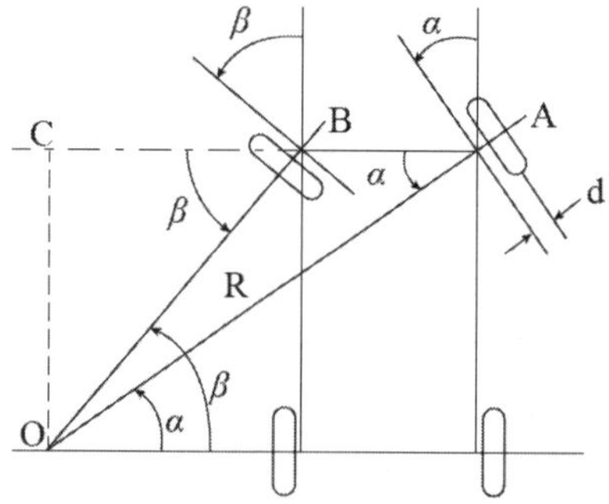

| 그림 13-2 | 애커먼의 조향원리

| 사진 13-1 | 서로 안쪽으로 향하고 있는 조향 암과 조향기구

내측륜과 외측륜의 조향각 그리고 차량제원 사이에는 다음과 같은 관계를 갖는다. 축간거리와 앞바퀴 볼 조인트 사이의 거리를 각각 S와 K라 하고 외륜과 내륜의 조향각을 각각 α와 β라 하자. 그림 13-2에 보인 삼각형 ACO와 BCO로부터 다음 관계를 얻는다.

$$\cot\alpha = \frac{AC}{OC},\ \cot\beta = \frac{BC}{OC} \tag{13-1}$$

두 식의 차이는 S와 K로 표시되고 당연히 내륜의 조향각이 크다.

$$\cot\beta - \cot\alpha = \frac{BC-AC}{OC} = -\frac{K}{S} < 0 \tag{13-2}$$

자동차의 제원 K와 S가 주어지면 $\cot\beta - \cot\alpha$의 값이 결정되며 이 식을 만족하도록 사다리꼴 형상의 조향기구(steering linkage)가 설계된다. 참고로 실제 차량의 내외륜의 최대 조향각은 표 13-1과 같다.

| 표 13-1 | 승용차의 내외륜 최대 조향각

구 분	내측륜	외측륜
중형 승용차	39.67°±2°	32.21°
소형 승용차	41°±2°	34°

조향각을 최대로 하고 선회할 때 그려지는 동심원 중 바깥쪽 바퀴가 그리는 원의 반경을 최소회전반경이라 부른다. 이는 주차할 때나 유턴할 경우 중요한 요소이다. 차륜 중심과 볼 조인트까지의 거리를 d라 하면 최소회전반경 R은 그림 13-2로부터

$$R = \frac{S}{\sin\alpha} + d \tag{13-3}$$

이 된다.

13-3 조향장치의 형식과 구성부품

대부분의 승용차에는 랙 피니언 형식(rack and pinion type)의 조향장치가 적용되고 있다. 이는 운전대의 회전운동을 랙과 피니언을 거치면서 직선운동으로 바꾸어 타이로드에 전달하여 바퀴를 원하는 방향으로 회전시키는 것이다. 일부 고급 승용차에 recirculating ball 형식의 조향장치가 사용된다. 여기서는 전자의 형식에 대해 상세히 다루며 그림 13-3은 조향장치의 구성을 도식적으로 나타낸 것이며 사진 13-2는 조향장치의 구성부품의 실물 모습을 보인다.

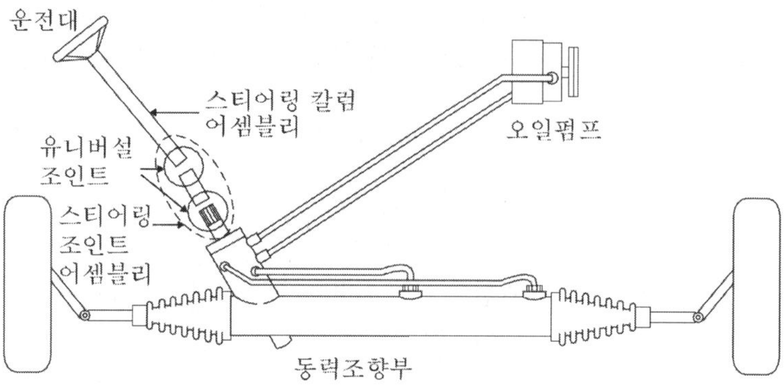

| 그림 13-3 | 조향장치의 구성

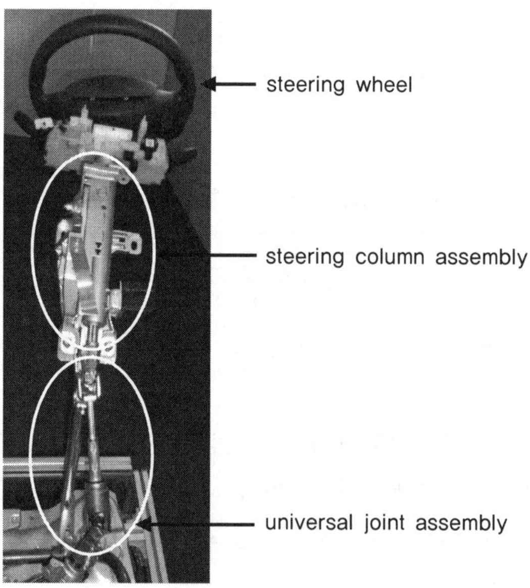

(a) 조향장치의 구성부품 1

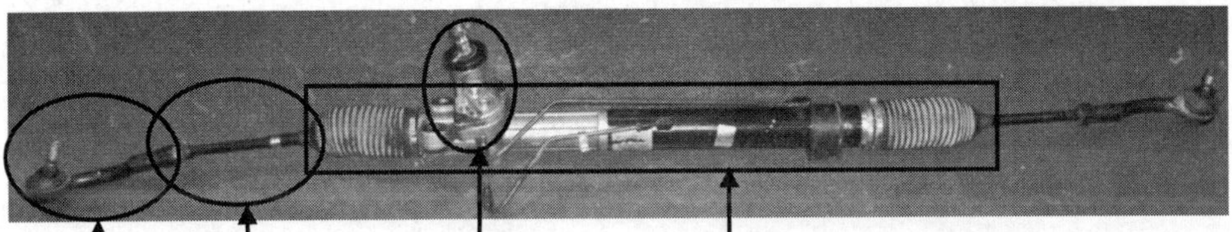

(b) 조향장치의 구성부품 2

(c) 조향장치의 구성부품 3

| 사진 13-2 |

13-3-1 조향 휠

조향 휠(steering wheel)은 운전자가 차량의 진행방향을 바꾸기 위해 돌리는 것으로 운전대라 불린다.

13-3-2 스티어링 칼럼 어셈블리

스티어링 칼럼 어셈블리(steering column assembly)는 운전대의 회전운동을 스티어링 조인트 어셈블리(steering joint assembly)에 전달하는 역할을 하고 또 충돌 시 운전자를 보호하는 것이 중요한 기능이다.

13-3-3 스티어링 조인트 어셈블리

스티어링 조인트 어셈블리(steering joint assembly)는 스티어링 칼럼의 축과 피니언 기어의 축이 일치하지 않으므로 중간에 축이음으로 자재이음(universal joint)를 사용한다.

13-3-4 스티어링 기어 박스

스티어링 기어 박스(steering gear box)는 랙(rack)과 피니언 기어로 구성되어 있으며 운전대의 회전운동이 랙의 수평운동으로 전환된다. 차량 무게 증가와 함께 운전자의 편의성을 향상시키기 위해 스티어링 기어박스는 유압으로 작동된다. 사진 13-3(a)는 랙 바에 작용하는 유압의 방향을 제어하는 로터리 밸브와 이와 일체인 피니언 기어를 보인다. 사진 13-3(b)는 피니언 기어와 맞물리는 랙이 설치된 랙 바(rack bar)로 중간에 랙 피스톤이 설치되어 있다.

(a) 로터리 밸브와 일체인 피니언 기어

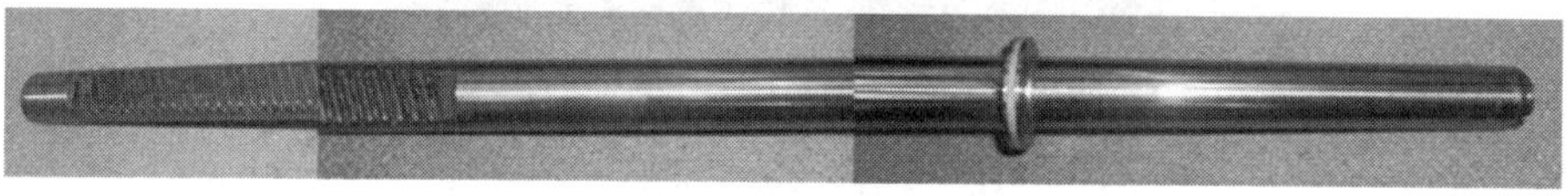

(b) 피니언 기어와 맞물리는 랙이 설치된 랙 바

| 사진 13-3 |

13-3-5 타이 로드

타이 로드(tie rod)는 사진 13-4와 같이 한쪽 끝은 볼 조인트가 설치되어 랙바(rack bar)와 연결되고 다른 끝은 타이 로드 엔드에 연결되어 랙의 운동을 타이로드 엔드에 전달하는 연결용 막대이다. 사진 13-4는 전형적인 타이 로드의 모습이며 사진의 아래쪽 것은 볼 조인트가 회전한 모습을 보인다.

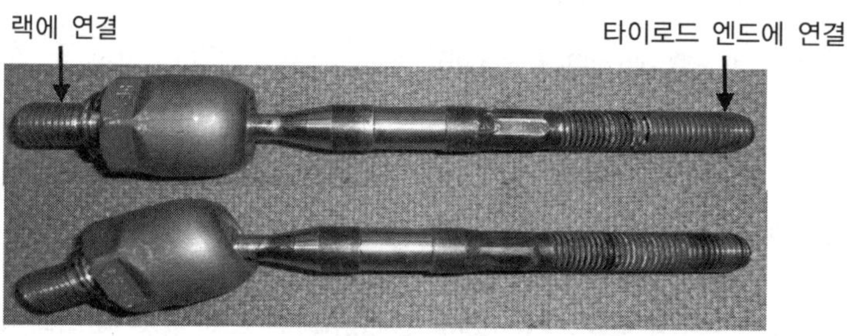

| 사진 13-4 | 타이 로드

13-3-6 타이 로드 엔드

타이 로드 엔드(tie rod end)는 조향 너클과 타이 로드를 연결하는 장치로 너클이 연결되는 부분에 볼 조인트(ball joint)가 설치되며 사진 13-5는 이의 실제 모습니다.

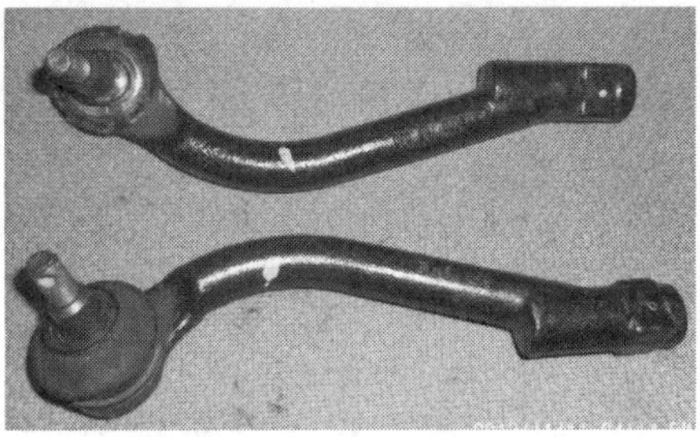

| 사진 13-5 | 타이 로드 엔드

13-3-7 너클

너클(knuckle)은 현가장치, 제동장치 및 조향장치가 설치되는 것으로 너클의 내부에 허브 베어링을 사용하여 휠 허브를 설치한다. 휠 허브는 휠과 타이어와 함께 차량 진행방향으로 회전하는 부분이며 너클은 조향장치의 작동에 의해 조향축을 중심으로 회전한다. 너클의 모습을 사진 13-6에 보인다.

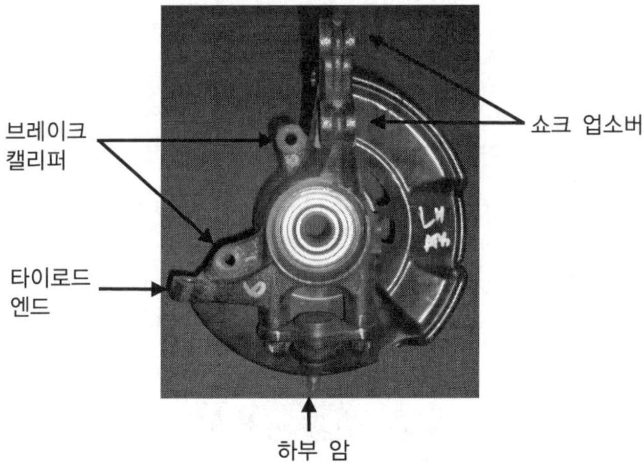

| 사진 13-6 | 너클

13-3-8 휠 및 타이어

휠(wheel)과 타이어는 너클에 설치된 허브에 설치되는 것으로 타이 로드 엔드에 의해 너클이 움직이면 조향축을 중심으로 회전하여 원하는 주행 방향을 얻는다.

13-4 동력조향장치

차량의 무게 증가로 인해 운전대(steering wheel)를 조작하기 위해 필요한 힘이 커져 운전자의 힘만으로는 충분하지 못하거나 불편함을 느낀다. 이러한 문제점을 해결하기 위해 동력조향장치(power steering system)가 도입되었으며 이는 엔진의 힘으로 발생된 유압을 이용하여 운전대를 조작하기 위한 필요 조향력을 감소시켜 운전대의 조작을 용이하게 한 것이다.

13-4-1 구성 및 작동원리

자동차에 사용되는 유압식 동력조향장치는 엔진으로 구동되는 유압 펌프, 운전대의 움직임에 따라 타이어의 방향을 제어하는 조향 기어박스와 오일 탱크 및 배관으로 구성되어 있다. 조향 기어박스는 로터리 밸브, 토션 바, 동력 실린더, 랙과 피니언 기어, 타이 로드 등으로 구성된다. 이 장치의 전체적인 구성은 그림 13-4와 같다.

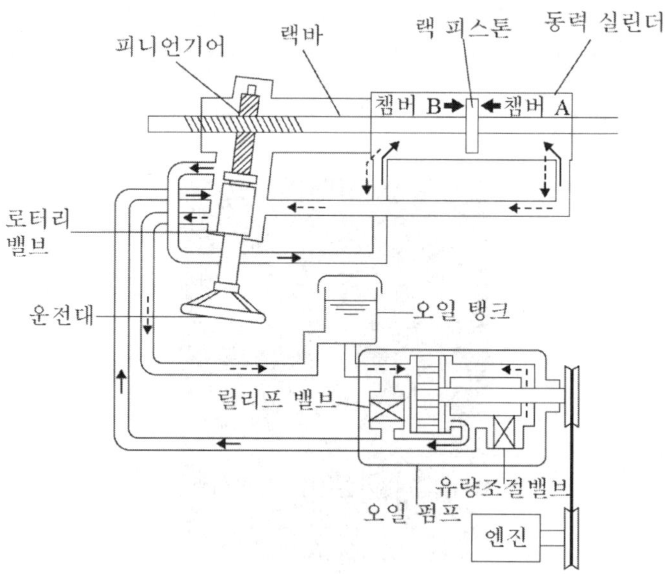

| 그림 13-4 | 동력조향장치의 전체 구성

운전자가 운전대를 돌리면 이에 연결된 토션 바(torsion bar)에 비틀림이 발생한다. 토션바의 한쪽 끝은 운전대에 연결되어 있고 다른 끝은 랙과 맞물리는 피니언에 연결되어 있다. 토션 바의 비틀림에 의해 로터리 밸브에서 유로가 결정되며 오일펌프에서 나온 고압의 오일이 로터리 밸브를 지나 동력 실린더 내의 작동 챔버 A나 B로 흘러간다. 동력 실린더 내부의 랙 바에는 피스톤이 설치되어 작동 챔버 A와 B를 구

분한다. 챔버 A로 고압의 오일이 들어가면 챔버 B에 있던 오일은 로터리 밸브를 지나 오일펌프로 나온다. 이로 인해 랙바와 타이로드가 이동하여 최종적으로 조향 너클을 움직여 원하는 조향을 한다.

13-4-2 구성 부품

(1) 오일펌프

유압식 동력조향장치에 오일을 공급하는 오일펌프로는 기어 펌프, 베인 펌프, 피스톤 펌프 등 여러 종류가 있으나 유량조절의 용이함과 원가 때문에 베인 형식의 펌프가 널리 사용된다. 사진 13-7에서와 같이 베인 형 펌프의 내부에는 회전하는 로터가 있고 그 둘레에 홈이 설치되어 있다. 이 홈에 끼워진 베인이라 불리는 금속판은 홈 안에서 자유로이 움직일 수 있으므로 펌프의 풀리가 회전하면 로터가 회전하고 이로 인한 원심력 때문에 베인은 홈 바깥으로 나온다. 로터의 회전에 의해 로터를 둘러싸고 있는 타원형의 캠링(cam ring)과 로터가 만드는 공간은 주기적으로 변하고 이를 통해 오일이 흡입 및 배출된다. 참고로 준중형 차량에 장착되는 오일펌프는 한 회전할 때 9.6cc의 오일을 토출한다.

| 사진 13-7 | 베인 형식의 오일펌프

차량이 정지하거나 저속으로 주행할 때는 타이어와 노면 사이의 마찰력이 커 조향을 위해 큰 조작력이 필요하다. 반면 고속으로 주행할 때는 타이어와 노면의 마찰력이 작아 조작력이 줄어든다. 따라서 차량이 주차할 때와 같은 저속 상태일 때는 오일펌프로부터 공급되는 유량을 충분히 확보하여 운전자의 핸들 조작력을 줄여 편의성을 향상시키고 반대로 고속일 때는 오일 공급량을 줄여 핸들이 쉽게 조작되는 것을 방지하여 차량의 안전을 높이는 기능이 필요하다. 오일펌프에서 토출되는 유량은 엔진의 회전수에 비례하므로 엔진 속도에 따라 위와 같은 성능을 갖기 위해서는 별도의 장치가 필요하며 그것이 바로 유량조절밸브이다. 이에 대해 (4)에서 상세히 설명된다.

(2) 파워 스티어링 스위치

파워 스티어링 스위치(power steering switch)는 운전자가 조향을 하는지의 여부를 전자제어장치에 알리는 장치이다. 조향을 하면 오일펌프가 작동하므로 엔진에 부하로 작용한다. 일반적으로 조향장치는 주차할 때 빈번히 사용되며 이때 엔진의 회전수는 아이들 회전수 근처이다. 이와 같은 상태에서 조향과 같은 부하가 엔진에 작용하면 엔진의 회전수는 불안정해져 진동이 발생하든지 또는 심한 경우 시동이 꺼진다. 이러한 문제점을 해결하기 위해 전자제어장치는 파워 스티어링 스위치의 정보를 바탕으로 조향하고 있을 경우 엔진으로 공급되는 공기량을 증가시킨다. 이 스위치는 사진 13-8(a)와 같이 오일펌프의 출구 측에 설치되며 내부구조는 사진 13-8(b)와 같다. 작동 방식은 윤활장치의 오일압력스위치와 같이 고압의 오일이 흐를 때 회로는 연결되고 저압의 오일이 흐를 때는 회로가 차단된다. 조향을 할 때는 고압의 오일이 펌프의 출구로 공급된다.

(a) 파워스티어링 스위치 설치 위치

(b) 파워스티어링 스위치

| 사진 13-8 |

(3) 로터리 밸브

로터리 밸브(rotary valve)는 외부의 슬리브(sleeve)와 내부의 스풀(spool) 그리고 스풀과 일체로 된 토션 바(torsion bar)로 구성된다. 사진 13-9(a)는 로터리 밸브가 조립된 상태로 슬리브는 피니언 기어부와 핀으로 연결되어 같이 움직인다. 로터리 밸브에서 슬리브를 분해한 것이 사진 13-9(b)와 (c)이다. 사진 13-9(b)의 슬리브의 외부에는 세 개의 구멍이 한 조로 네 조 총 12개의 구멍이 설치되어 있다. 중간의 큰 구멍은 펌프로부터 고압의 오일이 로터리 밸브로 공급되고 좌측과 우측의 구멍은 각각 좌측 및 우측 실린더로 연결되는 구멍이다. 사진 13-9(c)는 슬리브를 제거한 것으로 슬리브 내부의 스풀을 나타낸다. 스풀의 둘레에는 4개의 구멍이 있으며 이를 통해 오일은 펌프로 되돌아간다. 사진 13-9(c)에서 사진 13-9(e)의 스풀을 분리한 것이 사진 13-9(d)의 토션 바(torsion bar)로 이는 피니언 기어를 포함하는 부분과 운전대의 회전

부분을 연결한 축으로 운전대 회전에 의해 토션 바에는 비틀림이 발생한다. 스풀은 토션 바의 피니언 기어 반대 측에 있는 스플라인에 핀으로 고정되어 있어 토션 바가 비틀리는 만큼 회전한다. 이 회전에 의해 스풀과 슬리브에 설치된 구멍의 조합에 의해 유로가 형성되어 원하는 실린더로 고압의 오일이 흘러들어간다.

(a) 로터리 밸브

(b) 슬리브

(c) 로터리 밸브에서 슬리브를 제거한 나머지 부분

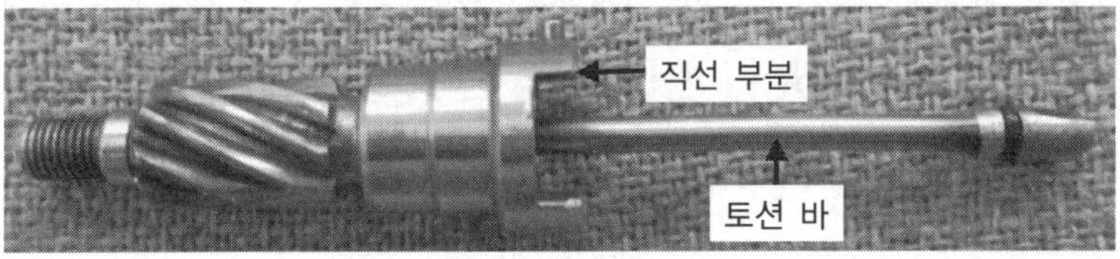

(d) 토션 바

(e) 스풀

| 사진 13-9 |

그림 13-5는 조향을 하지 않을 때와 조향할 때의 로타리 밸브에 의해 형성되는 유로를 나타낸다. 그림 13-5(a)와 같이 직진 상태일 경우 운전대의 회전이 없는 상태로

좌우측 실린더로 흐르는 오일 통로 면적이 같아 랙 바(rack bar)는 이동하지 않고 펌프로부터 공급되는 오일은 모두 스풀의 내부로 들어간 후 다시 오일펌프로 흐른다. 반면 그림 13-5(b)와 같이 운전대를 시계방향으로 돌리면 슬리브는 회전하지 않고 스풀만 토션 바의 비틀림에 의해 같은 방향으로 회전한다. 펌프로부터 공급되는 고압의 오일은 우측 실린더로 들어가고 좌측 실린더의 오일은 스풀로 들어가 오일펌프로 간다. 이 동작에 의해 랙 바는 왼쪽으로 이동하면서 휠과 타이어를 원하는 방향으로 회전시킨다.

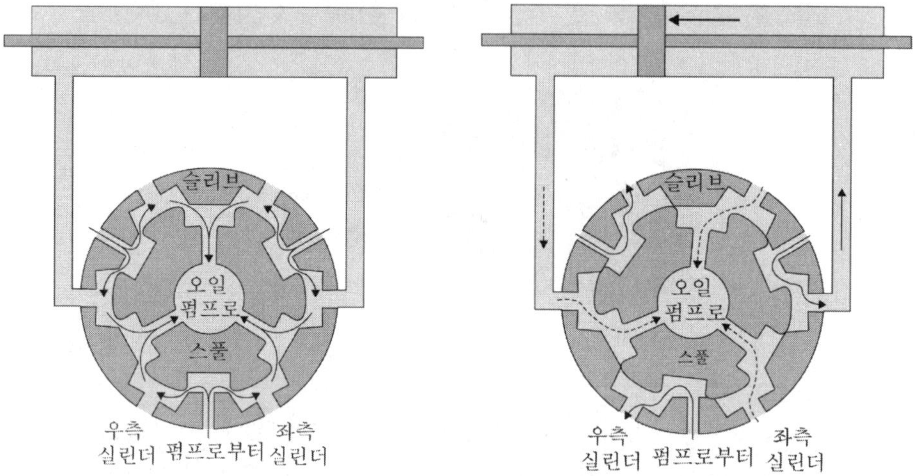

(a) 직진 상태 (b) 조향할 때

| 그림 13-5 |

그림 13-6은 스풀의 회전에 의해 발생되는 유압을 보인 것으로 로터리 밸브는 아주 작은 각도로 회전함을 알 수 있다. 즉 슬리브에 대한 스풀의 상대적인 회전 각도

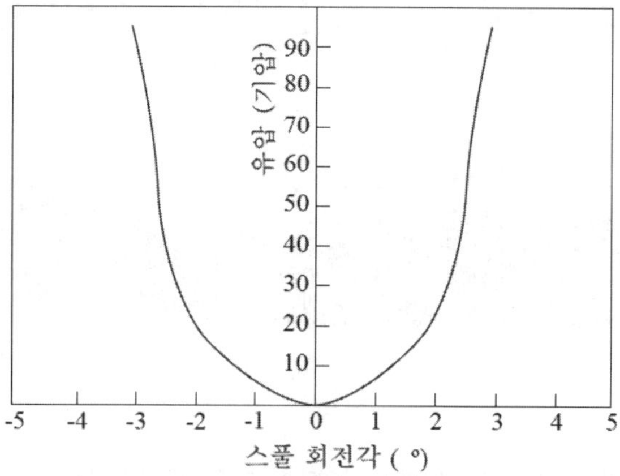

| 그림 13-6 | 스풀의 회전각에 따른 발생 유압

는 아주 작다. 비틀림 상수가 1.558$Nm/\deg$인 토션 바를 3도 비틀기 위해서는 약 4.5Nm의 토크가 필요하고 운전대의 반경을 0.2m로 가정하면 운전자는 약 2.5kg_f의 힘을 가해야한다.

어떠한 이유에 의해서든지 오일펌프에서의 유압이 동력실린더로 전달되는 것이 실패한 경우에도 조향 기능은 확보되어야한다. 이 경우 운전자가 운전대를 강한 힘으로 돌리면 토션 바가 비틀리고 스풀은 같은 방향으로 회전한다. 회전 각도가 어느 이상이 되면 사진 13-9(e)의 스풀의 직선부분과 사진 13-9(d)의 피니언 기어가 연결되는 부분의 직선부분이 직접 접촉하여 스풀이 직접 피니언 기어를 회전시켜 조향을 한다.

(4) 유량조절밸브

사진 13-10의 유량조절밸브(flow control valve)는 오일펌프의 출구 쪽에 설치되어 엔진의 회전수에 따라 로터리 밸브로 공급되는 유량을 조절하여 핸들 필요 조작력을 조절해주는 장치이다.

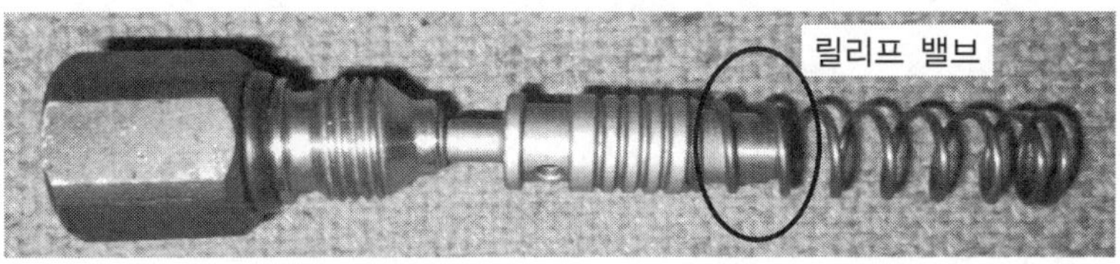

| 사진 13-10 | 유량 조절 밸브

1) 엔진 회전수가 낮을 때

엔진 회전수가 낮을 경우 일반적으로 차량의 속도는 낮고 이 경우 핸들의 필요 조작력을 낮추는 것이 좋다. 엔진에 연결된 오일펌프의 회전수는 엔진 회전수와 비례하므로 오일펌프에서 토출되는 오일의 양이 많지 않아 오일 압력은 높지 않다. 그림 13-7(a)와 같이 오일압력이 낮아 유량조절밸브는 스프링 때문에 오른쪽으

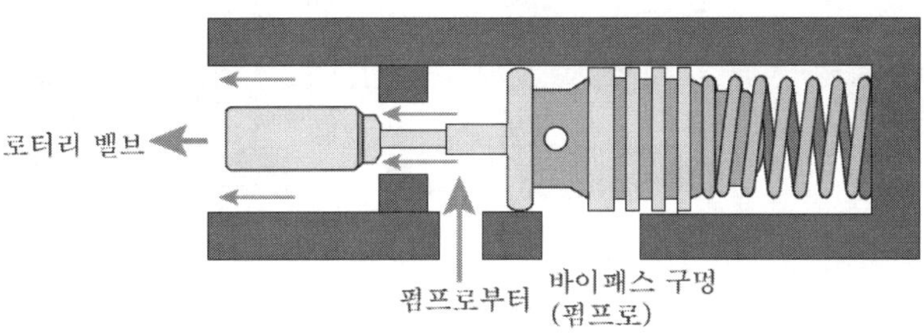

| 그림 13-7(a) | 엔진 회전수가 낮을 때

로 이동하지 못해 펌프로 되돌아가는 바이패스 구멍은 닫히고 로터리밸브로 가는 오리피스의 면적은 넓어 오일펌프로부터 오는 오일은 모두 로터리 밸브로 흐른다.

2) 엔진 회전수가 중간일 때

엔진의 회전수가 증가함에 따라 오일펌프의 회전수도 높아진다. 펌프에서 공급되는 오일의 양이 증가하므로 오일의 압력이 상승한다. 그림 13-7(b)와 같이 엔진 회전수가 낮을 때보다 유량조절밸브는 오른쪽으로 이동하여 바이패스 구멍이 커져 일부의 오일은 펌프로 다시 보내지므로 로터리 밸브로 공급되는 오일의 양은 감소한다. 이로 인해 엔진 회전수가 낮을 때보다 핸들 조작력은 증가한다.

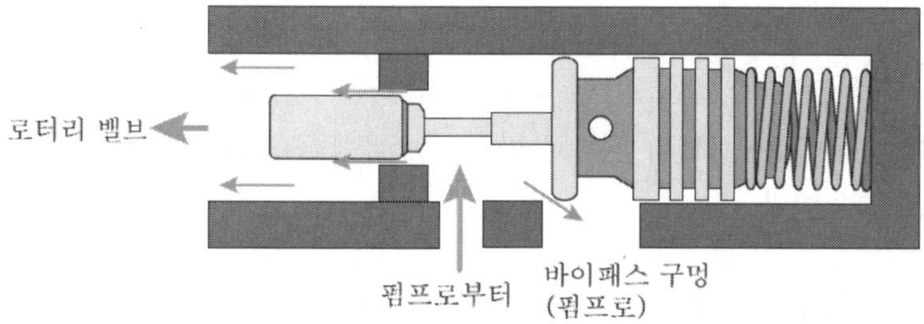

| 그림 13-7(b) | 엔진 회전수가 중간일 때

3) 엔진 회전수가 높을 때

엔진 회전수가 단계 2)의 회전수보다 더 높아지면 펌프의 회전수는 더욱 상승한다. 오일 유량의 증가로 인해 오일의 압력 역시 상승한다. 이로 인해 그림 13-7(c)와 같이 유량조절밸브는 오른쪽으로 더욱 이동하여 바이패스 구멍은 더 넓어지고 로터리 밸브로 가는 오일의 오리피스 구멍은 축소되어 일부의 오일만 로터리 밸브로 공급되어 핸들 조작력은 크게 증가한다. 이는 차량이 고속으로 주행할 때 유량을 감소시켜 핸들 조작이 어렵도록 하여 고속 주행안전성을 높이는 것이다.

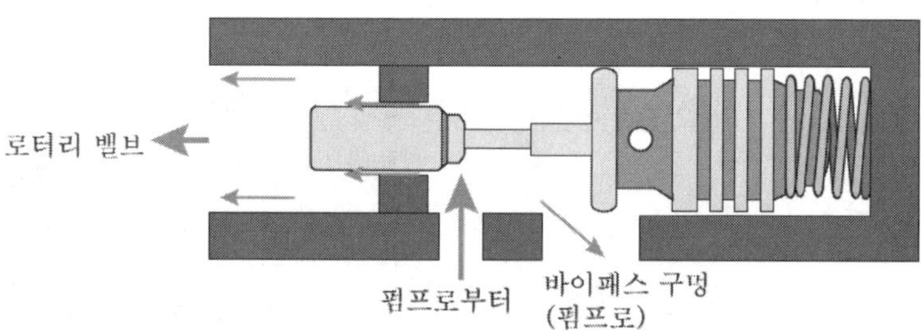

| 그림 13-7(c) | 엔진 회전수가 높을 때

4) 릴리프 밸브

유압회로와 조향기구(steering linkage)를 보호하기 위해 유압회로 내의 최고압력을 제한하는 장치가 릴리프 밸브(relief valve)이다. 이는 사진 13-10의 유량조절밸브의 우측에 설치되어 있으며 이를 분해한 것이 사진 13-11이다. 유량조절밸브와 로터리밸브 사이의 A실의 압력이 상승하면 이와 연결된 B실 압력이 상승한다. 릴리프 밸브에 설치된 스프링의 설정 압력보다 높은 압력이 작용하면 릴리프 밸브가 열려 A실의 오일은 구멍 C를 통해 오일펌프로 흘러 A실 압력이 떨어진다. 그림 13-8(a)와 (b)는 각각 릴리프 밸브가 작동하는 않는 경우와 작동하는 경우를 나타낸다. 그림 13-8(a)의 우측에 스틸 볼로 막혀있는 릴리프 밸브에 고압이 작용하면 그림 13-8(b)와 같이 밸브가 열려 고압의 오일은 구멍 C와 바이패스 구멍을 지나 오일펌프로 다시 흘러간다. 참고로 어느 차량의 최고 유압은 8.3~8.8MPa, 85~90kg_f/cm^2, 1209~1280 psi이다.

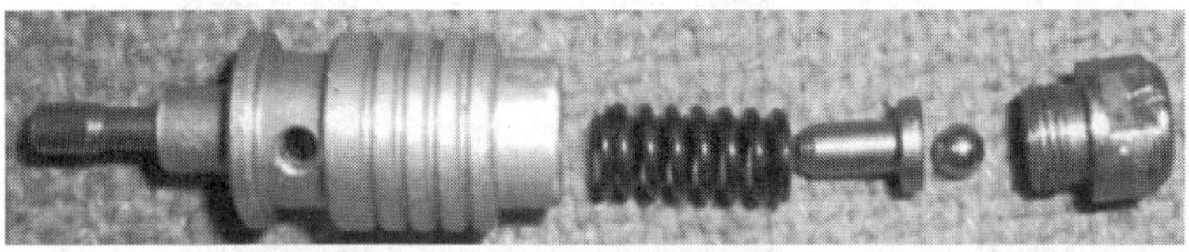

| 사진 13-11 | 유량조절밸브에서 분해된 릴리프 밸브

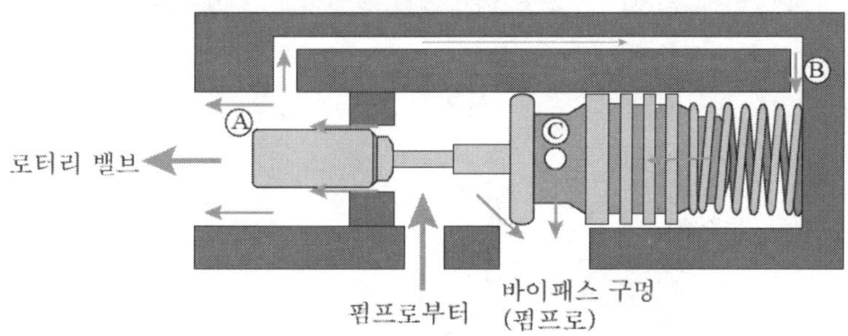

| 그림 13-7(d) | 릴리프 밸브

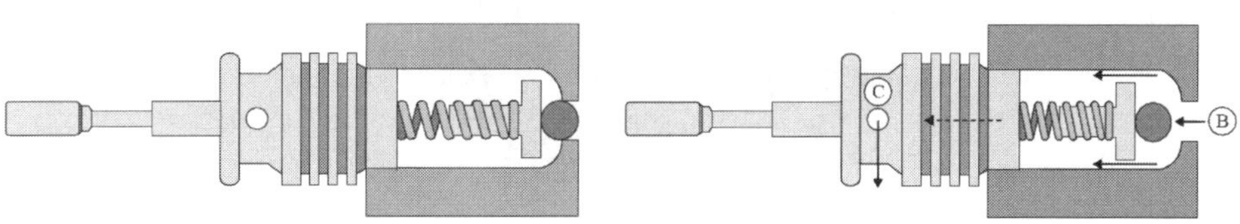

(a) 릴리프 밸브가 동작하지 않을 때 (b) 릴리프 밸브가 동작할 때

| 그림 13-8 |

13-5 심화내용

13-5-1 조향축

조향축(steering axis)은 조향할 때 바퀴가 회전하는 중심선을 말한다. 사진 13-12와 같은 맥퍼슨 형식의 현가장치에서 조향축은 로워 암(lower arm)과 너클(knuckle)을 체결하는 볼 조인트와 상부 스트러트 어셈블리의 중심선을 연결한 선이다. 반면 그림 13-9와 같은 더블 위시본 형식의 현가장치에서는 상하부의 암과 너클을 연결하는 볼 조인트를 연결한 선이 조향축이다.

(a) 맥퍼슨 현가장치의 조향축

(b) 맥퍼슨 현가장치의 조향암

| 사진 13-12 |

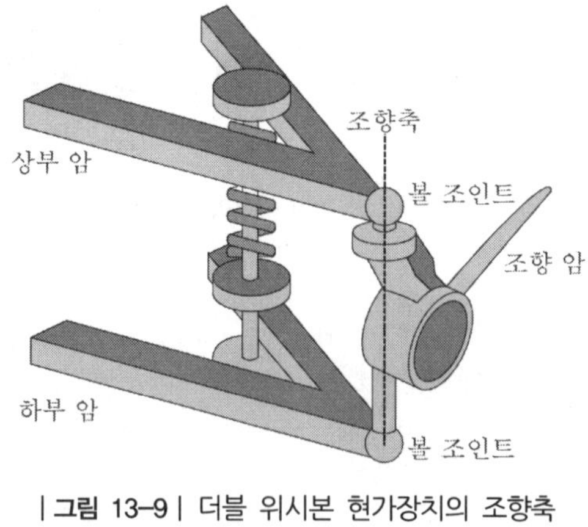

| 그림 13-9 | 더블 위시본 현가장치의 조향축

13-5-2 압력 상승의 원리

그림 13-10과 같이 두 지점 1과 2의 높이 차를 무시하고 베르누이 방정식을 적용하면 다음 결과를 얻는다.

$$p_1 + \frac{1}{2}\rho v_1^2 = p_2 + \frac{1}{2}\rho v_2^2 \tag{13-4}$$

액체는 비압축성 유체이므로 두 지점 사이에 연속방정식을 적용하면 속도와 단면적 사이에

$$A_1 v_1 = A_2 v_2 \tag{13-5}$$

의 관계를 얻는다. 식 (13-4)와 (13-5)를 이용하여 두 지점 사이에 압력 차이는

$$\Delta p = p_1 - p_2 = \frac{\rho}{2}\frac{A_1^2 - A_2^2}{A_2^2}v_1^2 \tag{13-6}$$

가 된다. $A_1 \gg A_2$이므로 압력 차이는 다음과 같은 간단한 식으로 표현된다.

$$\Delta p = \frac{\rho}{2}\frac{(A_1 v_1)^2}{A_2^2} = \frac{\rho}{2}\frac{Q^2}{A_2^2} \tag{13-7}$$

압력 차이는 체적 유동률(Q)의 제곱에 비례하고 면적의 제곱에 반비례한다.

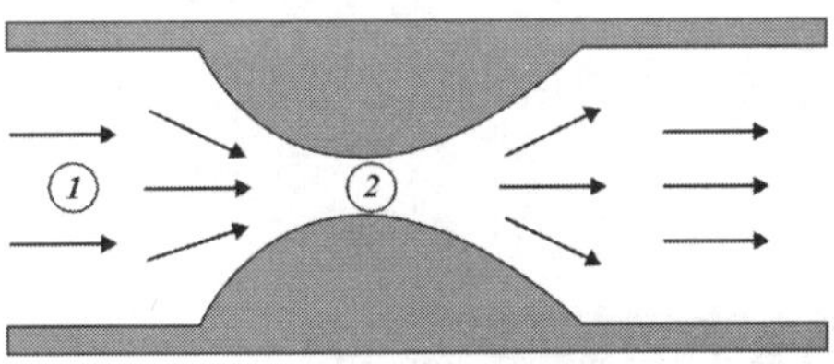

| 그림 13-10 | 두 지점 사이의 압력 차

13-5-3 조향력 계산

조향장치의 조향비는 운전대와 조향 바퀴의 회전각도의 비로 정의되며

$$조향비 = \frac{\theta_{sw}}{\theta_w} \tag{13-8}$$

로 표시된다. 여기서 θ_{sw}와 θ_w는 각각 운전대(steering wheel)와 전륜의 회전 각도를

나타낸다. 운전대를 한 회전할 때 바퀴가 20도 회전하면 이 시스템의 조향비는 18:1이다. 운전자가 운전대에 한 일이 모두 바퀴를 회전하는데 사용된다고 가정하면 다음 식이 성립한다.

$$F_{sw} R_{sw} \theta_{sw} = F_w R_w \theta_w \tag{13-9}$$

여기서 F_{sw}와 F_w는 각각 운전대에 가한 조작력과 바퀴에 작용하는 힘을 나타내고 R_{sw}와 R_w는 운전대의 반지름과 그림 13-11에 보인 것과 같이 조향축에서 조향너클과 타이로드 엔드의 연결점까지의 거리를 뜻한다. 그림 13-11은 사진 13-13을 간단히 모델링한 것이다. 두 힘 사이에는 다음과 같은 식이 성립한다.

$$\frac{F_{sw}}{F_w} = \frac{R_w \theta_w}{R_{sw} \theta_{sw}} \tag{13-10}$$

R_w / R_{sw}이 작은 값을 가지면 조향을 위한 핸들 조작력이 작아지며 이는 운전대의 반지름이 큰 경우를 뜻한다. 랙이 움직인 거리와 타이로드 엔드가 이동한 거리는 거의 동일하므로

$$R_p \theta_{sw} = R_w \theta_w \tag{13-11}$$

의 관계식을 얻고 R_p는 피니언 기어의 반지름이다. 식 (13-11)을 이용하면 조향비는

$$\frac{\theta_{sw}}{\theta_w} = \frac{R_w}{R_p} \tag{13-12}$$

로 간단히 표현된다. θ_w / θ_{sw}가 작으면 즉 조향비가 증가하면 식 (13-10)에 의해 조작력이 역시 감소한다.

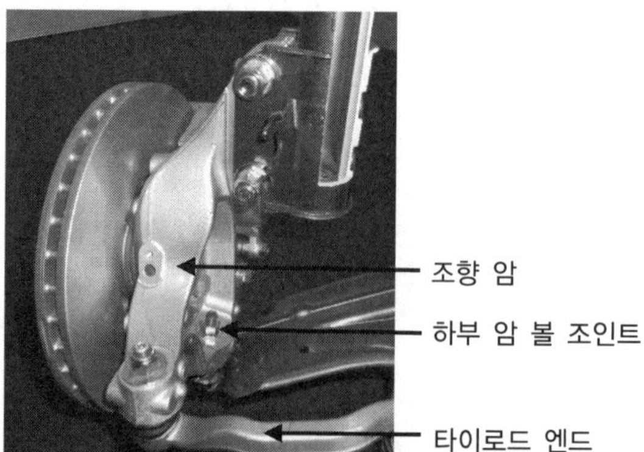

| **사진 13-13** | 조향 너클과 타이로드 엔드

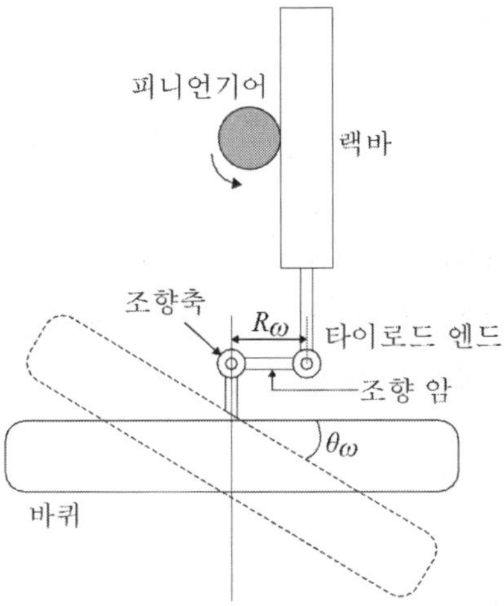

| 그림 13-11 | 조향력 계산을 위한 모델

정지한 자동차를 조향하기 위해 필요한 핸들 조작력은 어느 정도일까? 타이어와 아스팔트의 정지 마찰계수는 0.72이고 차량의 질량은 1500kg이며 앞바퀴에 총 차량 중량의 60%가 작용한다고 가정하자. 앞바퀴에 작용하는 하중은 900kg이다. 앞바퀴에 작용하는 정지 마찰력(F_f)은 다음과 같다.

$$F_f = 0.72 \times 900 \times 9.8 \approx 6,350N$$

F_f는 식 (13-9)에서 F_w와 동일한 것이다.

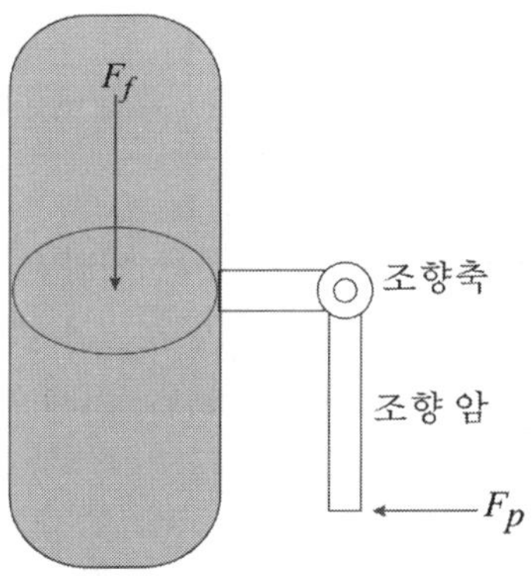

| 그림 13-12 | 타이어에 작용하는 마찰력과 타이로드에 작용하는 힘

그림 13-12에서 회전중심(조향축)으로부터 힘이 작용하는 거리가 같다고 가정하면 타이로드 엔드에 가해질 힘(F_p)은 마찰력(F_f)과 동일하다. 피니언 기어에 작용하는 모멘트 평형에 의해 다음식이 유도된다.

$$F_p R_p = F_{sw} R_{sw}$$

이 식으로부터 운전대 필요 조작력은

$$F_{sw} = \frac{R_p}{R_{sw}} F_p \approx \frac{7.28mm}{200mm} \times 6,350 \approx 230N \approx 23kg_f$$

이다. 이 차량을 정지한 상태에서 조향하기 위해서 운전자는 약 23kg의 힘을 운전대에 가해야한다. 즉 운전자의 힘만으로 조향하기가 쉽지 않다는 것을 알 수 있다. 따라서 차량의 무게가 증가할수록 동력조향장치가 필요함을 알 수 있다.

13-5-4 토션 바

다음 값은 어느 차량에 사용된 조향장치의 참고 자료이다.

| 표 13-2 | 조향장치의 참고 자료

항 목	값
조향 휠	3.15 회전
랙 최대 변위	$144 \pm 1mm$
내측륜 최대 조향각	40°1′ ±2°
외측륜 최대 조향각	33°45′
토션바의 비틀림 상수	1.558Nm/deg
피니언 반경	7.28mm
랙과 피니언 기어의 기어비	45.74 [mm/회전]
토션 바(측정치)	d=5.6mm, L=80mm
steel	E=200GPa, ν=0.3, G=75GPa

토션 바는 한끝은 운전대와 연결되고 다른 끝은 피니언 기어와 연결된다. 운전자가 운전대를 돌리면 사진 13-14와 같이 토션 바가 토크를 받아 비틀리고 여기에 설치된 스풀이 회전하여 로터리 밸브의 유로를 결정한다. 위에 주어진 토션 바의 비틀림 상수를 계산하면 다음과 같다.

$$\frac{T}{\phi} = \frac{GJ}{L} = \frac{75GPa \times \frac{\pi}{32}(5.6mm)^4}{80mm} = 1.578Nm/\deg$$

여기서 계산된 값은 표 13-2에 주어진 값과 거의 일치한다. 그림 13-6에 보인 스풀의 회전각의 최댓값은 약 3도이므로 토션 바를 3도 회전하는데 필요한 토크는 5.55Nm이며 운전대의 반지름을 20cm로 가정하면 운전자는 약 $2.4kg_f$의 힘을 가하면 된다.

이 힘은 13-5-3에서 계산한 조향력의 약 10%정도에 불과하다.

| 사진 13-14 | 운전대 조작에 의해 토크를 받는 토션 바

13-5-5 전동식 조향장치

(1) 순수 전기식(electric power steering)

엔진에 의해 유압을 발생하는 기존 조향장치는 조향하지 않을 때에도 유압펌프는 계속 구동된다. 전동식 조향장치는 운전자가 조향할 때만 동작하므로 연비 개선 효과뿐만 아니라 유압을 이용하지 않으므로 배관이 필요 없고 또 유압용 기름에 의한 환경오염도 존재하지 않는다. MDPS(motor driven power steering)는 순수 전기식 조향장치이다. 이는 운전자가 조향할 때 필요로 하는 힘을 경감시켜 가볍게 조작될 수 있도록 모터가 도와준다. 운전자가 운전대를 돌릴 때 토크센서(또는 조향각 센서)의 값을 측정하여 여기에 상응하는 신호로 모터의 토크를 제어하여 조향을 하는 방식이다. 다음 표는 모터 설치위치에 따른 순수 전기식의 형식을 비교한 것이다.

| 표 13-3 | 순수 전기식 조향장치의 형식

형 식	모터 설치 위치	특 징
컬럼 타입	운전대와 조향기어 사이	• 유니버설 조인트 및 피니언 샤프트의 강성 및 전달 효율이 중요 • 1.5리터 이하의 차량에 적용
피니언 타입	피니언 기어	• 응답시간 짧다 • 엔진룸에 설치되므로 설치위치의 환경적 요인이 열악 • 2~2.5리터 차량에 적용
랙 타입	랙	• 중공형 모터 속을 랙바가 관통 • 모터가 랙을 직접 구동 • 2.5리터 이상 차량에 적용

(2) 전동 유압식(electro-hydraulic power steering)

유압식 동력 조향장치의 유압펌프는 엔진과 직결되어 있어 엔진 회전수와 비례하여 구동된다. 오일펌프의 오일 토출량 역시 엔진 회전수에 비례하므로 실제 조향력 경감을 위해 필요로 하는 오일 토출량과는 반대이다. 기존 유압식은 유량제어밸브를 이용하여 고속시의 유량을 제어하여 안전성을 확보하나 저속 주행 시 응답성이 느린 단점을 해결할 수 없다. 조향을 하지 않는 경우 유압펌프를 구동하지 않고 또 엔진의 회전수와 관계없이 오일펌프의 토출량을 제어할 수 있도록 전기모터로 유압펌프를 구동하는 시스템이 전동유압식 조향장치이다.

13-5-6 recirculating ball 형식 조향장치

recirculating ball 형식 조향장치의 기어부는 그림 13-13과 같이 볼 너트와 웜기어 및 섹터 기어로 구성된다. 운전대는 웜기어와 연결되어 있고 볼 너트 내부로 웜기어가 회전한다. 웜기어와 볼 너트 사이에 recirculating ball이 존재한다. 웜기어의 회전에 의해 볼 너트는 직선 운동을 하고 볼 너트 외부에 설치된 기어와 섹터 기어가 연결되어 있다. 볼 너트의 직선운동은 섹터 기어의 회전으로 바뀌고 섹터 기어의 회전축에 연결된 pitman arm의 회전운동에 의해 센터링크가 수평 운동을 한다. 이 수평운동에 의해 타이로드가 움직여 휠은 조향된다. 볼은 웜과 볼 너트 사이의 마찰 감소와 마모를 줄이고 기어에서 유격을 감소시킨다. recirculating ball 형식의 조향장치의 전체 구성은 그림 13-14와 같다.

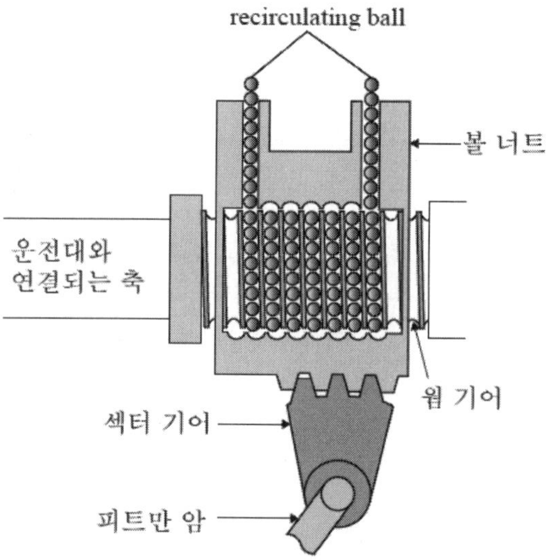

| 그림 13-13 | recirculating ball 형식의 기어부

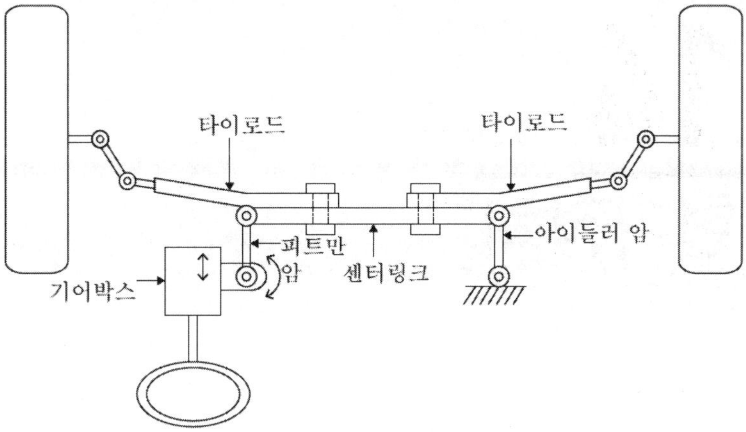

| 그림 13-14 | recirculating ball 형식 조향장치의 전체 구성

CHAPTER

14 현가장치

14-1 현가장치의 목적

현가장치는 "매달다"는 의미의 "현(懸)"과 "설치하다"는 뜻의 "가(架)"가 합쳐진 단어로 바퀴에 차체를 매달기 위해 필요한 장치를 의미하며 영어로는 "매달다"라는 의미를 갖는 "suspension"이라 부른다. 현가장치의 기본적인 목적은 노면의 요철로부터 차체나 승객에게 전달되는 진동이나 충격을 완화함으로써 승차감을 향상하는 것이다. 타이어에 작용하는 구동력, 제동력 그리고 횡력 등은 차량의 안전 운전 즉 차량의 안전과 성능에 영향을 미치는 요인으로 타이어에 작용하는 수직반력과 타이어와 노면의 마찰계수에 영향을 받는다. 수직반력은 타이어와 노면의 접지력으로 차량의 안전성을 확보하기 위해서는 이의 변화를 줄이는 것이 필요하다. 이 역할을 하는 장치가 현가장치이다. 마지막으로 현가장치는 조향장치와 함께 차량의 진로를 결정하는 조종성에 영향을 주며 또한 바퀴의 정렬 특성에 의해 조향 조작력 등에도 영향을 미친다.

14-2 현가장치의 구성 요소

14-2-1 스프링

스프링은 차체의 상하 방향의 하중을 지지하고 쇼크 업소버(shock absorber)와 함께 노면으로부터의 충격을 완화한다. 스프링 상수가 클수록 차고의 변화가 작고 제동 시 발생하는 dive, 출발 시 발생하는 squat, 코너 주행 시의 roll에 의한 차체의 자세

변화가 작아 안전한 주행이 가능하다. 하지만 부드러운 스프링일수록 승차감이 좋은데 상세 내용은 14-5-2를 참고하기 바란다. 일반적으로 승용차의 현가장치에는 코일 스프링이 사용되며 현가장치에 사용되는 스프링의 실물 모습은 사진 14-1에 보인다. 그림 14-1에 보인 코일 스프링의 상수(k)는

$$k = \frac{Gd^4}{8nD^3} \tag{14-1}$$

이며, G, d, n, D는 각각 스프링의 전단 탄성계수, 소선의 반지름, 유효권수 및 스프링 전체의 평균지름을 나타낸다.

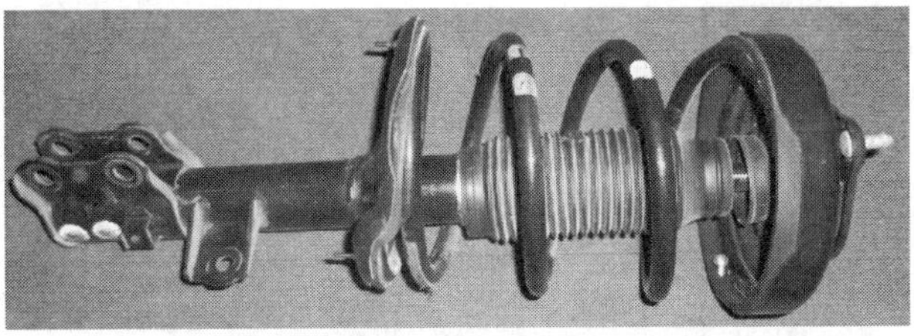

| **사진 14-1** | 현가장치에 사용되는 코일 스프링

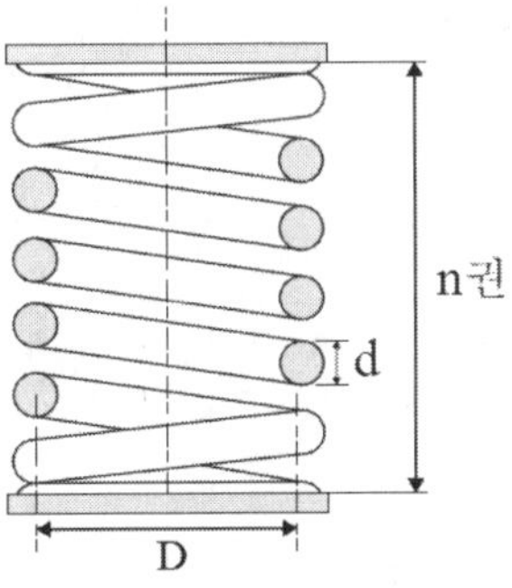

| **그림 14-1** | 코일 스프링의 치수

14-2-2 쇼크 업소버

스프링만 있는 차량은 울퉁불퉁한 길을 주행할 때 차체의 진동은 이론적으로 사라지지 않는다. 이 진동을 감쇠시켜 멈추는 역할을 하는 것이 쇼크 업소버(shock absorber)이다. 이는 유체가 오리피스를 통과할 때 점성저항을 이용하여 차체의 운동 에너지를 열에너지로 변환하여 진동의 폭을 줄이는 것이다. 그림 14-2(a)에 보인 것과 같이 공기 중에서는 진동을 줄이는 감쇠 작용이 거의 없기 때문에 진동이 계속되지만 액체 속에서는 액체의 감쇠작용에 의해 진동이 빨리 사라진다. 이와 같이 감쇠력이 크면 진동을 빨리 줄여 좋은 승차감을 제공하지만 그림 14-3과 같이 고주파 영

역에서는 진동차단 특성이 나빠진다. ζ와 주파수비가 큰 것은 각각 감쇠력과 주파수가 높은 것을 뜻한다. 쇼크 업소버는 제동, 출발 그리고 조향 시와 같은 과도상태에서 차량의 자세에도 영향을 주는 요소이다.

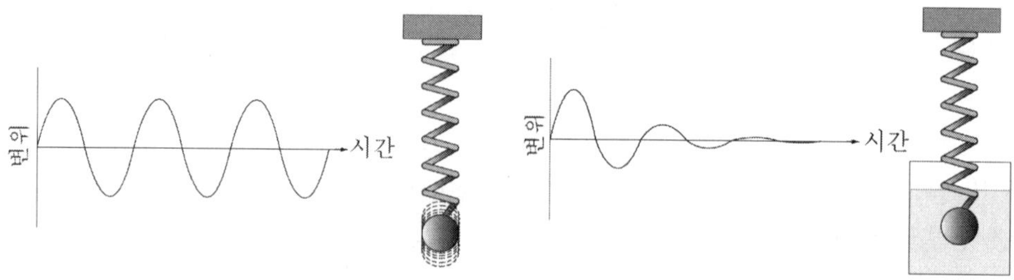

(a) 쇼크 업소버가 없는 경우　　(b) 쇼크 업소버가 있는 경우

| 그림 14-2 |

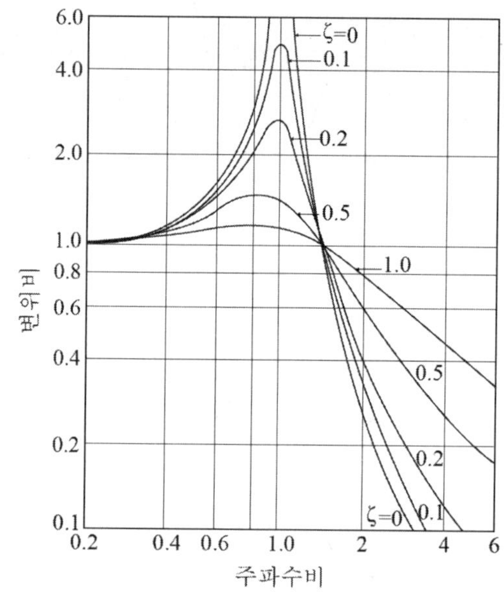

| 그림 14-3 | 감쇠력과 주파수비 및 변위비의 관계

14-2-3 각종 링크

링크(link)나 암(arm)은 차륜과 차체를 연결하는 요소로 이를 차체에 설치할 때 고무 부시(bush)를 사용한다. 타이어는 현가장치의 링크나 암에 의해 결정되는 형상에 따라 움직이며 링크의 길이나 설치 위치 그리고 부시의 강성 등에 따라 토각과 캠버각 등과 같은 타이어의 자세가 변할 수 있다. 이러한 링크의 기하학적 배치를 서스펜션 geometry라 부르고 사진 14-2에는 여러 형태의 링크나 암을 보인다.

(a) 전륜의 하부 암

(b) 전륜의 상부 암

(c) 후륜의 각종 링크

(d) 후륜의 각종 링크

| 사진 14-2 |

14-2-4 부시

각종 링크 장치를 차체에 장착할 때 고무 부시가 사용되며 이의 대표적인 형상은 실린더형 또는 원통형으로 그림 14-4와 같이 금속으로 만들어진 내측 및 외측 슬리브 내부에 천연고무가 채워진다. 부시의 변형이 링크나 암 자체의 탄성변형보다 휠 얼라인먼트의 변화에 더 큰 영향을 줄 정도로 부시의 강성은 차량의 조종안정성에 영향을 준다. 사진 14-3에 다양한 형태의 부시를 보인다.

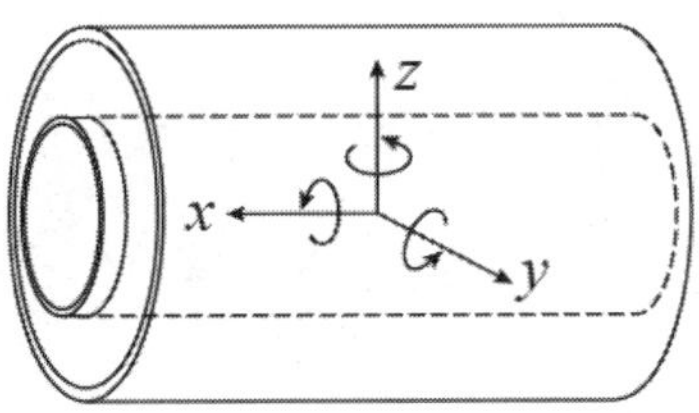

| 그림 14-4 | 원통형 부시

(a) 부시의 여러 형태

(b) 부시의 여러 형태

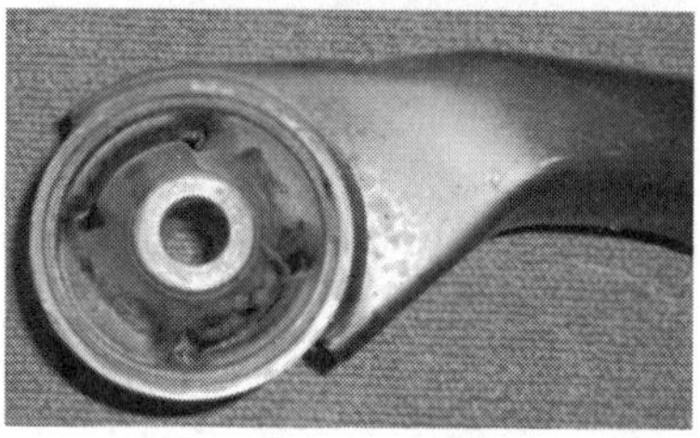

(c) 부시의 여러 형태

(d) 부시의 여러 형태

| 사진 14-3 |

14-2-5 스태빌라이저

자동차가 곡선 길을 주행할 때 발생하는 원심력에 의해 차체의 외측은 낮아지고 내측은 높아지는 롤(roll)이 생긴다. 현가장치의 스프링 강성과 쇼크 업소버의 감쇠력을 변경하여 이러한 롤을 제어하는 것이 가능하나 이들은 승차감에 영향을 주기 때문에 스태빌라이저(stabilizer, anti-roll bar 또는 sway bar)를 추가로 설치하여 롤을 감소시킨다. 사진 14-4는 승용차에 설치된 스태빌라이저의 모습이다. 그 양단은 하부암이나 쇼크 업소버에 연결되고 크로스 멤버에 스태빌라이저 부시를 이용하여 고정된다. 그림 14-5와 같이 좌우륜이 같은 방향으로 움직일 때 스태빌라이저는 차체의 지지점에서 회전만 하고 좌우륜이 다른 방향으로 운동할 때는 스태빌라이저에서 발생되는 비틀림으로 롤을 억제하여 차체의 평형을 유지한다.

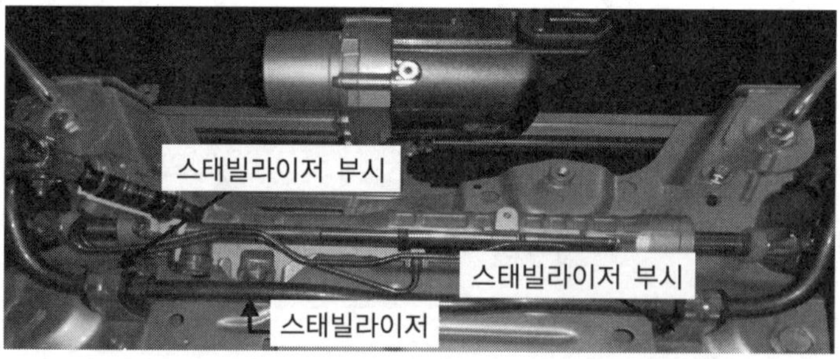

| 사진 14-4 | 승용차에 설치된 스태빌라이저 및 부시

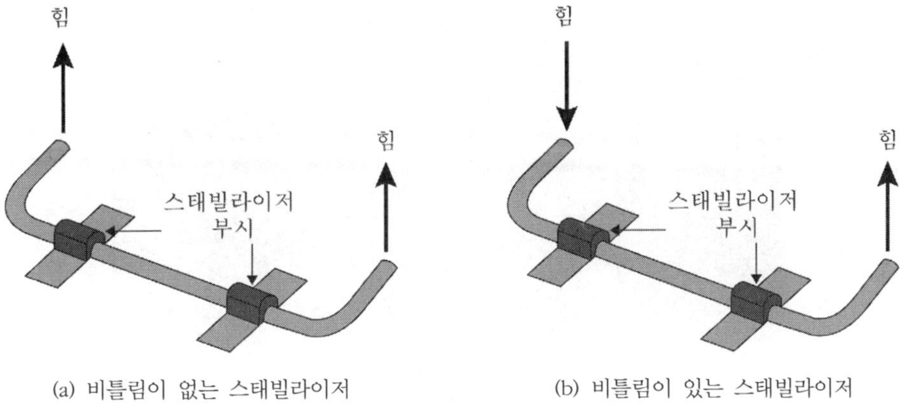

| 그림 14-5 |

14-2-6 너클

사진 14-5는 맥퍼슨 형식의 현가장치에 사용되는 너클(knuckle)로 여기에 현가장치인 하부(lower) 암과 쇼크 업소버, 제동장치인 캘리퍼 그리고 조향장치인 타이로드 엔드가 설치된다. 또한 브레이크 디스크, 휠 및 타이어가 여기에 설치된다.

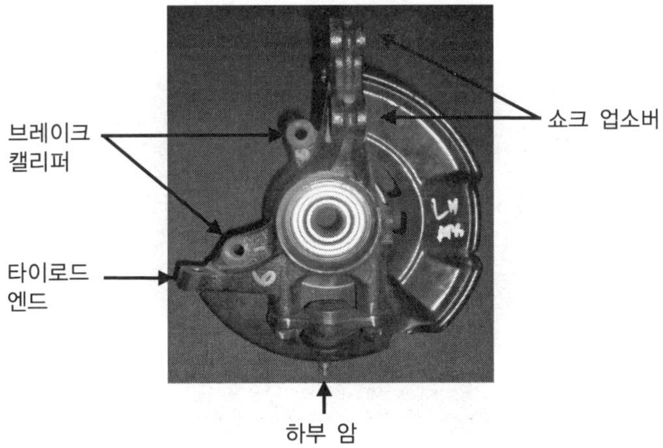

| 사진 14-5 | 너클

14-2-7 멤버

멤버(member)는 차체를 고정하고 또한 현가장치의 부품인 암(arm)류, 스태빌라이저 등을 고정 및 지지한다. 사진 14-6은 멤버의 실제 모습이다.

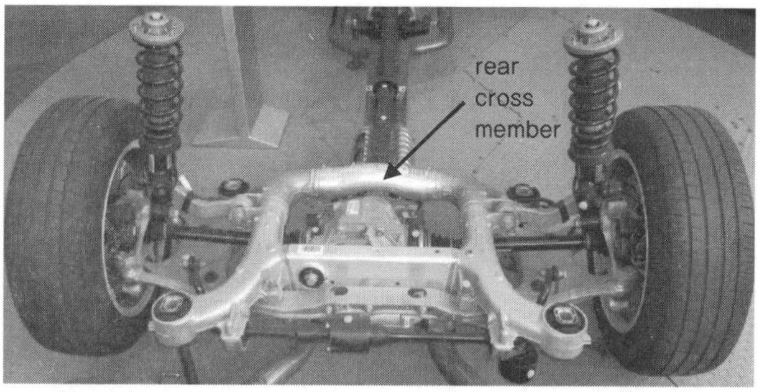

(a) BMW의 rear cross member

(b) 국내 차량의 rear cross member

(c) 국내 차량의 front cross member (井 type)

(d) 국내 차량의 front cross member (H type)

| 사진 14-6 |

14-3 현가장치의 형식

현가장치는 좌우륜을 하나의 차축으로 연결하는 일체차축식 현가장치와 좌우륜을 따로 프레임에 연결하는 독립현가장치가 있으며 후자가 승용차에 사용된다.

14-3-1 맥퍼슨 스트러트 형식

맥퍼슨 스트러트(Macpherson strut) 형식의 현가장치는 쇼크 업소버(shock absorber)와 코일 스프링으로 구성되는 스트러트 어셈블리로 휠의 위치를 결정하고, 스트러트의 상부는 인슐레이터(insulator)를 사용하여 차체에 고정한다. 스트러트의 하부는 너클에 강체 결합하고 하부 암(lower arm)은 너클과 프레임을 각각 볼 조인트와 부시로 연결한다. 사진 14-7은 맥퍼슨 스트러트 형식의 현가장치이다.

| 사진 14-7 | 맥퍼슨 스트러트 형식의 현가장치

14-3-2 Double wishbone 형식

wishbone은 새의 가슴뼈를 뜻하는 것으로 V자형 모습이다. 이것을 암(arm)이라 부르며 두 개의 암과 스트러트 어셈블리로 휠의 위치를 결정하는 것이 double wishbone 형식의 현가장치이다. 상부 및 하부 암(upper & lower arm)은 볼 조인트로 너클에 연결되고 부시로 프레임과 차체에 연결된다. 스트러트 어셈블리는 하부 암과 차체 사이에 설치한다. 사진 14-8은 double wishbone 형식의 현가장치이다.

| 사진 14-8 | double wishbone 형식의 현가장치

14-3-3 멀티 링크식 현가장치

멀티 링크식(multi-link type) 현가장치는 double wishbone에 사용되는 2개의 V자형 암 대신에 여러 개의 링크로 대체한 것이다. 링크는 볼 조인트와 부시를 이용하여 너클과 프레임을 연결한다. 사진 14-9에 멀티 링크식 현가장치를 보인다.

| 사진 14-9 | 멀티 링크식 현가장치

14-4 차륜정렬

14-4-1 토

(1) 토의 정의

차량을 위에서 보았을 때 좌우륜의 중심선은 차체와 평행하지 않고 그림 14-6(a)와 같이 좌우륜의 앞쪽과 뒤쪽의 거리에 차이가 있다. 그림 14-6(b)와 (c)처럼 바퀴의 앞쪽이 뒤쪽보다 좁은 것을 토인(toe-in) 그 반대인 것을 토아웃(toe-out)이라 정의한다. 그림 14-6(a)와 같이 토의 정도는 b-a의 거리(mm)로 표시하는 방법과 각도로 표시하는 두 가지 방법이 있다.

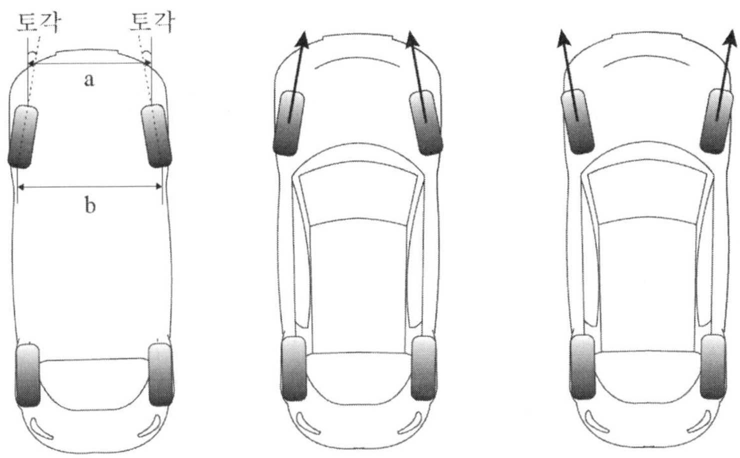

(a) 토의 정의 (b) 토인 (c) 토아웃

| 그림 14-6 |

(2) 토의 역할

외란에 대한 차량의 움직임은 US(under steer) 특성을 갖는 것이 바람직하며 현가장치로 바퀴의 토각을 조정함으로써 이를 얻을 수 있다. 그림 14-7(a)와 같이 직진 주행 중인 차량이 반시계 방향의 외란을 받아 요(yaw) 운동이 시작하면 차륜에 슬립각이 발생하여 타이어에는 코너링 포스가 생긴다. 이 힘의 크기에 의해 차량의 거동은 결정된다. 그림 14-7(b)와 같이 전륜에는 외란에 의해 발생된 슬립각을 줄이고(toe out) 후륜에는 슬립각을 키워(toe zero 또는 toe in) 전후륜에 발생하는 코너링 포스를 다르게 함으로써 외란과 반대인 시계방향의 복원 모멘트를 만들어 안정성을 확보할 수 있다. 코너링 포스를 받을 때 현가장치의 링크에 연결된 부시의 변형을 이용하여 다음과 같이 토각을 바꿀 수 있다. 사진 14-10의 전륜의 모습을 그림으로 간단히 나타낸 것이 그림 14-8로 차량의 위에서 본 모습이다. 너클의 한쪽은 하부 암과 부시를 이용하여 크로스 멤버에 설치되고 너클의 다른 쪽은 타이로드 엔드에 의해 지지된다. 타이어에 코너링 포스가 작용하면 부시와 타이로드 엔드의 강성에 의해 변형정도는 서로 다르다. 부시의 변형량이 클 경우 너클 앞쪽은 그림의 점선과 같이 차체 쪽으로 회전하여 전륜에 토인이 발생한다. 이와 같이 부시의 변형에 의한 토 제어를 "compliance(변형) steer"라 한다. 반면 전륜에 토아웃(toe out)을 주면 조향시 슬립각이 작아져 코너링 포스가 줄어들어 조향 방향으로의 직선운동과 회전운동(yaw)이 감소하여 조종성이 나빠진다.

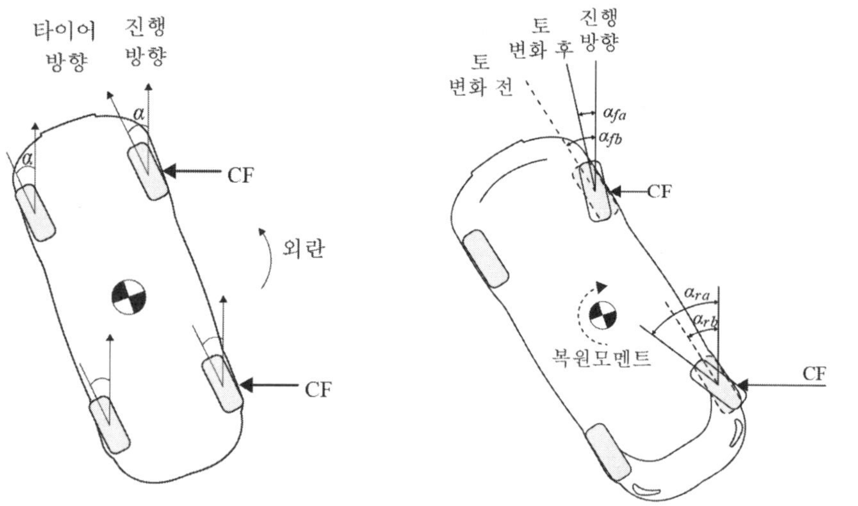

(a) 직진 주행 중 외란 (b) 현가장치에 의한 토 변화로 복원 모멘트 발생

| 그림 14-7 |

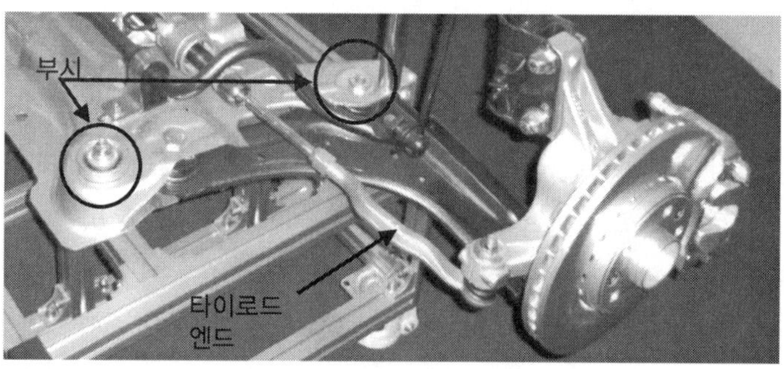

| 사진 14-10 | compliance steer의 메커니즘

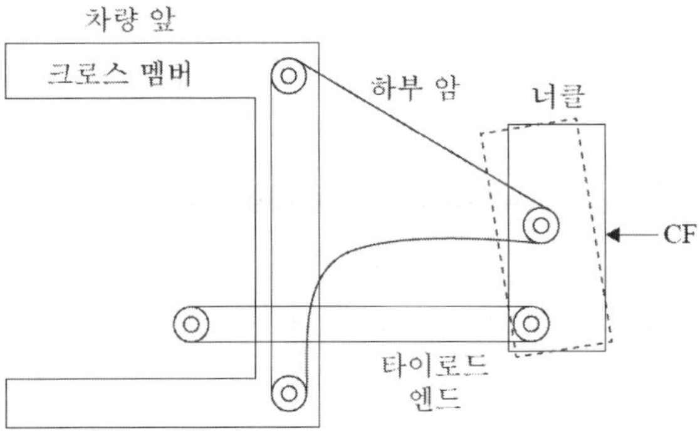

| **그림 14-8** | 코너링 포스에 의한 전륜의 토 변화

곡선 길을 주행할 때 차량에 발생하는 원심력에 의해 외측은 차체의 높이가 낮아지고 내측은 반대로 높아지는 롤(roll) 현상이 발생한다. 이로 인해 서스펜션은 상하로 움직이며 이를 이용하여 토각 변화를 만들어 안정성을 높이는 것을 "roll steer" 또는 "bump steer"라 부른다. 외측 전륜에는 코너링 포스를 줄이기 위해 토아웃, 외측 후륜은 코너링 포스를 키우기 위해 토인 또는 토 zero가 되도록 함으로써 요(yaw) 모멘트를 줄인다. 그림 14-9는 차량의 롤 운동에 의한 외측 전륜의 토 변화를 보인다. 롤 운동 시 외측 바퀴는 차체에 비해 상대적으로 상승하므로 하부 암은 멤버에 고정된 부시를 기준으로 회전하고 타이로드 엔드는 랙바와 타이로드가 연결되는 볼 조인트를 기준으로 회전한다. 하부 암보다 타이로드 엔드의 길이가 긴 경우 롤이 발생하면 전륜에는 점선과 같이 토인이 발생한다. 서스펜션 링크의 길이와 배치를 달리함으로써 차량의 상하 운동에 따른 토 변화를 얻을 수 있다.

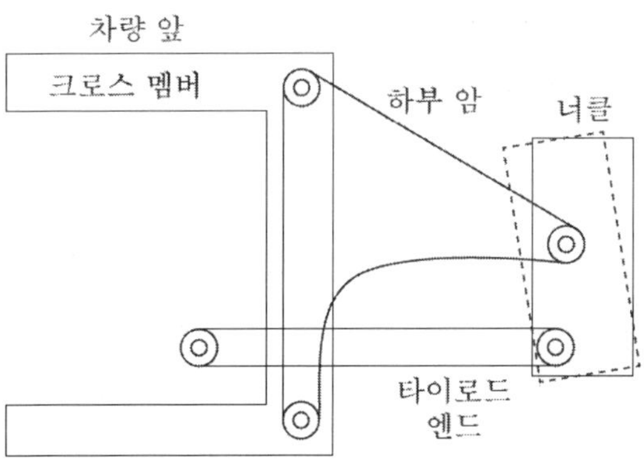

| **그림 14-9** | 롤에 의한 토 변화

주행 중 토각이 존재하면 차량의 진행방향과 타이어의 구름방향이 달라 타이어에 슬립각이 발생한다. 이로 인해 타이어는 구름뿐만 아니라 미끄러짐이 동시에 발생하므로 타이어는 미끄러짐에 의해 빠르게 마모된다. 표 14-1에 보인 것과 같이 차량의 실제 토 값은 0이다.

14-4-2 캠버

(1) 캠버의 정의

그림 14-10과 같이 타이어를 앞에서 보았을 때 타이어 중심선과 지면의 수선이 이루는 각을 캠버각 (camber angle)이라 정의한다. 노면의 수직선에 대해 타이어가 차체 쪽으로 기울어져 있는 경우를 음의 캠버, 차체 밖으로 기울어져 있는 경우를 양의 캠버라 한다.

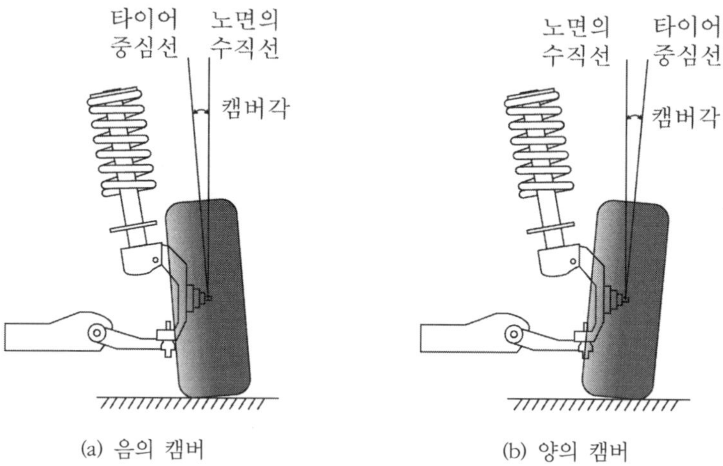

| 그림 14-10 | 캠버 정의

(2) 캠버의 역할

타이어의 접지 면적이 증가하면 접지 면압이 낮아지고, 접지 면압이 낮을수록 타이어의 마찰계수는 증가한다. 타이어는 최대한 지면에 수직인 것이 바람직하다. 즉 지면에 대한 캠버각은 0이 되는 것이 바람직하다. 캠버가 0이면 타이어에는 균일한 마모가 일어난다. 캠버각이 존재하면 그 값이 음이든 양이든 타이어와 지면과의 접촉 면적이 감소하여 모두 타이어의 불균일하고 빠른 마모를 일으킨다. 양의 캠버가 주어지면 타이어의 바깥쪽 shoulder의 마모가 촉진되고 음의 캠버가 주어지면 안쪽 shoulder의 마모가 많아진다.

그림 14-11(a)와 같이 차량이 곡선 길을 주행할 때 외측륜은 차체 롤에 의해 양의 캠버가, 내측륜은 음의 캠버가 발생한다. 지면에 대해 zero 캠버를 유지하기 위해서는 외측륜은 음의 캠버가, 내측륜은 양의 캠버가 만들어지도록 서스펜션을 설계해야 한다. 서스펜션의 암의 길이와 배치가 그림 14-11(b)와 같은 경우를 생각하자. 차체가 롤 운동할 때 내측륜과 외측륜은 각각 바퀴가 차체에 대해 아래와 위로 움직인 경우이다. 그림 14-11(b)의 점선과 같이 내측륜에는 양의 캠버가 외측륜에는 음의 캠

버가 발생한다. 그림 14-11(a)와 같이 롤 운동시 발생하는 캠버와 그림 14-11(b)와 같이 서스펜션의 암에 의해 발생하는 캠버가 서로 상쇄되어 그림 14-11(c)와 같은 영의 캠버를 얻는다. 이와 같이 서스펜션의 암의 길이와 배치에 의해 원하는 캠버각을 얻어 외측륜과 내측륜의 접지면적을 넓힘으로써 양 타이어에 작용하는 코너링 포스를 증가시켜 곡선 길 주행의 안정성을 높일 수 있다.

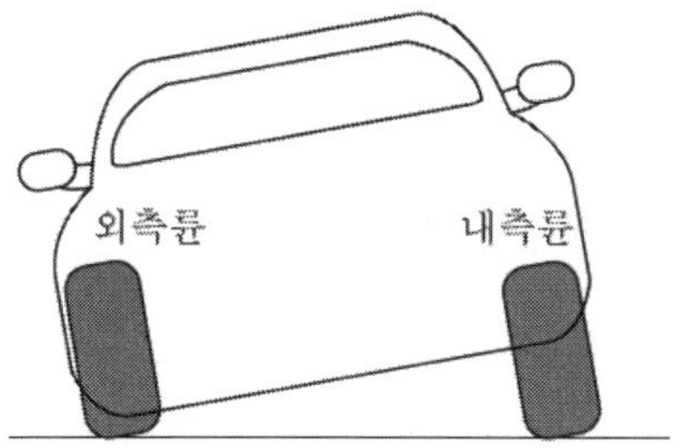

(a) 곡선 길 주행시 롤에 의한 캠버

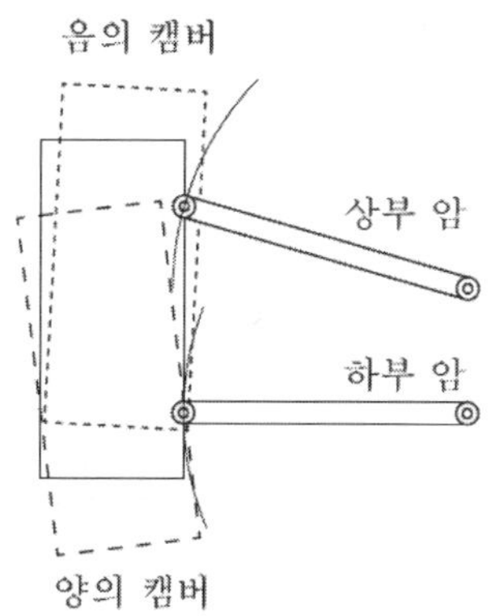

(b) 현가장치 설계에 의한 캠버 변화

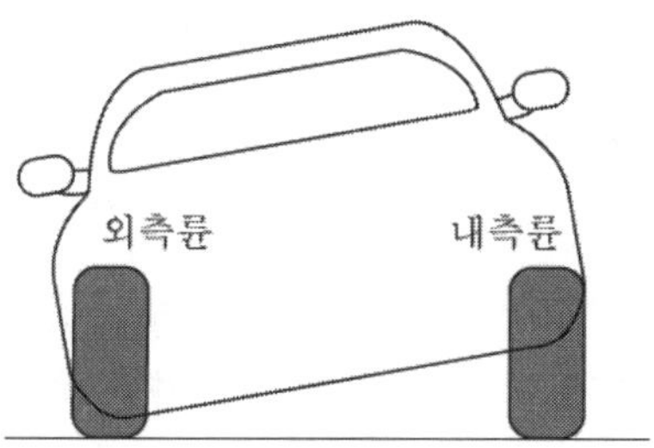

(c) 그림 14-11(b)의 현가장치를 적용한 차량의 곡선 길 주행시 캠버

| 그림 14-11 |

곡선 주행 시 슬립각뿐만 아니라 캠버각 역시 타이어에 코너링 포스를 발생한다. 캠버각은 캠버 스러스트(camber thrust)의 형태로 코너링 포스에 영향을 준다. 자세한 내용은 14-5-3의 캠버 스러스트를 참고하기 바란다. 그림 14-12는 캠버각과 슬립각에 대한 코너링 포스의 변화를 보이며 캠버각이 음으로 갈수록 코너링 포스가 증가함을 알 수 있다. 실제 후륜에 음의 캠버를 줌으로써 코너링 포스를 증가시켜 조향특성을 US 경향을 갖도록 하여 안정성을 향상한다. 2005년형 현대자동차의 엘렌트라의 앞바퀴에는 캠버각이 없고 뒷바퀴에는 음의 캠버(약 -1도)가 주어져 있다.

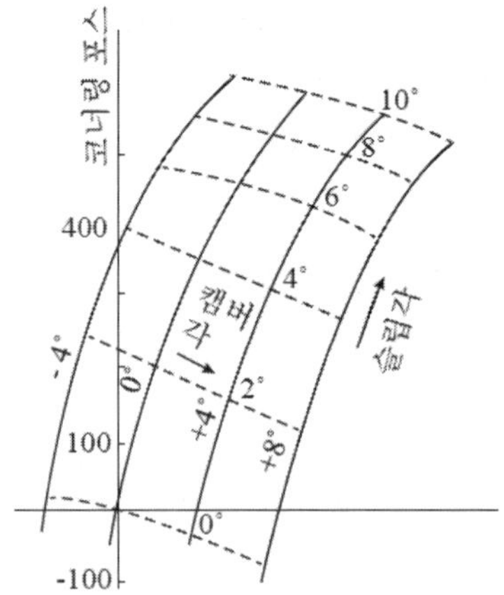

| 그림 14-12 | 캠버각과 슬립각에 의한 코너링 포스의 변화

캠버각은 조향 조작력에 영향을 주며 상세한 내용은 14-5-4에 설명되어 있다. 쉽게 조향하기 위해서는 scrub radius를 줄이는 것이 좋으며 이 값은 캠버각에 따라 변한다. 양의 캠버인 경우는 scrub radius가 감소하고 음의 캠버는 scrub radius가 증가한다. 조향 조작력을 줄이기 위해서는 양의 캠버가 유리하다.

14-4-3 캐스터

(1) 캐스터 정의

자동차를 옆에서 볼 때 조향축이 수직선과 이루는 각을 캐스터(caster) 각이라 부른다. 그림 14-13과 같이 조향축이 수직선에 대해 차량의 뒤쪽으로 기울어진 경우 양의 캐스터라 정의하고 반대인 경우 음의 캐스터라 부른다. 더블 위시본(double wishbone) 형식의 현가장치의 경우 상부 볼 조인트와 하부 볼 조인트의 중심을 연결하는 직선을 조향축이라 부르며 조향 시 타이어는 이 축을 주위로 회전한다. 맥퍼슨 스트러트 형식의 현가장치에서는 스트러트 상단과 하부 볼 조인트를 연결한 직선이 조향축이다. 두 형식의 현가장치의 조향축은 그림 14-13(c)와 (d)에 나타내었다.

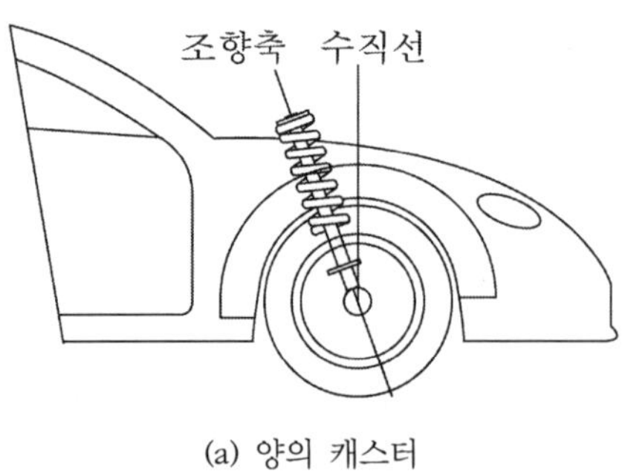

(a) 양의 캐스터

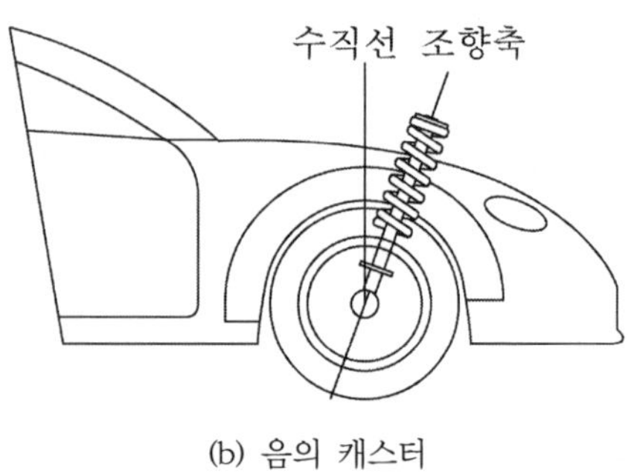

(b) 음의 캐스터

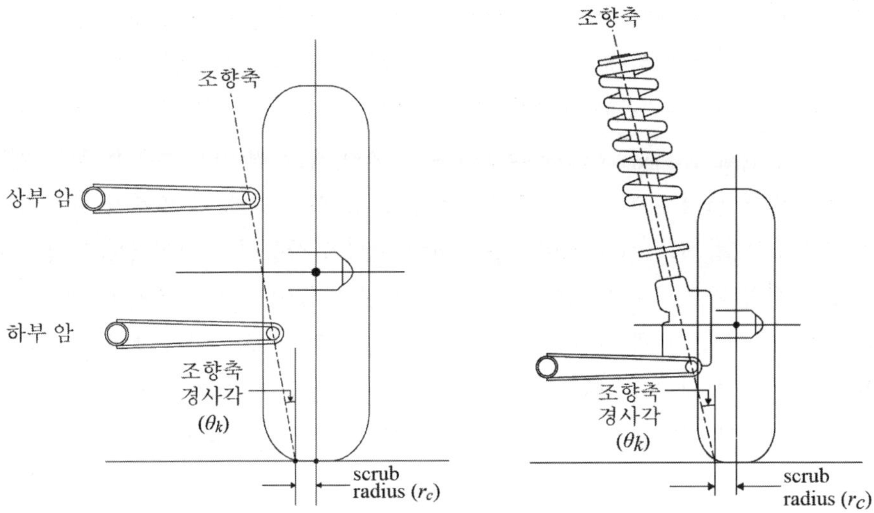

(c) double wishbone의 조향축 (d) 맥퍼슨식 현가장치의 조향축

| 그림 14-13 |

(2) caster 역할

그림 14-14는 캐스터 효과를 설명하기 위한 것으로 손수레에 장착된 캐스터를 보인다. 직진 주행 중 외란에 의해 타이어가 슬립각을 갖는다고 생각하자. 그림 14-14(a)는 양의 캐스터가 있는 경우로 조향축과 지면의 교점이 타이어와 지면의 교점보다 진행 방향 쪽에 있다. 코너링 포스와 구름저항력은 타이어를 조향축을 중심으로 진행방향으로 복귀시키는 모멘트를 발생한다. 반면 그림 14-14(b)와 같이 음의 캐스터가 주어져 조향축이 뒤쪽에 있을 경우 타이어에 작용하는 코너링 포스와 구름저항력은 타이어를 보다 더 직진방향에서 벗어나는 방향으로 모멘트를 유발한다. 이와 같이 양의 캐스터가 주어지면 직진성이 향상된다.

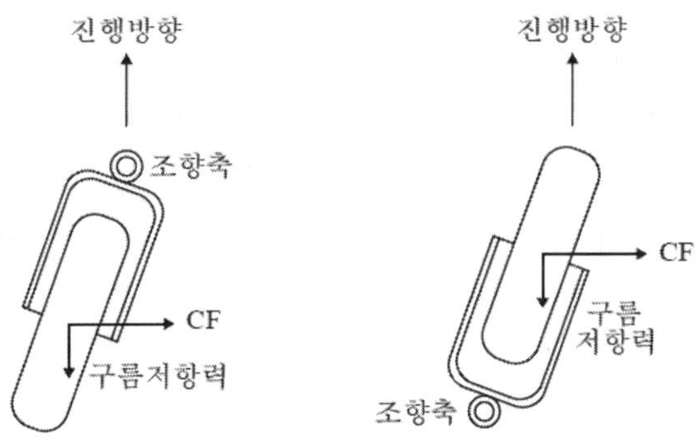

(a) 양의 캐스터 (b) 음의 캐스터

| 그림 14-14 | 캐스터가 직진성에 미치는 영향

직진 주행 중 외란에 의해 직선경로에서 벗어난 차량은 직진 상태로 빨리 복귀하는 것이 좋다. 캐스터 트레일(caster trail)은 그림 14-15와 같이 조향축이 지면과 만나는 점과 타이어의 수직선과 지면의 교점 사이의 거리로 정의된다. pneumatic trail은 타이어의 중심과 코너링 포스가 작용하는 점 사이의 거리이다. 전륜에 양의 캐스터가 주어지면 캐스터 트레일은 그림 14-15와 같다. 직진 주행 중 바퀴가 한쪽으로 돌아간 경우 코너링 포스는 타이어의 pneumatic trail에 작용하며 타이어를 조향축을 중심으로 직진 방향으로 회전시키는 복원 모멘트를 만들어 핸들을 원래의 상태로 되돌린다. 이와 같이 양의 캐스터는 캐스터 트레일 만큼의 모멘트 암을 증가시켜 복원 모멘트를 증가시켜 차량을 빨리 직진 상태로 되돌리는데 도움을 준다. 하지만 캐스터 트레일이 증가할수록 운전대의 조작력이 증대되는 단점이 있다.

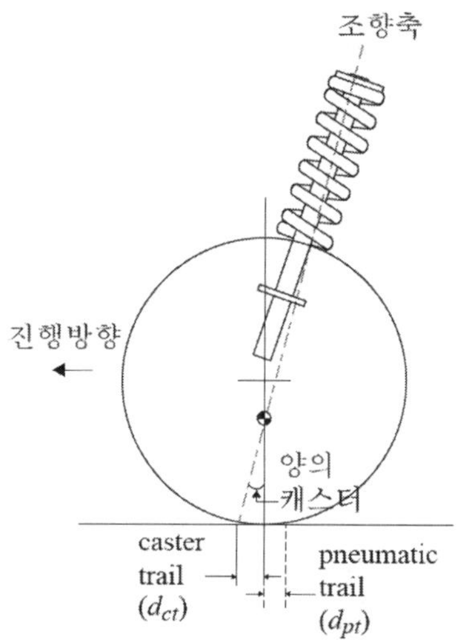

| **그림 14-15** | 캐스터에 의한 직진성

그림 14-16과 같이 양의 캐스트가 있는 경우 좌측이나 우측으로 90°조향 시 외륜에는 음의 캠버가 발생하고 내륜에는 양의 캠버가 발생된다. 그림 14-11(a)와 같이 곡선 주행시 발생하는 차체의 롤(roll)에 의해 외측륜과 내측륜에는 각각 양과 음의 캠버가 발생한다. 따라서 양의 캐스트를 갖는 차량이 곡선 길을 주행할 때 캠버는 서로 상쇄되어 타이어는 지면과 수직으로 접촉하게 되므로 접지면이 넓어져 면압이 줄어들고 코너링 포스가 커져 선회특성이 좋아진다.

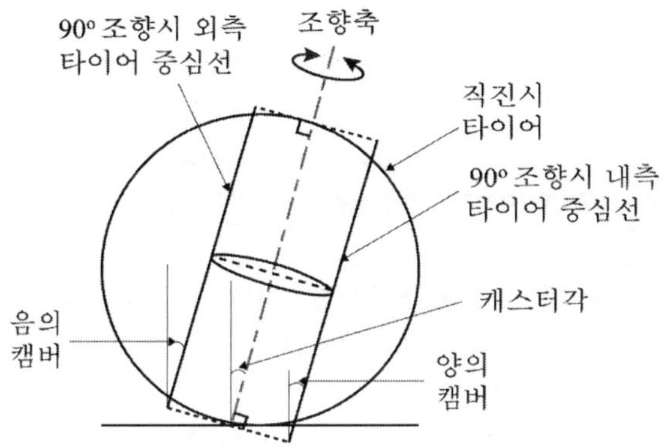

| 그림 14-16 | 캐스터에 의한 조향 시 캠버 발생

14-4-4 킹핀 경사각

자동차를 앞이나 뒤에서 볼 때 조향축 경사각 또는 킹핀(king pin) 경사각은 그림 14-17과 같이 조향축과 타이어 수선이 이루는 각으로 scrub radius의 크기에 영향을 주어 조향 조작력에 영향을 미친다. 이에 대한 자세한 내용은 14-5-4에 설명되어 있다. 또 14-5-5의 (2)에 설명된 것과 같이 조향 핸들에 복원력을 주어 직진 위치로 돌려줌으로써 직진성에 영향을 준다.

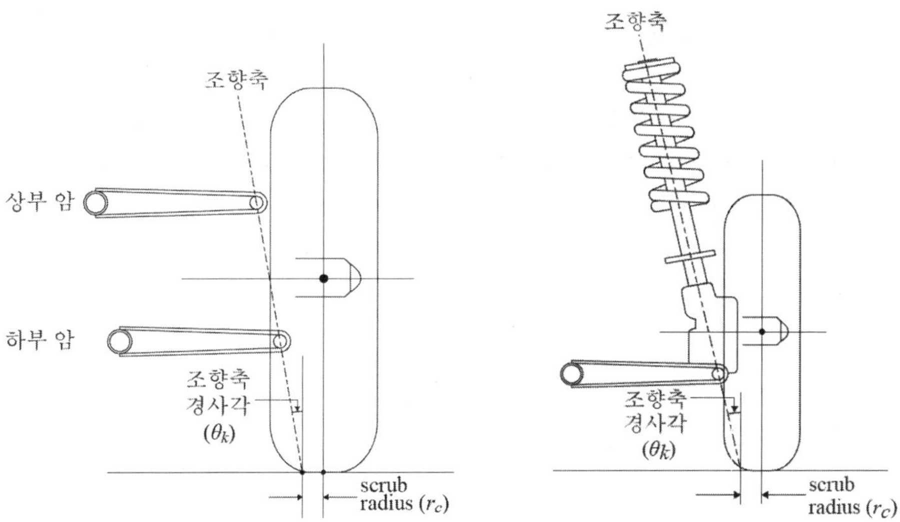

(a) double wishbone의 scrub radius

(b) 맥퍼슨의 scrub radius

| 그림 14-17 |

| 표 14-1 | 앞바퀴 정렬의 정리

앞바퀴 정렬의 요소	정 의	역 할	실제값
캠버 (camber)	앞에서 볼 때 전륜이 수선과 이루는 각도	• Steering wheel 조작력 경감	0°±30′
캐스터 (caster)	옆에서 볼 때 조향축과 수선이 이루는 각도	• 주행중 전륜에 직진성을 줌 • 조향시 직진방향으로의 복원력 제공	2°40′±30′
토인 (toe–in)	위에서 볼 때 전륜의 중심선간의 거리가 앞쪽이 뒤쪽보다 짧다	• 바퀴가 옆 방향으로 미끄러지는 것과 타이어의 마멸 방지 • 조향 링키지의 마멸에 의한 토 아웃 방지	0±3mm
킹핀 경사각	앞에서 볼 때 킹핀과 수선이 이루는 각도	• 캠버와 함께 조향력 경감 • 전륜에 직진위치로 복원력을 줌	13°31′
킹핀 오프셋	조향축과 타이어 회전 중심이 만나는 점과 타이어 중심까지의 거리	• 차체 상승에 의한 핸들 복원력	–3mm

14-5 심화내용

14-5-1 쇼크 업소버의 원리

쇼크 업소버의 내부에 있는 오리피스와 릴리프밸브에 의해 감쇠력이 발생된다. 그림 14-18과 같이 간단히 나타낸 쇼크 업소버 내부의 피스톤 상부(1)와 하부의 오리피스 출구(2)에 베르누이 방정식을 적용한다.

$$p_1 + \frac{\rho_1}{2}v_1^2 = p_2 + \frac{\rho_2}{2}v_2^2 \tag{14-2}$$

피스톤이 위 방향으로 v_1의 속력으로 이동하므로 상부의 오일은 오리피스를 거쳐 하부로 이동하며 오일의 질량유동율은 피스톤 면적(A_1)과 오리피스 면적(A_2)으로 표시된다.

$$\rho_1 v_1 A_1 = \rho_2 v_2 A_2 \tag{14-3}$$

또 오일은 비압축성 유체이므로 밀도가 같다. 즉, $\rho_1 = \rho_2 = \rho$ 이므로

$$v_2 = \frac{A_1}{A_2}v_1 \tag{14-4}$$

인 관계가 성립한다.

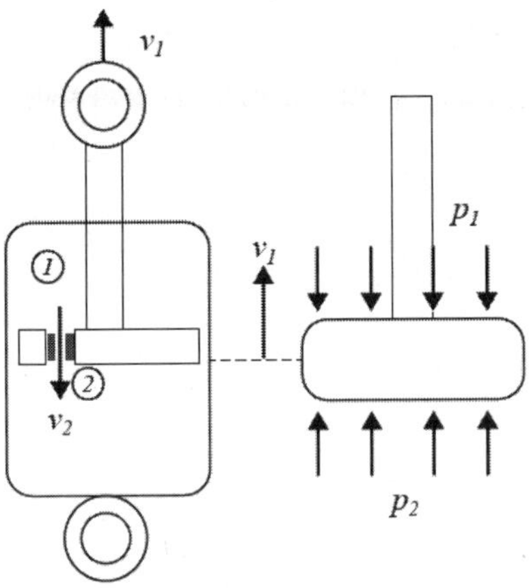

| 그림 14-18 | 쇼크 업소버의 구조와 피스톤에 작용하는 힘

식 (14-2)~(14-4)를 정리하면 피스톤에 작용하는 압력의 차이는

$$p_1 - p_2 = \frac{\rho}{2}\left(v_2^2 - v_1^2\right) = \frac{\rho}{2}\left[\left(\frac{A_1}{A_2}\right)^2 - 1\right]v_1^2 \tag{14-5}$$

이 된다. 따라서 피스톤에 작용하는 힘 F는 다음 식으로 표시된다.

$$F = (p_1 - p_2)A_1 = \frac{\rho}{2}\left[\left(\frac{A_1}{A_2}\right)^2 - 1\right]v_1^2 A_1 \tag{14-6}$$

그러므로 피스톤과 오리피스의 면적 그리고 오일의 밀도가 주어지면 감쇠력 F의 크기는 차체나 차륜의 수직방향 속도의 제곱에 비례하고 그 방향은 운동을 방해하는 쪽이다.

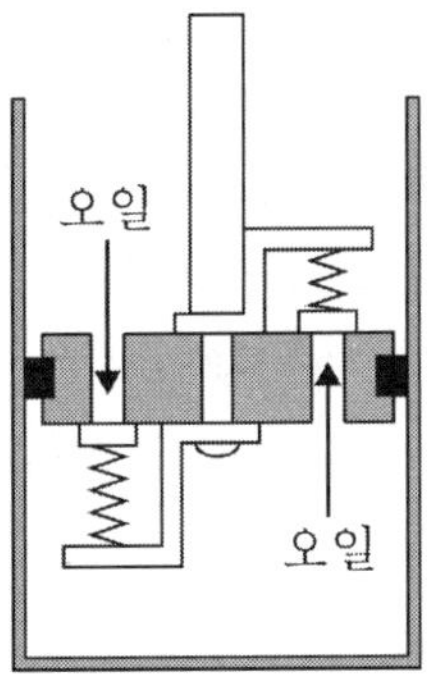

| 그림 14-19 | 릴리프 밸브

피스톤의 이동속도가 더욱 빨라질 경우 피스톤 상부와 하부의 압력 차이는 커지며 이로 인해 릴리프밸브가 동작하기 시작하여 감쇠력을 만든다. 쇼크 업소버의 오일이 그림 14-18의 오리피스 외에 추가로 그림 14-19에 보인 릴리프 밸브를 통해 흐르는 것을 생각하자. 스프링으로 닫힌 릴리프밸브가 압력차에 의해 열리며 열린 통로의 면적은 압력차의 함수로 표시된다.

$$A_2 = c(p_1 - p_2)^n \tag{14-7}$$

여기서 c와 n은 상수이다. 식 (14-4)와 (14-7)로부터 속도 v_2는

$$v_2 = \frac{A_1}{A_2}v_1 = \frac{A_1}{c(p_1 - p_2)^n}v_1 \tag{14-8}$$

이다. 단면적 A_2가 A_1에 비해 작으므로 $v_2 \gg v_1$ 이다. 식 (14-5)에서 v_1을 무시 가능하므로 압력차는

$$p_1 - p_2 = \frac{\rho}{2}\left(v_2^2 - v_1^2\right) = \frac{\rho}{2}v_2^2 \tag{14-9}$$

이 된다. 식 (14-8)과 (14-9)로부터 압력차는

$$p_1 - p_2 = \left[\frac{\rho}{2}\frac{A_1^2}{c^2}\right]^{\frac{1}{2n+1}} v_1^{\frac{2}{2n+1}} \tag{14-10}$$

이 되고 감쇠력 F는

$$F = (p_1 - p_2)A_1 = \left[\frac{\rho}{2}\frac{A_1^2}{c^2}\right]^{\frac{1}{2n+1}} A_1 v_1^{\frac{2}{2n+1}} \tag{14-11}$$

이 된다. 릴리프밸브가 열리는 면적이 압력차에 비례할 경우는 $n=1$이므로 감쇠력은 피스톤 속도의 $2/3$승에 비례한다. 오리피스와 같이 열리는 면적이 압력차와 관계없이 일정할 경우는 $n=0$이므로 감쇠력은 피스톤 속도의 제곱에 비례한다. 피스톤의 작동속도에 따라 쇼크 업소버에서 발생되는 감쇠력은 오리피스 특성과 릴리프밸브 특성의 두 구간으로 나뉘며 그림 14-20과 같다.

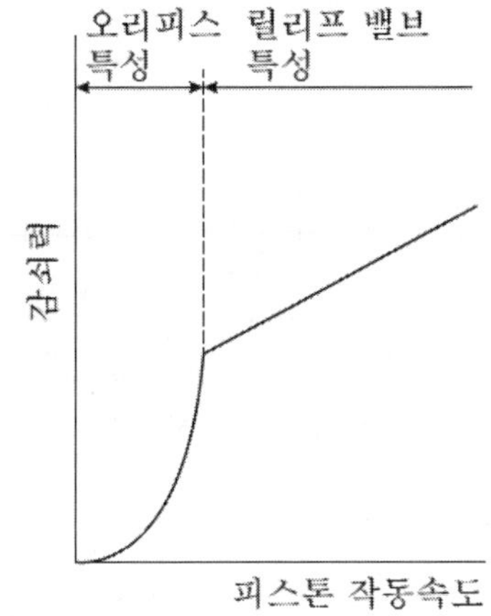

| 그림 14-20 | 피스톤 작동속도에 따른 쇼크 업소버의 감쇠력

14-5-2 차량의 운동

그림 14-21은 현가장치의 움직임과 관련된 차체의 회전운동인 롤링(rolling), 피칭(pitching), 요잉(yawing)을 나타낸 것이다. 또한 차체는 상하(bouncing), 전후, 좌우 방향으로 직선 운동을 한다.

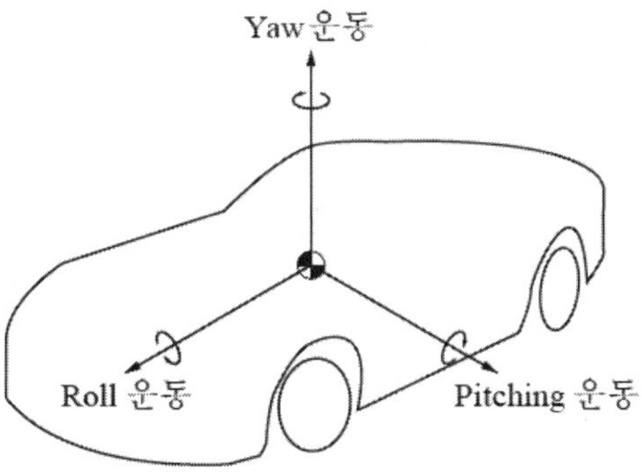

| 그림 14-21 | 회전운동과 관련된 차체의 운동

(1) 차체 상하 운동

서스펜션의 기본 역할을 이해하기 위해 다음 두 가지 경우를 생각하자. 하나는 현가장치가 없이 차륜과 차체가 강체로 체결된 경우이고 다른 하나는 스프링과 쇼크 업소버로 차체를 차륜에 장착한 경우이다. 차량이 높낮이가 규칙적으로 변하는 노면을 주행할 때 승차감과 차륜의 접지력을 계산한다. 그림 14-22는 스프링과 쇼크 업소버로 구성된 현가장치를 1륜 모델로 나타낸 것이고 표 14-2는 모델 해석에 필요한 값을 정리한 것이다.

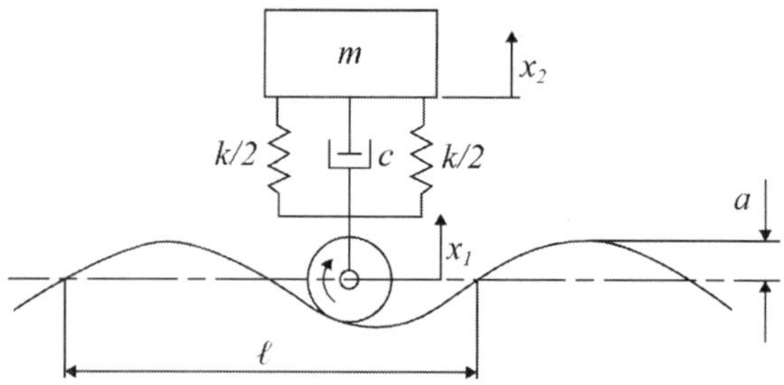

| 그림 14-22 | 1륜 모델

| 표 14-2 | 1륜 모델 해석에 사용된 값

차량 질량	노면 진폭	노면 주기	현가장치	
			스프링 상수	쇼크 업소버 감쇠계수
m	a	l	k	c
350kg	0.02m	10m	20,000N/m	2,000$Nsec/m$

1) 현가장치가 없는 경우

차체와 차륜을 강체로 연결한 경우로 쇼크 업소버와 스프링이 모두 없는 차량에서 승객이 느끼는 가속도와 타이어와 노면의 접지력은 다음과 같이 계산된다. 그림 14-22에서 차량이 v인 속도로 도로를 주행할 때 차체와 노면의 수직변위는 같다. 차체의 수직변위(x_2)는

$$x_2 = a\ \sin\omega t \tag{14-12}$$

이며 각속도 ω는 다음 식으로 표현된다.

$$\omega = 2\pi v/l \tag{14-13}$$

차체의 수직방향 속도와 가속도는 각각 변위를 한번 및 두 번 미분하여 구한다. 즉,

$$\begin{aligned} x_2{}' &= a\omega\cos\omega t \\ x_2{}'' &= -a\omega^2\ \sin\omega \end{aligned} \tag{14-14}$$

이다. 차체의 수직변위의 최대값은 식 (14-12)와 같이 차속과 관계없이 항상 노면변위의 최대값과 같다. 차체가 받는 가속도의 최대 크기는 $a\omega^2$이므로 승객은 차량 주행 속도의 제곱에 비례하는 가속도를 받는다. 차량이 100km/h로 주행할 경우 이 값은 0.62g이다. 타이어와 노면의 접지력은 정지 상태에서 차량의 무게와 같고, 위

로 0.62g인 가속도의 경우 1.62g이고 아래로 0.62g인 가속도의 경우 0.38g이다. 차량의 속도가 127km/h일 경우 가속도는 1g가 되어 접지력은 0이 되어 조향과 제동이 불가능하게 된다.

2) 현가장치가 있는 경우

차체를 쇼크 업소버와 스프링을 이용하여 차륜에 고정한 경우 1)의 경우와 달리 차체의 수직변위(x_2)는 노면의 수직변위(x_1)와 다르다. 노면의 수직변위는 1)과 같이

$$x_1 = a\ \sin\omega t \tag{14-15}$$

로 표시된다. 차체의 운동방정식은

$$m\ddot{x}_2 + c\dot{x}_2 + kx_2 = c\dot{x}_1 + kx_1 \tag{14-16}$$

이다. 식 (14-16)의 미분방정식을 풀면 두 종류의 해가 나오며 하나는 제차방정식의 해이고 하나는 비제차방정식의 해인 특해이다. 앞의 해는 시간이 지남에 따라 사라지는 것이고 특해는 정상 상태의 해로 계속 존재한다.
특해($x_{2,p}$) 역시 삼각함수

$$x_{2,p} = X_2 \sin(\omega t + \psi) \tag{14-17}$$

의 형태를 취한다. 차체의 수직변위의 진폭과 노면의 진폭의 비인 전달함수는

$$\frac{X_2}{a} = \frac{\sqrt{1+(2\zeta r)^2}}{\sqrt{(1-r^2)^2+(2\zeta r)^2}} \tag{14-18}$$

로 구해지며, ψ, ζ와 ω_n은 다음 관계를 갖는다.

$$\begin{aligned} &\psi = \tan^{-1} 2\zeta r - \tan^{-1}\frac{2\zeta r}{1-r^2} \\ &\omega_n^2 = k/m,\ r = \omega/\omega_n,\ c/k = 2\zeta/\omega_n \end{aligned} \tag{14-19}$$

여기서 ζ와 ω_n은 감쇠비와 공진주파수이다. 차체의 속도와 가속도는 차체의 변위를 미분함으로써 계산된다.

$$\begin{aligned} &\dot{x}_2 = \omega X_2 \cos(\omega t + \psi) \\ &\ddot{x}_2 = -\omega^2 X_2 \sin(\omega t + \psi) \end{aligned} \tag{14-20}$$

그림 14-23(a)와 (b)는 현가장치의 유무에 따른 차체의 수직 변위와 가속도를 차속의 변화에 대해 계산한 결과이다. 차체의 변위는 60kph 이하에서는 노면의 최댓값보다 크나 차속이 증가함에 따라 변위는 감소한다. 차체의 최대 가속도는 일부 차속을 제외한 영역에서 현가장치가 없는 경우보다 낮으며 차속이 증가하여 100~150kph의 범위에서도 약 0.3g정도이다. 타이어와 노면의 접지하중은 차체의 가속도(a)에 의해 결정되며 그 값은 $m(g \pm a)$이다. 현가장치가 없는 경우와 달리 차속이 증가해도 접지하중은 0.7mg~1.3mg 사이에 있어 차속에 따른 접지하중의 변화가 작다. 이와 같이 현가장치는 충격을 완화하여 승차감을 향상시킬 뿐만 아니라 타이어와 노면사이의 접지 하중의 변화를 줄여 안정된 주행을 가능하도록 한다.

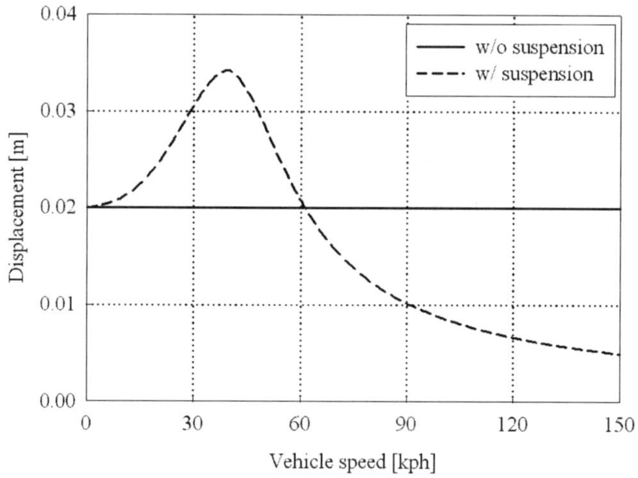

(a) 현가장치 유무에 따른 차체의 변위

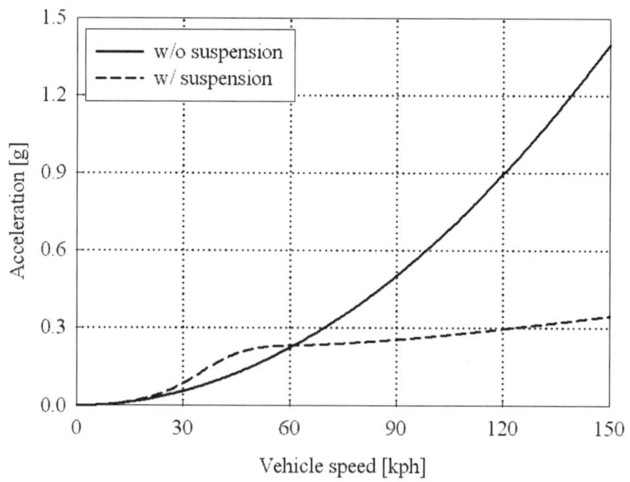

(b) 현가장치 유무에 따른 차체의 가속도

| 그림 14-23 |

3) 스프링의 완충 작용

현가장치로 스프링만 존재하는 경우 차체의 운동방정식은

$$m\ddot{x}_2 + kx_2 = kx_1 \tag{14-21}$$

이며 노면의 방정식은 식 (14-15)와 같다. 식 (14-21)의 특해는

$$x_2 = X_2 \sin(\omega t + \psi) \tag{14-22}$$

이며 변위비(X_2/a)는

$$\frac{X_2}{a} = \frac{1}{1-r^2} \tag{14-23}$$

로 가진 주파수와의 관계는 그림 14-24에서 $\zeta = 0$인 경우이다. 변위비는 공진 주파수보다 낮은 가진 주파수에 대해 1에 가깝고 공진주파수일 때 무한대의 값을 갖는다. 공진 주파수보다 높은 주파수가 인가될 때 변위비는 급격히 줄어든다. 차체의 가속도 역시 변위의 최대값 X_2에 비례한다. 이와 같이 노면의 입력을 차단하여 승차감을 높이기 위해서는 공진 주파수를 가능한 낮추는 것이 필요하며 스프링 상수를 줄이면 이러한 효과를 얻을 수 있다.

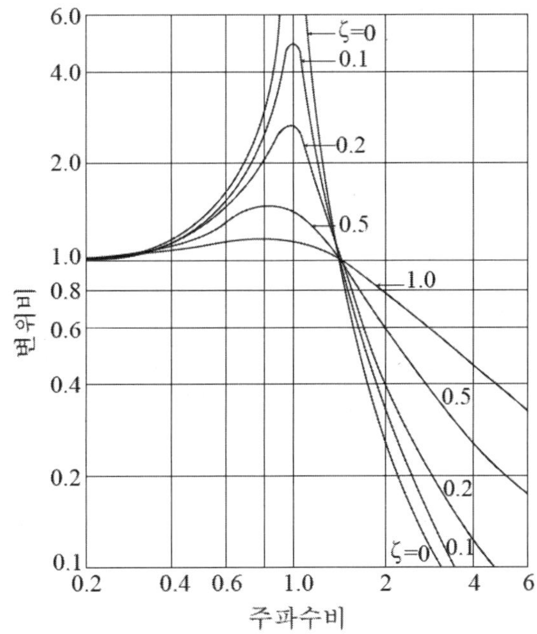

| 그림 14-24 | 스프링만으로 구성된 현가장치를 갖는 차체의 변위

(2) 코너링 포스

그림 14-25와 같이 직선 길을 주행할 경우 차량의 진행방향과 타이어의 방향이 일치하나 곡선 길을 주행할 경우는 일치하지 않는다. 그림 14-25(b)와 같이 두 방향 사이에 존재하는 각을 슬립각(slip angle)이라 정의한다. 타이어가 슬립각을 갖고 주행하는 것은 그림 14-26과 같이 타이어가 오른쪽으로 미끄러진 다음 타이어 방향으로 굴러가는 것(경로1) 또는 타이어 방향으로 굴러간 다음 오른쪽으로 미끄러지는 것(경로2)을 의미한다. 이때 타이어가 옆으로 미끄러질 때 타이어의 변형에 의해 횡력(lateral force)이 발생하며 그 힘은 미끄러짐을 방해하는 방향으로 타이어에 수직으로 작용한다. 그림 14-26에 표시된 횡력과 종방향 힘(longitudinal force)을 차량진행방향과 이에 수직인 방향의 힘 성분으로 표시한 것이 각각 구름 저항력과 코너링 포스(선회 구심력)라 정의하며 그림 14-25에 그 방향을 보인다. 차량이 선회할 때 원심력과 평형을 이루는 힘이 코너링 포스이므로 의미상 이를 선회 구심력이라 부른다.

코너링 포스는 차량의 진행방향에 대해 직각 방향으로 타이에 작용하고 그림 14-27에 보인 것과 같이 슬립각에 비례하여 증가하고 최대치에 도달한 후 감소한다. 슬립각에 대한 코너링 포스의 기울기를 코너링 파워(CP, cornering power)라 부르며 타이어 성능을 나타내는 중요한 지표이다. 코너링 포스는 타이어 폭, 타이어 재질, 노면의 상태, 타이어에 작용하는 하중, 제동력과 구동력에 영향을 받는다. 곡선 길을 주행할 때 타이어에 발생하는 코너링 포스는 원심력과 균형을 이루어 안전한 주행을 가능하게 한다. 슬립각이 작을 때 횡력과 코너링 포스를 같은 것으로 취급해도 무방하다.

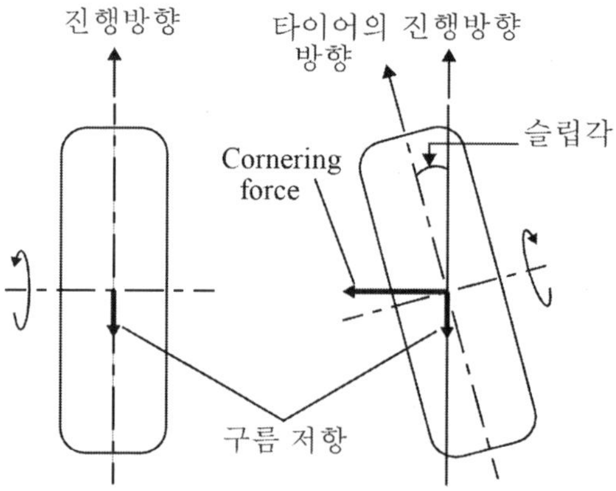

| 그림 14-25 | (a) 직선길 및 (b) 곡선길 주행하는 타이어에 작용하는 힘

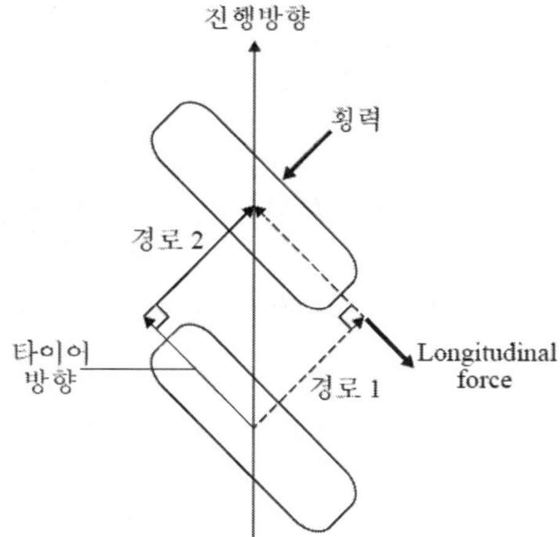

| 그림 14-26 | 코너링 포스의 생성 메커니즘

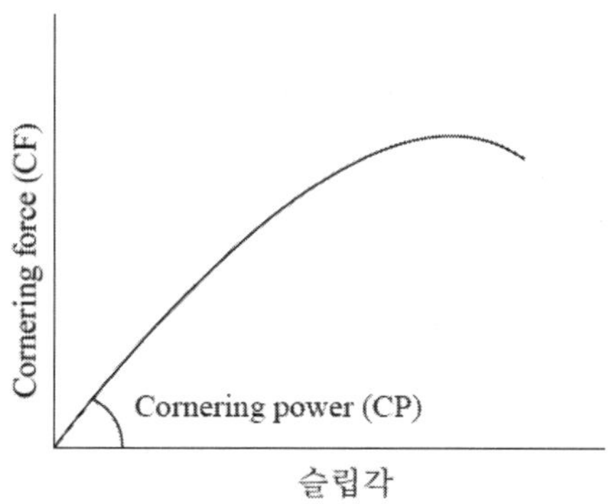

| 그림 14-27 | 슬립각과 코너링 포스의 관계

(3) 조종안정성

그림 14-28(a)와 같이 조향장치를 조작하여 전륜을 회전시킴으로써 전륜은 차량 진행 방향과 차이가 발생하여 슬립각이 생겨 전륜에 코너링 포스가 발생한다. 이 힘은 반시계 방향의 요(yaw) 모멘트를 만들어 차량 진행 방향을 바꾼다. 조향 휠 조작에 의해 진행방향을 바꾸는 성능을 조종성이라 정의한다. 조종성이 나쁜 차량은 조향 휠을 조작할 때 늦게 방향이 바뀐다. 차량 주행 중 노면의 상태나 횡풍과 같은 외부의 영향에 의해 차량 진행 방향이 갑자기 변할 경우 자연스럽게 원래의 진행방향으로 복귀하는 성능을 안정성이라 정의한다. 차량에 일시적으로 생긴 요 모멘트의 방향과 반대 방향의 모멘트가 생기면 안정성이 높다. 그림 14-28(b)와 같이 반시계방향의 외란에 대해 전륜보다 후륜에 큰 코너링 포스가 발생하면 시계방향의 복원 모멘트가 생겨 외란이 상쇄되므로 안정성이 높다. 조종성과 안정성은 서로 상반된 특징을 갖는 것으로 안정성을 높이면 반응이 느려 조종성이 악화되고 조종성을 향상시키면 안정성이 나빠진다. 이 두 가지 성능을 합쳐 조종안정성 또는 핸들링 성능이라 한다.

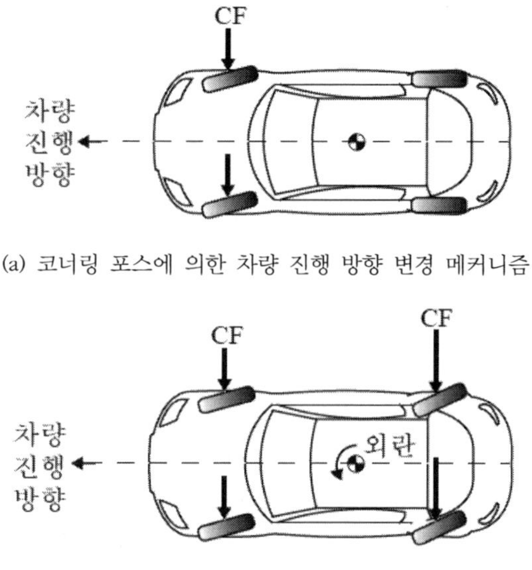

(a) 코너링 포스에 의한 차량 진행 방향 변경 메커니즘

(b) 복원 모멘트 발생에 의한 안정성 향상 메커니즘

| 그림 14-28 |

주행 중인 차량에 외란이 작용할 때 차량의 운동은 전후륜에 작용하는 코너링 포스의 크기에 따라 외란에 의해 시작된 요 운동을 억제할 수 있는 복원 모멘트가 결정한다. 차량 운동은 이 모멘트의 방향에 따라 그림 14-29와 같이 US(under steer), NS(neutral steer), OS(over steer)의 3종류로 나누며 각각 모멘트가 외란과 반대 방향일 경우, 없을 경우 그리고 같은 방향일 경우를 뜻한다. 그림 14-29와 같이 직진 주행 중인 차량이 반시계방향의 외란을 받아 슬립각 α가 생기면 전후륜에 코너링 포스가 생긴다. NS는 그림 14-29(b)와 같이 전후륜의 코너링 포스가 같아 복원 모멘트가 0이므로 외란에 의해 발생된 요 운동을 계속하고 OS는 그림 14-29(c)와 같이 전륜의 코너링 포스가 후륜보다 커 복원 모멘트의 방향이 외란과 일치하여 외란에 의해 발

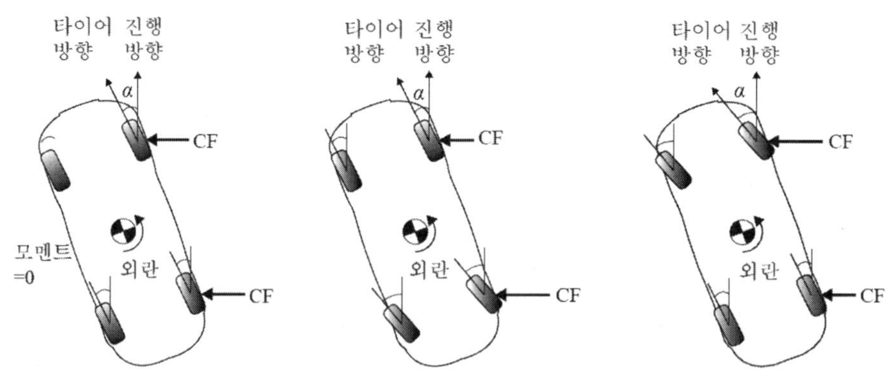

(a) 외란에 의한 차량 거동-NS (b) 외란에 의한 차량 거동-US (c) 외란에 의한 차량 거동-OS

| 그림 14-29 |

생된 요 운동이 더 강화되어 운전자를 위험에 빠뜨린다. 반면 US는 그림 14-29(a)와 같이 후륜의 코너링 포스가 전륜보다 커 외란과 반대방향의 복원 모멘트가 작용하여 외란을 없애는 방향으로 운동하므로 안정된 주행을 제공한다. 따라서 차량은 US 특성을 갖도록 설계되어야하며 이러한 특성은 현가장치로 전후륜의 토를 조정함으로써 얻을 수 있다.

곡선 길을 주행하는 차량의 특성을 나타내는 또 다른 방법은 다음과 같다. 운전대의 회전각을 일정하게 유지한 상태에서 정속으로 원운동하고 있는 차량의 속도를 올릴 경우 그림 14-30과 같이 차량의 궤적에 따라 NS, OS 그리고 US로 구분한다. US의 특성을 갖는 차량은 가속됨에 따라 후륜의 코너링 포스가 전륜보다 증가하여 반지름이 더 큰 원운동을 한다.

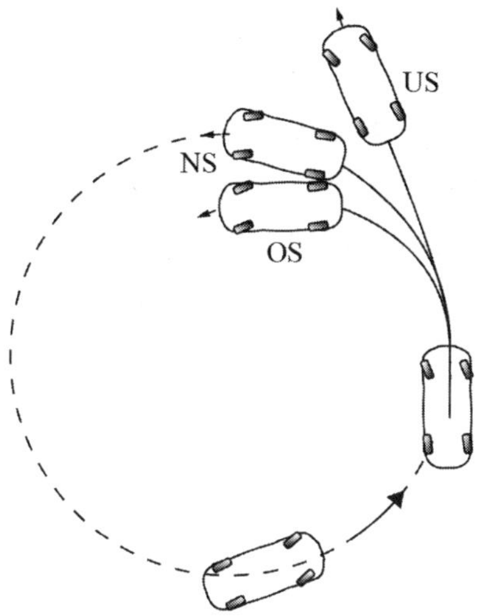

| 그림 14-30 | 외란에 의한 차량 거동

14-5-3 캠버 스러스트

그림 14-31과 같이 타이어가 캠버각을 가진 상태에서 직진 방향으로 주행을 하게 되면 캠버 스러스트(camber thrust)가 O 방향으로 생긴다. 타이어가 캠버각을 갖는 상태에서 굴러가면 마치 원뿔이 굴러가는 것과 같은 형태로 반지름 $R/\sin\theta$인 원호 SS'의 경로를 따라 간다. 하지만 이 상태에서 타이어가 직진하기 위해서는 구른 후 오른쪽으로 미끄러지는 과정을 반복해야한다. 이 미끄러짐에 대한 저항력은 오른쪽에서 왼쪽의 O점 방향으로 작용하며 이것이 바로 캠버 스러스트이다. 음의 캠버일 경우 이 힘은 곡선 길 주행 시 원심력과 반대 방향으로 작용하는 것으로 코너링 포스와 같은 역할을 하여 안전성을 높인다.

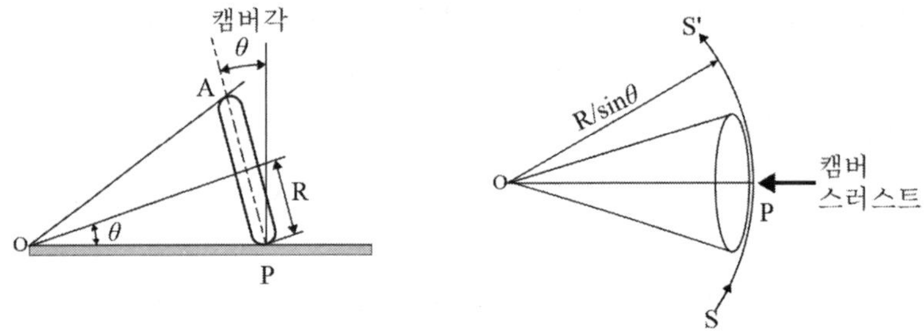

| 그림 14-31 | 캠버 스러스트

14-5-4 Scrub radius

조향 핸들을 돌리면 타이로드가 조향축을 중심으로 바퀴를 회전시키는 모멘트를 발생시키고 이는 지면에 접촉한 바퀴에 작용하는 미끄럼 마찰력을 극복해야 조향이 된다. 타이어에 작용하는 마찰력의 작용점과 조향축사이의 거리는 scrub radius이고 이는 모멘트 암으로 작용한다. 따라서 쉽게 조향하기 위해서는 scrub radius를 줄여야 하며 이 값은 그림 14-32에 보인 것과 같이 캠버각에 따라 변한다. 양의 캠버인 경우는 scrub radius(그림 14-32의 r_{c1})가 감소하고 음의 캠버는 scrub radius(그림 14-32의 r_{c2})가 증가한다. 조향핸들의 조작력을 줄이기 위해서는 양의 캠버가 유리하다.

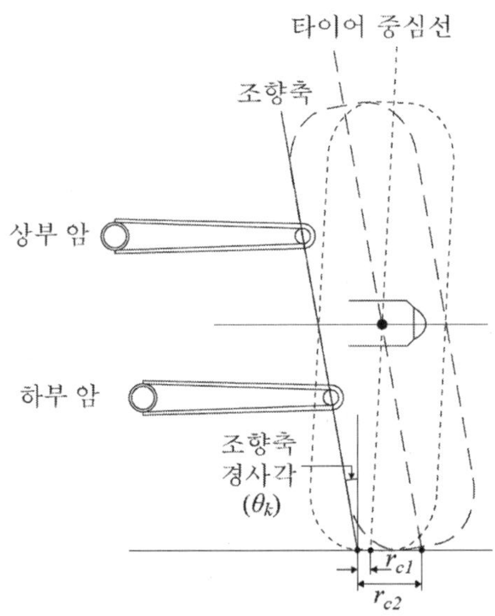

| 그림 14-32 | double wishbone의 scrub radius

제동력은 타이어 접지점에 작용하기 때문에 scrub radius가 있는 경우 조향축에 대해 모멘트를 유발한다. 그림 14-33과 같이 조향축이 θ_k만큼 경사져 있으므로 모멘트 암(l)은

$$l = r_c \times \cos(\theta_k)$$

이 된다. 양쪽 노면의 상태가 같을 때 제동하면 양쪽 바퀴의 동일한 제동력에 의해 모멘트가 평형을 유지하여 앞쪽의 좌우륜은 한쪽 방향으로 향하지 않는다. 하지만 그림 14-34는 자동차를 위에서 보았을 경우로 좌우 노면의 상태가 달라 좌우륜의 제동력이 다른 것을 나타낸다. 오른쪽 바퀴는 마찰계수가 높아 큰 제동력이 작용하는 경우이다. 제동력에 의해 오른쪽 바퀴는 조향축을 중심으로 시계방향으로 회전하는 모멘트가 왼쪽 바퀴보다 더 커 타이로드를 왼쪽으로 밀어 왼쪽 바퀴도 같은 방향으로 회전한다. 이처럼 마찰계수가 높은 방향으로 조향되는 현상이 발생하며 이 현상을 방지하기 위해서 scrub radius를 줄이는 것이 바람직하다.

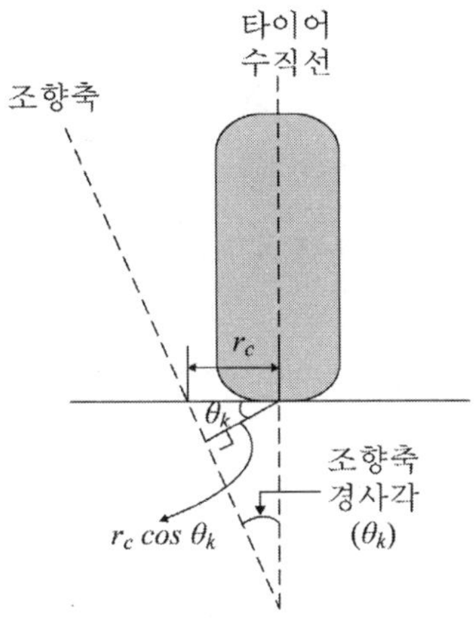

| 그림 14-33 | scrub radius와 조향축 경사각에 의한 모멘트 암

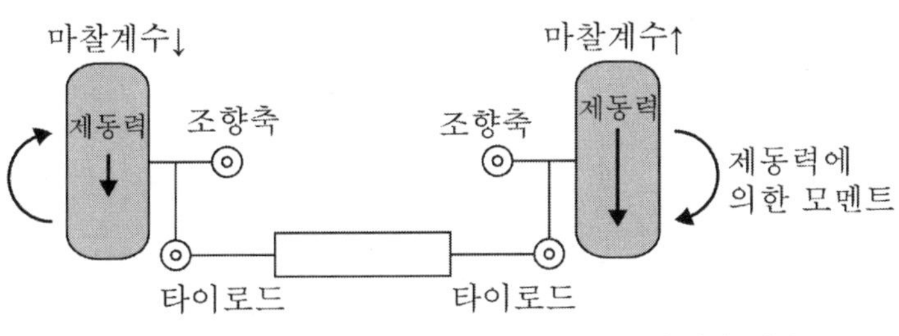

| 그림 14-34 | 노면의 마찰계수에 의한 제동시 차량 거동

14-5-5 핸들의 복원성

(1) 코너링 포스에 의한 것

타이어에 작용하는 코너링 포스는 타이어 중심에서 약간 뒤쪽(수 cm)에 작용하며 이 점과 타이어 중심과의 거리를 pneumatic trail이라 부른다. 그림 14-35와 같이 직진 주행 중 핸들이 좌측으로 돌아간 경우 좌측방향의 코너링 포스가 타이어의 pneumatic trail에 작용한다. 이 힘은 타이어를 조향축에 대해 시계방향으로 회전시키는 복원 모멘트를 만들어 타이어를 원래의 직진 상태로 되돌린다. 복원 모멘트의 암은 캐스터 트레일과 pneumatic trail의 합으로 캐스터에 의한 캐스터 트레일이 증가할수록 핸들의 복원력이 증가하나 반대로 핸들을 조작할 때 큰 힘이 필요하다.

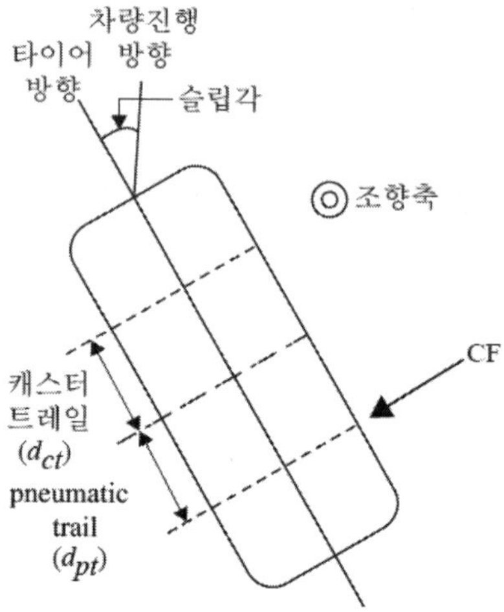

| 그림 14-35 | 코너링 포스에 의한 핸들 복원성

(2) 차체 상승에 의한 것

그림 14-36은 캐스터가 0일 때 조향축 경사각과 킹핀 오프셋(kingpin offset)에 의해 조향 시 차체가 위로 상승하는 과정을 보인다. 여기서 킹핀 오프셋은 조향축과 타이어 회전중심이 만나는 점과 타이어 중심까지의 거리이다. 타이어가 조향축을 중심으

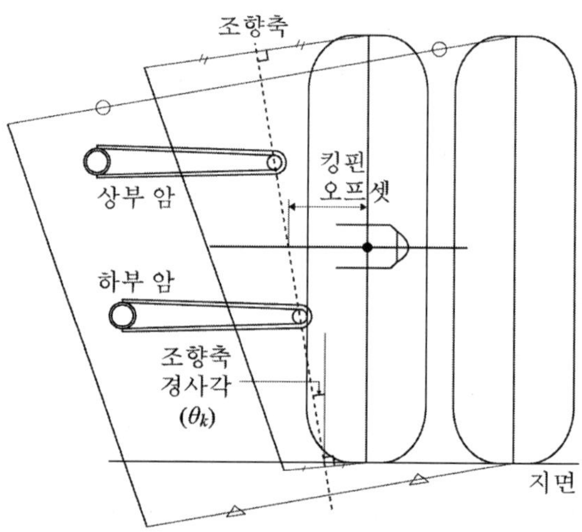

| 그림 14-36 | 조향축과 킹핀 오프셋에 의한 차체 상승 메커니즘

로 회전하면 기구학적으로 타이어 중심선 부분 중 노면과 접촉하는 점은 땅속으로 들어간다. 하지만 이는 불가능한 것으로 대신에 차체가 그 만큼 위로 상승한다. 조향이 완료되면 상승한 차체는 자연히 아래로 내려오려는 성질이 존재하는데 이것이 핸들에는 복원력으로 작용한다. 그림 14-36의 왼쪽 바퀴보다 오른쪽 바퀴의 킹핀 오프셋이 큰 것으로 조향 후 차체가 더 높이 올라가므로 핸들 복원력이 증가함을 쉽게 추측할 수 있다. 그림 14-36에서 조향축의 경사각이 0일 경우 조향할 때 차체의 높이 변화는 없다. 킹핀 오프셋과 같이 조향축 경사각이 클수록 핸들의 복원력은 크다.

그림 14-37은 양의 캐스터가 존재할 경우 조향에 따른 차체가 상승하는 메커니즘을 설명한 것이다. 90도로 조향할 경우 타이어 중심선을 보면 내측륜은 타이어 중심선이 지면의 아래로 내려가므로 실제로는 차체가 상승한다. 외측륜은 반대 현상이 발생한다. 따라서 상승된 차체가 자연스럽게 내려오면서 핸들의 복원력이 만들어진다. 그림에서 알 수 있듯이 캐스터가 영인 경우 차체의 상승 및 하강은 발생하지 않는다.

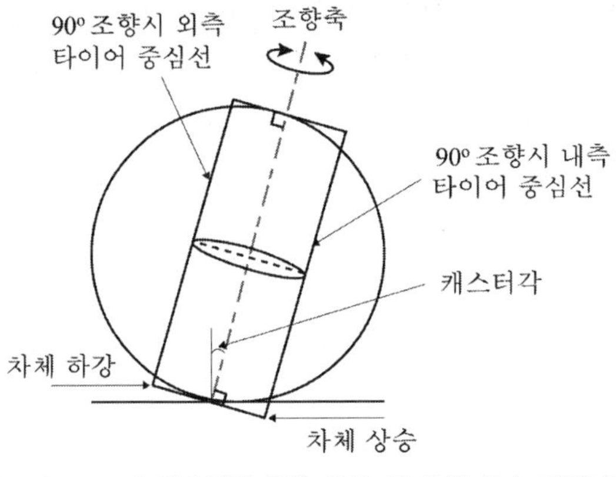

| 그림 14-37 | 캐스터에 의한 조향 시 차체 상승 메커니즘

CHAPTER

15 제동장치

15-1 목적 및 원리

제동장치는 주행 중인 자동차의 속도를 원하는 속도로 줄이는 것이다. 자동차의 바퀴와 함께 회전하는 디스크나 드럼을 정지하고 있는 마찰재와 밀착시켜 차량의 운동에너지를 마찰열로 바꾸어 자동차의 속도를 줄이는 것이 제동장치의 원리이다. 마찰력은 마찰계수와 수직반력의 곱이므로 충분한 마찰력을 확보하기 위해 사람의 힘은 부족하기 때문에 엔진에서 만들어지는 진공과 대기압의 압력차를 이용하여 높은 유압을 만들어 제동부에 전달한다. 참고로 100kph로 주행 중인 질량 1500kg인 자동차를 정지시킬 때 발생되는 열은 약 580,000J로 물 2리터를 약 70^oC 만큼 올릴 수 있는 양이다.

15-2 제동장치의 종류

그림 15-1(a)와 같이 휠과 함께 회전하는 디스크를 정지하고 있는 마찰재(패드, pad)를 실린더의 유압으로 밀착하여 마찰력으로 제동하는 형식은 디스크 브레이크(disk brake)이다. 그림 15-1(b)와 같이 휠과 함께 회전하는 드럼의 내부에 마찰재(라이닝, lining)를 휠 실린더의 유압으로 확장하여 드럼과 밀착시켜 제동력을 발생하는 형식은 드럼 브레이크(drum brake)이다. 드럼 브레이크는 마찰재와 드럼의 접촉 부분이 드럼 내부에 있기 때문에 방열성 측면에서 디스크 브레이크보다 열등하다. 또 드럼 브레이크의 리딩 슈는 마찰계수의 변화에 아주 민감하게 제동력이 변하는 특성을 갖는 반면 디스크 브레이크의 제동력은 마찰계수의 변화에 선형적으로 변한다.

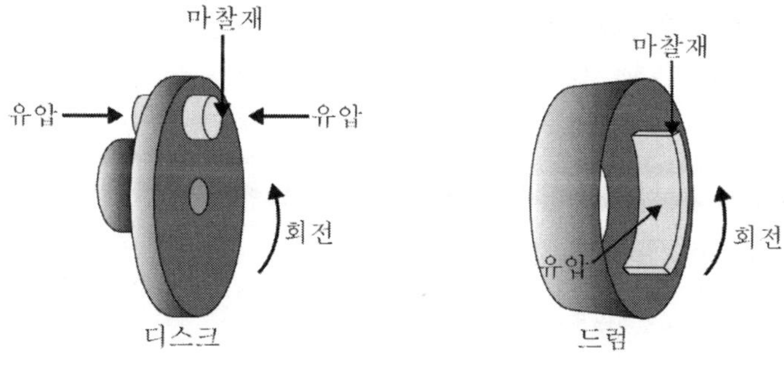

(a) 디스크 브레이크　　　　(b) 드럼 브레이크

| 그림 15-1 | 디스크 브레이크와 드럼 브레이크의 원리

15-3 제동장치의 구성

자동차의 제동장치는 그림 15-2와 같이 브레이크 페달, 진공배력장치, 마스터 실린더, 프로포셔닝밸브, 제동부로 구성된다.

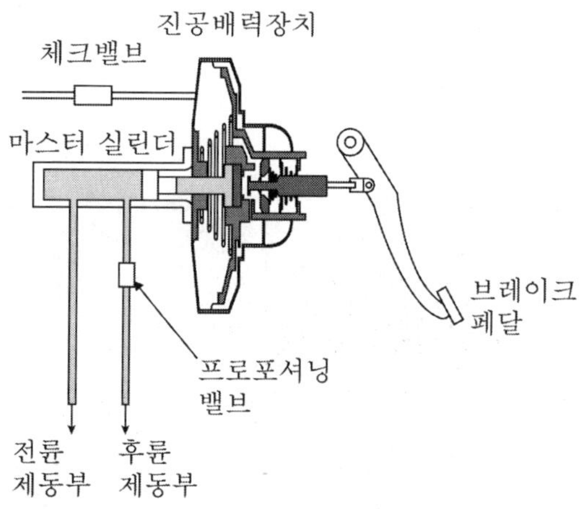

| 그림 15-2 | 제동장치의 전체 구성

15-3-1 브레이크 페달

그림 15-3과 같이 운전자가 제동을 하기위해 브레이크 페달(brake pedal)에 힘(F_f)을 가하면 페달의 링크기구에 의해 증대된 힘(F_p)이 진공배력장치로 입력된다. 힘 F_p는 다음과 같이 표시된다.

$$F_p = \frac{l_f}{l_p} F_f \tag{15-1}$$

여기서, 각 문자의 정의는 아래와 같다.

- F_f: 운전자가 페달을 밟는 힘
- F_p: F_f가 페달의 링크기구에서 증대된 힘
- l_f: 힌지에서 F_f 작용점까지의 거리
- l_p: 힌지에서 푸시로드까지의 거리

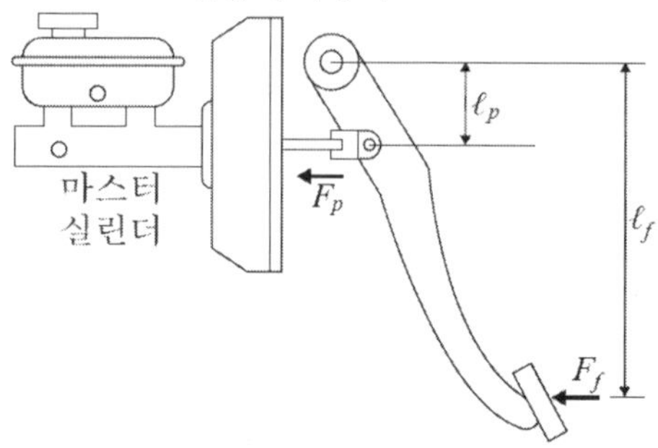

| 그림 15-3 | 브레이크 페달

운전자가 페달을 밟는 힘은 차량의 페달비(l_f/l_p) 만큼 증대되며 그 값은 보통 3~5이다. 실제 브레이크 페달, 진공배력장치 그리고 마스터 실린더의 실제 모습은 사진 15-1에 보인다.

| 사진 15-1 | 브레이크 페달, 진공배력장치 및 마스터 실린더

15-3-2 진공배력장치

운전자가 브레이크 페달을 밟는 힘만으로는 충분한 제동력을 만들어낼 수 없다. 진공배력장치(vacuum power booster)는 가솔린 엔진의 흡기다기관에 형성되는 진공과 대기압의 차이를 이용하여 브레이크 페달에 의해 증대된 운전자의 페달 밟는 힘을 대폭 증가시켜 마스터실린더에 공급하는 장치를 말한다. 그림 15-4와 같이 진공배력장치에는 엔진의 흡기다기관과 연결되는 통로가 있고 그 중간에 체크밸브가 설

치되어 있다. 이 밸브는 압력 차이에 의해 진공배력장치 내의 공기는 엔진의 흡기다기관으로 흡입되고 반대로는 흐르지 않도록 하는 장치이다. 주행 중 가속페달에서 발을 뗄 때 스로틀밸브는 닫히므로 흡기다기관내의 압력은 대기압보다 낮다. 진공배력장치에 남아 있는 공기는 체크 밸브가 열려 흡기다기관으로 흘러가므로 진공배력장치 내의 압력은 제동하기 전 흡기다기관의 최소 압력과 비슷하다.

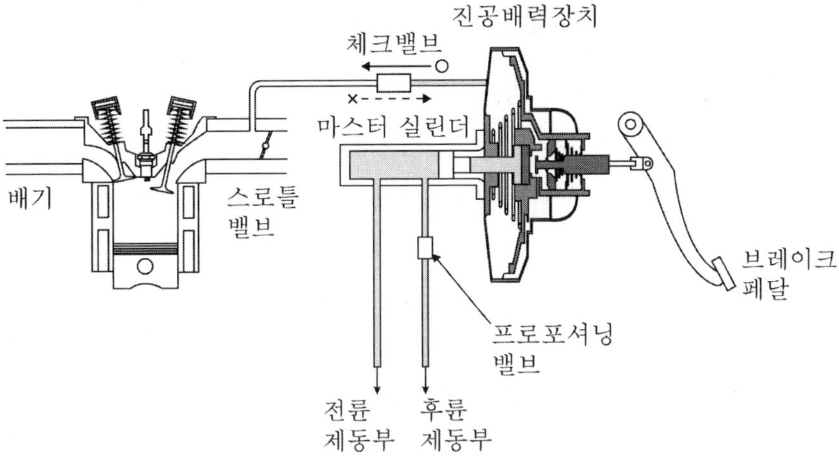

| 그림 15-4 | 진공배력장치의 배치

진공배력장치의 작동원리는 그림 15-5와 같다. 제동을 할 때 피스톤의 왼쪽 부분은 흡기다기관의 압력이 작용하고 오른쪽 부분은 대기압이 작용한다. 참고로 왼쪽 부분의 압력은 약 0.3기압이 되고 오른쪽은 1기압이 작용한다.

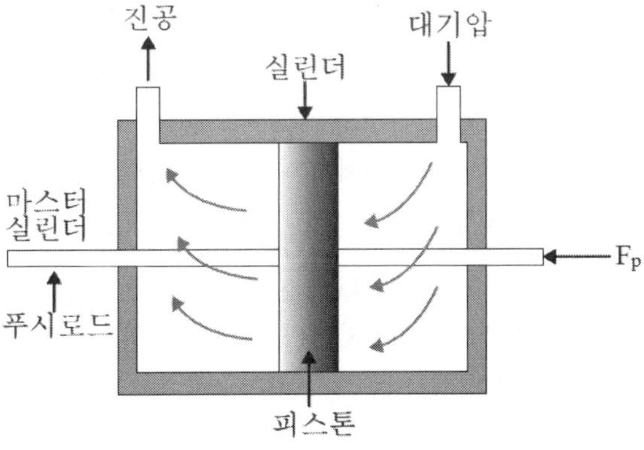

| 그림 15-5 | 진공배력장치의 원리

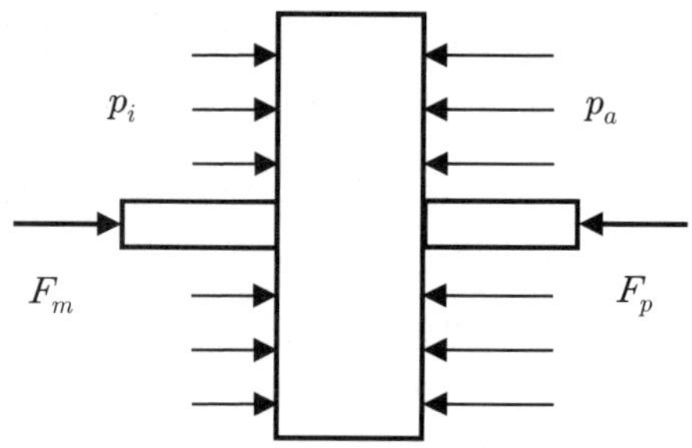

| 그림 15-6 | 진공배력장치의 피스톤에 작용하는 힘

진공배력장치를 통해 마스터 실린더에 가해지는 힘의 크기를 계산하기 위해 진공배력장치의 피스톤의 자유물체도를 그림 15-6에 나타내었다. 진공배력장치내의 다이어프램(그림 15-5의 피스톤)의 단면적을 A라고 하면 마스터실린더로 전달되는 힘(F_m)은 다음과 같다.

$$F_m = A(p_a - p_i) + F_p \tag{15-2}$$

$5kg_f$의 브레이크 답력이 가해질 경우 페달비 4인 경우 진공배력장치에 입력되는 힘은 $20kg_f$이 된다. 다이어프램의 지름을 200mm라고하면 p_a 및 p_i를 각각 1기압 및 0.3기압으로 하면 진공배력장치의 다이어프램에 연결된 푸시로드로부터 마스터실린더로 전달되는 힘은

$$F_m = \frac{\pi}{4} \times 20^2 \times (1-0.3) + 20 \approx 240kg_f \tag{15-3}$$

이 된다. $20kg_f$가 입력되어 약 12배인 $240kg_f$의 큰 힘이 진공배력장치에서 만들어진다. 이 힘이 바로 마스터 실린더로 전달되어 유압을 발생하는데 사용된다. 참고로 흡기계에 스로틀 밸브가 없는 엔진의 경우 흡기다기관의 압력은 대기압과 같다. 이와 같이 흡기 다기관에 진공이 만들어지지 않는 엔진의 경우는 진공을 만드는 별도의 진공펌프가 있어야 제동을 할 수 있다. 그림 15-7(a)는 브레이크 페달에 힘을 가하지 않는 경우로 진공배력장치와 연결된 대기의 통로는 차단되고 다이어프램 좌우는 모두 대기압보다 낮은 상태가 유지된다. 그림 15-7(b)는 브레이크 페달을 밟을 경우로 다이어프램 오른쪽에는 대기의 통로가 개방되어 대기압이 되고 좌측은 대기압 보다 낮은 압력이 유지된다. 이와 같이 다이어프램 양쪽의 압력차에 의해 추가적인 힘이 발생한다. 실제로는 마스터 실린더로 전달되는 힘은 식 (15-3)과 같이 간단하게 계산되지 않는다. 참고로 어떤 차량의 부스팅 비(boosting ratio)가 7.5이면 진공배력장치에서 힘이 이 배수만큼 증대된다.

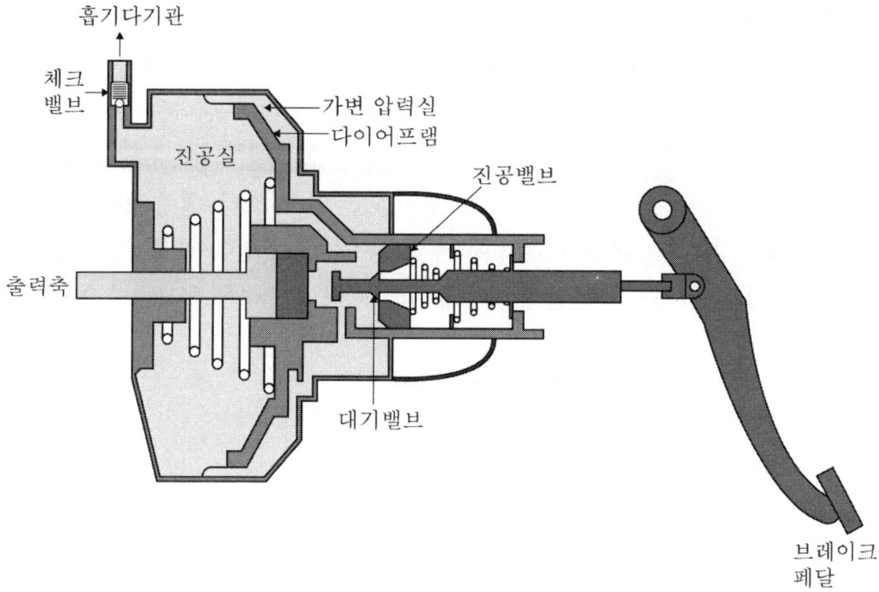

(a) 제동하지 않을 경우

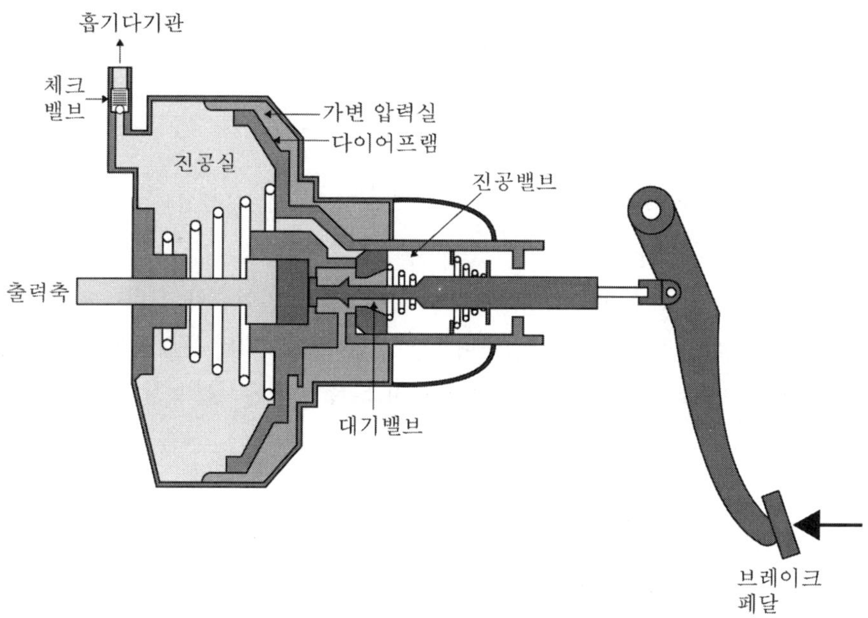

(b) 제동할 경우

| 그림 15-7 |

15-3-3 마스터 실린더

브레이크 페달에 가해진 힘이 진공배력장치를 거치면서 증대되어 마스터 실린더(master cylinder)에 가해진 후 유압으로 변환된다. 전후좌우 휠에 설치된 휠 실린더로 공급되는 유압이 제동을 한다. 먼저 차량을 제동하기위해 하나의 실린더에서만 유압이 생성되어 차량의 4바퀴에 공급된다고 가정하자. 유압이 모두 하나의 관으로 연결되어 있기 때문에 어느 한 부분에서 누유가 발생하면 모든 바퀴에 충분한 유압이 공급되지 못해 제동을 할 수 없는 아주 위험한 상황에 처하게 된다. 이러한 문제점을 해결하기 위해 마스터 실린더는 2개의 피스톤이 일렬로 배치되어 유압이 두 부분에서 생성되는 형태의 것을 사용한다. 이 형식을 탠덤 마스터 실린더(tandem master cylinder)라 부른다. 그림 15-8과 같이 두 개의 피스톤에서 만들어지는 유압을 분리된 2개의 독립적인 유압회로를 만들어 제동을 함으로써 안전성을 확보한다. 한 쪽의 유

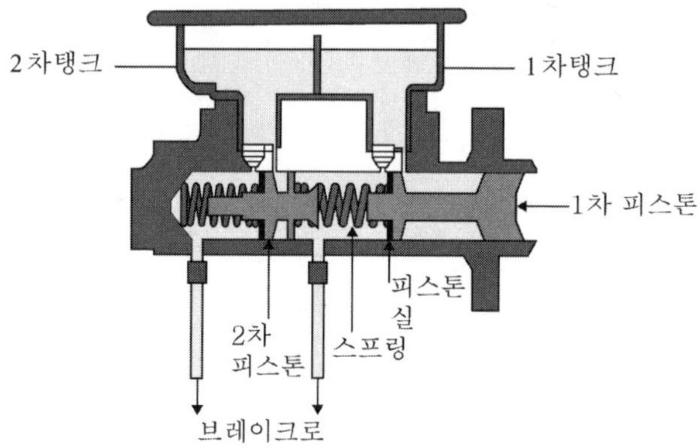

| 그림 15-8 | 탠덤 마스터 실린더

압회로가 새어 작동이 불가능하더라도 다른 유압회로는 정상적으로 작동한다. 1차 실린더에 연결된 유압라인에 누유가 있을 때 그림 15-9와 같이 1차 실린더에는 유압이 만들어지지 않고 1차 피스톤이 2차 피스톤을 직접 밀어 2차 실린더에서 유압이 발생한다. 이와 같이 탠덤 마스터 실린더는 안전을 위해 2개의 독립적인 유압 생성원을 갖고 있다. 마스터 실린더는 1차 및 2차 피스톤, 피스톤 실, 보상구, 우회구 그리고 리턴 스프링으로 구성된다.

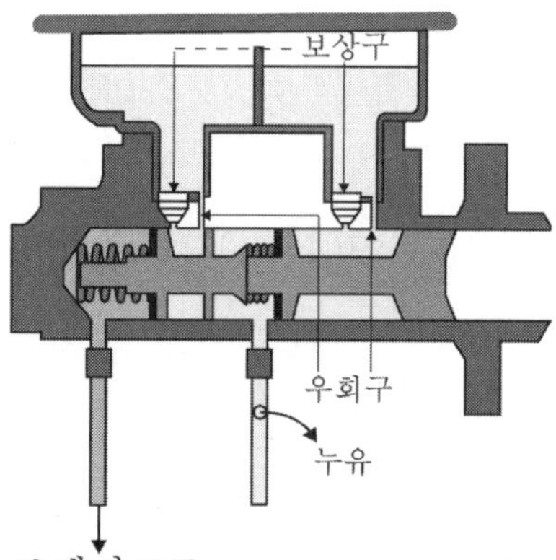

| 그림 15-9 | 고장시 탠덤 마스터 실린더의 동작

마스터 실린더에서 발생되는 유압은 마스터 실린더의 지름과 마스터 실린더에 인가되는 힘으로 계산된다. 어느 차량의 마스터 실린더 지름은 23.81mm이고 마스터 실린더의 푸시 로드에 가해지는 힘은 앞에서 계산한 결과 $240kg_f$이다. 마스터 실린더에서 발생되는 유압은 힘과 면적으로부터

$$p_m = \frac{F_m}{A_m} = \frac{240kg_f}{\pi \times 2.381^2 cm^2/4} = 53.9kg_f/cm^2 \quad (15\text{-}4)$$

이 된다.

15-3-4 프로포셔닝 밸브

자동차를 감속하면 하중은 후륜으로부터 전륜으로 이동된다. 타이어에 작용하는 마찰력은 이에 작용하는 하중과 마찰계수에 비례하므로 후륜은 하중 감소로 인해 마찰력이 감소한다. 휠에서의 제동력은 유압과 실린더의 단면적에 비례하므로 마스터 실린더에서 생성된 유압을 전륜과 후륜에 동일하게 공급하면 후륜이 먼저 lock(고착) 상태에 도달하여 심각한 안전 문제가 생긴다. 그림 15-10과 같이 후륜의 제동력을 줄여 고착을 피하기 위해 마스터 실린더에서 발생된 유압을 전륜에는 그대로 후륜에는 줄여 공급한다. 이러한 역할을 하는 장치가 프로포셔닝 밸브(proportioning valve)이며 이에 대한 구조와 원리는 뒤에 설명되어 있다.

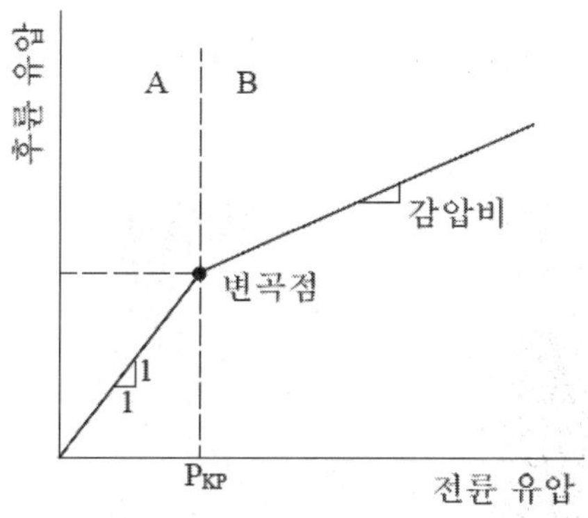

| 그림 15-10 | 전륜과 후륜의 유압 분배

그림 15-10에서 어느 차량의 A영역과 B영역의 기울기(감압비)는 각각 1과 0.27이며 변곡점(knee point 또는 split point)의 유압(P_{KP})은 $26kg_f/cm^2$이다. A영역은 기울기가 1이므로 전륜과 후륜에 동일한 유압이 공급되고 $26kg_f/cm^2$ 이상의 마스터 실린더 유압이 발생하면 전륜에는 그대로 전달되고 후륜에는 줄여 공급한다.

15-3-5 제동부

제동장치의 종류는 마스터 실린더에서 공급되는 유압을 이용하여 바퀴를 제동하는 제동부의 형식에 따라 드럼 브레이크와 디스크 브레이크로 나뉜다. 요즘 드럼 브레이크보다는 디스크 브레이크가 많이 사용된다.

(1) 드럼 브레이크

드럼 브레이크(drum brake)를 구성하는 부품은 그림 15-11과 사진 15-2와 같이 휠 실린더, 드럼, 슈우, 라이닝, 앵커 핀 등이다. 마스터 실린더를 지나온 고압의 브레이크 오일은 휠 실린더로 공급되어 그림 15-12와 사진 15-3의 휠 실린더의 피스톤에 작용하여 피스톤을 좌우로 팽창시킨다. 여기에 연결된 푸시로드가 슈우를 확장시키며 슈우 표면의 마찰재인 라이닝이 드럼에 밀착되어 제동력을 만든다.

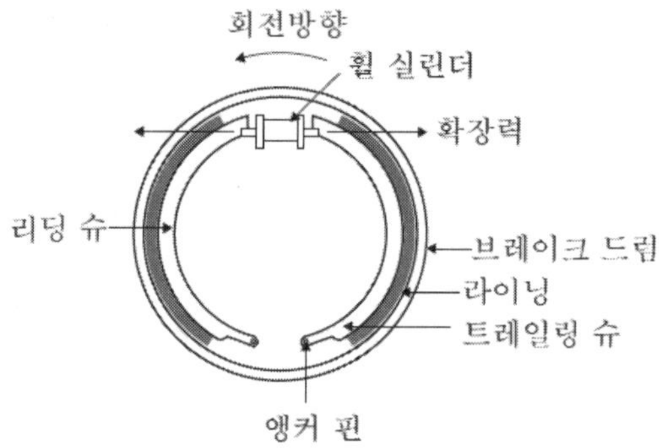

| 그림 15-11 | 드럼 브레이크의 구조

| 사진 15-2 | 드럼 브레이크

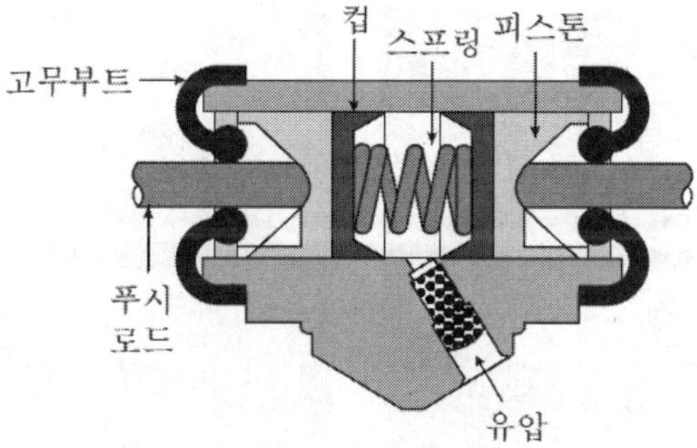

| 그림 15-12 | 드럼 브레이크의 휠 실린더

| 사진 15-3 | 드럼 브레이크의 휠 실린더

(2) 디스크 브레이크

디스크 브레이크의 대표적인 형식은 부동(floating) 캘리퍼형으로 사진 15-4에 구성 부품과 장착형태를 보인다. 사진 15-4(a)는 너클에 장착된 캘리퍼 브라켓의 모습이며 이 가운데에서 브레이크 디스크가 회전한다. 사진 15-4(b)는 캘리퍼 브라켓에 장착된 브레이크 패드의 모습으로 디스크의 양면에 접촉하는 2개의 패드가 설치된다. 사진 15-4(c)는 부동형 캘리퍼가 분해된 모습으로 이를 캘리퍼 브라켓에 장착한 것이 사진 15-4(d)이다. 사진 15-4(e)는 부동형 캘리퍼를 캘리퍼 브라켓에 장착할 때 사용하는 가이드 핀과 가이드 로드 볼트이다. 기본적으로 부동 캘리퍼는 캘리퍼가 제동 중에 다음과 같은 과정을 거쳐 움직인다. 그림 15-13(a)은 제동을 하지 않는 경우의 캘리퍼의 모습이다. 이 상태에서 제동을 하면 그림 15-13(b)와 같이 캘리퍼에 설치된 실린더에 유압이 공급되어 피스톤이 왼쪽의 패드를 오른쪽으로 밀어 디스크와 밀착시킨다. 이와 동시에 실린더 내의 유압에 의해 그림 15-13(b)와 같이 캘리퍼가 가이드 로드 볼트와 가이드 핀과 함께 좌측으로 움직여 오른쪽의 패드를 좌측으로 디스크에 밀착시킨다.

(a) 너클에 장착된 캘리퍼 브라켓

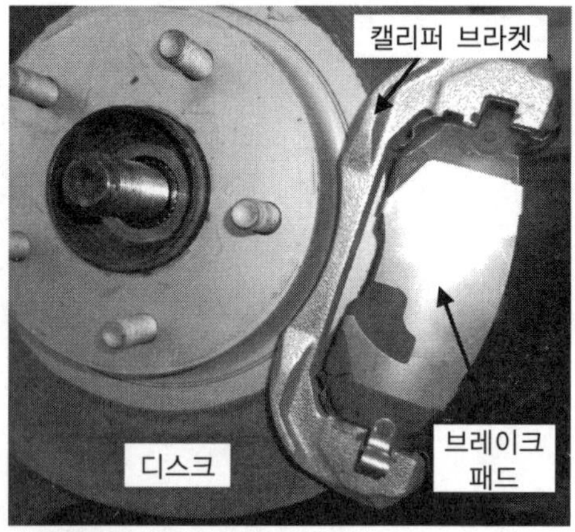

(b) 캘리퍼 브라켓에 장착된 브레이크 패드

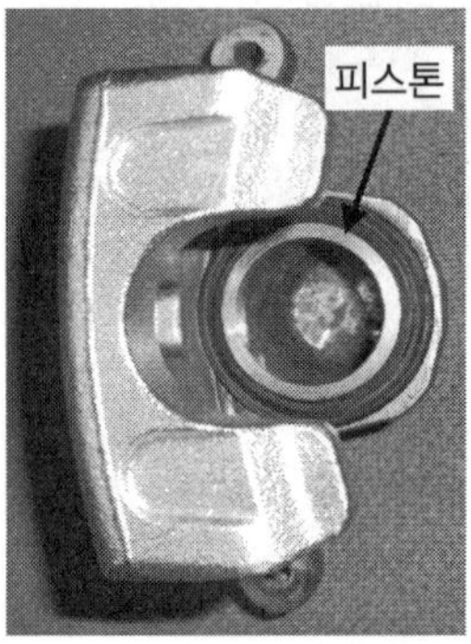

(c) 부동형 캘리퍼

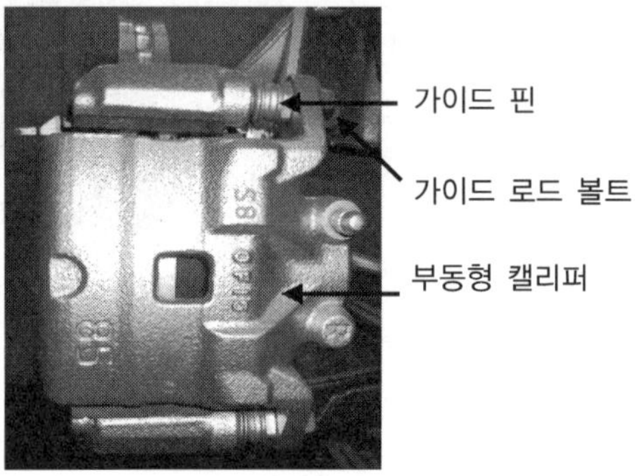

(d) 부동형 디스크 브레이크

(e) 가이드 핀과 가이드 로드 볼트

| 사진 15-4 |

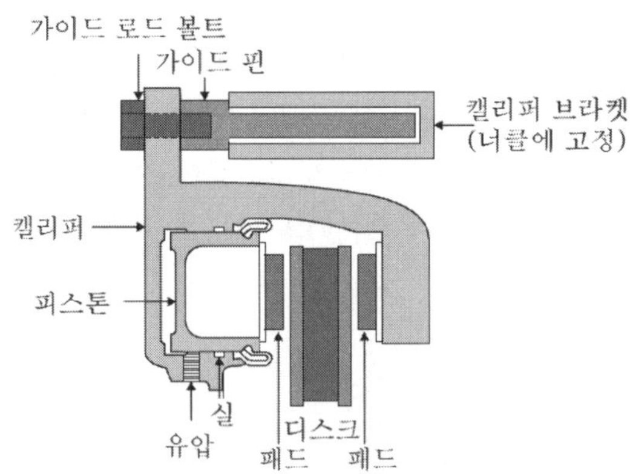

(a) 제동하지 않는 경우

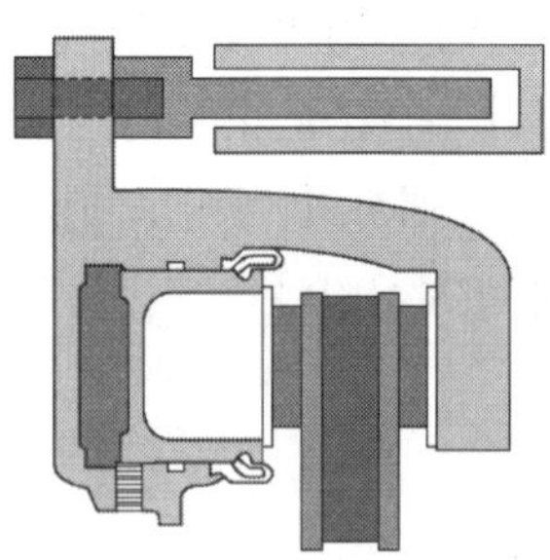

(b) 제동하는 경우

| 그림 15-13 |

사진 15-5는 브레이크 패드에 설치된 패드의 마모 지시기(wear indicator)이다. 이는 패드가 일정 양 이상 마모되면 마모 지시기가 디스크 표면과 접촉하면서 소음을 만들어 운전자에게 알리는 기능을 한다.

| 사진 15-5 | 브레이크 패드와 마모 지시기

15-4 제동장치의 문제점

15-4-1 self lock

자기고착(self lock)은 드럼 브레이크의 리딩 슈에서 발생되는 현상으로 식 (15-10)의 G_1의 분모가 0이 되는 조건 즉 다음 식이 성립하는 경우이다.

$$\mu_L = \frac{e}{r} \tag{15-5}$$

이 경우 게인은 무한대로 증가하여 슈에 작용하는 확장력을 제거해도 제동력은 감소하지 않고 브레이크는 고착상태를 유지한다. 특히 후륜이 고착되면 스핀(spin) 현상이 발생하여 위험에 처할 수 있다. 왜냐하면 후륜이 고착된 상태에서 전륜에 슬립각이 존재하면 코너링 포스가 작용하여 차량은 스핀하기 때문이다.

15-4-2 베어퍼 록

베이퍼 록(vapor lock)은 말 그대로 기체가 통로를 막는 현상을 말한다. 브레이크를 많이 사용함으로써 브레이크계의 온도가 상승하면 브레이크 오일의 일부가 기화된다. 이 기체가 브레이크계의 유압통로를 막고 있으면 스펀지 현상이 발생하여 유압이 전달되지 않아 브레이크 작동이 불가능해 진다. 브레이크를 수리한 후 공기빼기를 하는 이유도 바로 베이퍼 록을 방지하기 위함이다. 참고로 빨대 속에 공기가 있을 때 음료수를 입으로 빨기 어려운 것과 같은 현상이고 또 펌프 동작 전에 마중물을 넣는 이유와도 같다.

15-4-3 heat fade

브레이크를 많이 사용함으로써 브레이크계의 온도가 상승하면 당연히 마찰재의 온도도 상승한다. 일반적으로 마찰재의 마찰계수는 온도 증가에 따라 감소하는 특성이 있으므로 제동 능력이 감소된다. 이러한 현상을 방지하기 위해서는 제동부의 온도를 낮추는 것이 필요해 디스크 내부에 냉각을 위해 구멍을 설치한 ventilated disk brake가 사용되며 실제의 모습은 사진 15-6과 같다.

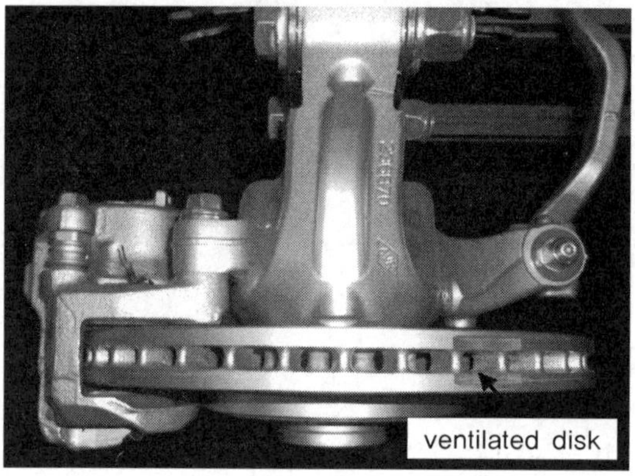

| 사진 15-6 | ventilated disk brake의 모습

15-5 심화내용

15-5-1 드럼 브레이크의 제동력

드럼 브레이크의 제동 성능을 해석하기 위해 그림 15-11에 보인 드럼 브레이크의 구조를 바탕으로 제동 중일 때 각 부위에 작용하는 힘을 그림 15-14에 나타내었다. 여기세 사용된 각 문자의 정의는 표 15-1에 정리되어 있다. 핀에는 모멘트가 작용할 수 없으므로 리딩 슈에 작용하는 힘 사이의 관계를 알기위해 앵커 핀에서 모멘트의 합은

$$Qh + F_1 r - N_1 e = 0 \tag{15-6}$$

이다. 리딩 슈의 라이닝에 작용하는 마찰력은 수직력과 라이닝의 마찰계수(μ_L)로 구해진다.

$$F_1 = \mu_L N_1 \tag{15-7}$$

식 (15-6)과 (15-7)로부터 리딩 슈의 라이닝에 작용하는 마찰력은 다음과 같다.

$$F_1 = \frac{(h/r)\mu_L Q}{(e/r) - \mu_L} \tag{15-8}$$

트레일링 슈의 라이닝에 작용하는 마찰력 역시 리딩 슈에 작용하는 마찰력을 구하는 방법과 동일하게 다음과 같이 구해진다.

$$\begin{aligned} &Qh + F_2 r - N_2 e = 0 \\ &F_2 = \mu_L N_2 \\ &F_2 = \frac{(h/r)\mu_L Q}{(e/r) + \mu_L} \end{aligned} \tag{15-9}$$

휠 실린더의 확장력과 마찰력의 관계를 슈에서의 게인으로 정의하며 리딩 및 트레일링 슈에서의 게인(G_1, G_2)은 각각 다음과 같다.

$$\begin{aligned} G_1 &= \frac{F_1}{Q} = \frac{(h/r)\mu_L}{(e/r) - \mu_L} \\ G_2 &= \frac{F_2}{Q} = \frac{(h/r)\mu_L}{(e/r) + \mu_L} \end{aligned} \tag{15-10}$$

게인은 단위 확장력을 가할 때 발생되는 마찰력을 뜻한다. 식 (15-10)의 G_1의 식에서 알 수 있듯이 마찰계수의 변화에 따라 G_1의 값이 크게 변한다. 어떠한 연유로 인해 G_1의 분모가 0이 되는 조건이 되면 마찰력은 무한대로 되어 드럼과 라이닝이 고착상태에 이른다. 이 상태를 self lock이라 부른다. 리딩 슈에서는 게인이 1보다 크기 때문에 인가되는 확장력보다 큰 마찰력을 얻을 수 있어 이를 리딩 슈의 자기배력작용이라 부른다. 브레이크 전체의 게인은 BEF(brake effectiveness factor)로 다음과 같이 나타낸다.

$$\begin{aligned} BEF &= \frac{\text{브레이크 토크}}{\text{휠 실린더면적} \times \text{유압} \times \text{드럼 반지름}} \\ &= \frac{(F_1 + F_2)r}{2Qr} = \frac{1}{2}(G_1 + G_2) \end{aligned} \tag{15-11}$$

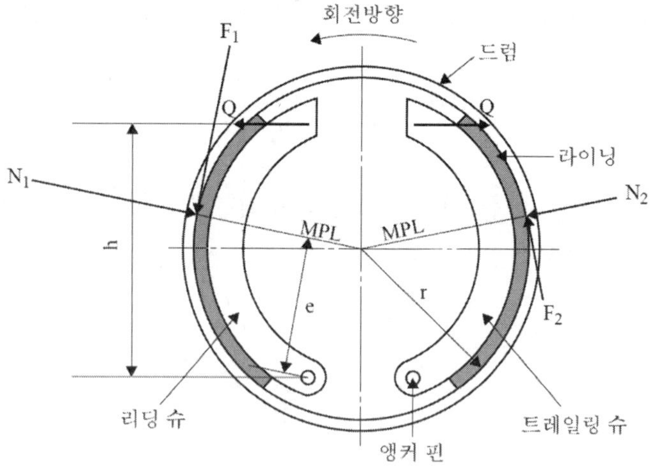

| 그림 15-14 | 드럼 브레이크에 작용하는 힘

| 표 15-1 | 그림 15-14에 사용된 문자의 정의

문 자	정 의
Q	휠 실린더 확장력
N	라이닝에 작용하는 수직력
F	라이닝에 작용하는 마찰력
r	바퀴의 회전중심에서 라이닝과 드럼의 접촉면까지의 거리
e	리딩 슈의 앵커 핀에서 수직력이 작용점까지의 거리
h	리딩 슈의 앵커 핀에서 Q의 작용점까지의 거리

15-5-2 디스크 브레이크의 제동력

드럼 브레이크에 적용된 원리를 그림 15-15에 보인 디스크 브레이크에 적용한 결과는 다음과 같다. 한쪽의 패드에 작용하는 마찰력은 수직력과 패드의 마찰계수(μ_p)의 곱이므로

$$\frac{F}{2} = \mu_p N = \mu_p Q \tag{15-12}$$

로 표현된다. 디스크에 작용하는 총 제동력과 실린더의 확장력은 다음과 같은 관계를 갖는다.

$$F = 2\mu_p Q \tag{15-13}$$

따라서 디스크 브레이크 게인은

$$BEF = \frac{F}{Q} = 2\mu_p \quad (15\text{-}14)$$

이며 드럼 브레이크와는 달리 단순히 패드 마찰계수의 2배이다.

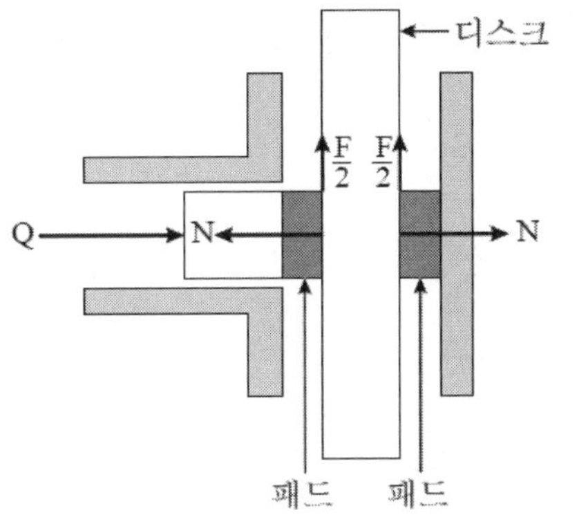

| 그림 15-15 | 디스크 브레이크에 작용하는 힘

위에서 정리된 드럼 및 디스크 제동장치의 성능을 표 15-2에 요약하였다.

| 표 15-2 | 브레이크 형식에 따른 제동력

브레이크 형식	BEF	비 고
드럼 브레이크	2~2.5	동일한 제동력을 얻기 위해 휠 실린더 또는 유압을 어떻게 해야 할까?
디스크 브레이크	0.75~0.8	

참고로 동일 차종의 후륜 드럼 브레이크의 휠 실린더 지름은 19.05mm이고 이 차종에 장착되는 후륜 디스크 브레이크의 실린더 지름은 34mm이다. 두 실린더의 면적비는 약 3.19배이며 이 값은 드럼 및 디스크 브레이크의 BEF의 비와 유사함을 알 수 있다. 따라서 디스크 브레이크로 드럼 브레이크와 동일한 제동력을 얻기 위해서는 큰 실린더를 사용해야한다.

15-5-3 후륜 고착과 전륜 고착의 차이점

후륜이 먼저 고착된 차량에 그림 15-16(a)의 아래 그림과 같이 반시계 방향의 외란이 인가되면 외란에 의해 발생된 요(yaw) 모멘트에 의해 차체의 방향이 바뀐 상태에서 차량은 그림 15-16(a)의 위의 그림처럼 진행방향으로 진행한다. 이때 전륜과 진행방향은 다르므로 슬립각이 생겨 전륜에만 코너링 포스가 발생한다. 이 힘에 의해 발생된 점선의 모멘트는 외란의 모멘트와 동일한 방향으로 차량을 외란 방향으로 더욱 회전시켜 차량은 방향 안정성을 상실하여 스핀(spin)에 도달한다.

반대로 전륜이 먼저 고착된 차량에 그림 15-16(b)의 아래 그림과 같은 외란이 발생하면 조향은 불가능하나 후륜은 고착된 상태가 아니기 때문에 그림 15-16(b)의 위 그림처럼 후륜에 코너링 포스가 작용한다. 이 힘은 점선과 같은 모멘트를 만들어 차량에 작용하는 외란에 의한 모멘트를 줄이는 방향으로 작용하여 안정성이 확보된다. 이와 같이 위험 상황을 회피하기 위해 가능하면 전륜이 먼저 고착되도록 제동력을 배분해야한다.

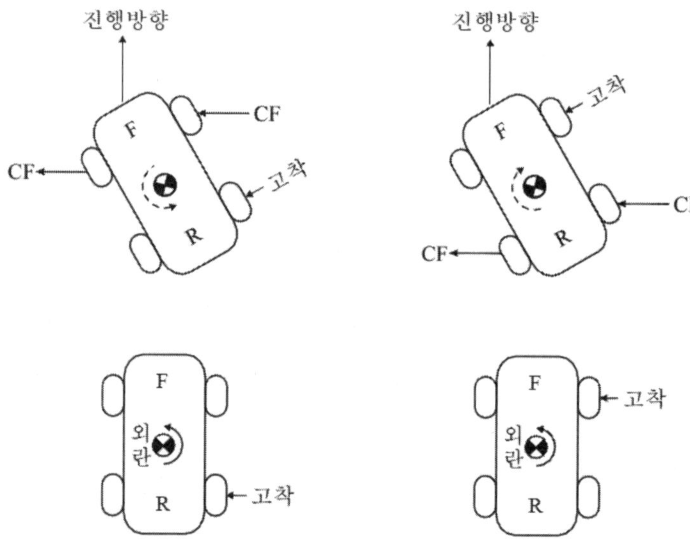

(a) 후륜 고착 (b) 전륜 고착

| 그림 15-16 |

15-5-4 전후륜의 제동력

전륜과 후륜의 최대 제동력은 타이어와 노면사이의 마찰계수(μ)와 하중(W)에 의해 결정된다. 최대 제동력은 μW이고 이때의 감속도 a는 $\mu W = (W/g)a$로부터 $a = \mu g$이다. 감속 시 후륜으로부터 전륜으로 하중이 이동하며 감속도 a인 차량의 전륜과 후륜이 지탱하는 하중 W_F와 W_R은 각각

$$W_F = W_{FS} + \frac{H}{L} W \frac{a}{g}$$
$$W_R = W_{RS} - \frac{H}{L} W \frac{a}{g} \qquad (15\text{-}15)$$

로 계산된다. 여기서 H와 L은 각각 차량중심의 높이와 축간 거리(휠 베이스)이고

W_{FS}와 W_{RS}는 각각 정지 상태에서 전륜과 후륜에 작용하는 하중이다. 최대 제동력은 하중이동에 의해 전륜과 후륜이 다르며 전후륜이 동시에 고착된 상태에서 발생한다. 타이어와 노면의 마찰계수가 μ인 상태에서 최대 감속도는 $a = \mu g$이므로 전후륜이 동시에 고착될 때 전륜과 후륜에 작용하는 제동력 BF_F, BF_R은 각각 마찰계수의 함수로 다음과 같이 표현된다.

$$\begin{aligned} BF_F &= \mu\left(W_{FS} + \mu\frac{H}{L}W\right) \\ BF_R &= \mu\left(W_{RS} - \mu\frac{H}{L}W\right) \end{aligned} \tag{15-16}$$

마찰계수에 따라 식 (15-16)의 두 식을 그래프로 나타낸 것이 그림 15-17의 이상 제동력 배분선이다. 여기서 가로축과 세로축은 각각 전륜과 후륜의 제동력이다. 이 곡선은 전륜과 후륜이 동시에 고착되는 상태로 차량에서 얻을 수 있는 최대 제동력을 나타낸다. 곡선의 아래쪽은 전륜이 먼저 고착되는 상태이고 위쪽은 후륜이 먼저 고착되는 상태이다. 이상적으로는 곡선을 따라 제동력을 제어하면 좋으나 15-5-3에 설명된 바와 같이 현실적으로 전륜이 먼저 고착되도록 이 곡선의 아래 영역에서 곡선에 가까이 제어한다. 그림 15-17을 위해 사용된 값은 $W = 1{,}500kg_f$, $W_{FS} = 900kg_f$, $W_{RS} = 600kg_f$, $L = 2.8m$, $H = 0.5m$이다.

바퀴에 작용하는 실제 제동력은 유압, 실린더의 단면적, 마찰재와 디스크의 마찰계수, 휠 중심에서 마찰재까지의 유효 반지름 등에 의해 결정된다. 전륜과 후륜의 제동장치에서 실린더 단면적을 제외한 다른 것이 모두 동일하다면 전륜과 후륜의 실제 제동력은 실린더의 단면적 비이다. 어느 차량의 전륜과 후륜의 실린더 지름은 각각

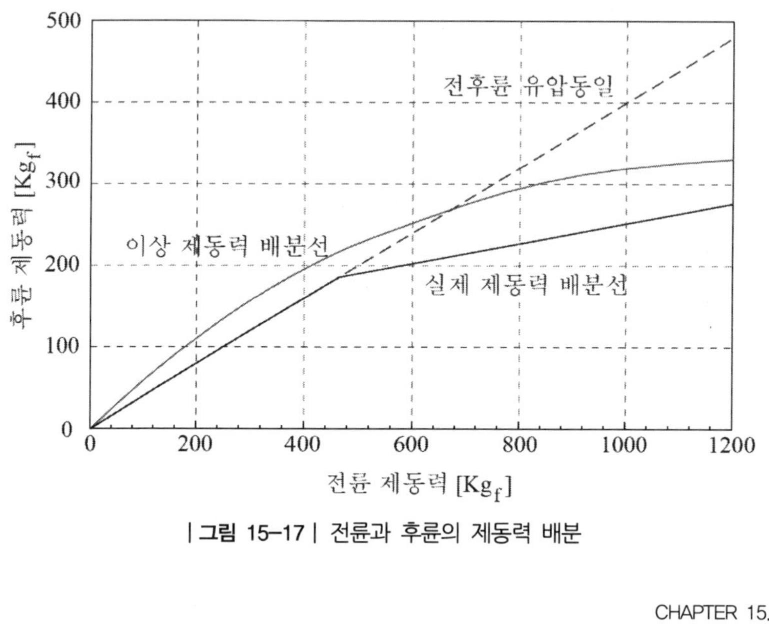

| 그림 15-17 | 전륜과 후륜의 제동력 배분

54mm와 33.96mm로 후륜의 제동력은 전륜의 약 0.4배이다. 이 관계를 그림 15-17에 표시한 것이 원점을 지나는 점선이다. 이는 전후륜에 공급되는 유압이 동일하며 이상 제동력 배분선과 한 점에서 만난다. 교점 이후에도 전륜과 후륜에 동일한 유압을 공급하면 후륜이 먼저 고착된다. 실제 제동력 배분선은 그림 15-17의 실선과 같다. 따라서 어느 점(split point or knee point)까지는 전륜과 후륜에 동일한 유압을 공급하고 그 점을 지나서는 후륜 고착을 피하기 위해 후륜에 공급하는 유압을 줄인다. 이를 위해 사용되는 장치가 바로 프로포셔닝 밸브(proportioning valve)이다.

15-5-5 싱글 부스터와 탠덤 부스터

탠덤 부스터(tandem booster)는 싱글 부스터(single booster)와 달리 하나의 공간에 다이어프램이 두 개가 존재하므로 그 만큼 다이어프램의 면적이 증가한다. 동일한 압력차이가 두 시스템에 인가되면 탠덤 부스터는 압력차에 의해 발생하는 힘을 싱글 부스터보다 다이어프램의 면적만큼 키울 수 있다. 따라서 협소한 공간에서 제동력을 향상시키기 위해 탠덤 부스터를 사용한다. 참고로 예전에 10인치 싱글 부스터 대신 7+8인치 탠덤 부스터를 적용한 경우가 있다. 이 경우 탠덤 부스터의 다이어프램 면적은 싱글 부스터보다 약 13% 증가한다.

15-5-6 진공배력장치

진공배력장치(vacuum booster)는 브레이크 페달과 마스터 실린더 사이에 설치되어 엔진의 흡기다기관에 형성되는 진공을 이용하여 운전자가 페달에 가하는 힘을 증대

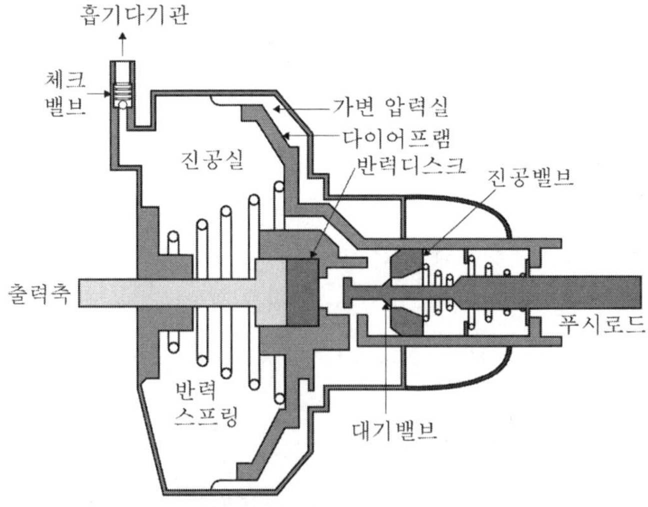

| 그림 15-18 | 진공배력장치의 구성

시키는 장치이다. 이 힘은 마스터 실린더에서 높은 유압을 발생시켜 차량을 제동한다. 진공배력장치는 그림 15-18과 같이 진공실, 가변압력실, 진공실과 가변압력실을 구분 짓는 다이어프램, 엔진 흡기다기관과 체크 밸브로 연결된 진공 통로, 가변압력실의 압력을 조절하기 위한 진공밸브와 대기밸브가 설치된 푸시로드 그리고 반력 스프링과 디스크 및 출력축으로 구성된다.

가변압력실은 진공배력장치의 진공실과 대기로 연결되는 두 통로가 있으며 진공밸브와 대기밸브는 이의 개폐를 담당한다. 여기서 명칭은 기능에 초점을 두고 선정하였다. 밸브의 작동에 의해 진공배력장치의 작동은 그림 15-19와 같이 해제 단계(release stage), 제동 단계(apply stage)와 유지 단계(hold stage)의 세 단계로 구분되며 각 단계의 특징은 표 15-3에 정리되어있다. 제동을 하지 않는 상태는 그림 15-19(a)와 같이 가변 압력실에는 진공실의 압력이 작용한다. 운전자에 의해 푸시로드에 힘이 가해지면 먼저 진공 밸브가 막히고 힘을 더 가하면 진공밸브가 막힌 상태에서 대기밸브가 열린다. 이는 그림 15-19(b)에 표시된 제동 단계로 가변 압력실과 대기가 연결되어 가변 압력실의 압력이 상승한다. 제동 중 푸시로드에 작용하는 힘이 감소하면 대기밸브와 진공밸브가 모두 닫히는 그림 15-19(c)의 유지단계로 되며 이 때 가변압력실의 압력은 대기밸브가 닫히는 순간의 압력으로 유지된다.

| 표 15-3 | 진공배력장치의 작동 단계

작동 단계	밸브 상태	가변압력실의 압력
해제 단계	진공밸브 열림 대기밸브 닫힘	진공실의 압력과 동일
제동 단계	진공밸브 닫힘 대기밸브 열림	압력이 계속 증가함
유지 단계	진공밸브 닫힘 대기밸브 닫힘	진공실보다 높은 일정한 압력

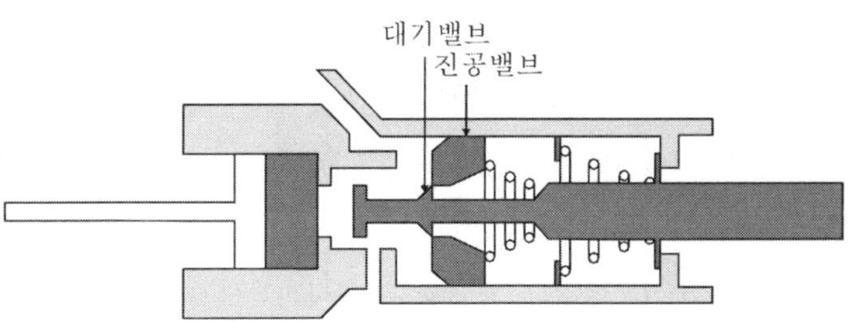

(a) 해제 단계

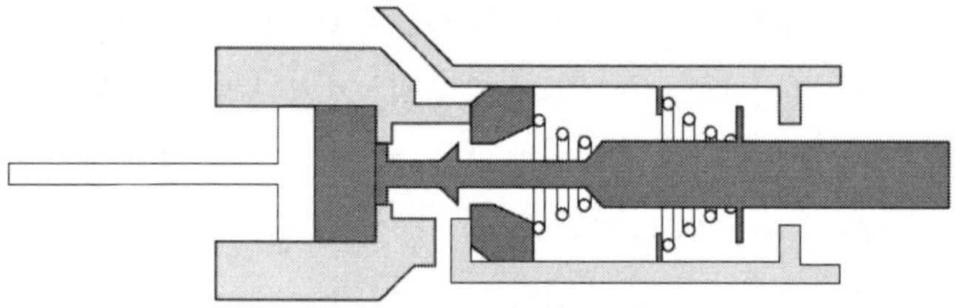

(b) 제동 단계

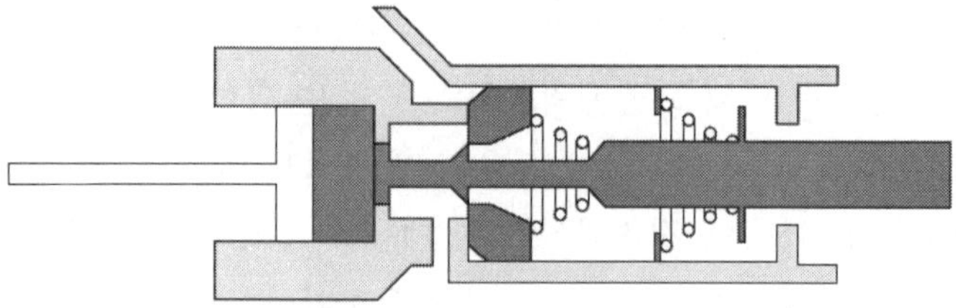

(c) 유지 단계

| 그림 15-19 |

그림 15-20은 진공배력장치의 특성을 보이는 것으로 가로축과 세로축은 각각 입력과 출력이다. 입력은 브레이크 페달에서 증대된 힘이 진공배력장치의 푸시로드에 인가되는 힘이고 출력은 마스터 실린더의 푸시로드에 가해지는 힘이다. ①은 진공배력장치에 힘이 가해지지 않는 상태로 진공밸브는 열려있고 대기밸브는 닫혀있다. ①~②는 브레이크 페달에 힘이 가해져 푸시로드가 전진하여 진공밸브가 닫혀 가변압력실은 진공실과 대기로부터 모두 차단되어 압력은 진공실과 같아 배력은 되지 않는다. ③은 푸시로드에 조금 더 큰 힘이 작용하면 대기밸브가 열려 대기압이 가변압력실로 연결된다. 이 압력이 다이어프램에 작용하고 이에 연결된 반력 디스크를 눌러 변형시킨다. 이 변형에 의해 대기밸브가 순간적으로 뒤로 밀려 대기압 통로는 다시 닫힌다. ②~③을 점핑 구간이라 부른다. ③~④는 푸시로드에 가해지는 힘이 증가

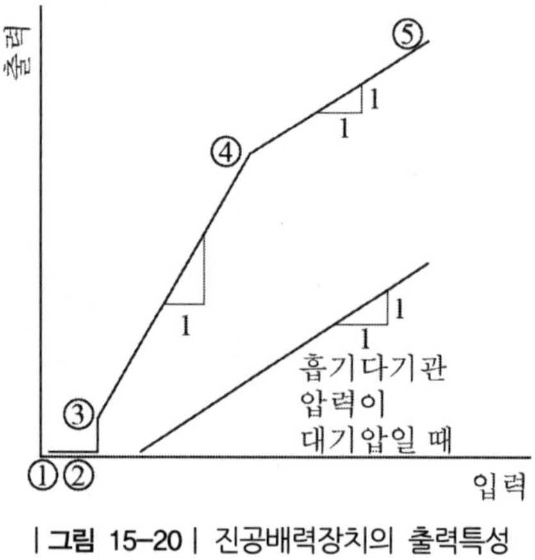

| 그림 15-20 | 진공배력장치의 출력특성

하면 푸시로드는 반력디스크를 누르고 대기압 통로는 점차 열린다. 대기압은 가변압력실의 다이어프램에 작용하고 진공과 대기압의 압력차에 의한 힘이 페달 답력과 함께 반력디스크에 작용하게 된다. ④에서 가변압력실의 압력이 완전히 대기압이 되면 압력 차이에 의한 배력은 더 이상 없고 페달 답력에만 비례하여 출력이 증가한다. ③~④를 배력구간이라 하고 이 구간의 기울기를 배력비(boosting ratio)라 한다. ④를 전부하점(knee point)이라 하고 ④~⑤ 구간은 진공에 의한 배력작용은 없고 페달 답력에 비례한 출력이 발생한다. 참고로 어느 승용차의 배력비는 7.5이다.

15-5-7 보상구 및 우회구

그림 15-21은 마스터 실린더의 피스톤, 보상구(compensating port) 그리고 우회구(bypass port)의 위치를 보여준다. 그림 15-21(a)와 같이 제동하지 않을 때 보상구와 우회구는 각각 피스톤의 앞쪽과 뒤쪽의 실린더와 오일 저장실을 연결하는 작은 구멍이다. 반면 그림 15-21(b)처럼 제동할 때 피스톤은 보상구와 우회구의 전방에 위치한다. 보상구는 유압계통의 온도변화에 의한 브레이크 오일의 부피 변화를 보정하기 위해 오일의 양을 조절한다. 브레이크가 작동하지 않을 경우 온도가 높으면 유압계통의 부피가 늘어나며 늘어난 양만큼의 오일이 오일 저장실로 보상구를 통해 이동한다. 온도가 내려가면 오일의 부피가 줄어들어 공간이 생기므로 이를 보충하기 위해 오일 저장실로부터 보상구를 통해 오일이 보충된다.

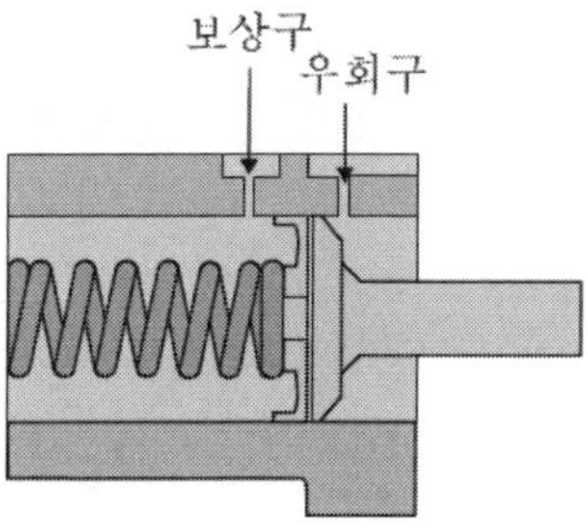

(a) 제동하지 않을 때 피스톤, 보상구와 우회구의 위치

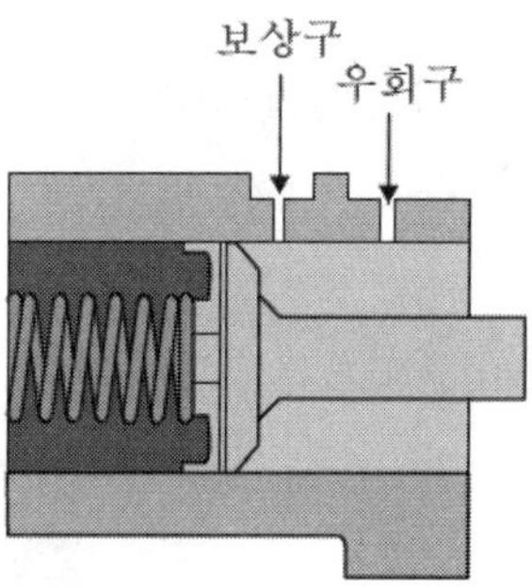

(b) 제동 중 피스톤, 보상구와 우회구의 위치

| 그림 15-21 |

(1) 제동할 때

마스터 실린더 내부에는 2개의 피스톤과 2개의 리턴 스프링이 설치되어 있다. 운전자가 브레이크 페달을 밟으면 그림 15-22와 같이 푸시로드가 1차 피스톤을 밀어 보상구가 막히는 순간부터 1차실에서 압력이 생성된다. 1차 및 2차 피스톤 사이의 유압이 2차 피스톤에 작용하므로 2차실에도 1차실과 같은 유압이 생성된다.

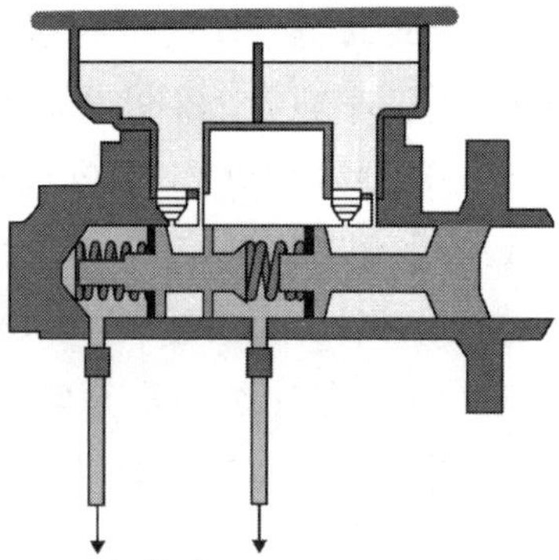

| 그림 15-22 | 제동할 때

(2) 제동해제 할 때

제동한 후 제동을 해제하면 재빨리 피스톤은 원래의 위치로 복귀되어 다음 제동을 위한 준비가 완료되어야한다. 제동을 해제할 때 마스터 실린더에 있는 강한 리턴 스프링이 작용하여 브레이크 오일이 복귀되는 것보다 피스톤을 원래의 위치로 더 빨리 보내어 피스톤의 앞쪽의 압력은 대기압보다 낮아진다. 피스톤 뒤쪽의 압력이 앞쪽보다 높아 피스톤이 원래의 위치로 복귀가 잘 되지 않는다. 그림 15-23과 같이 피스톤 뒤쪽의 오일이 피스톤에 설치된 밸브를 지나 피스톤 앞쪽으로 흘러 압력을 높인다. 피스톤 뒤쪽의 부족한 오일은 오일 저장실의 오일이 우회구를 거쳐 보충된다. 제동부의 유압계통으로부터 서서히 흘러나오는 오일과 피스톤 앞쪽 실린더의 압력을 높이기 위해 추가로 공급되었던 오일 때문에 존재하는 피스톤 앞쪽의 여분의 오일은 보상구를 거쳐 오일 저장실로 흐른다.

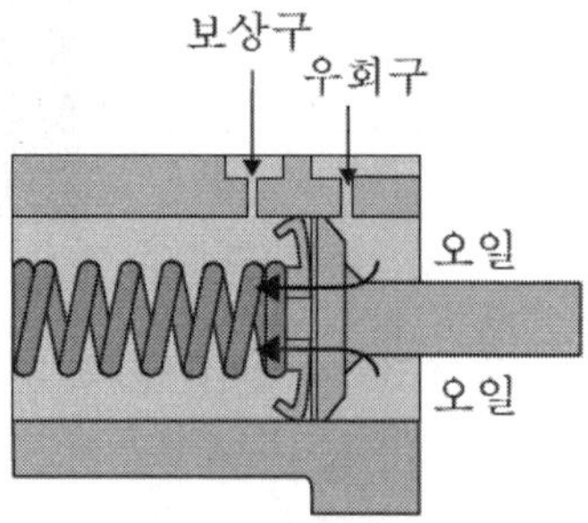

| 그림 15-23 | 제동해제 할 때

15-5-8 프로포셔닝 밸브의 동작

그림 15-24(a)와 (b)는 각각 완만한 제동과 급제동일 때 프로포셔닝 밸브가 동작하는 모습을 나타낸 것이다. 밸브 피스톤은 유압과 스프링의 힘에 의해 좌우로 이동하

는 것으로 유압이 작용하는 피스톤의 단면적은 우측이 넓다. 완만한 제동을 할 경우 밸브 피스톤은 스프링의 힘에 의해 오른쪽으로 이동된 상태에 의해 밸브가 열려 마스터 실린더에서 오는 유압이 그대로 후륜의 브레이크로 공급된다. 반면 급제동을 할 경우 밸브 피스톤은 다음과 같은 작용을 반복하여 후륜으로 공급되는 유압을 줄인다. 마스터 실린더에서 나오는 유압이 증가할수록 밸브 피스톤을 오른쪽에서 왼쪽으로 미는 힘이 증가한다. 어느 값 이상이 되면 그림 15-24(b)와 같이 밸브 피스톤은 왼쪽으로 완전히 이동하여 입구의 중앙에 있는 밸브를 닫는다. 마스터 실린더로부터 오는 유압이 더 높아지면 오른쪽의 압력은 낮으므로 다시 밸브 피스톤이 오른쪽으로 이동하여 밸브가 열려 후륜으로 아까보다 높은 유압이 공급된다. 계속 이러한 동작을 반복하여 후륜에 공급되는 유압은 제어된다.

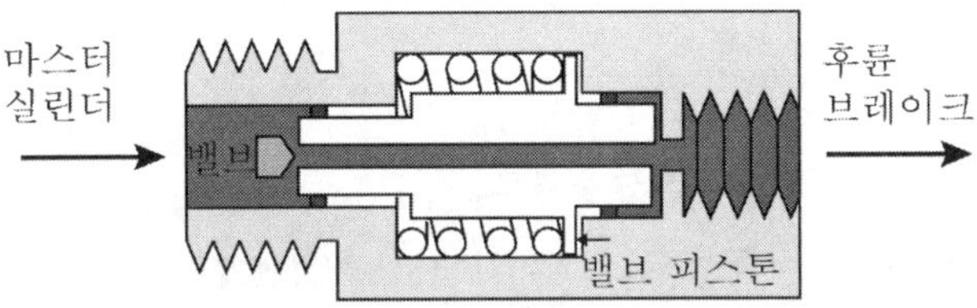

(a) 프로포셔닝 밸브의 동작1

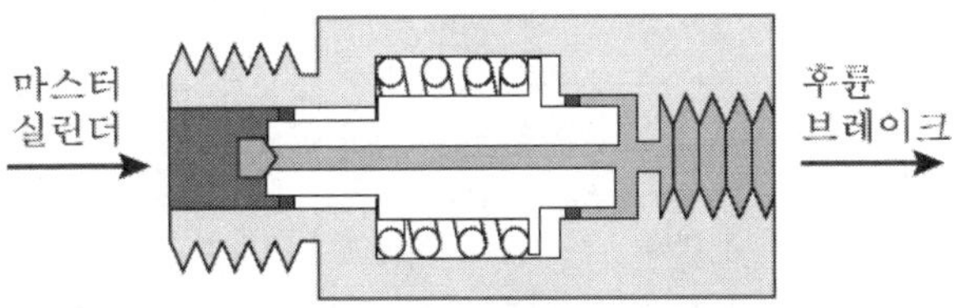

(b) 프로포셔닝 밸브의 동작2

| 그림 15-24 |

15-5-9 ABS

그림 14-34에서 설명된 것과 같이 마찰계수가 다른 노면에 양쪽 바퀴가 있을 때 급제동하면 마찰계수가 낮은 쪽의 바퀴는 고착되어 차량은 마찰계수가 높은 쪽으로 회전한다. 곡선 길을 주행하는 중에 급제동을 하면 전륜이 고착되어 차량을 조향할 수 없는 상황이나 후륜이 고착되어 차량이 스핀(회전)하는 위험한 경우에 도달할 수 있다. 이러한 상황에서 바퀴의 고착을 방지하여 방향 안정성, 짧은 제동거리 그리고 조향 성능을 확보하는 것이 ABS(anti-lock brake system)의 목적이다.

타이어의 마찰계수는 그림 15-25와 같이 노면 조건, 타이어 종류 그리고 슬립율에 따라 변한다. 슬립율(λ)은 차량속도(v_v)와 바퀴속도(v_w)로부터 다음과 같이 정의된다.

$$\lambda = \frac{(v_v - v_w)}{v_v} \times 100 \tag{15-17}$$

슬립율 100%는 타이어가 완전히 고착되어 회전하지 않는 상태를 뜻하고, 0%는 타이어가 미끄러지지 않고 구르는 상태를 말한다. 그림 15-25에서와 같이 타이어와 노면의 최대 마찰계수는 슬립율 10~30% 근처에서 발생한다. 최대 제동력이 필요한 긴급 제동의 경우 타이어를 고착시키는 것보다 슬립률을 이 값으로 제어하여 마찰계수를 높여 큰 제동력을 얻는다. 이를 위해 휠 실린더에 공급되는 유압을 제어함으로써 목표로 하는 슬립율로 제어하여 제동거리를 단축시키는 것이 ABS의 하나의 목적이다. 또한 ABS는 방향 안정성과 조향 성능을 확보하기 위해 제동 중에는 바퀴를 항상 최적의 슬립율로 제어한다.

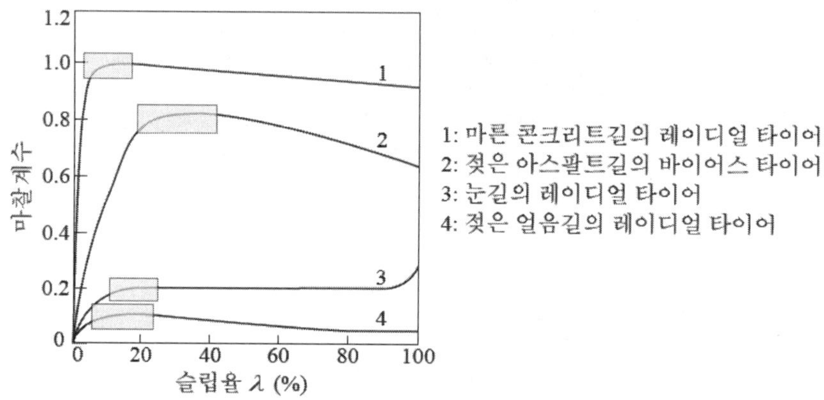

| 그림 15-25 | 슬립율에 따른 각종 노면과 타이어의 마찰계수

ABS 장치의 일반적인 구성은 그림 15-26과 같다. ABSCM(ABS control module)은 센서로부터의 신호를 바탕으로 휠 실린더에 공급되는 유압을 제어하기위해 HCU(hydraulic control unit)에 명령을 내린다. HCU는 ABSCM의 신호에 따라 각 바퀴에 적정 제동 유압을 공급하는 장치이다. 바퀴에 설치된 휠 스피드 센서(wheel speed sensor)는 바퀴의 슬립율을 체크하기 위해 바퀴의 회전속도를 측정한다. 모터는 팽창 체임버 또는 축압기(accumulator)에 있는 오일을 마스터 실린더로 보내거나 ABS 동작 중에 추가적인 유압을 만들어 휠 실린더로 보낸다. 펌프의 입구 및 출구에 설치된 체크 밸브는 오일의 역류를 방지한다. 댐퍼 체임버(damper chamber)는 마스터 실린더로 전달되는 압력 펄스를 최소화하고 ABS 동작 중에 브레이크 페달의 과도한 맥동을 방지한다. 참고로 채널 수는 휠 실린더의 오일 압력을 제어하는 솔레노이드 밸브의 수를 말한다.

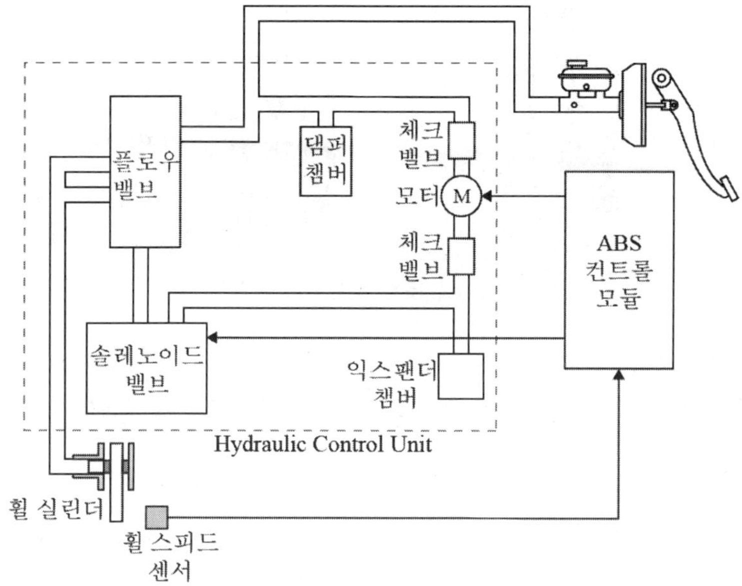

| 그림 15-26 | ABS 장치의 구성

다음은 그림 15-26을 바탕으로 ABS 동작에 따라 휠 실린더에 공급되는 유압을 제어하는 방법에 대한 설명이다. 일반 제동 시에는 솔레노이드 밸브와 모터 펌프가 작동하지 않아 마스터 실린더의 유압은 전부 휠 실린더로 공급된다. 급제동으로 인해 바퀴의 고착이 발생하여 슬립율이 목표치의 상한에 도달하면 솔레노이드 밸브가 열려 휠 실린더의 고압 오일은 팽창 체임버(expander chamber)에 저장된다. 결국 휠 실린더에 의한 제동력이 감소하여 바퀴의 속도는 증가하여 슬립율의 목표치 하한에 도달하게 되면 슬립율을 증가시키는 과정이 발생한다. 솔레노이드 밸브는 닫히고 모터 펌프는 팽창 체임버의 오일을 다시 휠 실린더로 압송하여 제동력을 높인다.

15-5-10 유압의 기초

다음의 내용은 유압의 기초에 대한 것이다.

1. 유압은 작용하는 힘을 피스톤의 면적으로 나눈 것이다. 즉 압력은 다음 식으로 표현된다.

$$p = \frac{F}{A} \tag{15-17}$$

그림 15-27의 좌우는 면적이 각각 $1cm^2$과 $2cm^2$인 피스톤에 100kg의 힘이 작용할 때 발생하는 유압은 식 (15-17)에 의해 각각 $100kg_f/cm^2$와 $50kg_f/cm^2$이다.

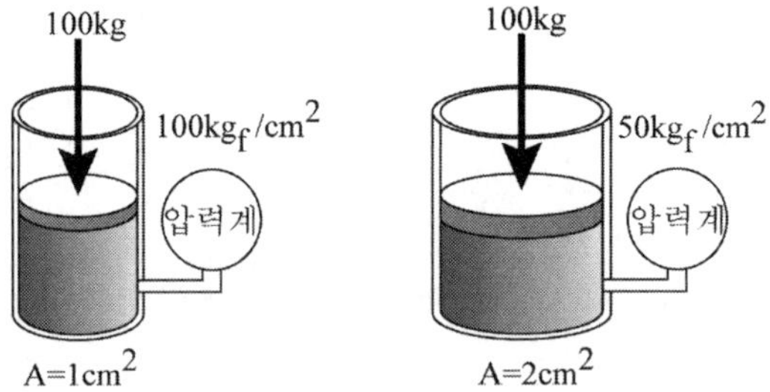

| 그림 15-27 | 압력의 정의

2. 액체에 가해진 압력은 모든 방향으로 동일하게 작용한다. 그림 15-28은 연결된 곳에 있는 유체에 작용하는 압력은 모든 곳에서 같음을 보인다.

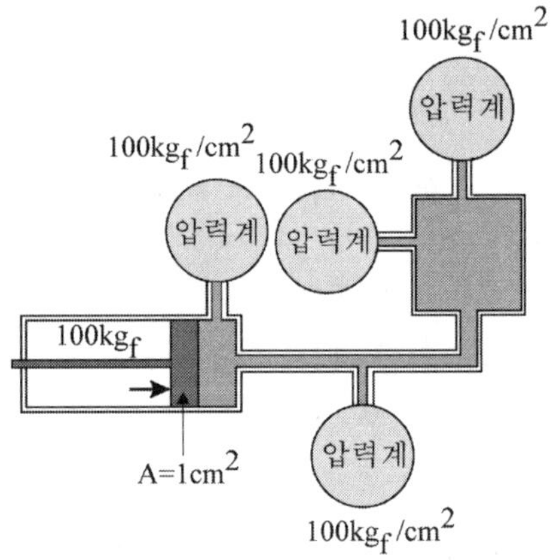

| 그림 15-28 | 유압 작용 방향

3. 유압에 의해 만들어지는 출력은 유압에 피스톤의 면적을 곱한 것이다. 그림 15-29와 같이 연결된 곳의 압력은 모두 동일하므로 피스톤에서 만들어지는 힘은 면적에 비례한다.

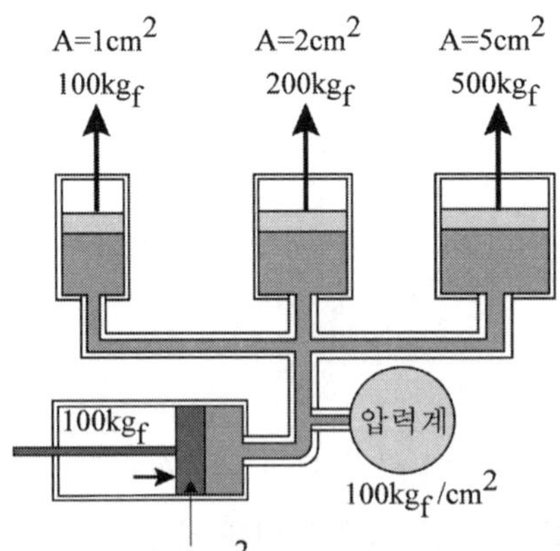

| 그림 15-29 | 유압에 의한 힘

4. 입력과 출력 피스톤의 움직인 거리는 면적에 반비례한다. 유체는 비압축성 유체이므로 그림 15-30(a)와 (b)의 입력에 의해 이동된 유체의 양(면적 × 이동거리)은 $5cm^3$ 이다. 출력 쪽으로 이 양만큼 이동되기에 15-30(a)와 (b)의 출력 측의 피스톤 면적이 각각 $5cm^2$ 와 $10cm^2$ 이므로 피스톤은 각각 $1cm$ 와 $0.5cm$ 이동한다.

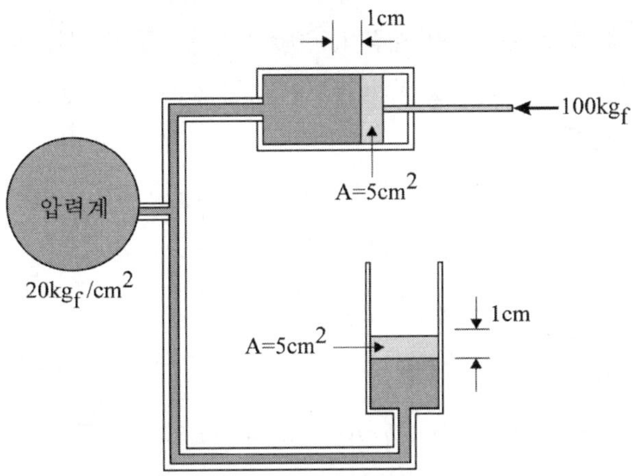

(a) 피스톤 이동거리 1

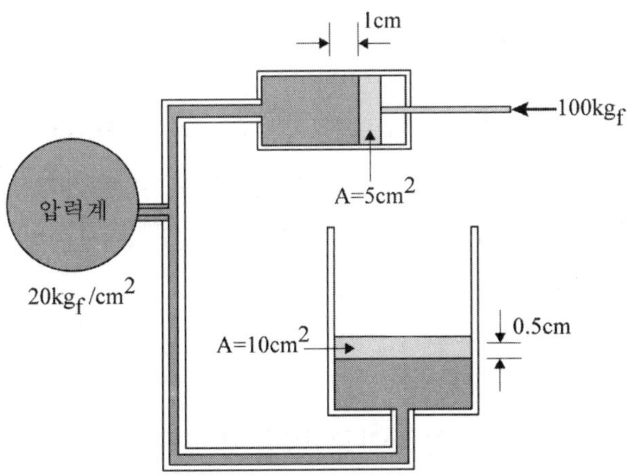

(b) 피스톤 이동거리 2

| 그림 15-30 |

15-6 예제

15-6-1 예제 1

예제 알루미늄 디스크 브레이크가 많이 사용되고 있는데 네 바퀴로 균등하게 제동된다면 100kph로 주행 중인 질량 1,500kg인 자동차를 정지시킬 때 발생되는 열은 브레이크 디스크의 온도를 얼마나 높일까? 단, 디스크의 지름과 두께를 각각 25cm와 2.5cm이다.

풀이 100kph로 주행 중인 차량의 운동 에너지(E_k)는

$$E_k = \frac{1}{2}mv^2 = \frac{1}{2} \times 1{,}500 \times (\frac{100 \times 1{,}000}{3{,}600})^2 = 578.7KJ$$

이다. 디스크 4개의 총 부피(V)와 질량(m)은 각각

$$V = \frac{\pi}{4} \times 25^2 \times 2.5 \times 4 = 4{,}906cc, \ m = \rho V = 2.7 \times 4{,}906 = 13{,}247g$$

이다. 알루미늄의 비열은 $0.9J/gK$이므로 디스크의 온도 증가(ΔT)는 다음과 같다.

$$\Delta T = \frac{Q}{mc} = \frac{578.7 \times 10^3}{13247 \times 0.9} \simeq 48.5^o C$$

15-6-2 예제 2

예제 그림 15-10에 설명된 프로포셔닝 밸브에 대해 마스터 실린더에서 생성된 압력이 $33.7kg_f/cm^2$이다. 이 경우 후륜에 공급되는 유압은 얼마인가?

풀이 감압비가 0.27이고 분리점의 유압이 $26kg_f/cm^2$이므로 후륜에 공급되는 유압은

$$p_{rear} = 26 + (33.7 - 26) \times 0.27 = 28.08kg_f/cm^2$$

이다.

15-6-3 예제 3 – 디스크 브레이크 작동에 의한 일련의 계산 예

예제 디스크 브레이크를 장착한 어느 차량의 split point는 $26kg_f/cm^2$이고 감압비는 0.27이다. 전륜과 후륜의 휠 실린더 지름은 각각 54mm와 33.96mm이고 마스터 실린더의 지름은 23.81mm이다. 브레이크 페달을 밟는 힘을 $5kg_f$라 하고 진공배력장치의 부스팅 비를 7.5라 하자. 이때 차량의 감속도를 계산하여라.

1. 브레이크 페달을 밟는 힘

풀이 $5kg_f$

2. 브레이크 페달비에 의한 힘

풀이 식 (15-1)에 의해 $20kg_f$

3. 진공배력장치에 의해 증대된 힘

풀이 부스팅 비 7.5에에 의해 $150kg_f$

4. 마스터 실린더의 유압

풀이 식 (15-4)에 의해 $33.7kg_f/cm^2$

5. 전륜의 유압

풀이 $33.7kg_f/cm^2$

6. 휴륜의 유압

풀이 15-10-2. 예제 2에 의해 $28.08kg_f/cm^2$.

7. 전륜의 피스톤에 작용하는 힘

풀이 $F=\frac{\pi}{4}d^2p=\frac{\pi}{4}\times 5.4^2\times 33.7=771.2kg_f$

8. 후륜의 피스톤에 작용하는 힘

풀이 $F=\frac{\pi}{4}d^2p=\frac{\pi}{4}\times 3.396^2\times 28.08=253.8kg_f$

9. 전륜의 제동 토크

풀이 전륜 1바퀴에 작용하는 제동 토크는 피스톤에 작용하는 힘, 마찰계수(0.35) 그리고 디스크의 유효 반경(10cm)으로 계산된다.

$T=771.2\times 0.35\times 0.1\times 2=53.98kg_fm$

여기서 식 속에 포함된 2는 디스크 브레이크는 2곳에서 제동 토크가 만들어짐을 의미한다.

10. 후륜의 제동 토크

풀이 $T=253.8\times 0.35\times 0.1\times 2=17.766kg_fm$

11. 전륜의 타이어 접지점에서 작용하는 제동력

풀이 이는 제동토크를 바퀴의 반지름으로 나눈 것이다. 여기서 2는 전륜이 2개임을 뜻한다.

$F=53.98/0.3\times 2=359.9kg_f$

12. 후륜의 타이어 접지점에서 작용하는 제동력

풀이 $F=17.766/0.3\times 2=118.4kg_f$

13. 총 제동력

[풀이] $478.34kg_f$

14. 제동 감속도

[풀이] 이러한 힘에 의해 발생되는 차량의 감속도는 총 제동력을 차량 질량으로 나눈 것으로 $a = \frac{478.4kg_f}{1500kg} = 0.32g$ 이다.

일련의 계산 결과는 표 15-4에 요약되어 있다.

| 표 15-4 | 디스크 브레이크 작동에 의한 일련의 계산 결과

번호	항 목	계산 결과	참 고
1	브레이크 페달 밟는 힘	$5kg_f$	-
2	브레이크 페달비에 의한 힘	$20kg_f$	식 (15-1)
3	진공배력장치에 의한 힘	$150kg_f$	boosting ratio=7.5
4	마스터 실린더 유압	$33.7kg_f/cm^2$	식 (15-4)
5	전륜의 유압	$33.7kg_f/cm^2$	프로포셔닝 밸브
6	후륜의 유압	$28.08kg_f/cm^2$	프로포셔닝 밸브
7	전륜의 피스톤에 작용하는 힘	$771.2kg_f$	
8	후륜의 피스톤에 작용하는 힘	$253.8kg_f$	
9	전륜 제동토크	$53.98kg_fm$	
10	후륜 제동토크	$17.766kg_fm$	
11	앞바퀴에 작용하는 제동력	$359.9kg_f$	
12	뒷바퀴에 작용하는 제동력	$118.4kg_f$	
13	총 제동력	$478.3kg_f$	
14	제동 감속도	0.32g	

CHAPTER

16 타이어

차량을 구동하고 중량을 지탱하는 부품이 휠과 타이어이다. 타이어는 노면으로부터의 충격을 흡수하고 구동, 제동 그리고 방향을 전환할 수 있도록 노면과의 마찰력을 제공해준다. 튜브가 있는 타이어와 튜브가 없는 타이어가 있는데 승용차에는 후자가 사용된다.

16-1 타이어 구조

타이어는 트레드(tread), 숄더(shoulder), 사이드 월(side wall), 비드(bead), 카카스(carcass), 벨트(belt), 이너 라이너(inner liner)로 구성되며 이들에 대한 간단한 구조와 설명은 그림 16-1과 표 16-1에 보인다.

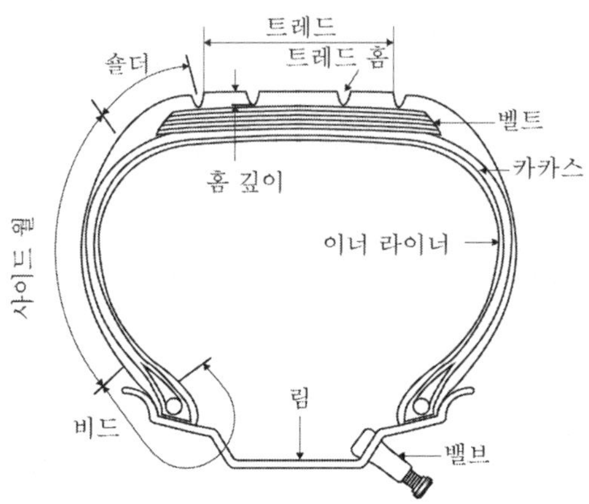

| 그림 16-1 | 타이어의 구조

| 표 16-1 | 타이어 주요부의 명칭과 설명

명 칭	내 용
트레드	노면과 접촉하는 부분
벨트	트레드와 카카스 사이에 원주방향으로 설치된 보강대로 트레드부의 강성을 높임
이너 라이너	타이어 내부에 튜브를 대신하는 것으로 공기 밀폐성이 우수한 고무층으로 구성
숄더	트레드와 사이드 월 사이의 부분
사이드 월	숄더와 비드부 사이의 부분
카카스	타이어의 골격이 되는 부분으로 코드로 만들어지는 플라이로 구성
비드	림과 접촉하는 부분

16-2 타이어 종류

타이어의 골격을 구성하는 부분을 카카스(carcass)라 하며 이를 구성하는 코드의 배열 각도에 따라 diagonal 타이어(바이어스 타이어)와 레이디얼 타이어(radial)로 나뉜다. 레이디얼 타이어는 타이어 코드가 원주방향에 대해 직각으로 배열되어 있는 타이어로 카카스와 트레드 사이에 벨트가 추가되어 있다. 이 형식은 구름저항이 작아 연비에 유리하고 트레드가 노면과 접촉하는 면적이 넓어 코너링 포스가 증가하여 안정성이 우수한 장점이 있어 승용차에 사용된다. 바이어스 타이어는 타이어의 코드가 원주방향에 대해 30°~40°의 각도로 배치된 타이어를 말한다. 바이어스 타이어에 트레드와 카카스 사이에 벨트가 추가된 타이어를 bias-belted 타이어라 부른다. 그림 16-2는 세 종류의 타이어 구조를 보인다.

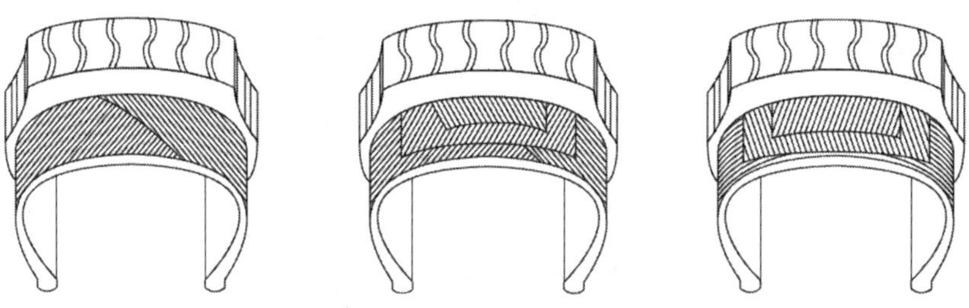

(a) 바이어스　　(b) bias-belted　　(c) 레이디얼 타이어

| 그림 16-2 | 타이어의 종류

16-3 타이어 규격

타이어의 규격(tire size)은 타이어 폭(width), 편평비(aspect ratio), 림의 지름, 속도 등으로 나타낸다. 림에 설치된 타이어의 치수는 그림 16-3에 보인다. 참고로 어느 타이어의 규격은 P 205/75 TR 15로 표시되어 있는데 이에 대한 설명은 표 16-2와 같다. 편평비(aspect ratio)는 타이어의 높이와 폭으로 다음과 같이 정의된다.

$$\text{편평비} = \frac{\text{타이어 높이}}{\text{타이어 폭}} = \frac{H}{W}$$

| **표 16-2** | 타이어 규격

P 205/75 TR 15					
차량 종류 P: passenger T: temporary C: commercial	타이어 폭 [mm] 205mm	편평비 75	속도등급 T: 190kph H: 210kph V: 240kph Y: 300kph (Y): 300kph 이상	타이어 종류 R: radial B: bias-belted D: diagonal (bias)	림의 지름 [in] 15in

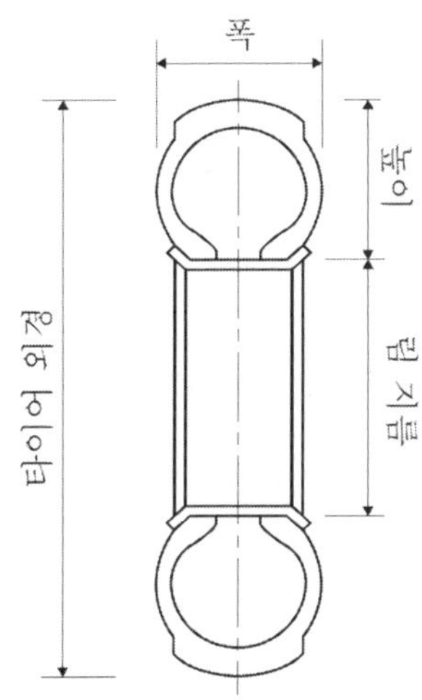

| **그림 16-3** | 타이어와 림의 치수

| **사진 16-1** | 타이어의 규격

사진 16-1은 실제 타이이어의 규격을 보이는 것으로 P195/65R15 89T라 표기되어 있다. "89"는 1본의 타이어가 지탱 가능한 최대하중을 코드로 표시한 것이며 이는 580kg을 지탱할 수 있다.

예제 P 205/75 TR 15인 타이어를 림에 장착한 경우 타이어의 외경은 얼마인가?

풀이 먼저 편평비의 정의로부터 타이어의 높이(H)를 구한다.

$H = 205 \times 0.75 = 153.75mm$

타이어의 외경(OD)은 림의 지름과 타이어 높이의 2배를 합한 것이므로

$OD = 153.75 \times 2 + 15 \times 25.4 = 688.5mm$

이다.

참고 : DOT 코드

어느 타이어의 DOT(Department of transportation) 코드는 사진 16-2와 같이 "5MDY DL H 2513"이다. DOT는 미국 교통부를 뜻하는 것이며 DOT 코드의 마지막 4자리 수는 타이어가 제조된 년도와 주차를 뜻한다. 즉 이 타이어는 2013년 25째 주에 제조된 것이다. 참고로 DOT 코드의 5M, DY, DL, H는 각각 공장코드, 사이즈 코드, 패턴 코드, 브랜드 코드를 나타낸다.

| 사진 16-2 | 타이어의 DOT 코드

참고 : 런플랫 타이어(runflat tire)

타이어 내의 공기가 없어져도 일정한 속도(80kph)로 주행할 수 있는 타이어를 말한다.

참고 : 타이어 마모 체크

타이어 표면의 트레드 홈(groove) 깊이가 깊을수록 빗길에서 타이어 접지력이 향상된다. 사진 16-3와 같이 타이어 옆면에 표시된 실선 내의 삼각형이 가리키는 트레드 홈 속의 타이어 마모 지시기(점선 속의 것)로 타이어의 마모 상태를 점검할 수 있다. 타이어가 마모되어 홈 속의 마모 지시기가 타이어의 면과 같은 높이가 되면 타이어를 교체하는 것이 바람직하다.

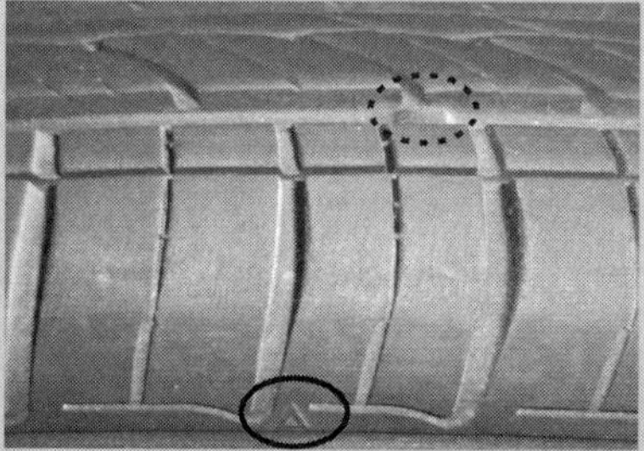

| 사진 16-3 | 타이어 마모 지시기

CHAPTER 17

전자제어엔진

가솔린 엔진의 연료량 제어를 위해 기화기가 사용되어 왔으며 대기오염문제가 심각해지면서 전자제어엔진으로 변화되었다. 궁극적으로 공기와 연료의 비인 공연비를 이론공연비로 정밀하게 제어하여 삼원촉매에서 HC, CO, NOx의 정화율을 모두 높게 유지하여 배기가스를 줄이려고 하는 것이다. 부가적으로 기계적인 제어에서 전자제어로 바뀜으로써 정밀한 제어가 가능하여 출력과 연비의 향상을 꾀하였다. 여기서는 전자제어엔진의 상세한 내용 대신 기본적인 내용을 간단히 소개한다.

17-1 전자제어 엔진의 주요 기능

17-1-1 공연비 제어

엔진으로 흡입되는 공기의 질량을 공기량센서로부터 측정하며 ECU는 이를 기준으로 혼합기를 이론공연비로 유지하기 위해 필요한 연료의 양을 계산한다. ECU는 인젝터를 필요한 시간동안 열어 혼합기의 공연비를 항상 이론공연비로 유지하여 삼원촉매의 정화율을 극대화함으로써 배기가스를 줄인다. 이와 같이 혼합기의 공연비 제어는 바로 연료량 제어를 뜻한다. 엔진으로 흡입되는 혼합기는 항상 이론공연비로 유지되는 것은 아니며 이론공연비로 유지될 연료량에 엔진의 운전조건(예를 들면 냉각수 온도, 가감속, 산소센서 신호 등)에 따른 보정을 통해 수정된 연료량을 공급한다.

그림 17-1과 같이 공연비 제어는 O/L(open loop)과 C/L(closed loop)제어의 두 영역으로 나눠진다. 가로축은 엔진 회전수이고 세로축은 부하 이해를 돕기위해 여기서는 간단히 TPS(throttle position sensor) 값으로 취급한다. O/L 및 C/L 영역의 공연비는 각각 ECU에 미리 기억된 값과 이론 공연비이다. C/L 영역은 시내 또는 고속도로 주행시 자동차가 운전되는 영역이며 그 이외의 영역은 O/L 영역이다. 특히 C/L 영역의

목적은 배기가스 저감이므로 촉매와 산소센서가 활성화되어 정상적인 기능에 도달하면 공연비는 이론공연비로 제어하나 그전까지는 이론공연비가 아닌 ECU가 기억하는 공연비로 제어된다. 이 외에도 토크를 필요로 하는 영역과 배기가스 온도의 과도한 상승을 피하는 영역에서 공연비를 농후하게 제어한다. 엔진에서 공연비는 엔진의 모든 성능에 영향을 주는 가장 중요한 변수로 이와 관련된 부품에 대한 내용은 2장의 흡기계를 참고하기 바란다.

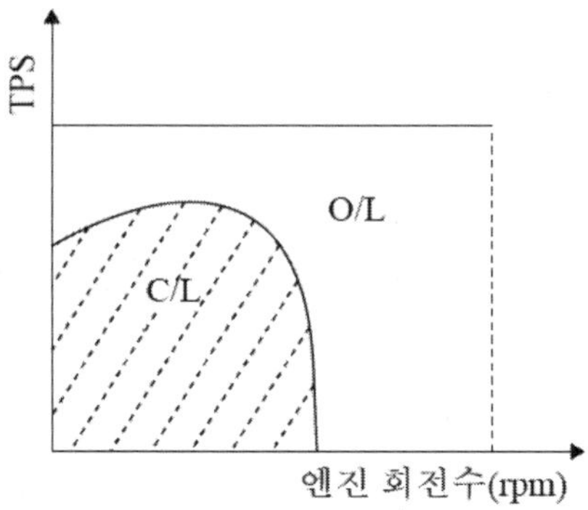

| 그림 17-1 | 공연비 제어 모드

17-1-2 점화 제어

동일한 엔진 운전 조건아래에서 점화시기를 변경하면 토크는 그림 8-2와 같이 변하며 엔진의 연비는 토크의 곡선을 수평축에 대칭 이동한 모양과 유사하다. 즉 토크의 최댓값이 발생하는 점화시기가 최적 점화시기이며 연비가 가장 좋은 곳이다. 8-1에서 설명된 것과 같이 점화제어는 점화시기 및 통전시간 제어로 구성되며 이는 파워 트랜지스터의 베이스 단자의 전압으로 제어된다. 이 원리는 그림 17-2에 나타내었으며 베이스 단자에 ON 신호가 가해지는 동안 점화코일의 1차 코일에 흐르는 전류가 증가하여 점화 에너지는 증가한다. 베이스 단자의 신호가 ON에서 OFF로 바뀌는 순간이 점화시기이고 점화코일의 1차 코일에 전류가 흐르는 시간이 통전시간이다. 전자제어장치는 엔진의 운전조건에 따른 최적의 점화시기를 기억하고 있으며 이 값에 냉각수온, 흡기온도, 가감속 등의 보정을 한 후 점화시기를 제어한다. 약간의 노크(knock)가 발생할 때 엔진 토크는 높은 것으로 알려져 있다. 이 현상을 이용하여 노크가 발생하기 직전까지 점화시기를 진각하여 높은 토크를 얻으려는 것이 노크 센서를 이용한 점화시기 제어이다.

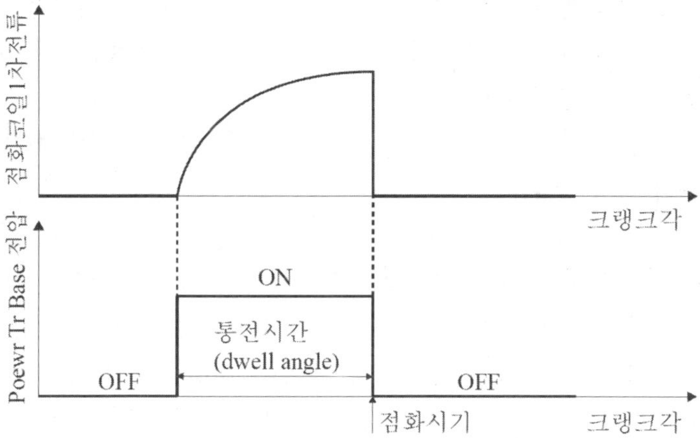

| 그림 17-2 | 점화시기 및 통전시간 제어

17-1-3 공회전수 제어

신호 대기 중과 같이 엔진이 다음 일을 하기 위해 대기 중인 상태를 공회전 상태 또는 아이들 상태라 말한다. 가장 이상적인 대기 상태는 엔진이 정지한 경우로 이를 실현하는 장치가 ISG(idle stop & go)이다. 공회전수는 그림 17-3와 같이 연비와 배기가스 배출 측면에서는 낮은 것이 바람직하나 진동과 운전성 측면에서는 높은 것이 유리하다. 두 가지를 절충하여 공회전수를 설정하며 그 값은 30년 전에는 약 750rpm이고 오늘날 약 600rpm으로 점점 낮아지고 있는 추세이다.

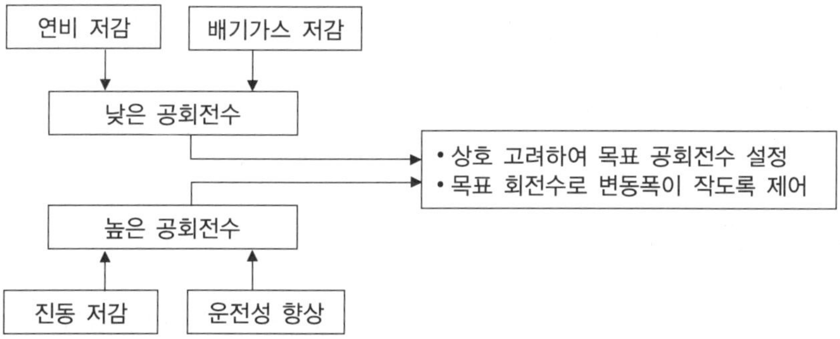

| 그림 17-3 | 공회전수 설정 원리

엔진의 토크에 영향을 주는 변수는 엔진으로 흡입되는 공기량, 점화시기, 공연비이며 이 중에서 공기량의 변화가 가장 민감한 변수이다. 운전자가 가속 페달을 밟고 있지 않는 동안에도 ECU는 엔진으로 흡입되는 공기량으로 공회전수를 제어한다. 제어방식은 모터를 이용하여 스로틀 밸브를 직접 여닫는 방식과 스로틀 밸브를 우회하는 공기 통로의 개폐를 제어하는 방식이 사용된다. 스로틀 밸브를 개폐하는 방식보다 우회로를 이용하는 방식이 공회전수를 정밀하게 제어할 수 있다. 전자제어장치는 수

온에 따른 목표 공회전수를 기억하고 있으며 여기에 엔진에 작용하는 각종 부하(동력조향장치용 오일펌프, 에어컨, 자동변속기의 N 및 D단, 전기부하 등)에 따른 보정을 하여 공회전수를 제어한다.

17-1-4 증발가스 제어

연료탱크에서 증발된 연료는 연료탱크의 압력을 높여 연료증기가 외부로 누출될 때 위험한 상황에 이를 수 있다. 연료탱크내의 압력을 항상 대기압으로 유지하기 위해 연료의 증기를 외부로 배출해야하며 그 성분은 미연 탄화수소(HC)이다. 이는 각국에서 유해한 배출가스로 규제되고 있는 것이다. 따라서 연료 증기를 외부로 배출할 때 그림 17-4와 같이 이를 흡착하는 캐니스터(canister)가 설치된다. 사용하는 동안 캐니스터가 연료 증기로 포화되는 것을 방지하기 위해 공기가 캐니스터를 지나 흡기계로 흡입되면서 캐니스터에 흡착된 연료증기를 분리하여 흡기계로 유입되어 연소된다. 그림 17-4와 같이 대기압 상태의 공기는 흡기 다기관의 압력 차이에 따라 흐르며 이 통로를 제어하는 것이 PCV(purge control valve)이다. PCV는 흡기다기관의 압력이 낮을 때 작동하고 ECU에 의해 제어된다.

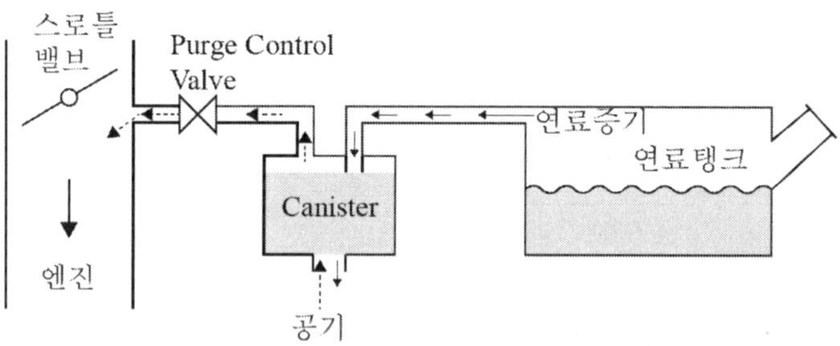

| 그림 17-4 | 증발가스 제어

17-1-5 EGR 제어

배기가스재순환(EGR, exhaust gas recirculation)은 연소된 배기가스를 흡기계로 보내 혼합기와 함께 엔진으로 다시 흡입되는 것을 뜻한다. EGR을 사용하는 주된 목적은 연소 가스의 온도를 낮춰 NOx의 발생량을 줄이는 것이다. 배기계의 압력은 흡기계의 압력보다 높아 EGR 밸브가 열리면 배기가스는 자연스럽게 흘러가나 두 부분의 압력차가 크지 않을 경우는 EGR 밸브를 열어도 흡기계로 유입되는 배기가스의 양은 많지 않다. 전자제어엔진은 미리 기억된 값을 각종 센서의 신호로 보정한 후 EGR 밸브를 개폐하여 EGR량을 제어한다.

17-1-6 자기진단기능

배기가스 제어 관련 부품이 고장 날 경우 유해한 배기가스의 배출은 급격히 증가한다. 하지만 운전자는 고장을 느낄 수 없어 차량을 계속 운행할 것이며 이로 인해 유해한 배기가스는 계속 배출된다. 대기오염을 방지하기 위해 실시간으로 센서 및 엑츄에이터의 고장을 모니터링하면서 고장 발생 시 이를 운전자에게 즉시 알리는 기능을 자기진단기능(OBD, on-board diagnostics)이라 한다. 엔진의 부품에 고장이 발생하면 계기판에 엔진을 체크할 것을 주문하는 경고등이 점등된다.

17-1-7 기타

위에 언급된 기능 외에도 자동차 메이커는 성능 향상을 위해 계속 새로운 시스템을 도입하고 있다. 근래 도입되는 대부분의 장치는 모두 전자제어에 의해 작동된다. 여기서 모든 시스템에 대해 언급하는 것은 곤란하다.

17-2 전자제어 엔진의 주요 구성 부품과 그 역할

전자제어장치를 구성하는 주요 부품과 그 역할을 간단히 표 17-1에 정리하였다. 역시 자세한 내용이 필요한 독자는 다른 참고서적으로 공부하기 바라며 여기서는 기본적인 기능만을 언급한다.

| 표 17-1 | 대표적인 센서 및 엑츄에이터

구 분	부품 명칭	주요 역할
-	ECU(electronic control unit)	센서의 신호를 바탕으로 연산을 한 후 엑츄에이터에 명령을 내리는 인간의 두뇌와 같은 장치
센서	공기량센서 (AFS, air flow sensor)	엔진으로 흡입되는 공기량 측정
	산소센서 (O_2 sensor, oxygen sensor)	혼합기의 공연비의 희박/농후 측정
	냉각수온센서 (WTS, water temperature sensor)	엔진의 냉각수 온도 측정
	흡기온도센서 (ATS, intake air temperature sensor)	엔진으로 흡입되는 공기의 온도 측정
	캠샤프트 포지션 센서 (CMPS, camshaft position sensor)	어느 실린더가 어떠한 행정에 있는지 측정
	크랭크샤프트 포지션 센서 (CKPS, crankshaft position sensor)	크랭크각 측정
	스로틀 포지션 센서 (TPS, throttle position sensor)	스로틀 밸브의 개도 측정
	노크 센서 (knock sensor)	노크 발생 여부 측정
	인히비터 스위치 (inhibitor switch)	자동변속기의 변속 레버의 위치 측정
	아이들 스위치(idle switch)	아이들 상태인지 측정
엑츄에이터	인젝터(injector)	엔진에 공급되는 연료량을 제어
	점화코일(ignition coil)	1차 코일의 전류를 제어하여 점화시기 및 통전시간 제어
	ISC 엑츄에이터 (ISC actuator)	공회전시 엔진으로 흡입되는 공기량을 제어하여 공회전수를 제어
	퍼지 컨트롤 솔레노이드 밸브 (purge control solenoid valve)	캐니스터를 청소하기 위한 공기 통로를 제어

참고문헌

1. 강동명 외, 토크 컨버터 피스톤의 구조해석에 관한 연구, 대한기계학회 춘추학술대회, pp. 868-873, 2005.
2. 강동우 외, 실린더 라이너 보어 변형 저감을 위한 실험 및 해석적 접근, 대한기계학회 춘추학술대회, pp. 1553-1556, 2013.
3. 강영춘 외, 센터 베어링으로 지지된 추진축을 갖는 구동계에서의 진동흡진기의 영향에 대한 연구, 한국소음진동공학회 춘계학술대회논문집, pp. 925-930, 2004.
4. 강혜현 외, 시뮬레이션을 통한 교류발전기의 충전제어가 FTP-75 모드 연비에 미치는 영향 확인, 한국자동차공학회 학술대회 및 전시회, pp. 2234-2236, 2011.
5. 고상진 외, 차량 조종 안정성 향상을 위한 MDPS 제어 알고리즘 개발, 한국자동차공학회 학술대회 및 전시회, pp. 1257-1262, 2009.
6. 곽명석 외, 자동차 오일용 가변형 베인 펌프의 성능 특성에 관한 해석적 연구, 대한기계학회 춘계학술대회 논문집, pp. 37-40, 2012.
7. 권진근 외, 자동차용 VRLA(Valve Regulated Lead Acid) Battery 개발, 한국자동차공학 추계학술대회논문집, pp. 1326-1335, 2004.
8. 권총아, 자동차 Lead- Acid 배터리 상태 모니터링 시스템 분석, 한국자동차공학회 춘계학술대회논문집, pp. 2219-2224, 2007.
9. 김광조 외, 가솔린관 점화장치의 전자제어에 의한 시동성향상에 관한 연구, 한국자동차공학회논문집 5(6), pp. 215-221, 1997.
10. 김기봉 외, 포트분사식 이륜차용 엔진의 가변밸브타이밍 및 리프트에 따른 성능특성에 관한 연구, 한국자동차공학회 춘계학술대회논문집, pp. 3-8, 2006.
11. 김대광 외, 차세대 발전제어 시스템 개발, 한국자동차공학회 학술대회 및 전시회, pp. 584-589, 2012.7. 김도중 외, HLA형 OHC 밸브트레인의 동특성 해석, 한국자동차공학회 추계학술대회, pp. 77-87, 1995.
12. 김대희 외, 파워 스티어링 시스템의 조타력 계산 및 실험적 검증, 대한기계학회 춘추학술대회, pp. 13-18, 2006.
13. 김도중 외, 유압식 밸브 간극 조정장치를 가진 중심지지 로커암형 OHC 밸브기구의 동특성에 관한 연구, 한국자동차공학회논문집 4(6), pp. 97-108, 1996.
14. 김석명, 차량 주행환경 정보에 의한 최적화된 알터네이터 발전제어, 한국자동차공학회 학술대회 및 전시회, pp. 1934-1940, 2010.
15. 김선일 외, 승용차용 자동변속기[F4A-EL type]의 구동성능 해석, 한국동력기계공학회 학술대회 논문집, pp. 123-132, 2002.
16. 김성모 외, 전자제어식주차브레이크 EPB의 성능분석, 한국생산제조시스템학회지 20(6), pp. 751-755, 2011.

17. 김성완 외, EEM 적용에 따른 충 방전 성능 향상에 대한 보고 및 기대 효과, 한국자동차공학회 학술대회 및 전시회, pp. 1211-1219, 2011.
18. 김성진 외, 자동차용 알터네이터의 Active Bridge Rectifier 성능평가 시스템 개발, 한국정밀공학회 추계학술대회논문집, pp. 303-304, 2013.
19. 김성태 외, 12V 차량용 납축전지의 동적 거동 모델링, 에너지공학 22(2), pp. 175-183, 2013.
20. 김성태 외, 차량용 납축전지의 수명 예측 모델링, 에너지공학 22(4), pp. 338-346, 2013.
21. 김성현 외, 소형차량용 고용량 흡수식 2차전지에 관한 연구, 한국자동차공학회 광주호남지부 춘계학술대회, pp.49-50, 2012.
22. 김수병 외, 브레이크 시스템의 미래, 자동차공학회지 26(5), pp. 3-10, 2004.
23. 김양술 외, Stick Type Ignition Coil Jacket PBT의 접촉응력해석, 한국자동차공학회논문집 13(1), pp. 45-50, 2005.
24. 김영기 외, 가솔린엔진용 알루미늄 실린더 라이너 소재 개발 및 적용에 관한 연구, KSAE 부문 종합학술대회, pp. 1619, 2013.
25. 김영흡 외, 승용차용 자동변속기 변속 특성의 해석적 고찰, 한국자동차공확회논문집 6(2), pp. 54-66, 1998.
26. 김우태, 가솔린 직접분사엔진의 장래 및 각사의 동향, 오토저널 22(6), pp. 11-16, 2000.
27. 김정윤 외, 승용차용 클러치 다이아프램 스프링의 축방향 강성해석, 한국동력기계공학회지 14(6), pp 35-40, 2010.
28. 김종일 외, 제동감 향상과 원가 절감을 위한 신개념 제동 장치 개발, 한국자동차공학회 추계학술대회논문집, pp. 836-841, 2005.
29. 김중희 외, Damper [講座] 自動車 振動・騷音 低減을 爲한 防振고무의 應用에 대하여(I), 오토저널 7(4), pp. 41-48, 1985.
30. 김중희 외, Damper [講座] 自動車 振動·騷音 低減을 爲한 防振고무의 應用에 대하여(II), 오토저널 8(1), pp. 14-21, 1986.
31. 김철수 외, 자동변속기용 가변 용량 베인 펌프의 파워 절감 효과 평가에 대한 실험적 연구, 한국자동차공학회논문집 22(7), pp. 1-7, 2014.
32. 김청균 외, 내연기관용 무연 핀부싱의 마찰특성에 관한 실험적 연구, 윤활학회지 23(6), pp. 306-311, 2007.
33. 김청균 외, 마찰조건에 따른 핀부싱 베어링의 접촉면압분포에 관한 연구, 윤활학회지 23(6), pp. 255-260, 2007.
34. 김태균 외, 연비 향상을 위한 가변 용량 베인펌프 유동 해석 기술, 한국자동차공학회 학술대회, pp. 463-471, 2013.
35. 김태현 외, DMF 모델링과 차량성능 시뮬레이터 개발, 한국자동차공학회 추계학술대회논문집, pp. 979-984, 2003.

36. 김현진, 자동변속기 클러치 체크볼 거동해석, 한국자동차공학회 춘계학술대회, pp. 325-332, 1994.
37. 김형대 외, 자동차 제동장치의 답력특성에 관한 연구, 한국자동차공학회 춘계학술대회논문집, pp. 241-258, 1992.
38. 김형대 외, 자동차 제동장치의 답력특성에 관한 연구, 자동차공학회지 15(2), pp. 64-75, 1993.
39. 김홍식 외, 토크 컨버터의 설계와 성능해석, 한국자동차공학회 춘계학술대회논문집, pp. 502-508, 1997.
40. 김희영 외, 토크 컨버터 록업클러치 마찰면 온도에 대한 수치해석적 연구, 한국자동차공학회 학술대회 및 전시회, pp. 91-94, 2012.
41. 남종하 외, 마일드 하이브리드 자동차를 위한 지능형 배터리 센서와 납축전지 특성에 관한 연구, 정보 및 제어 학술대회 논문집, pp. 178-179, 2014.
42. 딩광청 외, 엔진오일용 가변 베인펌프의 수학적 모델 개발, 유공압건설기계학회지 9(4), pp. 42-51, 2012.
43. 딩광청 외, 엔진윤활용 가변 베인펌프의 수학적 모델 해석, 유공압건설기계학회지 11(1), pp.14-24, 2014.
44. 류상욱 외, MDPS 과열방지 로직 개선, 한국자동차공학회 부문종합 학술대회, pp. 611-616, 2012.
45. 류진석, 마찰재 그루브에 따른 습식 클러치 드래그 토크 변화 연구, 윤활학회지 30(2), pp. 71-76, 2014.
46. 리쯔밍 외, 전기 정유압 구동기를 적용한 유압식 동력 조향 시스템, 한국동력기계공학회지 15(6), pp. 86-94, 2011.
47. 민선기 외, Oil Jet System이 Engine Friction에 미치는 영향에 대한 연구, 한국자동차공학회 춘계학술대회논문집, pp. 509-514, 2007.
48. 박경석, SI엔진에서 점화 1차 전압을 이용한 방전요구전압의 측정기법과 실화적용에 관한 연구, 한국자동차공확회논문집 7(9), pp. 10-19, 1999.
49. 박기서 외, 유압 브레이크 내 밸브의 거동이 적용된 휠 압력의 추정에 관한 연구, 한국자동차공학회 학술대회 및 전시회, pp. 380-385, 2014.
50. 박기종 외, 마찰면압 및 온도 특성을 고려한 수동변속기 싱크로나이저 링의 개발, 한국자동차공학회 춘계학술대회 논문집, pp. 941-946, 2006.
51. 박기종 외, 자동차용 수동변속기 기어트레인 래틀 현상의 동역학 해석, 한국자동차공학회 Symposium, pp. 67-72, 2007.
52. 박기종 외, 내페이드와 힐스타트 가상 시험을 통한 수동변속기 클러치 시스템의 온도 예측에 관한 연구, 한국자동차공학회논문집 23(1), pp. 122-129, 2015.
53. 박동철 외, EPB(ElectricParkingBrake) 작동음질 개선에 관한 연구, 한국소음진동공학회 춘계학술대회논문집 pp. 461-466, 2012.
54. 박래욱, 制動裝置의 設計에 있어서 制動토오크配分에 關하여, 자동차공학회지 2(2), pp. 21-24, 1980.

55. 박성전 외, Spacer 장착에 따른 엔진 온도 변호 연구, 한국자동차공학회 창립 30주년 기념 학술대회 논문집, pp. 1010-1014, 2008.
56. 박일래 외, 조타력의 이론적 고찰, 한국자동차공학회 추계학술대회논문집, pp. 497-502, 1999.
57. 박용준, 자동차용 변속기의 기술 동향, 오토저널 26(2), pp. 17-22, 2004.
58. 박정헌 외, 자동차용 중공 구동축의 진동감쇠제어 연구, 한국소음진동공학회논문집 22(6), pp. 582-587, 2012.
59. 박재인 외, 자동차용 토크 컨버터의 연구 기술 동향, 한국유체기계학회 논문집 1(1), pp. 90-104, 1998.
60. 박종술, 자동변속기 다단화 및 요소 기술개발 동향, 오토저널 35(8), pp. 33-37, 2013.
61. 박종원 외, 신형 2.5 리터 직렬 6 기통 엔진의 개발, 한국자동차공학회 추계학술대회논문집, pp. 114-123, 2003.
62. 박종원 외, 자동변속기 윤활용 기어펌프의 가속 수명시험 설계에 관한 연구, 신뢰성응용연구 12(3), pp. 201-213, 2012.
63. 박진석 외, 토크컨버터 록업클러치 댐퍼 스프링의 특성 및 내구성에 관한 연구, 한국자동차공학회 추계학술대회논문집, pp. 1906-1911, 2006.
64. 박태원 외, 컴팩트형 발란스 샤프트 모듈 (BSM) 개발, 한국윤활학회 춘계학술대회논문집, pp. 123-124, 2010.
65. 배기만, 알루미늄 다이캐스팅 기술의 미래전망, 오토저널 29(6), pp. 32-37, 2007.
66. 배대윤 외, 경계윤활에서의 가솔린 엔진오일 첨가제 마찰특성, 한국자동차공학회 추계학술대회논문집, pp. 103-109, 2004.
67. 배석정 외, 엔진 냉각수 제어 시스템의 제어 성능 및 연비 배출 가스 성능 평가, 한국자동차공학회 학술대회 논문집, pp. 1580-1585, 2008.
68. 배석정 외, 전자식 엔진 냉각수 제어 시스템의 성능 시험 평가, 한국자동차공학 2008년 학술대회 자료집, pp. 585, 2008.
69. 박철웅 외, 초희박 직접분사식 가솔린 엔진용 삼원촉매의 운전조건에 따른 배기저감 특성, KSME B 39(9), pp. 727-734, 2015.
70. 박태준 외, 리엑터의 Slot 각 변화에 따른 토크 컨버터의 성능 특성, 한국자동차공학회 대구, 경북지부 춘계학술대회논문집, pp. 56-61, 2007.
71. 서권희 외, DADS를 이용한 밸런스 샤프트 장착 직렬 3기통 엔진의 진동해석, 한국자동차공학회논문집 8(1), pp. 148-156, 2000.
72. 성덕환, 토크컨버터 성능 개선을 위한 구조 설계에 관한 연구, 한국자동차공학회 학술대회 및 전시회, pp.1527-1533, 2009.
73. 손희성 외, 휠 얼라인먼트가 차량 동적 성능에 미치는 영향, 한국자동차공학회 춘계학술대회, pp. 142-149, 1993.
74. 송민준 외, 레버 분석을 이용한 6단 신구조 자동변속기 설계, 한국자동차공학회 춘계학술대회 논문집, pp. 1167-1172, 2007.

75. 신세현 외, 3차원 유동해석을 통한 토크 컨버터의 성능분석, 한국자동차공학회논문집 6(6), pp. 15-23, 1998.
76. 신창훈 외, 엔진 냉각시스템 성능해석에 관한 연구, 한국자동차공학회 논문집 14(2), pp. 39-48, 2006.
77. 심동혁 외, 주행속도와 제동력 변화에 의한 디스크 브레이크의 스퀼 소음에 미치는 영향, 한국자동차공학회 춘계학술대회논문집, pp. 2189-2194, 2006.
78. 안종모 외, 밸런스 샤프트 적용에 따른 직렬 4기통 엔진 및 차량의 NVH 개선에 관한 연구, 한국자동차공학회 추계학술대회논문집, pp. 1043-1050, 2005.
79. 양병모 외, Aluminum Engine Cylinder Bore 적용 AlSiMg / SiC 복합 용사피막의 내마모 특성, 대한용접·접합학회지 17(6), pp. 62-69, 1999.
80. 염영진 외, 반능동형 소음기의 배기가변밸브 거동에 대한 연구, 대한기계학회 춘추학술대회 논문집, pp. 1609-1614, 2010.
81. 오균 외, 엔진 냉각수 통로의 유동 가시화, 한국자동차공학회 추계학술대회, pp. 372-379, 1997.
82. 오재응 외, 자동차 흡기계의 헬름홀쯔 공명기 최적 설계 및 최적 위치 선정에 관한 연구, 자동차공학회논문집 7(2), pp. 210-216, 1999.
83. 오정준 외, 엔진 윤활특성과 연비 상관성에 대한 연구, 한국윤활학회지 30(3), pp. 189-198, 2014.
84. 옥창국 외, 자동차의 페달 조작에 의한 감속특성에 관한 연구, KSAE 부문 종합학술대회, pp. 829-832, 2010.
85. 원성필 외, 자동차 엔진 냉각시스템의 컴퓨터 시뮬레이션, 한국자동차공학회논문집 11(4), pp. 58-67, 2003.
86. 유영선 외, 2축 분할식 추진축 굽힘진동 저감을 위한 진동흡진기 최적설계, 한국자동차공학회 추계학술대회 논문집, pp. 1108-1113, 2005.
87. 유지용 외, 알터네이터 발전 최적화를 통한 연비개선, 한국자동차공학회 학술대회 및 전시회, pp. 593-598, 2009.
88. 유태규 외, 동흡진기를 이용한 회전체 불균형응답 저감방법에 관한 연구, 한국정밀공학회 학술발표대회 논문집, pp. 811-812, 2009.
89. 유호천, 새로운 표면처리기법 DLC코팅 기술동향, 기계산업 44(8), pp. 66-72, 2014.
90. 윤석주 외, 피스톤 Ovality 및 Profile 자동 측정 시스템, 대한전자공학회 학술대회 논문집 19(2), pp. 635-638, 1996.
91. 윤영대 외, 준준형/중형 차량용 고성능 가솔린 엔진 개발, 한국자동차공학회 학술대회 및 전시회, pp. 442-448, 2010.
92. 윤정의 외, 불연속 오일공급 형태의 크랭크샤프트 베어링 설계 연구, 한국자동차공학회 춘계학술대회논문집, pp. 495-500, 2004.
93. 이난규 외, OAD(Overrunning Alternator Decoupler) 적용이 1.6L급 가솔린 차량 연비에 미치는 영향 분석, 한국자동차공학회 학술대회 및 전시회, pp. 307-309, 2011.
94. 이민환 외, 전동식 조향장치용 영구자석형 브러시리스 모터의 타입별 특성 비교, 한국자동차공학회논문집 20(1), pp. 53-60, 2012.

95. 이병림, 유압식 파워 스티어링 시스템의 어시스트 유량 특성, 한국자동차공학회논문집 17(1), pp. 58-63, 2009.
96. 이상진 외, GDI 고압펌프의 유동특성에 관한 연구, KSME B 39(5), pp. 455-461, 2015.
97. 이상태 외, 방진고무 열화가 주행성능에 미치는 영향, 한국자동차공학회 춘계학술대회 논문집, pp. 458, 2008.
98. 이성구 외, 클러치 동적 토크 계측에 관한 연구, 한국자동차공학회 논문집 20(5), pp. 65-70, 2012.
99. 이성훈 외, 고성능, 저연비 카파 1.0L3기통 가솔린 엔진, 한국자동차공학회 부분종합 학술대회, pp. 176-186, 2011.
100. 이언구, 현가장치와 기구학, 자동차공학회지 26(2), pp. 10-16, 2004.
101. 이언구, 최근의 현가장치 기술 발전 및 개발 동향, 오토저널 31(2), pp. 24-32, 2009.
102. 이원근 외, 흡배기 밸브타이밍이 가솔린엔진의 부분부하 성능에 미치는 영향, 한국자동차공학회 추계학술대회논문집, pp. 90-96, 2004.
103. 이윤태 외, 파워 스티어링용 베인 펌프 유량 제어부 설계에 관한 연구, 한국공작기계학회지 9(6), pp. 87-95, 2000.
104. 이재기 외, GDI용 고압펌프 & 레귤레이터에 의한 Fuel Rail 압력제어, 한국자동차공학회 추계학술대회 논문집, pp. 155-160, 2000.
105. 이재문 외, 승용 차량의 제동 성능 예측 프로그램 개발, KSAE 부문종합 학술대회, pp. 624-629, 2009.
106. 이재원 외, Regulated voltage control 검증 방법 연구, 한국자동차공학회 학술대회 및 전시회, pp. 1667-1670, 2011.
107. 이정권, 배기소음기의 음향 해석 및 설계: I. 구조에 따른 작동 원리, 자동차공학회지 16(4), pp. 37-50, 1997.
108. 이정권, 배기소음기의 음향 해석 및 설계: I. 구조에 따른 작동 원리, 자동차공학회지 16(4), pp. 37-50, 1997.
109. 이정빈 외, 상용자동차용 직 · 병렬 AGM 배터리 시스템의 충 · 방전 거동 모델링, 에너지공학 21(4), pp. 346-355, 2012.
110. 이찬규 외, 차동기어 모델 및 차량 동역학 특성에 미치는 영향, 한국자동차공학회 추계학술대회 논문집, pp. 446-451, 1999.
111. 이철희 외, 프로펠라 샤프트의 진동특성이 구동계 NVH에 미치는 영향 연구, 한국자동차공학회 추계학술대회 논문집, pp. 567-574, 1999.
112. 이춘태, 진공배력장치 출력특성에 대한 연구, 한국동력기계공학회지 13(6), pp. 110-116, 2009.
113. 이춘효 외, 다중 동흡진기의 파라미터들의 변화에 따른 시간응답해석, 한국자동차공학회 부산, 울산, 경남지부 학술대회 논문집, pp. 108-113, 2000.

114. 이충섭 외, 수동변속기 동기장치의 개발에 관한 연구, 한국자동차공학회논문집 4(4), pp. 107-117, 1996.
115. 이태근 외, 타이어 설계인자를 고려한 자동차 현가계의 진동특성, 대한기계학회 춘추학술대회, pp. 805-810, 2004.
116. 이해종 외, 중부하 토크 컨버터의 실험적 성능분석, 대한기계학회 춘추학술대회, pp. 690-695, 2004.
117. 이홍욱 외, 가솔린엔진에서의 피스톤 슬랩 소음 저감을 위한 실험적 연구, 한국자동차공학회 춘계학술대회논문집, pp. 2145-2150, 2006.
118. 인병덕 외, 전자제어를 적용한 냉각시스템이 연비에 미치는 영향에 관한 연구, 한국자동차공학회논문집 17(6), pp. 99-105, 2009.
119. 임원식 외, 동력분기 순환구조 동력전달계의 정성적 성능 해석, 한국자동차공학회논문집 3(6), pp. 212-223, 1995.
120. 임원식 외, 자동변속기의 과도특성 분석을 위한 토크 컨버티의 변동 파리미터 성능 모델 개발, 한국자동차공학회논문집 10(1), pp. 244-254, 2002.
121. 임종덕 외, 피스톤 오일 젯 타겟 영향에 관한 연구, 한국자동차공학회 학술대회 및 전시회, pp. 86-91, 2014.
122. 임철훈 외, 진공배력장치 차량 제동장치의 도역학적 모델링 및 해석, 한국자동차공학회 춘계학술대회논문집, pp. 270-277, 1997.
123. 장욱진 외, 토크 컨버터 성능 시험기 제작 및 성능 실험, 한국자동차공학회 추계학술대회, pp. 763-769, 1999.
124. 장주섭 외, 유압식 동력조향 장치 설계를 위한 해석 모델 개발, 한국자동차공학회논문집 16(1), pp. 158-165, 2008.
125. 장주섭 외, 유압식 동력 조향기어 박스에서 설계변수의 특성검토, 한국자동차공학회논문집 16(4), pp. 135-142, 2008.
126. 전상명, 박폭 저장력 피스톤 링 팩에 대한 오일소모 연구, 윤활학회지 25(5), pp. 311-317, 2009.
127. 전승욱 외, 납축전지 등가회로 모델링 연구, 대한전자공학회 추계학술대회 논문집, pp. 853-856, 2012.
128. 전창남 외, 자동차용 비접촉식 조향 토크 센서에 관한 연구, 한국자동차공학회 학술대회 및 전시회, pp. 1897-1902, 2009.
129. 정설필 외, 브레이크 시스템 설계 프로그램 개발, 한국자동차공학회 추계학술대회 논문집, pp. 910-915, 2006.
130. 정일 외, 차량 연비 향상을 위한 전자식 냉각계 제어 시스템 개발, 한국자동차공학회 학술대회 및 전시회, pp. 225-231, 2013.
131. 정일호 외, 차량 제동 성능 해석 프로그램 개발, 한국자동차공학회논문집 12(2), pp. 175-181, 2004.
132. 조석현, 동력 조향계 최적화에 의한 연비 개선, 한국자동차공학회논문집 14(3), pp. 119-124, 2006.

133. 조성우 외, SI엔진 피스톤-링의 마찰모드, 한국자동차공학회논문집 8(5), pp. 114-120, 2000.
134. 조승백 외, 자동차 현가장치 설계에 따른 동역학 해석 및 활용, 대한기계학회지 33(10), pp. 871-883, 1993.
135. 조용석 외, 가변밸브 작동기구를 적용한 가솔린 기관의 잔류가스분율, 체적효율, 펌핑손실 예측을 위한 해석적 연구, 한국자동차공학회논문집 18(2), pp.7-13, 2010.
136. 조정민 외, 선진사 제품과의 비교평가를 통한 국산 연속가변밸브리프트모터의 구조적 및 기능적 특성 고찰, 한국신뢰성학회 추계학술발표대회 논문집, pp. 135-141, 2014.
137. 차상량 외 , 밸브스프링의 동하중 거동 특성에 대한 연구, 한국자동차공학회 춘계학술대회, pp. 747-752, 2001.
138. 차상엽 외, 자동변속기유가 연비에 미치는 영향에 대한 연구, 윤활학회지 21(3), pp. 142-148, 2005.
139. 차정권 외, 스퀼소음 분석을 위한 휠 제동장치의 모달해석, 한국자동차공학회 학술대회 논문집, pp. 1066-1070, 2008.
140. 추인길 외, 0.8mm급 박폭·저장력 피스톤 링 박육 제조기술 개발, 한국생산제조시스템학회 학술발표대회 논문집, pp. 40, 2013.
141. 최일석, 차세대 SJ급 가솔린 엔진유의 소개, 한국자동차공학회, pp. 160-165, 1996.
142. 최재권, 저연비엔진 윤활시스템 설계기술, 한국자동차공학회 1997년 워크샵(가솔린엔진), pp. 107-129, 1997.
143. 하경표 외, 연속 가변 밸브 리프트 엔진 개발, 한국자동차공학회 학술대회 논문집, pp. 70-75, 2008.
144. 한덕주 외, 피스톤핀 옵셋이 피스톤운동과 운동에너지 손실에 미치는 영향에 관한 연구, 한국자동차공학회논문집 1(3), pp. 22-33, 1993.
145. 한덕주 외, 알루미늄 합금 실린더 블록을 적용한 가솔린 엔진의 냉각계 개발, 자동차공학회지 17(3), pp. 11-18, 1995.
146. 한민규 외, 조향시스템의 랙-피니언(Rack&Pinion) 래틀(Rattle)소음 저감에 관한 연구, 한국자동차공학회 학술대회 논문집, pp. 722-727, 2008.
147. 한진오 외, 토크컨버터 클러치 유압제어 시스템의 해석, 한국자동차공학회 춘계학술대회논문집, pp. 841-846, 1998.
148. 한창권 외, 고성능 납축전지 개발, 한국자동차공학회 추계학술대회논문집, pp. 1320-1325, 2004.
149. 홍동표 외, 클러치 비틀림특성에 의한 자동차 수동변속기 치타음에 관한 연구, 한국자동차공학회논문집 3(3), pp. 79-89, 1995.
150. 황상문 외, 단순확장관과 공명기 모듈 설계르 위한 유전자 알고리즘의 적용에 관한 연구, 한국소음진동공학회지 10(1), pp. 33-40, 2000.
151. 황원걸 외, 소음기 구성요소의 소음 및 배압특성에 관한 연구, 한국정밀공학회지 19(7), pp. 147-153, 2002.
152. 황준섭, 자동차 전동 조향장치 기술동향, 전력전자학회지 19(4)pp. 31-35. 2014.

153. Birsching, J.E., Two dimensional modeling of a rotary power steering valve, SAE Tech. papers 1999-01-0396, 1999.
154. Chung, W.S., etc, Numerical analysis method to estimate thermal deformation of a ventilated disc for automotives, JMST 24(11), pp. 2189-2195, 2010.
155. Crolla, D.A., etc, A review of the combined lateral and longitudinal force generation of tyres on deformable surfaces, J. Terramechanics 24(3), pp. 199-225, 1987.
156. Gajjar, V.Y., etc, Design and analysis of an automotive vacuum suspended power brake using Pro/Mechanica, Int. J. Tech. and Eng. Sys 2(3), pp. 301-305, 2011.
157. Gerdes, J.C., etc, Brake system modeling for simulation and control, J. Dynamic Systems, Measurement, and Control 121, pp. 496-503, 1999.
158. Giuffrida, A., etc, Cam shape and theoretical flow rate in balanced vane pumps, Mechanism and Machine Theory 40, pp. 353-369, 2005.
159. Gupta, A.K. etc, Performance of transmission losss on hybrid muffler by using rock wool and glass fiber as a absorbing materials, Int. J. Advances in Materials Science and Engineering 4(4), pp. 49-57, 2015.
160. Gupta, B.K., etc, Validating experimentally the gain in torque due to crankshaft offset of an internal combustion engine, Int. J. Eng., Sci. and Tech. 6(2), pp. 76-88, 2014.
161. Hanzaki, A.R., etc, Modeling of a rack and pinion steering linkage using multi-body dynamics, 12th IFToMM World Congress, MD-255, 2007.
162. Hoffmann, G. etc, Fuel system pressure increase for enhanced performance of GDi multi-hole injection systems, SAE Int. J. Engines 7(1), 2014.
163. Khan, Y., etc, Modeling, experimentation and simulation of a brake apply system, J. Dynamic Systems, Measurement, and Control 116, pp. 111-122, 1994.
164. Kiga, S., etc, Develoopment of innovative varable valve event and lift(VVEL) system, SAE Tech. papers, 2007-01-3548, 2007.
165. Moos, R, etc, Resistive oxygen gas sensors for harsh environments, Sensors 11, pp. 3439-3465, 2011.
166. Potente, D., General design principles for an automotive muffler, Proc. Acoustics, pp. 153-158, 2005.
167. Ramamoorthy, R, etc, Oxygen sensors: materials, methods, designs, and applications, J. of Materials Science 38, pp. 4271-4282, 2003.
168. Raza, H., etc, Modeling and control design for a computer-controlled brake system, IEEE Trans. on Control Systems Tech. 5(3), pp. 279-296, 1997.
169. Ryzhikov, V.A., etc, Dynamic damping torsional vibrations in the transmission of rear-wheel drive and all-wheel drive vehicles, ARPN J. Eng. and App. Sci. 10(12), pp. 5334-5337.
170. Sellnau, M., etc, Two-step variable valve actuation for fuel economy, emissions, and performance, SAE Tech. papers, 2003-01-0029, 2003.

171. Wong, T., Hydraulic power steering system design and optimization simulation, SAE Tech. papers 2001-01-0479, 2001.
172. Yerrawar, R.N., etc, Finite element analysis of dynamic damper for CV joint, Energy and Power Eng. 4, pp. 241-247, 2012.
173. J. B. Heywood, Internal Combustion Engine Fundamentals, McGraw-Hill, 1988.
174. Taylor, C.F., The Internal Combustion Engine in Theory and Practice, Vol. 1 and Vol. 2, MIT, 1977.
175. Tse F.S., etc, Mechanical vibrations-theory and applications, Allyn and Bacon, 1980.
176. Abe, M., etc, Vehicle handling dynamics-theory and application, Elsevier, 2011.
177. Reimpell, J., etc, The automotive chassis: engineering principles, Arnold, 1996.
178. Wong, J.Y., Theory of ground vehicles, John Wiley & Sons, 2001.
179. Jazar, R.N., Vehicle dynamics: theory and application, Springer, 2008.
180. 藤沢英也, 외, 電子制御ガソリン噴射, 山海堂, 1987.
181. 宇野高明, 車両運動性能とシャシーメカニズム, グランプリ, 1994.
182. 홍장표, 기계설계-이론과 실제, (주)북스힐, 2001.
183. 이재곤 외, 자동차설계기술, 동명사, 1998.
184. 김호용, 자동차 현가장치, 에드텍, 1997.
185. 박보용, 차량역학, 동명사, 1997.

찾아보기

| 저자소개 |

이 재 곤(李 載 坤)

서울대학교 기계공학과 학사
한국과학기술원 기계공학과 석사
미국 워싱턴대학교 기계공학과 박사
현대자동차 승용제품개발연구소 근무
(현) 대구가톨릭대학교 기계자동차공학부 교수

정가 19,000원

이지(Easy, 易知) 자동차 구조와 원리

2016년 8월 20일 초판 인쇄
2016년 8월 30일 초판 발행
저 자 : 이재곤
발행자 : 우명찬 · 송 준
발행처 : 홍릉과학출판사
주 소 : 서울시 강북구 인수봉로 50길 10
01093
등 록 : 1976년 10월 21일 제5-66호
전 화 : (02) 999-2274~5, 903-7037
팩 스 : (02) 905-6729
e-mail: hongpub@hongpub.co.kr
http://www.hongpub.co.kr
ISBN: 979-11-5600-452-3

저자와의 협의하에 인지생략